I.S.B.N. : 978-2-917254-50-9

Dépot légal : 1er trimestre 2012

Ouvrages parus
dans la même collection :

- *Gouvernails à vapeur FARCOT* - Joseph Farcot
- *Les bateaux à vapeur* - Louis Figuier
- *Les Locomobiles* - Louis Figuier
- *La machine à vapeur T1* - E. Sauvage
- *La machine à vapeur T2* - E. Sauvage
- *Manuel du moteur Stirling pour le modéliste* - D. Lyonnet
- *Les chemins de fer* - A. Guillemin
- *Tiroirs et distributeurs de vapeur* - A. Madamet
- *L'A.B.C. du Chauffeur* - H. Mathieu
- *La navigation sous-marine* - G.L. Pesce
- *Histoire de la machine à vapeur* - R.H. Thurston
- *Les paquebots à grande vitesse* - M. Dumoulin
- *Les Moteurs* – H. de Graffigny
- *Les Torpilles* - E. Hennebert
- *507 Mouvements mécaniques*
- *Les Machines* - Edouard Collignon
- *La Vapeur* - Amédée Guillemin

Olivier Lacaux
Jean Castanier

Ces ouvrages sont disponibles aux

Éditions **Decoopman**
Ferrières
30440 Saint-Laurent-le-Minier
Tel : +33 (0)4.67.73.90.95
web : www.decoopman.com
e.mail : editions@decoopman.com

LA MACHINE LOCOMOTIVE

MANUEL PRATIQUE

DONNANT LA DESCRIPTION DES ORGANES ET DU FONCTIONNEMENT DE LA LOCOMOTIVE À L'USAGE DES MÉCANICIENS ET DES CHAUFFEURS

Édouard SAUVAGE

Ingénieur en chef conseil des chemins de fer de l'Ouest,
Professeur à l'École nationale supérieure des mines et au
Conservatoire national des Arts et Métiers.

1908

INTRODUCTION

La Machine locomotive est une étude écrite spécialement pour le personnel de la traction des chemins de fer. La sécurité des trains est assurée par l'adresse, le sang-froid, le sentiment du devoir, l'esprit de discipline des hommes qui composent ce personnel ; tout ce qui peut leur faire mieux connaître les principes et les détails de l'instrument qui leur est confié ne peut qu'en rendre le maniement plus facile et développer chez eux l'amour de leur métier.

Seul l'amour du métier permet d'exceller dans une profession et rend la vie heureuse, en donnant du charme au travail quotidien, en adoucissant les difficultés, les fatigues, les ennuis, auxquels nul ne peut se soustraire.

Dans ses descriptions et ses explications, l'auteur de *La Machine locomotive* a surtout cherché la clarté, mais sans dissimuler les complications que présentent certaines parties de l'étude des machines, quand on la veut sérieuse. Si le lecteur éprouve quelque peine à bien saisir un passage, qu'il ne se décourage pas : qu'il ne s'arrête même pas trop longtemps sur ce passage, mais qu'il y revienne plus tard : peut-être la lecture de ce qui suit rendra-t-elle plus clair l'endroit embarrassant.

Il est à souhaiter aussi que ce livre serve de guide pour un enseignement mutuel : les agents qui ont acquis une longue expérience pourront donner à certains articles des développements précieux pour ceux qui les suivent dans la carrière. Que les hommes de bon vouloir, s'ils trouvent quelque intérêt à l'ouvrage, l'expliquent et l'enrichissent de leurs commentaires, et qu'ils en secondent ainsi l'auteur.

Dans un travail qui porte sur tant de détails, on ne peut se flatter d'éviter toute inexactitude ; quelques points importants peuvent être omis ; on doit aussi traiter certaines questions contestées, ou pour lesquelles l'expérience actuelle ne fournit que des données incomplètes :

des observations nouvelles pourront donc modifier quelques-unes des opinions exprimées.

Quoi qu'on fasse, d'ailleurs, on n'apprendra pas un métier manuel sans le pratiquer, sans les conseils et les exemples de ceux qui l'exercent ; c'est surtout en donnant les raisons des choses souvent difficiles à découvrir, qu'un livre peut être utile.

Un arrêté du ministre des Travaux publics[1] oblige le personnel des locomotives à prouver, dans certains examens, qu'il les connaît bien :

1 Cet arrêté ministériel, du 3 mai 1892, est ainsi conçu :
Le ministre des Travaux publics.

Vu la loi du 15 juillet 4845 sur la police des chemins de fer ;

Vu les articles 18,1er alinéa, et 74 de l'ordonnance royale du 15 novembre 1846, portant règlement d'administration publique sur la police, la sûreté et l'exploitation des chemins de fer ;

Vu le décret du 9 mars 1889 ;

Vu l'avis de la section de contrôle du comité de l'exploitation technique des chemins de fer, en date du 12 avril 1882 ;

Sur le rapport du directeur des chemins de fer, arrête :

Article Premier. - À partir du 1er juin 1892, quiconque demandera un emploi de chauffeur, assistant un mécanicien conducteur de train sur un chemin de fer ouvert à l'exploitation, ne pourra être admis au concours que s'il satisfait aux conditions suivantes :

Être Français ou naturalisé Français ;

Avoir fait constater par un médecin, agréé par l'administration du chemin de fer, qu'il présente toutes les conditions physiques nécessaires, notamment qu'il distingue les signaux par route et par la vue et qu'il perçoit nettement les couleurs

Avoir subi d'une manière satisfaisante un examen technique et des essais pratiques.

Art. 2. — Le programme minimum de l'examen technique comprend :

Des notions élémentaires sur le règlement des signaux, sur les principaux organes de la machine et du tender et notamment sur les appareils de sûreté.

Le programme minimum des essais pratiques comprend : L'arrêt de la machine, la manoeuvre des freins et l'alimentation.

Art. 3. — A partir du1er juin 1892, quiconque demandera un emploi de mécanicien conducteur de train sur un chemin de fer ouvert à l'exploitation ne pourra être admis au concours que s'il satisfait aux conditions suivantes :

Être Français ou naturalisé Français ;

Avoir subi un examen médical semblable à celui que définit le paragraphe 3 de l'article 1er, du présent arrêté ;

Avoir fait un service d'une durée minimum de six mois comme chauffeur assistant un mécanicien conducteur de train, sauf exceptions justifiées par des circonstances spéciales et avec autorisation de l'administration

Avoir subi d'une manière satisfaisante un examen technique et des essais pratiques.

Art. 4. — Le programme minimum de l'examen technique comprend :

Le règlement des signaux, le règlement des mécaniciens, le règlement sur la circulation des trains, ainsi que les instructions et ordres de service qui s'y rapportent ou en tiennent lieu ;

Le montage et le démontage des principales pièces de la machine et du tender, le fonctionnement de tous les organes, la connaissance des organes et de la manoeuvre des divers freins en usage sur le réseau de la compagnie à laquelle appartient l'agent, les avaries de route et le moyen d'y remédier.

Le programme minimum des essais pratiques comprend la conduite de plusieurs trains.

Art. 5. — Le jury d'examen est nommé par l'administration du chemin de fer.

Avant toute autorisation de faire le service de mécanicien conducteur de train ou de chauffeur assistant un mécanicien conducteur de train, une copie certifiée conforme du procès-verbal de l'examen technique et des essais pratiques est envoyée à l'ingénieur en chef du contrôle de l'exploitation technique, qui s'assurera que l'examen répond bien aux conditions prescrites par le présent arrêté.

dans ces examens, il ne suffit pas de montrer qu'on peut effectivement conduire les trains, mais il faut expliquer le fonctionnement des organes de la machine. À l'intérêt général de l'étude des locomotives s'ajoutent donc les nécessités des examens.

La première édition de *La Machine locomotive* a été rédigée en 1894 et largement distribuée au personnel des chemins de fer de l'Est, grâce à l'initiative de M. L. Salomon, ingénieur en chef du matériel et de la traction, et à l'approbation de M. le Directeur des chemins de fer de l'Est, de M. le Président et des membres du conseil d'administration.

Une seconde édition, avec quelques additions, a été rendue nécessaire par les demandes des chemins de fer de Paris à Lyon et à la Méditerranée, de l'Ouest et de l'État; l'auteur en exprime de nouveau sa vive reconnaissance aux directeurs de ces chemins de fer, ainsi qu'à MM. les ingénieurs en chef Baudry, Clérault et Parent. Une troisième et une quatrième édition ont été publiées en 1899 et en 1904.

La présente édition a été remaniée, pour tenir compte des perfectionnements incessants apportés à la construction des machines. Plusieurs figures ont été remplacées.

La description de certaines dispositions qu'on n'applique plus aujourd'hui a été supprimée, tandis que des additions ont été faites, notamment en ce qui concerne la surchauffe.

Il serait difficile de citer les noms de toutes les personnes auxquelles l'auteur est redevable de documents pour son travail; mais il est juste de mentionner MM. Heulin et Allard, dessinateurs aux chemins de fer de l'Est, auteurs des figures de la première édition, qui ont été en partie conservées; M. Flamant, ingénieur de l'Est; M. Chabal, ingénieur en chef du P. L. M.; MM. Dubois, Huillier, Decourt, ingénieurs de l'Ouest, ainsi que le regretté M. Morandière, qui ont communiqué à l'auteur de précieux renseignements. Des dessins et des documents sont dus à l'obligeance de plusieurs ingénieurs étrangers, notamment de MM. J. Holden, G. J. Churchward, G. Hughes, des Great Eastern, Great Western, Lancashire and Yorkshire railways d'Angleterre; de M. G. Zara, ingénieur des chemins de fer italiens.

Parmi les nombreux ouvrages que l'auteur a consultés utilement, une mention spéciale doit être faite de l'excellent *Traité pratique de la machine locomotive* de M. Demoulin, publié en par MM. Baudry et Cie, véritable encyclopédie d'une grande richesse, et de La *Locomotive actuelle* (1906), du même auteur; du livre de M. Deghilage, *Les Origines de la locomotive*, qui a servi la rédaction du § 2 ; de l'ouvrage de MM. Barbier et Godfernaux sur *Les Locomotives à l'Exposition de 1900*; du *Rapport* de M. L. Salomon *sur le matériel des chemins de fer à l'Exposition de 1900* (deux volumes des rapports du jury international) ;

du *Bulletin de la Commission internationale du Congrès des chemins de fer*; de la *Revue général chemins de fer et des tramways*; de la *Revue de mécanique*.

Les chemins de fer français, qui sont fréquemment cités, sont désignés par les abréviations usuelles: Est (pour Compagnie des chemins de fer de l'Est), Nord, Ouest, Orléans, Midi. P. L. M. (Paris à Lyon et à la Méditerranée).

CHAPITRE I

GÉNÉRALITÉS

1 Origine de la puissance des locomotives.

La locomotive est une forme simple et imposante de la machine à vapeur. Comme toute machine à vapeur, elle trouve sa puissance dans la chaleur que dégage le combustible en bridant: la vapeur d'eau reçoit cette chaleur et en change une partie en travail. On est souvent témoin de la transformation inverse du travail en chaleur ; le mécanicien connaît ce phénomène et voit sans plaisir le chauffage d'une boîte. Mais on ne peut effectuer directement la transformation de la chaleur en travail: on aurait beau chauffer les boîtes, on n'arriverait pas à faire tourner les essieux. Il faut communiquer la chaleur à un intermédiaire qui, dans la locomotive, est la vapeur d'eau. Certains moteurs utilisent comme intermédiaires l'air et divers gaz.

2. Notes historiques[2]

Les premières locomotives, au début du XIXe siècle, remorquaient lentement, sur des voies industrielles, des wagonnets de mines. La faible production des chaudières en limitait étroitement la puissance. Le générateur tubulaire[3], objet du brevet pris en 1828 par l'ingénieur français Séguin, réunit la puissance et la légèreté. Pour obtenir une combustion suffisamment active, Seguin fit d'abord usage de ventilateurs, actionnés par un essieu du tender (fig. 1), pour souffler

---

2 Ce paragraphe ne contient pas un historique complet, mais seulement quelques indications sur les origines et le développement de la locomotive.

3 Depuis l'extension des générateurs à tubes pleins d'eau, chauffés extérieurement, l'expression chaudière tubulaire est devenue ambiguë, et il est préférable de dire chaudière à *tubes d'eau* et chaudière à *tubes de fumée*, cette dernière expression s'appliquant aux locomotives.

le feu. Dans son ouvrage *De l'influence des chemins de fer, et de l'art de les tracer et de les construire* (Paris, 1839), Séguin fait remarquer que ces ventilateurs produisaient souvent des coups de feu destructeurs et que cette partie du nouveau système restait très incomplète, et aurait exigé plusieurs modifications, si elle n'eut été remplacée par le mode bien plus avantageux de l'injection de vapeur d'échappement dans la cheminée, procédé appliqué dès 1816 par G. Stephenson.

Fig. 1. — Locomotive de Seguin, d'après un modèle du Conservatoire des Arts et Métiers. La chaudière se compose d'un simple corps cylindrique, extérieurement chauffé par-dessous, et traversé par les tubes, que les gaz parcourent en retour. Le tender porte un ventilateur.

Au concours institué en 1829, sur le chemin de fer anglais de Liverpool à Manchester, la *Fusée* de Stephenson, munie d'une chaudière à tubes de fumée et portée sur deux essieux, atteignit la vitesse de 50 km à l'heure, avec une seule voiture remorquée, vitesse plus tard dépassée de beaucoup par cette même locomotive. Elle avait une grille de 0,56 m^2, une surface de chauffe de 12,80 m^2, des cylindres de[4] 210 x 410 mm, des roues motrices de 1,420 m et pesait en service 4 300 kg. On peut encore voir la *Fusée* au *Victoria and Albert Museum* de Londres, mais elle a subi des transformations.

La locomotive « *Planet* » (fig. 2), construite par Stephenson en 1832, est portée de même par deux essieux, mais la disposition en est meilleure: des cylindres intérieurs, dont l'axe est horizontal, commandent l'essieu d'arrière; le poids à vide est de 8 tonnes. La même année vit paraître les machines à deux essieux couplés.

Dès 1834, on construisit des locomotives à trois essieux indépendants, celui du milieu moteur, notamment la *Gironde*, exécutée au Creusot,

4 Cette notation abrégée désigne des cylindres de 210 mm de diamètre avec course des pistons de 410 mm. Le mot diamètre est de même sous-entendu en ce qui concerne les roues. (Voir p.19).

en 1838, pour la ligne de Versailles rive droite, avec grille de 1,02 m², surface de chauffe de 50,48 m², cylindres de 330 x 460 mm, roues motrices de 1,670 m, et pesant 15,5 t.

On retrouve la même disposition d'essieux dans des constructions de 1843 (fig. 3), mais avec foyer en porte-à-faux, tandis qu'il était compris entre l'essieu moteur et l'essieu arrière de la *Gironde*.

La *Victorieuse* (fig. 4). de 1838, avait trois essieux, dont deux couplés, et pesait, en service, 13 t.

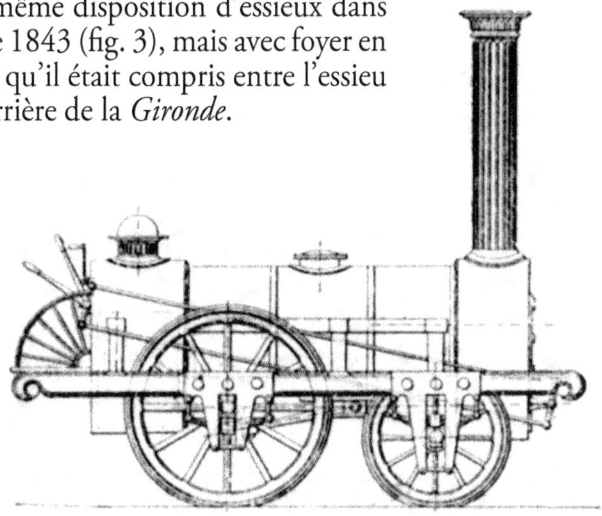

Fig. 2. — Locomotive du type « Planet » (d'après M. Deghilage). Surface de chauffe, 22 m² : cylindres de 280 x 406 mm : roues motrices de 1,524 m.

La distribution de la vapeur doit donner la marche dans les deux sens. Dans la locomotive de Séguin (fig. 1), la tige du tiroir est déplacée par la traverse que porte la tige du piston quand celui-ci arrive au bout de sa course : on a ainsi admission d'un côté du piston, échappement de l'autre, sans détente de la vapeur. Pour la mise en marche, les tiroirs sont manœuvrés à la main au moyen de leviers.

Le tiroir de la locomotive *Planet* (fig. 2) était conduit par un excentrique à toc : la poulie n'est pas calée sur l'essieu, mais peut prendre deux positions, déterminées par des butées, ou tocs, correspondant aux marches avant et arrière. Pour la mise en marche, on déplace les tiroirs à la main, après avoir manœuvré une tringle spéciale qui soulève la barre d'excentrique et la détache du tiroir. Plus tard, on a fait usage du *pied-de-biche* (fig.5), qui permet de mettre le tiroir en prise avec l'un ou l'autre excentrique.

En 1842, Stephenson substitua à la ferraille des anciens systèmes la *coulisse*, qui permet le passage facile d'un sens de marche à l'autre, sans disjoindre aucune articulation, et donne aux crans intermédiaires, une détente économique de la vapeur.

Aux États-Unis, la construction des locomotives a commencé vers 1830 : on y employa de bonne heure le bogie, caractéristique des machines de ce pays (fig. 6). C'est surtout le type dit Américain (fig.

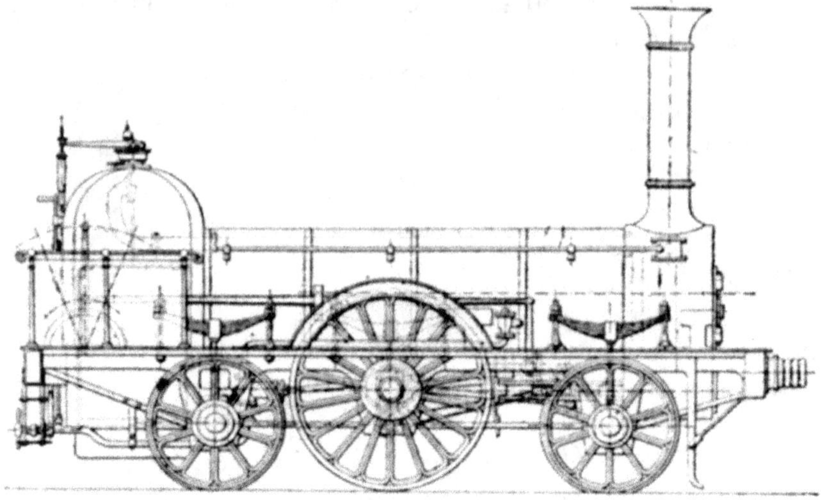

Fig. 3. — Locomotive construite en 1843 par Stephenson pour l'Orléans (d'après M. Deghilage). Surface de grille, 0,851 m²: surface de chauffe, 68,39 m²; cylindres de 355 x 510 mn: poids en service. 19,19 t.

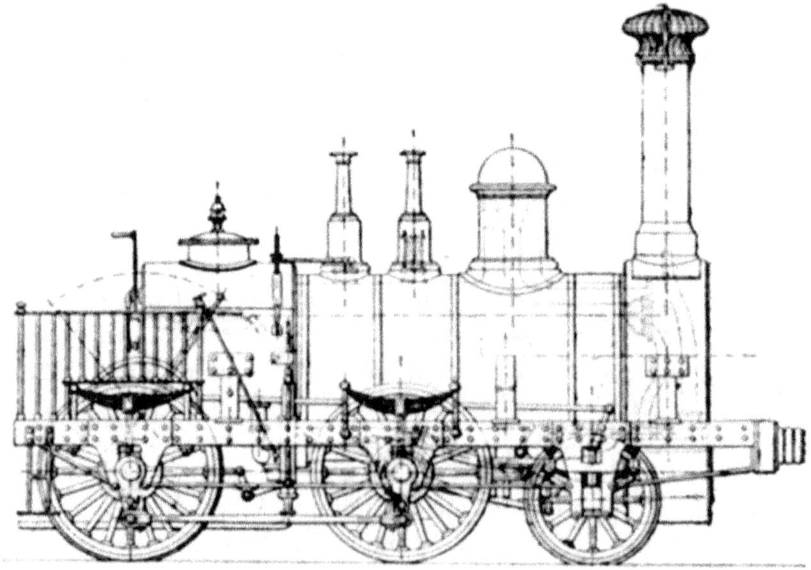

Fig. 4. — La Victorieuse, construite en 1838 par Stephenson pour le chemin de fer de Versailles rive gauche (d'après Deghilage).

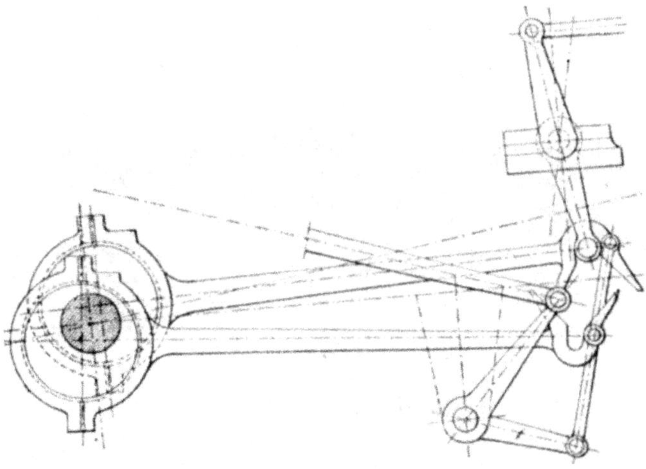

Fig. 5. — *Pied-de-biche*, pour changement de marche. Les barres d'excentriques sont reliées au levier de l'arbre de relevage par deux tiges de suspension, qui se recouvrent sur la figure.

7), à deux essieux couplés et bogie, qui s'y est beaucoup répandu, et a pendant longtemps assuré la plupart des services.

Les locomotives à essieux indépendants de Buddicom (fig. 8) remontent à 1843. Le *Mammouth*, construit en 1845 par Stephenson pour l'Orléans, avait trois essieux couplés et pesait, en service, 22 300 kg.

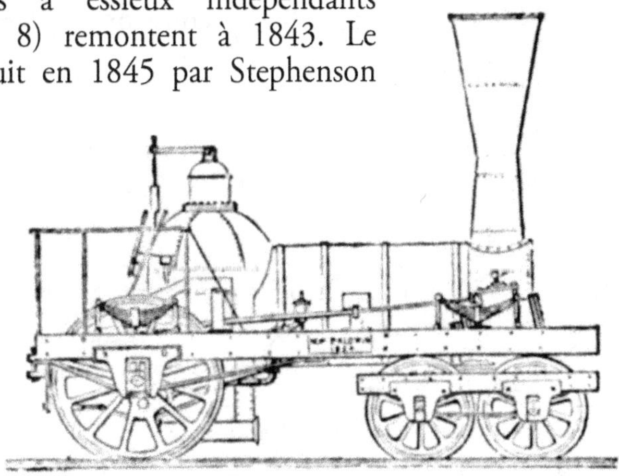

Fig. 6. — Locomotive construite par Baldwin, à Philadelphie, en 1834.

Les locomotives Crampton (fig. 9), qui ont eu un grand succès en France, datent de 1848.

En 1851, le concours institué pour la traction sur la ligne de montagne du Semmering, en Autriche réunit plusieurs locomotives très puissantes, notamment celle d'Engerth, où des engrenages reliaient les roues du tender à celles de la locomotive, engrenages supprimés plus tard.

En 1870, le Nord fit construire, pour les trains express, un type déjà usité en Angleterre, à trois essieux dont deux couplés, avec roues

Fig. 7. — Locomotive du type Américain.

de 2,100 m et foyer profond descendant entre les essieux couplés ; les locomotives à deux essieux couplés et à bogie (avec pivot fixe) ont été introduites sur ce même réseau en 1877. Le bogie à déplacement transversal a été employé par l'Ouest en 1889.

Les locomotives à grande vitesse de l'Orléans avaient primitivement trois essieux sous le corps cylindrique de la chaudière, les deux essieux d'arrière couplés ; un quatrième essieu, porteur, a été ajouté à l'arrière vers 1873. Un type analogue (fig. 10) a été construit à un grand nombre d'exemplaires par le P. L. M.

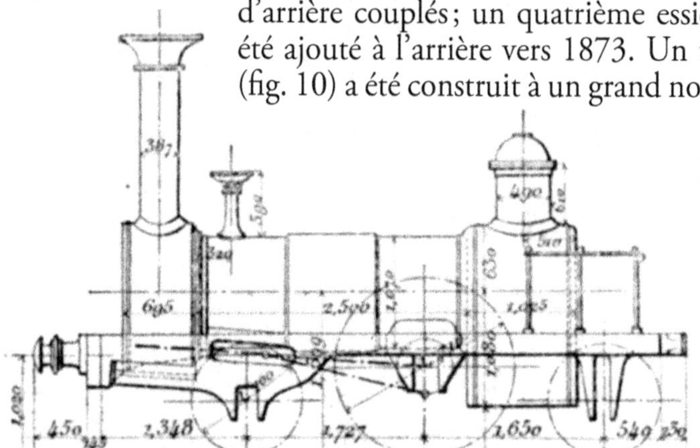

Fig. 8. — Locomotive à essieux indépendants de Buddicom, construite en 1843 pour le chemin de fer de Paris à Rouen. Surface de grille, 0,87 m² ; cylindres de 317 x 524 mm ; poids en service, 14 700 kg.

Les premières locomotives compound à deux cylindres, dues à M. Manet, remontent à 1876. En 1882, l'ingénieur anglais Webb construisit une compound à trois cylindres ; en 1886, la Société alsacienne de constructions mécaniques exécuta une compound à quatre cylindres pour le Nord, avec essieux indépendants et, en 1888, le P. L. M. mit en service une compound à quatre cylindres et à deux essieux couplés.

Les locomotives de construction récente sont remarquables par les grandes dimensions données aux diverses parties, et notamment à la

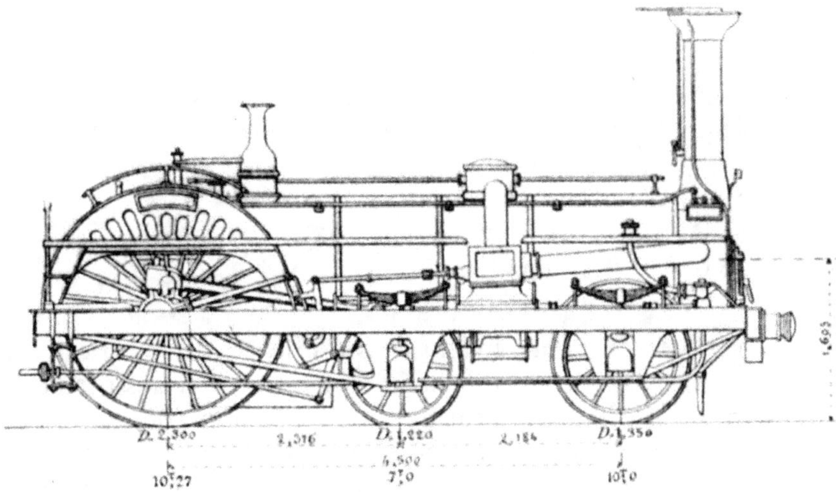

Fig. 9. — Crampton de l'Est ; type de 1852 (d'après M. Demoulin).

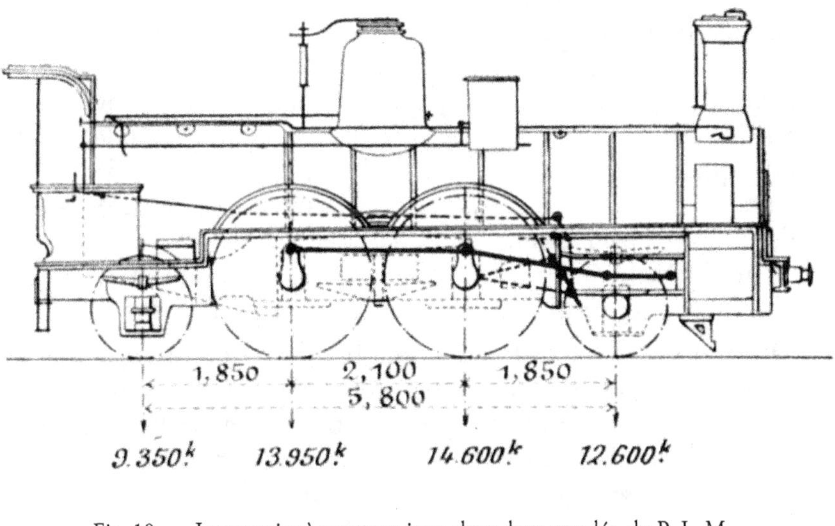

Fig. 10. — Locomotive à quatre essieux, dont deux couplés, du P. L. M.

chaudière, et par l'élévation de l'axe du corps cylindrique au-dessus du niveau du rail.

3. Statistique des chemins de fer.

La longueur totale des chemins de fer, exploités dans le monde entier à la fin de l'année 1905 dépassait 900 000 km, dont environ :

460 000	km	en Amérique ;
309 000	—	en Europe ;
81 000	—	en Asie ;
28 000	—	en Océanie ;
27 000	—	en Afrique.

Ces nombres sont approximatifs car, outre les erreurs matérielles qui peuvent exister dans certains éléments d'une statistique aussi étendue, il est difficile de définir exactement ce qu'on compte comme chemin de fer, en excluant les tramways et les raccordements industriels. On doit remarquer, en outre, que ces totaux réunissent les lignes à une voie, à deux et à plusieurs voies, et ne tiennent pas compte des voies des gares.

Les chemins de fer d'Europe, à la fin de l'année 1905, se répartissaient comme il suit entre les divers pays :

Allemagne	56 477	km.
Russie et Finlande	54974	—
France	46 466	—
Autriche-Hongrie, Bosnie et Herzégovine.	39 918	—
Grande-Bretagne et Irlande	36 447	—
Italie	16 284	—
Espagne	14 430	—
Suède	12 684	—
Belgique	7 258	—
Suisse	4 289	—
Pays-Bas et Luxembourg	3 537	—
Autres États	16 629	—
Ensemble pour l'Europe	309 393	km.

On peut estimer à 150 000 le nombre des locomotives employées à l'exploitation des chemins de fer du monde entier. La même cause d'incertitude existe pour le calcul de ce nombre, car les locomotives de tramways, de mines et d'usines peuvent être comprises dans les relevés relatifs aux diverses contrées, ou bien en être exclues.

La France, en 1906, possédait 11 189 locomotives sur les chemins de fer d'intérêt général, 839 sur les chemins d'intérêt local, 734 sur les chemins de fer industriels, et 670 locomotives à vapeur sur les tramways, soit au total 13 432. En outre on comptait, en 1906, 198 voitures automotrices à vapeur, dont 25 sur les chemins de fer et 173 sur les tramways. L'Algérie, dans la même année, possédait 387 locomotives.

4. Système métrique.

Le mètre est, à peu près, la dix-millionième partie du quart du méridien terrestre, ou portion du méridien comprise entre l'équateur et le pôle avec la précision des instruments actuels de mesure.

Cette définition n'est pas assez exacte, et la vraie longueur du mètre est celle des étalons établis par le comité international des poids et mesures.

Pour désigner les principales mesures du système métrique, il est commode d'employer les abréviations adoptées par ce comité, et notamment les suivantes :

Longueurs		Surfaces	
Kilomètre	km	Kilomètre carré	km^2
Mètre	m	Hectare (hectomètre carré)	ha
Décimètre.	dm	Mètre carré	m^2
Centimètre	cm	Décimètre carré	dm^2
Millimètre	mm	Centimètre carré	cm^2
Micron (0^{mm},001)	μ	Millimètre carré	mm^2

Volumes Poids			
Mètre cube	m^3	Tonne (1 000 kg)	1
Décimètre cube	dm^3	Quintal (100 kg)	q
ou litre	l	Kilogramme	kg
Centimètre cube	cm^3	Gramme	g
Millimètre cube	mm^3	Décigramme	dg
		Centigramme	cg

Le poids d'un corps varie légèrement suivant l'endroit de la terre où il est placé, mais, dans les usages courants, cette variation du poids est insensible.

Quand on indique une mesure, souvent le nombre à écrire est fractionnaire ; alors il est commode de mettre l'abréviation, qui désigne l'unité, après la dernière décimale.

Aussi 135,76 m^2 signifie 135 mètres carrés plus 76 centièmes de mètre carré ; 0,6 g signifie 6 dixièmes de gramme.

5. Force.

Le mot force désigne une action capable de mettre un corps en mouvement, ou de modifier ce mouvement. Celle dont les effets sont le plus apparents est la pesanteur, qui fournit l'unité de mesure : en suspendant à un fil un poids d'un kilogramme (fig. 11), on soumet ce fil à une force d'un kilogramme.

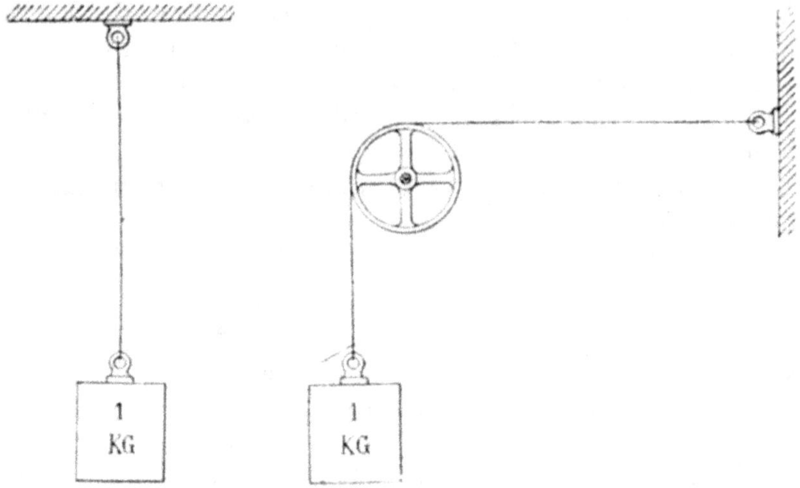

Fig. 11. — Force verticale et force horizontale d'un kilogramme.

La pesanteur agit verticalement, soit en tirant le fil de suspension, soit en appuyant un poids sur un support ; mais les forces peuvent avoir une direction différente. Le fil enroulé sur une poulie de renvoi (fig. 11), est tendu par une force horizontale d'un kilogramme.

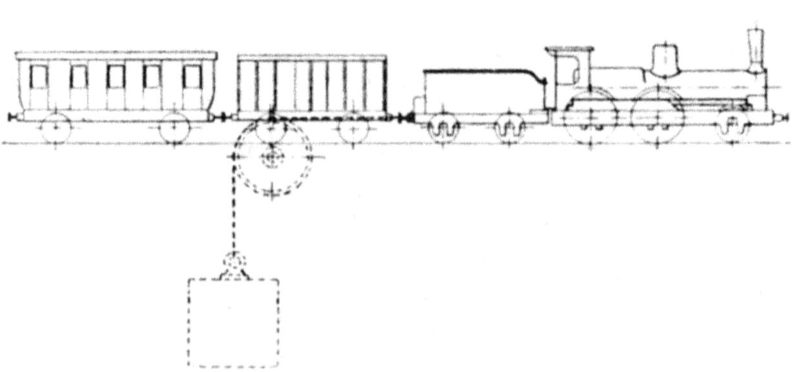

Fig. 12. — Force de traction de la locomotive.

Pour tirer un train, la locomotive doit développer une certaine force ; cette force, horizontale en palier, s'évalue en kilogrammes : on en aura l'image en supposant le train remplacé par une masse suspendue à un câble, qui passerait sur une poulie de renvoi et viendrait s'attacher au tender (fig. 12) : la force de traction est précisément le poids en kilogrammes de la masse ainsi suspendue, du moins dans la marche à vitesse uniforme. Le poids de cette masse ne serait qu'une très petite fraction du poids du train : c'est là un grand avantage de la traction sur rails.

6. Dynamomètre.

Il ne paraît guère possible de remplacer ainsi un train par un poids suspendu à un câble, pour mesurer l'effort, de traction d'une locomotive ; les ressorts donnent un moyen commode d'effectuer cette mesure. Un ressort, portant des poids connus, en quantité croissante (fig. 13) prend, pour chaque valeur de la charge, des allongements déterminés, qu'on mesure : c'est ce qu'on appelle *tarer* le ressort. On le monte alors dans un wagon-dynamomètre, auquel il transmet la traction de la locomotive : en observant la flexion, comme on sait combien il faut de kilogrammes pour la produire, on sait quelle est la force de traction.

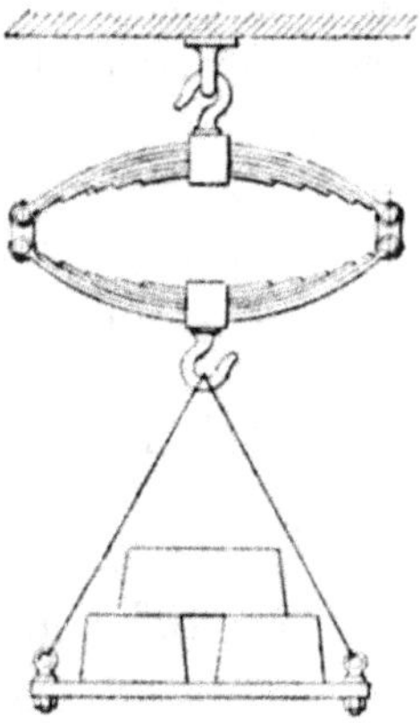

Fig. 13. — Tare du ressort de dynamomètre.

Au lieu de mesurer de temps en temps la flexion du ressort, on l'enregistre continuellement sur une bande de papier, qui se meut perpendiculairement à la barre de traction, avec une vitesse proportionnelle à celle du train. Un crayon fixé à une tige, qui fait corps avec le milieu du ressort en trace les allongements sur la bande ; elle montre alors l'effort de traction en chaque point du parcours du train.

7. Travail.

Une force produit un travail quand elle déplace le corps qu'elle tire (ou qu'elle pousse). Si le déplacement a lieu suivant la direction de la force, on mesure le travail en multipliant la force (nombre de kilogrammes) par le chemin parcouru (nombre de mètres).

Le travail consommé pour élever un kilogramme à un mètre de hauteur est d'un kilogrammètre (en abrégé kgm, à ne pas confondre avec kg, kilogramme) : 100 kg élevés à la hauteur de 5 m font 500 kgm. Si la force de traction, sur le crochet d'arrière d'un tender, est de 1 000 kg pendant qu'on parcourt 10 km (ou 10 000 m), le travail correspondant est 1 000 x 10000, c'est-à-dire 10 millions de kilogrammètres.

8. Puissance.

L'indication du travail d'une machine ne donne qu'une idée incomplète du service qu'elle fait, si on ne dit en outre combien de temps exige ce travail. On appelle puissance le rapport du travail à sa durée, rapport mesuré par le travail accompli en une seconde, quand ce travail est uniforme. Ainsi une locomotive, qui exerce un effort de traction de 1 000 kg, en faisant 72 km à l'heure ou 20 m par seconde, développe 20 000 kgm (1000 x 20) par seconde. Avec une vitesse moitié moindre, 10 m par seconde, et un effort de traction double, 2 000 kg, on retrouve la même puissance de 20 000 kgm par seconde.

Pour éviter l'emploi de trop grands nombres, on appelle cheval-vapeur, et par abréviation cheval, la puissance de 75 kgm par seconde, et on compte les puissances en chevaux-vapeur ; on obtient la puissance en chevaux en divisant par 75, le nombre de kilogrammètres développés en une seconde : 20 000 kgm par seconde font environ 267 chevaux.

On emploie aussi une autre unité de puissance, le *kilowatt*, qui est d'environ 102 kgm par seconde. Un kilowatt est donc un peu plus d'un cheval un tiers. Pour obtenir la puissance en kilowatts quand elle est donnée en chevaux, il faut multiplier par 0,736 le nombre de chevaux ; inversement, le produit par 1,36 d'un nombre de kilowatts donne le nombre correspondant de chevaux.

9. Résistance des trains.

En remorquant un train, la locomotive surmonte plusieurs résistances : quand le train a pris sa vitesse, qu'il s'agit d'entretenir uniforme sur un palier et en alignement, ce sont principalement la résistance au roulement, le frottement des fusées des essieux contre les coussinets, la résistance de l'air. Ces forces varient souvent, et il est difficile de les mesurer séparément. On les rapporte d'habitude, en bloc, au poids du train : si elles sont de 5 kg par tonne, l'effort de traction nécessaire pour entretenir en vitesse uniforme, sur palier, un train pesant 200 t sera de 200 x 5 ou 1 000 kg.

La résistance au roulement est causée par la flexion de la voie sous le poids des roues, par ses inégalités, et par la déformation des roues mêmes ; elle est extrêmement faible pour un bon matériel sur une voie bien entretenue.

Le frottement des fusées dépend de la nature et de la dimension des coussinets, de la charge qu'ils supportent, et du graissage. Pour que l'huile pénètre bien entre le coussinet et la fusée, il faut que la charge qui les presse l'un contre l'autre ne soit pas trop forte; en d'autres termes, pour supporter une charge déterminée, il faut que la surface de portée soit assez grande. Pour augmenter la surface de portée, on peut agrandir le rayon ou la longueur de la fusée. L'allongement de la fusée ne peut être qu'avantageux, tandis qu'en agrandissant le rayon, on allonge le chemin parcouru contre le coussinet, pour un tour de roue, par chaque point de la fusée: à égalité de la force de frottement, on augmente le travail consommé de ce chef pour un même parcours du train, le travail étant le produit de la force par le chemin parcouru, proportionnel au rayon. Toutefois, pour que la fusée soit solide, pour qu'elle ne rompe pas ou ne fléchisse pas sensiblement, on ne peut la faire très mince et très longue.

En hiver, après un long stationnement, les huiles de graissage sont solidifiées, ce qui augmente, au départ, la résistance due au frottement des fusées. Une fois en marche, les boîtes s'échauffent par le frottement, et cette résistance diminue: elle reste néanmoins souvent plus forte en hiver qu'en été. On réduit cet inconvénient en employant, pendant l'hiver, des huiles de qualité spéciale, suffisamment fluides à basse température. Cette action est encore plus marquée avec les boîtes à graisse, d'un usage général au début des chemins de fer, et qu'on trouve encore quelquefois en service. On peut compter, pour la résistance due au frottement des fusées, 1 à 2 kg par tonne.

La résistance de l'air est la plus variable: peu importante, négligeable même pour les trains à marche lente, elle augmente beaucoup avec la vitesse. La vitesse du train n'est pas seule en jeu; celle d'un vent contraire s'y ajoute pour augmenter la force opposée à la marche, tandis que le vent arrière la diminue. Un fort vent de côté est une gêne sérieuse, en poussant par le travers les wagons, dont les bandages frottent contre le rail. On cite même des exemples de véhicules renversés par la tempête.

On estime en moyenne la résistance totale des trains, d'ailleurs fort variable. à 3 kg par tonne pour la vitesse de 40 km à l'heure, à 5 kg pour celle de 70 km, à 7 kg pour celle de 100 km; ces valeurs s'appliquent au matériel à bogies.

La locomotive est encore plus exposée à l'action de l'air que le reste du train. La disposition des essieux, l'effet des bielles y augmentent aussi les autres forces résistantes. On compte souvent, pour une tonne de la locomotive sur un effort double de ce qu'il faut pour une tonne du train. Le tender, pourvu qu'il soit très bien entretenu, est à peu prés assimilable, sous ce rapport, au reste du train.

D'autres causes s'ajoutent aux précédentes. C'est d'abord l'influence des rampes. Ces rampes sont définies par l'élévation en millimètres par mètre de parcours. D'après une régie de la mécanique élémentaire, la résistance est d'autant de kilogrammes par tonne que la rampe compte de millimètres par mètre : pour un train de 300 t (locomotive comprise), sur une rampe de 6 mm par m, elle est de 6 x 300 ou 1 800 kg.

Parcourue en sens contraire, la rampe est une pente et la même force (1 800 kg dans l'exemple) vient en déduction des autres résistances, qu'elle dépasse dès que la pente est un peu forte : le train roule spontanément, et souvent même il devient nécessaire d'en modérer la vitesse. Certaines pentes mettent clairement en évidence la variation de résistance avec la vitesse : sur une pente de 5 mm par m, un train de marchandises roule sous la seule action de la pesanteur ; il faut même parfois en serrer les freins tandis que, pour soutenir la vitesse des express, la locomotive doit y dépenser beaucoup de vapeur. Et cependant les wagons à marchandises du premier train opposent presque toujours, à la même vitesse, et à égalité de poids, une plus grande résistance que les voitures du second.

Les courbes ajoutent encore une résistance, d'autant plus grande que le rayon en est moindre. On estime qu'en moyenne une courbe de 300 m de rayon équivaut à une rampe de 3 mm par m, c'est-à-dire crée une résistance de 3 kg par tonne. Une courbe de 200 m vaudrait une rampe de 5 mm et une de 150 m, une rampe de 6,5 mm par m.

Certaines dispositions des locomotives et des véhicules remorqués réduisent cet effet des courbes. Le matériel à bogies s'y inscrit plus facilement que le matériel à essieux rigides. Le graissage des boudins sur les roues d'avant de la locomotive a été parfois appliqué pour les lignes sinueuses. Une mèche alimentée par un godet, ou bien l'extrémité d'un tube en bois rempli de graisse solide, frotte contre le boudin. Ailleurs, c'est la face interne des rails qui est enduite d'une pâte lubrifiante contenant de la plombagine.

Toute la force de la locomotive n'est pas employée à surmonter les diverses résistances qui viennent d'être énumérées : l'augmentation de la vitesse du train consomme du travail moteur. Par contre, lorsqu'on laisse un train se ralentir, il restitue le travail ainsi consommé, et la machine n'a plus qu'un effort de traction réduit à développer. Mais ce travail, au lieu d'être ainsi restitué, est souvent détruit par l'application des freins.

La mécanique permet le calcul du travail moteur nécessaire pour imprimer à un train de poids total connu, locomotive comprise, une vitesse déterminée, en partant du repos. Par chaque kilogramme du poids total, on consomme 1,3 kgm pour atteindre la vitesse de 5 m par seconde; 5,12 kgm pour atteindre la vitesse de 10 m par seconde; 11,5, 20,4, 32 kgm pour les vitesses de 15, 20, 25 m. Ce travail, nécessaire pour produire l'accélération de la masse du train et de sa machine, s'ajoute à celui qui est consommé, pendant ce temps, par les diverses résistances.

Quand on connaît la résistance d'un train et de sa locomotive roulant à une vitesse uniforme déterminée, on calcule aisément la puissance effective en chevaux que produit la locomotive. Soit un train pesant 300 t à la vitesse de 90 km à l'heure ou 25 m par seconde, offrant une résistance de 6 kg par t, sur une rampe de 5 mm par m donnant 5 kg par tonne: au total la résistance du train s'élève à 3 300 kg. Un tender de 35 t oppose de même une résistance de 380 kg. Pour la locomotive, pesant par exemple 60 t, la résistance pourra être de 12 kg par t, plus 5 kg pour la rampe, soit 1 020 kg. Cela fait au total 4 700 kg. Le travail par seconde, égal au produit de la force par le chemin parcouru, est de 4700 x 25 ou 11 750 kgm; en divisant par 75, on trouve près de 1 600 chevaux.

Pour prévenir toute confusion, il faut remarquer qu'on considère diverses puissances dans l'action d'une locomotive. Il y a d'abord la puissance indiquée, qui résulte de l'action de la vapeur sur les pistons, et qui est mesurée avec l'indicateur décrit plus loin. Les résistances du mécanisme de la locomotive en prennent une part, et laissent la puissance effective, dont le calcul vient d'être donné. Enfin on peut considérer seulement l'effet pratique de la locomotive, et envisager la puissance utile, qui résulte du travail transmis au train par la barre d'attelage à l'arrière du tender, travail que mesure le wagon-dynamomètre. Il faut toutefois remarquer que la locomotive prend une portion de la résistance de l'air que le train, sans locomotive, aurait à surmonter (par exemple dans le cas d'une traction électrique par véhicules tous moteurs).

10. Pression atmosphérique.

Les machines à vapeur mettent eu jeu certaines forces qui résultent de la pression des fluides.

L'air exerce une pression, que montrent les expériences faites avec une machine pneumatique ou pompe à air. Soit un piston dans un cylindre vertical fermé en bas, ouvert en haut: quand on retire l'air contenu dans le cylindre, le piston est soumis à la pression de l'atmosphère; il porte le poids d'une colonne d'air montant jusqu'à la limite (inconnue) de la couche gazeuse qui entoure la terre: pour empêcher le piston de descendre sous l'action de ce poids, il faut le maintenir, par exemple au moyen d'une corde passant sur une poulie et portant un poids en métal (fig. 14) ; si le piston a une surface d'un dm² ou de 100 cm² de diamètre est alors de 113 mm). le poids nécessaire

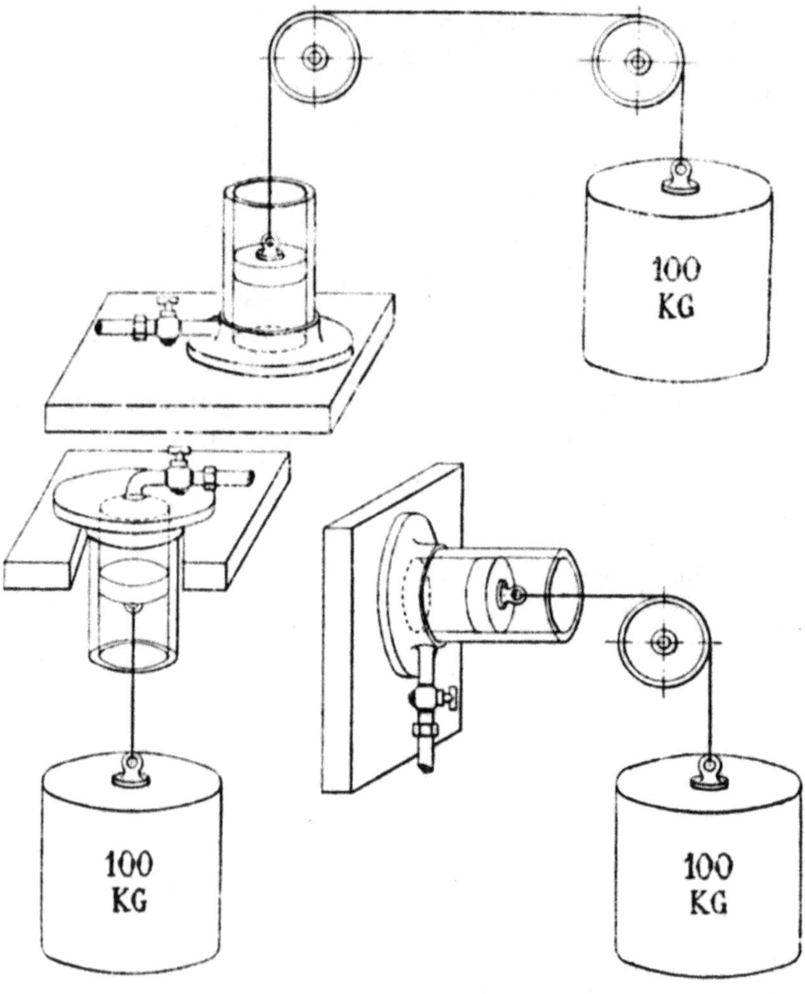

Fig. 14. — Pression atmosphérique verticale de haut en bas ; pression atmosphérique verticale de bas en haut ; pression atmosphérique horizontale.

pour le maintenir sera de 100 kg environ, c'est-à-dire de 1 kg par cm².

La pression est le quotient de la force par la surface du piston qui la supporte : l'unité de pression est le kilogramme sur une surface d'un centimètre carré. Elle s'exerce également dans tous les sens et non seulement de haut en bas : l'air est parfaitement élastique et transmet de tous côtés les efforts qu'il reçoit. En retournant le cylindre et en pompant l'air, cette fois au-dessus du piston, la pression de l'air s'exercera de bas en haut : sur la même surface, elle donnera la même force d'à peu près 100 kg. Il en est de même quand le cylindre est horizontal.

Lorsqu'on ne pompe pas l'air avec la machine pneumatique, comme il s'insinue dans tous les vides, il vient exercer partout sa pression : le piston de l'appareil d'expérience est également pressé sur ses deux faces, et les deux pressions égales se font équilibre. C'est pour une raison analogue que le corps humain ne sent pas la pression de l'atmosphère qui l'entoure. Les liquides transmettent aussi les pressions dans tous les sens ; un nageur qui plonge à une profondeur de plusieurs mètres n'est pas écrasé par le poids énorme de l'eau qui le surmonte, pas plus que par celui de l'atmosphère, parce que la pression se transmet dans tout l'intérieur de son corps.

11. Pression et température de la vapeur.

En chauffant l'eau suffisamment, on la transforme en vapeur : on la fait passer de l'état liquide à l'état de fluide semblable à l'air. Si l'eau qu'on chauffe est enfermée dans une chaudière, la vapeur ainsi formée ne peut se dissiper au dehors et conserve une certaine pression. Qu'on suppose à la partie supérieure de la chaudière un piston dans un cylindre communiquant en dessous avec la chaudière, et en dessus avec l'air extérieur ; qu'on suppose aussi tout l'air chassé de l'intérieur de la chaudière par un dégagement préalable de vapeur. Le dessus du piston est soumis à la pression de l'atmosphère, d'environ un kg sur chaque cm^2, et le dessous à la pression de la vapeur, dans la chaudière. S'il ne monte ni ne descend, sans être chargé d'aucun poids, la pression de la vapeur est égale à celle de l'atmosphère, c'est-à-dire aussi de 1 kg par cm^2. En chauffant suffisamment la chaudière, on augmente la pression de la vapeur ; par exemple, si la surface du piston est de 100 cm^2, on pourra élever la pression de telle sorte que le piston soulève, en plus de l'atmosphère, un poids de 100 kg, ou de 1 kg par cm^2 ; alors la pression de la vapeur sera doublée : elle atteindra 2 kg par cm^2. On peut élever davantage la pression : le piston soulèvera 500 kg, 1 000 kg en plus de l'atmosphère, c'est-à-dire soulèvera en réalité 600, 1100 kg ; la pression de la vapeur sera alors de 6, de 11 kg sur chaque cm^2.

Ainsi, à l'extérieur de la chaudière, la pression est 1 kg par cm^2 : à l'intérieur, elle atteint un certain nombre de kg par cm^2. Comme ce n'est que la différence de ces deux pressions qui peut faire rompre la chaudière, l'habitude est venue de ne pas compter la pression absolue ou totale de la vapeur qui est, dans ces exemples, successivement de 1, 2, 6, 11 kg par cm^2, mais de tenir compte de la pression effective, ou de la pression absolue diminuée de la pression extérieure de l'air : c'est la pression effective qu'indiquent les manomètres usuels.

Tant que la vapeur est en contact avec l'eau qui la produit, elle est dite saturée, et sa température est toujours la même pour une même valeur de la pression. On peut mesurer cette température en montant sur une chaudière un tube pénétrant dans la vapeur, fermé au bout, ouvert à l'extérieur, et en y plaçant un thermomètre.

Ainsi, en lisant la pression au manomètre, on peut dire quelle température marquerait le thermomètre dans la vapeur. Inversement, le thermomètre ainsi monté pourrait remplacer le manomètre.

À la pression moyenne de l'atmosphère vers le niveau de la mer, cette température est de 100° : c'est celle de l'eau qui bout dans un vase ouvert. À la pression effective de 5 kg par cm^2, la vapeur a une température de 158°. Cette température est de 183° à la pression effective de 10 kg, de 191° à celle de 12 kg, de 199°, 202°, 205°, aux pressions effectives de 14, 15, 16 kg par cm^2. À 220°, la pression effective est de 22 kg par cm^2. La température de l'eau est la même que celle de la vapeur, au moins dans sa partie supérieure. Il peut arriver qu'au débouché du tuyau d'alimentation ou au fond de la chaudière l'eau reste quelque temps plus froide que la vapeur.

Un mètre cube de vapeur saturée sèche (vapeur en contact avec l'eau qui l'a produite, mais non mélangée d'eau) à 1000 pèse 606 g ; à 200°, ce poids est de 7 888 g. Si on considère, au contraire, le volume occupé par un kilogramme, ce volume est d'un litre pour l'eau ; transformé en vapeur saturée à la température de 100°, ce kilogramme occupe 1649 l. À 200°, le volume se réduit à 127 l.

En séparant la vapeur de l'eau qui l'a produite, et en la faisant passer contre des parois métalliques très chaudes, on peut en élever la température, tout en laissant à la pression la même valeur : alors la vapeur est dite surchauffée.

12. Combustion.

La combustion, qui produit la chaleur, est une combinaison chimique des corps combustibles avec l'oxygène de l'air. L'air est un mélange d'oxygène et d'autres gaz, dont le principal est l'azote. 100 l d'air contiennent 21 l d''oxygène. En poids, 1 kg d'air renferme 230 g d'oxygène. Dans la combustion, l'azote et les gaz qui lui sont associés n'agissent pas directement ; ils atténuent l'action très vive de l'oxygène pur, qui bride les combustibles avec une rapidité extrême.

Les éléments combustibles de la houille, et des autres substances employées pour le chauffage, sont le carbone et l'hydrogène. Le corps nommé graphite, plombagine ou mine de plomb, est du carbone à peu près pur ; le diamant est du carbone pur cristallisé. L'hydrogène est un gaz ; dans la houille il est combiné au carbone et il forme des carbures d'hydrogène, qui se dégagent par la distillation et donnent le gaz d'éclairage. D'autres carbures d'hydrogène, liquides, constituent le pétrole. La houille renferme en outre des matières solides non combustibles, qui restent après la combustion et forment les cendres.

En se combinant avec l'oxygène, dans l'acte de la combustion, le carbone peut former deux gaz différents, l'oxyde de carbone et le gaz carbonique[5]: 6 g de carbone et 8 g d'oxygène donnent 14 g d'oxyde de carbone, qui est un gaz encore combustible; 8 autres grammes d'oxygène avec 14 d'oxyde de carbone (ou 16 g d'oxygène et 6 g de carbone) forment 22 g de gaz carbonique, qui n'est plus combustible.

Ainsi, le carbone peut brider en deux fois, donnant d'abord l'oxyde de carbone, qui produit à son tour le gaz carbonique. La combustion complète peut aussi se faire immédiatement en produisant du premier jet le gaz carbonique. Dans tous les cas, le carbone n'est complètement utilisé que s'il est transformé en gaz carbonique: tout dégagement d'oxyde de carbone non brûlé constitue une perte importante: en effet, la transformation du carbone en oxyde de carbone ne produit que les trois dixièmes de la chaleur qu'il peut donner, et les sept autres dixièmes résultent de la combustion de l'oxyde de carbone.

C'est un fait capital qu'il ne faut jamais oublier quand on bride la houille: laisser échapper de l'oxyde de carbone, c'est perdre les sept dixièmes du carbone correspondant. La transformation de l'oxyde de carbone en gaz carbonique exige une quantité suffisante d'oxygène, c'est-à-dire d'air qui le renferme: il faut encore qu'il soit à une température assez élevée: à froid ou peu chauffés, l'oxyde de carbone et l'oxygène ne se combinent pas.

L'hydrogène, en s'unissant à l'oxygène, forme de la vapeur d'eau: 1 g d'hydrogène et 8 g d'oxygène donnent 9 g d'eau, en dégageant plus de quatre fois la quantité de chaleur produite par un gramme de carbone transformé en gaz carbonique. Si la quantité d'air est insuffisante, il peut arriver que les car-bures d'hydrogène, dégagés par la houille, s'échappent sans être brûlés: c'est une perte qui s'ajoute à celle de l'oxyde de carbone.

Les chimistes savent calculer dans chaque cas la quantité d'oxygène nécessaire pour brûler complètement un kilogramme d'un combustible donné. De la quantité d'oxygène on déduit facilement le poids ou le volume d'air nécessaire. On trouve ainsi, pour la plupart des houilles, un nombre voisin de 12 kg d'air par kg de combustible. C'est à peu près 9 m^3 d'air à la température et à la pression ordinaires.

5 Le gaz carbonique est souvent désigné par le nom d'acide carbonique. Les chimistes disent anhydride carbonique.

Si la quantité d'air fournie pour la combustion est moindre, on peut être sûr qu'une partie du combustible se perdra en gaz non brûlés. Si elle est plus grande, l'excès d'air se chauffera dans le foyer et sortira avec les gaz de la combustion par la cheminée: les gaz ainsi rejetés étant encore chauds, il en résulte une perte de chaleur.

Mais comme on ne peut pas doser exactement le volume d'air qui traverse un foyer, comme aussi il n'y a pas mélange parfait, en tous les points, de l'air et des éléments combustibles, il vaut toujours mieux pécher par excès d'air que par défaut.

13. Pouvoir calorifique des combustibles, et quantités de chaleur nécessaires pour chauffer et vaporiser l'eau.

Un kilogramme d'un combustible, bridé complètement, dégage une quantité de chaleur déterminée qui dépend de sa nature, et qui peut être mesurée par des essais de laboratoire assez simples. Elle s'exprime en unités de chaleur ou calories, la calorie étant la quantité de chaleur nécessaire pour chauffer un kilogramme d'eau à 0° à l°. Le pouvoir calorifique du carbone pur est de 8 080: cela veut dire qu'un kilogramme de carbone complètement brûlé dégage 8 080 calories, qui pourraient chauffer de 0° à 1° 8 080 kg d'eau. Un kilogramme de gaz hydrogène, en brûlant produit 34460 calories.

D'autre part, la transformation de l'eau en vapeur, sous une pression déterminée, exige d'abord qu'elle soit chauffée jusqu'à la température de la vapeur sous cette pression, ce qui consomme une certaine quantité de chaleur; puis il faut lui fournir une nouvelle quantité de chaleur pour la vaporiser, bien que la température, indiquée par un thermomètre, ne varie pas pendant cette transformation. En se changeant en vapeur, l'eau absorbe ou emmagasine de la chaleur. Par exemple, l'eau est prise à la température de 15° et transformée en vapeur sous la pression effective de 10 kg par cm^2 ; à cette pression, la température de vaporisation est de 183°; pour chauffer un kilogramme d'eau de 15° à 183°, il faut lui communiquer 171 calories puis, pour transformer en vapeur, à la même température de 183°, ce kilogramme d'eau, il faut 477 calories, presque trois fois plus[6].

6 Ces quantités de chaleur sont les suivantes, pour diverses pressions, le kilogramme d'eau étant toujours supposé pris à la température de 15° :

Pression effective en kg par cm^2	Nombre de calories		
	Pour chauffer l'eau	Pour la vaporiser	Total
6	151	490	641
8	162	483	645
12	178	471	649
14	185	466	651
15	188	464	652

Si la température initiale de l'eau est inférieure ou supérieure à 15°, le nombre des calories à ajouter ou à retrancher est égal à l'écart en degrés.

Ainsi, dans les conditions les plus fréquentes, un peu plus du quart du combustible brûlé sert à chauffer, et prés des trois quarts transforment l'eau chaude en vapeur sans en modifier la température.

Connaissant le pouvoir calorifique d'un combustible et la quantité de chaleur nécessaire pour vaporiser un kilogramme d'eau, on peut calculer le nombre de kilogrammes que pourrait vaporiser un kilogramme du combustible, si toute la chaleur était utilisée. Par exemple, un kilogramme de carbone pur dégageant 8080 calories, pourrait vaporiser, sous la pression effective de 10 kg par cm^2, 12450 g d'eau prise à 15°, puisqu'il faut 648 calories par kilogramme d'eau.

Dans une locomotive, chaque kilogramme de combustible ne vaporise jamais la quantité d'eau ainsi calculée. D'abord la combustion réalisée en pratique n'est pas parfaite et, par suite, ne produit pas toute la chaleur que pourrait donner le combustible ; en outre, le courant gazeux, qui arrive dans la boîte à fumée et qui est rejeté au dehors par la cheminée, est encore chaud ; il emporte de la chaleur, qui aurait été transmise à l'eau dans les essais de laboratoire. Enfin la chaudière perd de la chaleur en échauffant l'air qui l'entoure.

Quelquefois la vapeur produite dans la locomotive entraîne des gouttelettes d'eau non transformées en vapeur : on dit que la chaudière prime. La quantité d'eau qui sort de la chaudière est alors augmentée et on peut croire que le kilogramme de combustible est mieux utilisé, puisqu'il semble fournir des kilogrammes de vapeur en plus grand nombre ; mais tous ces kilogrammes ne sont pas de la vapeur : une partie est encore à l'état d'eau.

14. Métaux employés à la construction des locomotives.

Les métaux qui forment la locomotive sont : le fer, à l'état de fer proprement dit, d'acier et de fonte ; le cuivre, pur ou allié à d'autres métaux : le zinc, l'étain, le plomb, l'antimoine, en alliages.

L'acier est du fer uni à une petite quantité de carbone et parfois d'autres substances. Le véritable acier, qui sert à construire les ressorts et les outils tranchants durcit à la trempe. Mais on appelle aussi acier du fer ne renfermant qu'une faible proportion de carbone et ne durcissant que peu ou même pas du tout, à la trempe : le mot acier a trait alors au mode de fabrication : c'est un métal obtenu en lingots fondus, tandis que le fer se fabrique avec des paquets, soudés au pilon, de fer brut provenant du puddlage de la fonte, ou de ferrailles. Certains aciers très doux ne sont que du fer fondu, à peu près exempt de toute substance étrangère.

La fonte, qu'on obtient par le traitement des minerais de fer dans les hauts fourneaux, est plus carburée que l'acier.

Le fer et l'acier s'emploient en pièces forgées ou en tôles et barres laminées. Le fer et l'acier très doux peuvent se souder, qualité précieuse pour la construction et surtout pour la réparation de certaines pièces. On durcit les parties soumises à des frottements qui les usent, ou des poussées qui les mattent, par la cémentation, qui transforme en acier dur, prenant bien la trempe, la couche superficielle du métal. Par l'alliage avec de faibles proportions de nickel et de chrome, on obtient des aciers très résistants et non fragiles, qui servent beaucoup pour la construction des moteurs d'automobiles. Ces aciers spéciaux ont été quelquefois employés dans la locomotive, notamment pour l'exécution d'essieux coudés.

Les tôles d'acier doux, employées pour la construction des chaudières, sont plus homogènes que les tôles de fer, qui présentent parfois des dédoublures : elles supportent bien le travail de l'emboutissage.

La fonte s'emploie en pièces fondues. Une bonne fonte de moulage est homogène, exempte de souillures : la cassure montre un grain fin de couleur grise ; le burin et la lime l'entament facilement. La fonte résiste bien aux efforts de compression, avec une résistance à la traction très inférieure à celle du fer.

Depuis quelques années, on emploie beaucoup l'acier coulé pour remplacer les pièces en fonte par d'autres plus légères ou plus résistantes, et les pièces en fer ou en acier forgé d'exécution difficile. La résistance de ces pièces coulées, quand elles sont bien faites, est comparable à celle des pièces forgées qu'elles remplacent. Le cuivre, avec une résistance inférieure à celle du fer, est très malléable et se prête sans se criquer à de petites déformations ; c'est ce qui l'a fait adopter pour les foyers et leurs entretoises.

L'alliage de cuivre et d'étain est le bronze, dont sont formés les coussinets, les tiroirs, les robinets ; allié au zinc, le cuivre donne le laiton. Outre les deux métaux principaux, ces alliages en contiennent souvent d'autres c'est ainsi que les bronzes renferment fréquemment du zinc et du plomb.

Le tableau qui suit donne quelques exemples de compositions d'alliages, en poids pour 100 parties (d'après la pratique de l'Ouest). Le dernier alliage du tableau est fréquemment préféré au bronze pour les coussinets. Il réunit deux qualités en apparence contradictoires : d'une part, il présente des parties dures, sur lesquelles la résistance due au frottement est très faible ; d'autre part, la masse est assez molle pour s'ajuster facilement sur le tourillon, de sorte que les grippements sont rares.

	CUIVRE	ÉTAIN	ANTIMOINE	ZINC	PLOMB
Bronze pour tiroirs	84	14	»	2	»
Bronze pour bagues de bielles .	82	18	»	»	»
Bronze pour cloches.	78	20	2	»	»
Bronze pour clés de robinets . .	88	9	»	3	»
Laiton	70	»	»	30	»
Alliages pour garnitures de tiges.	»	8	12	»	80
Métal blanc à base d'étain . . .	5,55	83,33	11,11	»	»

L'addition d'un peu de fer et de manganèse à des alliages de cuivre leur donne une grande résistance. Par exemple le métal Stone, employé à la confection d'entretoises de foyer, est composé, pour 100 parties en poids, de 61,5 de cuivre, 37,9 de zinc, de 0,6 de fer et manganèse. Certains bronzes pour entretoises contiennent 4 p. 100 de manganèse.

Outre les métaux qui viennent d'être cités, on trouve encore dans certains aciers de l'aluminium. Enfin, parmi les corps simples que le chimiste reconnaîtrait dans une locomotive, on peut citer le phosphore, l'arsenic, le silicium, qui existent souvent, en petite proportion, dans les fers et les cuivres.

15. Centre de gravité.

Qu'on suspende à un fil un corps pesant et qu'on marque à l'intérieur ou à l'extérieur de ce corps, suivant sa forme, la direction de ce fil, par exemple en y perçant un trou de très petit diamètre ou

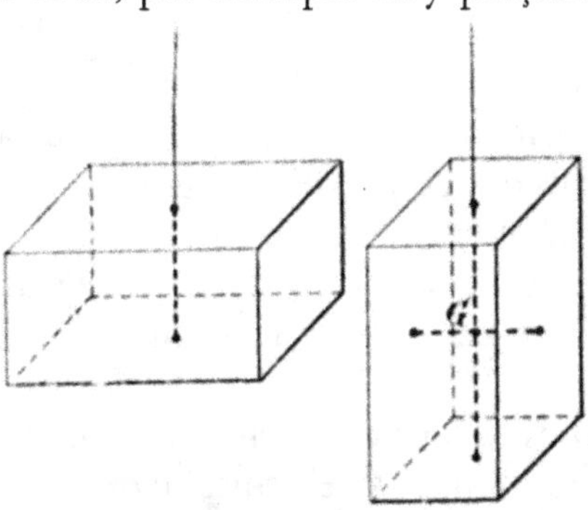

Fig. 15. — Centre de gravité, à l'intérieur d'un corps.

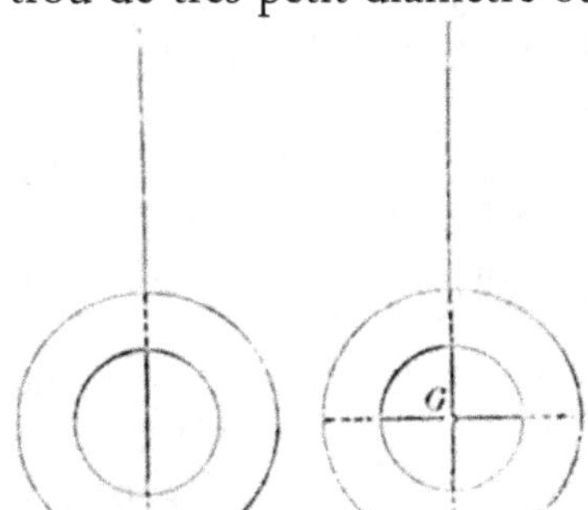

Fig. 16. — Centre de gravité, à l'extérieur d'un corps.

en fixant une tige mince à l'extérieur (fig. 15 et 16) ; en suspendant le même corps par un autre point et marquant de même sur le corps la direction du fil, la mécanique démontre et l'expérience fait voir que les deux directions ainsi déterminées se coupent en un point, qui est le même quel que soit l'endroit où le fil est attaché : on nomme centre de gravité ce point commun d'intersection : sur la fig. 15, le centre de gravité est à l'intérieur du corps ; il est à l'extérieur sur la fig. 16.

La considération du centre de gravité simplifie certains problèmes où la masse entière d'un corps peut être supposée concentrée en ce point unique.

Pour tourner les locomotives, on emploie des ponts à pivot, où tout le poids de la machine avec son tender peut porter sur le pivot. Il faut que le centre de gravité de l'ensemble formé par la locomotive et le tender se trouve juste au-dessus du pivot : le virage est alors facile. Il n'est pas besoin d'ailleurs de connaître d'avance la position du centre de gravité sur la machine : comme le pont peut s'incliner légèrement suivant sa longueur, la machine est bien placée quand les galets, qui existent aux extrémités du pont, ne touchent leur chemin de roulement circulaire ni d'un côté ni de l'autre. Pour qu'on puisse amener une machine dans cette position, il est en général nécessaire que le pont soit un peu plus long que ne l'exigerait l'espacement des roues extrêmes : quand on ne dispose pas de cet excès de longueur, on déplace le centre de gravité en modifiant la quantité d'eau que contient le tender.

16. Gabarit de chargement.

Tout véhicule d'un chemin de fer doit s'inscrire librement dans le gabarit de chargement, qui n'est pas le même pour toutes les lignes. Cette différence des gabarits est une gène sérieuse pour la circulation des wagons passant d'un réseau sur un autre. Aussi les administrations de la plupart des chemins de fer (à voie normale, de 1,44 m environ entre rails) de l'Europe continentale ont proposé, pour l'échange du matériel, un gabarit commun dit *passe-partout.* Chaque réseau conserve en outre son gabarit spécial, qui peut être plus grand que le gabarit passe-partout, et qui est applicable au matériel qui ne sort pas du réseau, notamment à la plus grande partie du matériel à voyageurs. Avec un gabarit plus petit que le passe-partout, un chemin de fer est fermé au matériel étranger.

La question du gabarit est plus délicate qu'elle ne parait à première vue : pendant la marche des trains, les véhicules se déplacent transversalement d'une certaine quantité, et peuvent alors sortir du gabarit de chargement. Ce déplacement tient aux jeux qui existent entre les boudins des roues et les rails, entre les coussinets et les extrémités des fusées des essieux : en outre les oscillations des ressorts donnent lieu à un mouvement très marqué, surtout à la partie supérieure des caisses dont les corniches s'approchent des voûtes des ponts et des tunnels.

Il est nécessaire que le profil transversal du chemin de fer présente, pour le passage des trains, une ouverture supérieure à celle du gabarit de chargement, afin de tenir compte de ces circonstances. On doit aussi prévoir les petits déplacements accidentels de la voie, qui peuvent se produire lors des réparations.

Une autre cause s'ajoute aux précédentes dans les courbes : le milieu du véhicule prend une certaine saillie vers l'intérieur de la courbe, tandis que les extrémités sortent vers l'extérieur. Cet effet devient important pour les véhicules de grande longueur, tels que les voitures à bogies : il faut donc ou réduire le gabarit transversal de ces voitures, ce qui est souvent gênant, ou bien prévoir autour du gabarit un jeu plus grand dans les courbes.

De ce qu'un wagon plein a passé dans le gabarit de chargement, il n'en résulte pas qu'une fois déchargé, il en sera de même, parce que les ressorts, en se débandant, relèvent le véhicule.

La construction récente, en France, de quais hauts de 85 cm au-dessus du niveau des rails, dans quelques gares à voyageurs, rétrécit légèrement le gabarit dans la partie inférieure, peu utilisée pour les chargements. Il importe, en effet, pour la, sécurité des voyageurs, que ces quais s'approchent le plus possible des marchepieds des voitures. Les quais hauts sont d'un usage général en Angleterre.

17. Vitesse des trains.

La vitesse des trains s'exprime en kilomètres à l'heure : dans le sens étroit des mots, cette manière de compter supposerait pendant une heure une marche uniforme, rarement réalisée. Pour calculer la vitesse en mètres par seconde, on multiplie par 1 000 le nombre des kilomètres, ce qui donne le nombre de mètres, puis on divise le produit par 3600, nombre de secondes en une heure ; plus simplement, il suffit de multiplier par 10 et de diviser par 36. Par exemple, à la vitesse de 90 km à l'heure, on parcourt 900 divisé par 36, c'est-à-dire 25 mètres à la seconde.

On appelle *vitesse commerciale* d'un train la vitesse uniforme qui lui permettrait d'accomplir son parcours dans le temps même qu'il emploie, arrêts intermédiaires compris. Pour la calculer, en kilomètres à l'heure, on compte combien de minutes s'écoulent depuis le départ jusqu'à l'arrivée, puis on divise le nombre des kilomètres parcourus par celui des minutes, ce qui donne le parcours par minute ; en le multipliant par 60, on a le parcours moyen par heure ou vitesse commerciale. On obtient un peu plus facilement le même résultat en multipliant d'abord par 60 le nombre de kilomètres, puis en divisant le produit par le nombre des minutes. Par exemple, si un train part de Paris à midi 17 pour arriver à Bordeaux à 7 h 9 du soir, il parcourt 588 km en 412 minutes : la vitesse commerciale est de 588 x 60 ou 3 522 divisé par 412, c'est-à-dire de 85,6 km à l'heure. On calcule de même la vitesse commerciale d'une station à la suivante, pour un trajet sans arrêt.

On appelle *vitesse moyenne de marche*, d'une station à la suivante, la vitesse uniforme qui permettrait de faire effectivement le trajet, en tenant compte du temps nécessaire pour le démarrage, l'arrêt et les ralentissements, estimé d'après certaines règles. Si on donne une heure 45 minutes pour un trajet de 154 km entre deux arrêts, la vitesse commerciale sera de 88 km à l'heure ; si le temps perdu pour le démarrage, les ralentissements, et l'arrêt est de 8 minutes, on calculera la vitesse pour le parcours en 97 minutes seulement, ce qui donne une vitesse moyenne de marche de 96 km à l'heure environ.

Comme en réalité la vitesse n'est pas uniforme sur tout le trajet, la vitesse effective de marche dépasse à certains moments la vitesse moyenne.

Pour obtenir des vitesses commerciales élevées, il faut non seulement une bonne vitesse moyenne de marche, mais encore peu de pertes de temps en démarrages, ralentissements et arrêts. La mise en vitesse des trains lourds fait perdre plus de minutes qu'on ne le croit généralement.

Quelle est la plus grande vitesse que puissent prendre les locomotives à vapeur ? Il est difficile de répondre avec précision à cette question ; mais des machines stables, sur une bonne voie, peuvent atteindre et même dépasser, dans des expériences exceptionnelles, la vitesse de 150 km à l'heure (43 m par seconde). Des roues de 2,100 m doivent alors faire 6 tours et demi par seconde.

18. Indicateurs de vitesse.

Depuis quelques années, les applications des indicateurs de vitesse sur les locomotives se sont multipliées. Plusieurs appareils différents ont été construits à cet effet. Au simple indicateur, qui s'adresse seulement au mécanicien, on préfère généralement les appareils qui enregistrent en outre les vitesses pendant tout le parcours.

Quand les indicateurs de vitesse sont commandés directement par un point d'une bielle d'accouplement, ils doivent être réglés suivant le diamètre de la roue, que l'usure et le retournage des bandages réduisent. On emploie aussi pour la transmission un galet qui appuie sur le bandage, dont le diamètre est alors indifférent.

Le Chronotachymètre P. L. M. (fig. 17) inscrit la vitesse sur une bande de papier : il est complété par un indicateur Stroudley, comprenant une petite pompe centrifuge qui refoule un liquide dans un tube gradué en vue du mécanicien. Le P. L. M. emploie aussi l'indicateur Flaman indiqué ci-après.

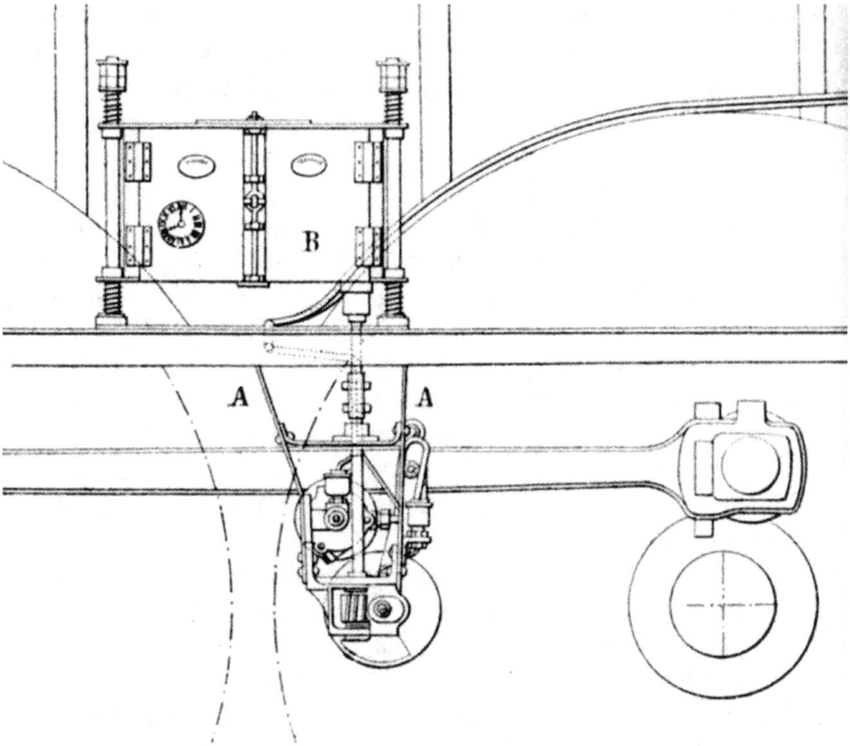

Fig. 17. — Chronotachymètre P. L. M.

L'indicateur Haushaelter fait connaître la vitesse en km à l'heure, non d'une manière continue, mais toutes les 12 secondes. Il contient un arbre, dont la vitesse de rotation est proportionnelle à celle de la locomotive, et un mécanisme d'horlogerie. Cet arbre, par l'intermédiaire de renvois convenables, élève une masse pendant une durée de 11 secondes, limitée par le mécanisme d'horlogerie; cette élévation est proportionnelle à la vitesse qu'on veut mesurer: elle est indiquée par une aiguille et par une perforation sur une bande de papier qui se déroule de 4 mm par minute. Pendant la 12e seconde la masse retombe, puis elle est élevée de nouveau pendant 11 secondes.

L'indicateur Flaman donne la vitesse à des intervalles plus rapprochés, de 4, 8 secondes, et l'enregistre sur une bande qui se déroule de 5 mm par km.

19. Heures.

En chaque point de la terre, on distingue l'heure vraie qu'on lit sur un cadran solaire, et qui n'a pas d'usage pratique, et l'heure moyenne locale, qui doit régler la marche des horloges: les écarts entre l'heure vraie et l'heure moyenne dépassent un quart d'heure à certaines époques de l'année[7]. Sur tous les points d'un même méridien, c'est-à-dire en marchant exactement du nord au sud, on trouve la même heure locale ; mais elle varie d'un méridien à l'autre, de 4 minutes par chaque degré de longitude, ou d'une heure par 15°. Comme les chemins de fer et les télégraphes s'accommodent mal de cette variation, on a adopté pour chaque pays une heure unique. La loi du 15 mars 1891 prescrit, pour la France et l'Algérie, celle de Paris, introduite dans la Régence de Tunis par un décret postérieur ; toutefois, les horloges intérieures des gares, qui règlent la marche des trains, retardent de 5 minutes sur l'heure de Paris.

Ce système suffit tant qu'on ne sort pas d'un même pays d'étendue modérée ; mais, sauf exception, la différence des heures de deux contrées voisines n'est pas exprimée par un nombre simple, ce qui complique les calculs de correspondance. En outre, le système de l'heure unique n'est pas applicable à un empire très étendu de l'est à l'ouest, comme les État-Unis d'Amérique.

On a imaginé de diviser la terre en une série de fuseaux, compris chacun entre deux méridiens distants de 15°, et de prendre dans chaque fuseau l'heure du méridien moyen, placé à 7 degrés et demi des deux méridiens extrêmes. D'un fuseau au voisin l'heure est différente, mais la différence est exactement d'une heure, ce qui rend les calculs faciles et permet de lire sans peine les horaires des trains.

Il est commode que, dans un même pays et dans certaines régions, on ait, autant que possible, la même heure ; aussi a-t-on un peu triché sur les limites qui séparent un fuseau du voisin : on a pris les frontières politiques ou administratives voisines du méridien qui devrait faire la séparation.

Dans ce système, il fallait choisir un méridien initial, qui donne en quelque sorte l'heure à tous les autres : le choix s'est fixé sur le méridien de Greenwich, prés de Londres. L'heure de Greenwich retarde de 9 minutes 21 secondes sur celle de Paris : quand il est midi à Paris, il est 11 h 50 min 39 sec à Greenwich. La différence entre l'heure de Greenwich et celle qui règle effectivement les chemins de fer français est réduite, 4 minutes environ, par le retard des horloges intérieures des gares en France.

La France ne s'est pas associée jusqu'à présent à cette réforme des heures, déjà adoptée dans un grand nombre de pays et notamment par tous ses voisins. L'Angleterre et l'Écosse, la Belgique, la Hollande,

7 Temps moyen à midi vrai :

le 11 février 1908 .... midi 14 min 25 sec :
le 16 avril .... 11 h 59 min 51 sec ;
le 3 novembre .... 11 h 43 min 40 sec.

l'Espagne, se règlent sur l'heure même de Greenwich, qu'on appelle heure de l'Europe occidentale; en ajoutant une unité au nombre des heures, on a l'heure de l'Europe centrale, usitée en Suède, en Norvège, en Suisse, en Alsace-Lorraine, dans le Luxembourg, dans toute l'Allemagne, en Autriche, en Hongrie, en Bosnie et Herzégovine, en Serbie, en Italie, en Danemark, au Congo; l'addition d'une nouvelle unité donne l'heure de l'Europe orientale, qui sert en Roumanie, en Bulgarie, en Turquie, en Egypte. Dans l'est de la Russie, les chemins de fer sont réglés sur l'heure de Saint-Pétersbourg qui se trouve être, à une minute prés, celle de l'Europe orientale.

Les États-Unis d'Amérique et le Canada sont partagés en quatre grandes zones de l'est à l'ouest, où l'on emploie successivement l'heure de l'Est, du *Centre*, de la *Montagne*, et du *Pacifique*; c'est celle de l'Europe occidentale moins 5, 6, 7 et 8 heures. Quand il est midi à Greenwich, on compte 7 heures du matin à New-York.

Parmi les autres États qui ont adopté cc système, se trouvent les Indes, l'Australie, la Nouvelle-Zélande, le Japon: au Japon 9 heures du soir correspondent au midi de l'Europe occidentale.

Une autre réforme, réalisée notamment en Belgique et en Italie, pour améliorer les horaires des chemins de fer, consiste à compter les heures de 0 à 24 depuis minuit jusqu'à minuit, et non plus par deux périodes de 12. La confusion des heures du matin et du soir n'est plus possible[8].

8 Cette notation est adoptée en France pour l'*Annuaire du bureau des longitudes*.

CHAPITRE II

CHAUDIÈRE

20. Dispositions essentielles de la chaudière de locomotive.

Tout générateur de vapeur comprend un foyer, où brûle le combustible, et un récipient clos contenant l'eau à chauffer. Le foyer doit être assez grand pour suffire à la combustion d'une quantité donnée de combustible, et présenter à cet effet une surface de grille convenable. L'utilisation de la chaleur produite par la combustion dépend de la surface chauffée du récipient, dite surface de chauffe. Les parties principales de la chaudière de locomotive (fig. 18 et 19) sont le foyer, les tubes, la boîte à feu, le corps cylindrique, la boîte à fumée.

Le foyer est une sorte de caisse, formée habituellement de quatre parois à peu près verticales, supportant le ciel horizontal; la grille est installée à la partie inférieure de cette caisse, qui est ouverte. Dans la plupart des locomotives, les conditions d'emplacement limitent à un mètre environ la largeur du foyer et à trois mètres carrés au plus la surface de la grille. Une telle grille, déjà grande pour une locomotive, ne suffirait pas à brûler la quantité de charbon nécessaire, si la vapeur d'échappement, lancée par une tuyère placée sous la cheminée, n'activait la combustion.

Le foyer est monté à l'intérieur d'une caisse en tôle plus grande qu'on appelle boîte à feu: un cadre en fer réunit les bases des deux caisses; l'eau recouvre le ciel et baigne les parois latérales du foyer, excepté à l'endroit du trou qui reçoit la porte, également entouré d'un cadre.

Il ne suffirait pas de compenser les dimensions restreintes de la surface de la grille par l'emploi de t'échappement, si la chaudière à tubes de fumée de Seguin, petite et légère, ne donnait une grande surface de

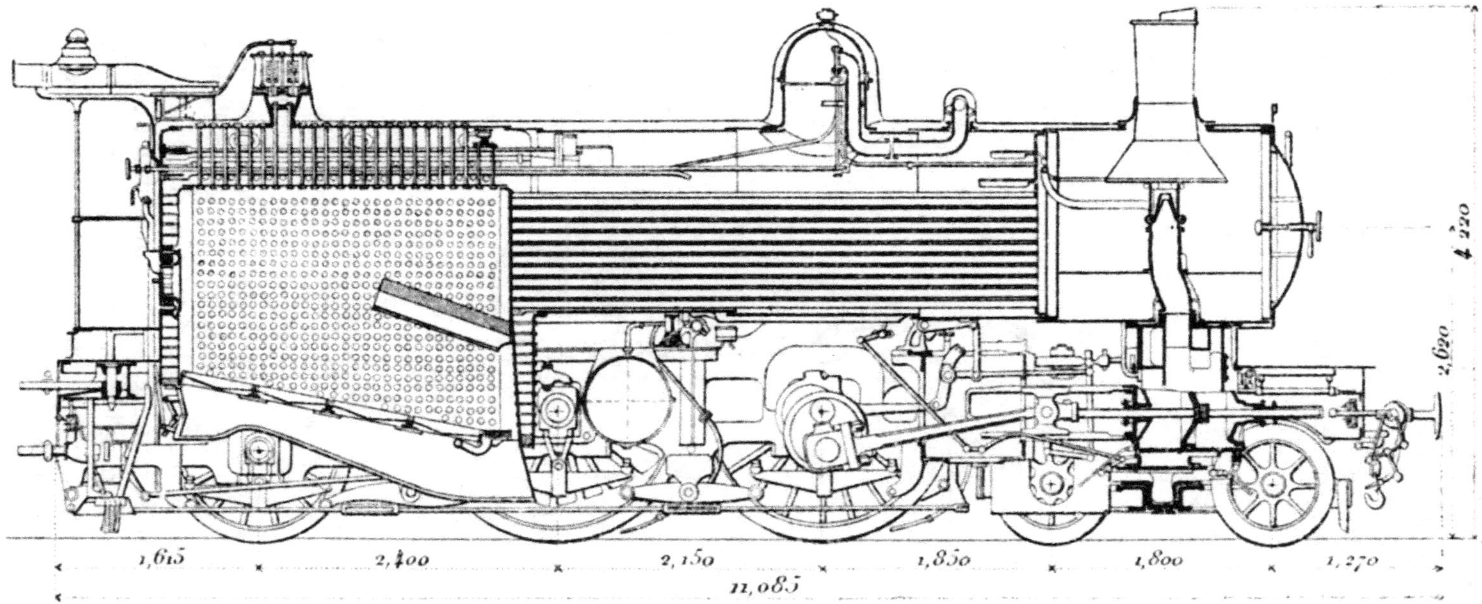

Timbre	16 kg.	Diamètre extérieur des tubes	70 mm.	Surface de chauffe des tubes (développement total intérieur)	193,28 m².
Diamètre intérieur moyen	1,456 m.	Nombre de tubes (en acier, à ailettes intérieures)	126	Surface de chauffe totale	208,52 m².
Longueur des tubes entre plaques tubulaires portée à 4,300 m. dans les constructions postérieures)	4,200 m.	Surface de chauffe du foyer	15,24 m².	Surface de grille	2,74 m².

Fig. 18 — Locomotives nos 2641 et 2642 du Nord ; coupe longitudinale. Données relatives à la chaudière.

chauffe. Les gaz chauds que produit le foyer passent à travers un grand nombre de tubes de faible diamètre, qui les amènent, refroidis, dans la boîte à fumée. Par exemple, la surface de chauffe d'un tube, qui a 40 mm de diamètre à l'intérieur et 4 m de longueur, est d'un demi-mètre carré : 200 de ces tubes donnent donc 100 m^2 et la surface du foyer s'y ajoute.

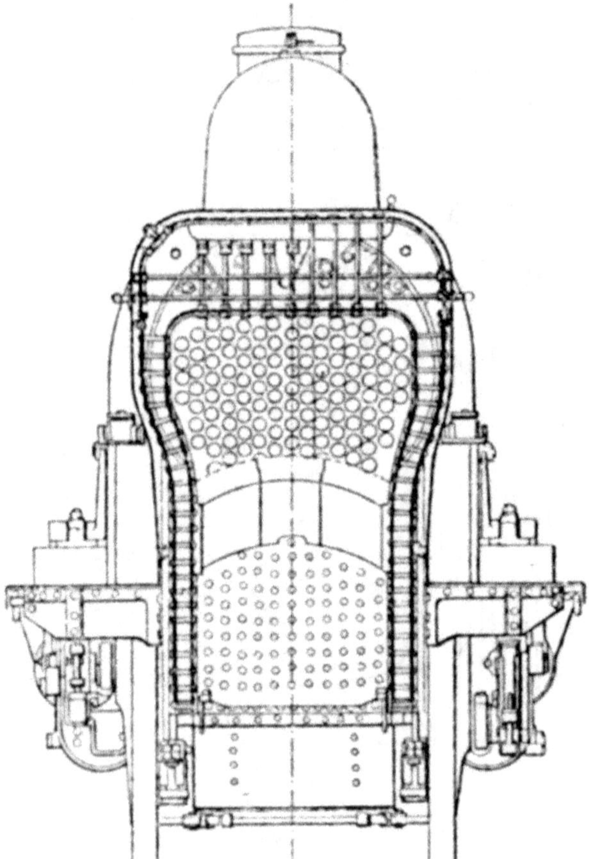

Fig. 19. — Locomotives n°. 2641 et 2642 du Nord ; coupe transversale par la boîte a feu.

Les tubes, emmanchés dans la plaque tubulaire du foyer, traversent l'eau, qui doit toujours les recouvrir ainsi que le foyer ; reste au-dessus de l'eau un espace pour la vapeur, dans la boîte à feu et le corps cylindrique.

À l'avant, le corps cylindrique est fermé par la plaque tubulaire de boîte à fumée. Il est composé d'anneaux ou viroles en tôle, que des rivures assemblent. Ces viroles peuvent être alternativement de diamètre plus grand et plus petit. Dans les chaudières télescopiques, le diamètre des viroles diminue successivement de l'arrière à l'avant, de sorte qu'il n'y reste pas d'eau quand on vide la chaudière par le bas de la boîte à feu. Avec l'assemblage par couvre-joints circulaires, toutes les viroles ont le même diamètre.

En résumé, la chaudière de locomotive est caractérisée par la vivacité de la combustion, due à l'échappement, et par la grande surface de chauffe sous un petit volume, due à la disposition tubulaire.

Elle est construite en tôles de fer ou d'acier doux, sauf le foyer, pour lequel on emploie le cuivre en Europe.

La chaudière doit avoir une résistance largement suffisante pour supporter la pression de la vapeur. Les parties à section circulaire, comme le corps cylindrique, résistent bien à une pression intérieure, pourvu que la tôle ait une épaisseur convenable ; mais les parois planes doivent être soutenues par des entretoises, des armatures, des tirants fixés de distance en distance.

21. Foyer.

En Europe, on emploie généralement le cuivre pour les foyers de locomotive ; aux États-Unis, ils sont construits en feuilles minces d'acier. Les mêmes précautions conviennent pour les foyers en acier ou en cuivre : éviter tout refroidissement brusque par excès d'air dans le foyer, ou par lavage précipité à l'eau froide.

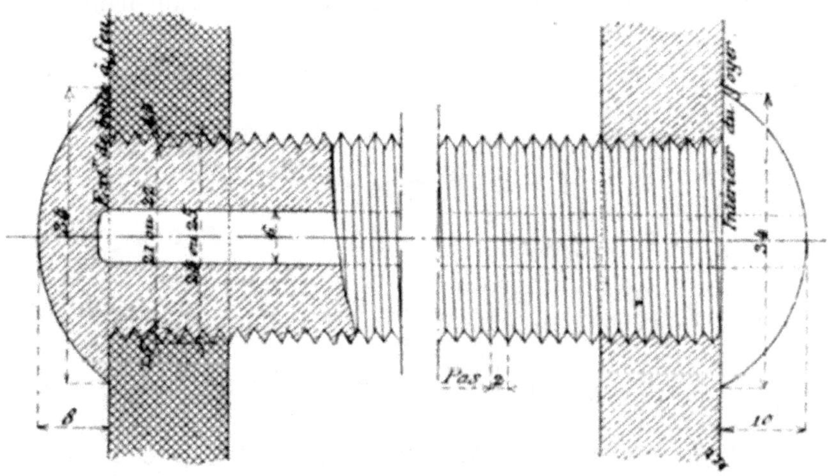

Fig. 20. — Entretoise pour foyer de locomotive, perforée de part en part puis bouchée à l'extérieur.

Pour éviter les fuites à l'assemblage des parties inférieures de la boîte à feu sur le cadre, il est bon d'en munir les angles d'oreilles saillantes, sur lesquelles se rivent les parties arrondies de la boîte à feu. Les faces voisines du foyer et de la boîte à feu sont réunies par des entretoises (fig. 20) en cuivre ou en acier ; ce dernier métal est employé surtout en Amérique. Certains alliages très résistants servent aussi à la confection des entretoises, par exemple le métal Stone, mentionné plus haut.

Avec les pressions très élevées en usage aujourd'hui, ces entretoises très résistantes sont à recommander : de plus petit diamètre que celles

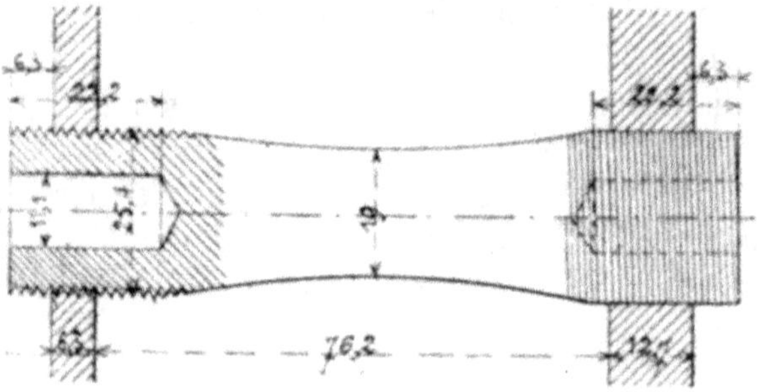

Fig. 21. — Entretoise sans têtes rivées, serrée à l'aide d'un mandrin conique.

en cuivre, elles supportent mieux les efforts de flexion qui sont la cause principale des ruptures. De plus, elles permettent un plus grand nombre de remplacements sans que la dimension des trous des tôles, qu'il faut retarauder, devienne excessive.

On peut enlever sur le tour les filets de la partie qui restera entre les deux tôles : la résistance de l'entretoise à la traction n'en est pas diminuée, et elle est un peu plus flexible.

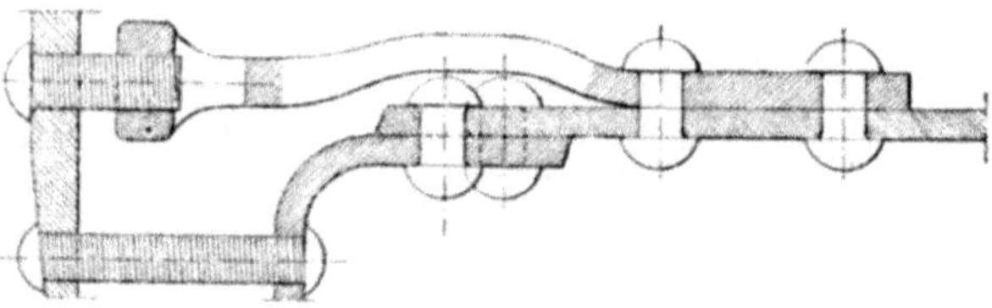

Fig. 22. — Rangée supérieure d'entretoises avec agrafes, sur la plaque tubulaire du foyer.

Le trou percé dans l'entretoise pour en déceler la rupture est refermé vers l'extérieur, de manière à éviter l'entrée de l'air ; il laisse fuir l'eau dans le foyer si elle vient à se rompre. Ces trous se bouchent assez rapidement du côté du foyer : il faut de temps en temps les déboucher. Une entretoise rompue doit être remplacée sans retard. Au lieu de perforer l'entretoise sur toute sa longueur, parfois on se contente de trous borgnes aux deux extrémités (fig. 21). En ouvrant ces trous à l'aide d'un mandrin conique, on obtient une entretoise étanche sans têtes rivées. Une attache spéciale (fig. 22) est nécessaire pour fixer la paroi plane de la plaque tubulaire du foyer en-dessous des tubes.

La consolidation la plus difficile est celle du ciel. Le ciel du foyer d'une locomotive, s'il a une surface de 3 m^2, supporte 480 t sous la pression de 16 kg par cm^2 : ce peut être plus de six fois le poids de la locomotive. Lors de l'épreuve à la presse, cette charge atteint 660 t. Autrefois, on suspendait le ciel à des poutrelles ou fermes transversales ou longitudinales (fig. 23), qui reposent elles-mêmes sur les parois

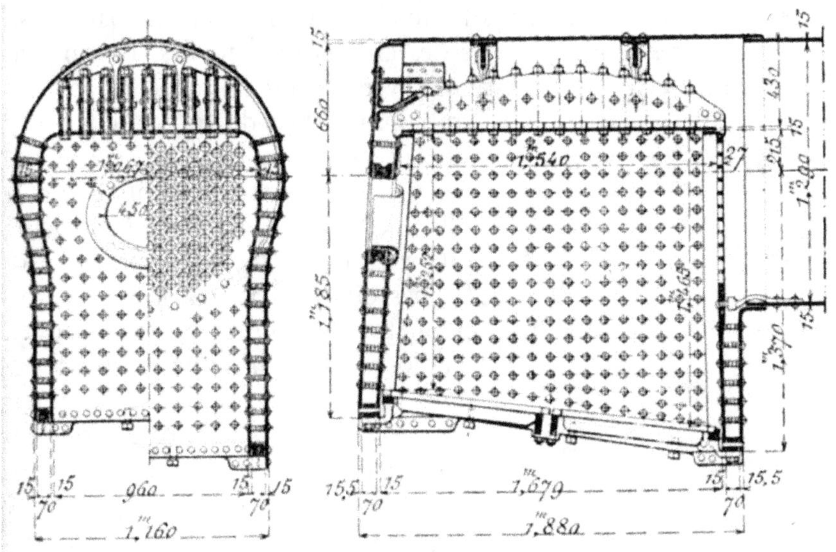

Fig. 23. — Foyer avec fermes longitudinales, rattachées au berceau cylindrique de la boîte à feu (d'après M. Demoulin).

verticales du foyer. Les fermes transversales peuvent être allongées de manière à reposer sur des consoles rivées contre la paroi de la boîte à feu (fig. 24) ; lors de l'allumage, la dilatation soulève le haut du foyer et les fermes quittent les consoles ; mais la pression rétablit le contact. Les fermes, longitudinales ou transversales, sont fréquemment rattachées au berceau cylindrique de la boîte à feu (fig. 23).

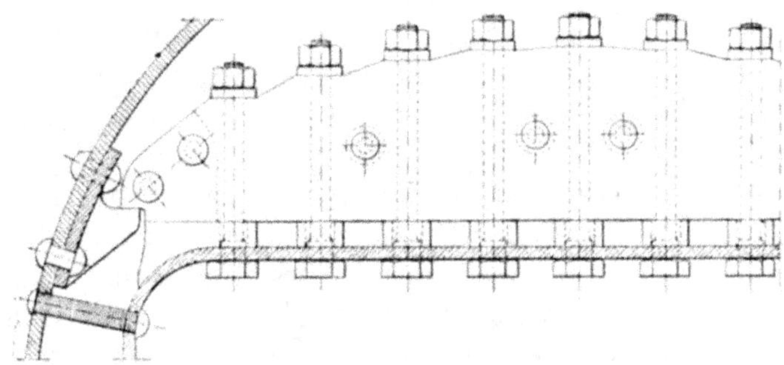

Fig. 24. — Fermes transversales reposant sur des consoles rivées contre la boîte à feu.

On préfère aujourd'hui l'entretoisement direct, à l'aide de tirants, du ciel de foyer et de la face supérieure de la boîte à feu, également plane (fig. 19). Cet entretoisement est même appliqué lorsque le dessus de la boîte à feu est cylindrique (fig. 25), surtout en Amérique et en Allemagne.

Les tirants sont vissés dans les tôles et munis d'écrous ; parfois on en rive les têtes, comme celles des entretoises latérales. Il convient que la première ligne de ces tirants, vers l'avant du foyer, ne soit pas trop rapprochée de la rivure du ciel sur la plaque tubulaire, afin de ne pas gêner les petits mouvements dus à la dilatation de la plaque par la chaleur ; quelquefois les premiers tirants sont formés de deux parties articulées, qui permettent le soulèvement du foyer. Toujours pour faciliter la dilatation de la plaque, on remplace les premiers rangs de tirants verticaux par une ou deux fermes transversales.

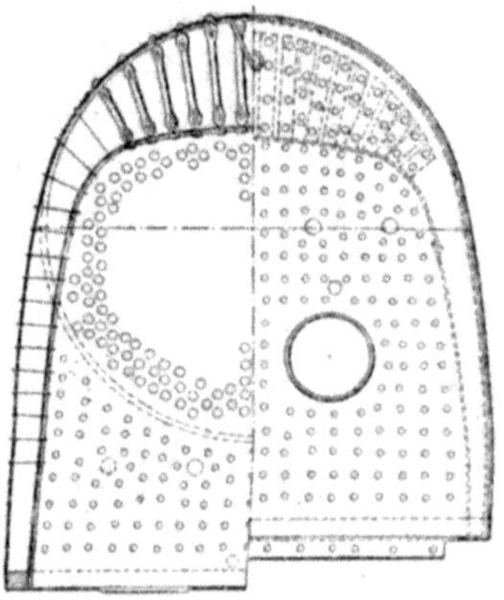

Fig. 25. — Entretoisement direct du ciel du foyer et du berceau cylindrique (coupe d'une locomotive américaine. à foyer débordant au-dessus des roues).

Quelquefois on perce les tirants de part en part comme les entretoises, et pour le même motif. Mais c'est un travail coûteux, et on peut se contenter d'un trou peu profond à chaque extrémité. La rupture est très rare, à cause de la grande longueur de ces pièces qui en permet une flexion légère.

La largeur habituelle du foyer est limitée à un mètre environ, parce que la boîte à feu qui le contient descend entre les roues et même, le plus souvent, entre des longerons intérieurs aux roues.

La longueur ne pouvant guère dépasser trois mètres, pour la commodité du service, la surface de la grille se trouve limitée vers 3 m^2. Mais quand les roues sont de petit diamètre, au moins à l'arrière, on peut loger la boîte à feu entièrement au-dessus de ces roues et, par suite, donner au foyer une largeur beaucoup plus grande.

C'est ce qu'a fait en Belgique feu l'ingénieur Belpaire, qui a construit des foyers avec des grilles de plus de 6 m^2 (fig. 26). Ces vastes grilles étaient surtout destinées à brûler des houilles maigres menues, qui seraient entraînées par un tirage énergique et dont la combustion doit être par suite relativement lente. Ce foyer est moins profond que les foyers ordinaires plongeant entre les roues, et la grille vient très près des tubes inférieurs, ce qui est une cause d'usure rapide pour la plaque tubulaire[9].

9 On désigne souvent, surtout en Angleterre et en Amérique, par le nom de foyer Belpaire, le foyer de largeur ordinaire dont le ciel est directement entretoisé avec une face plane de la boîte à feu, comme sur la fig. 19.

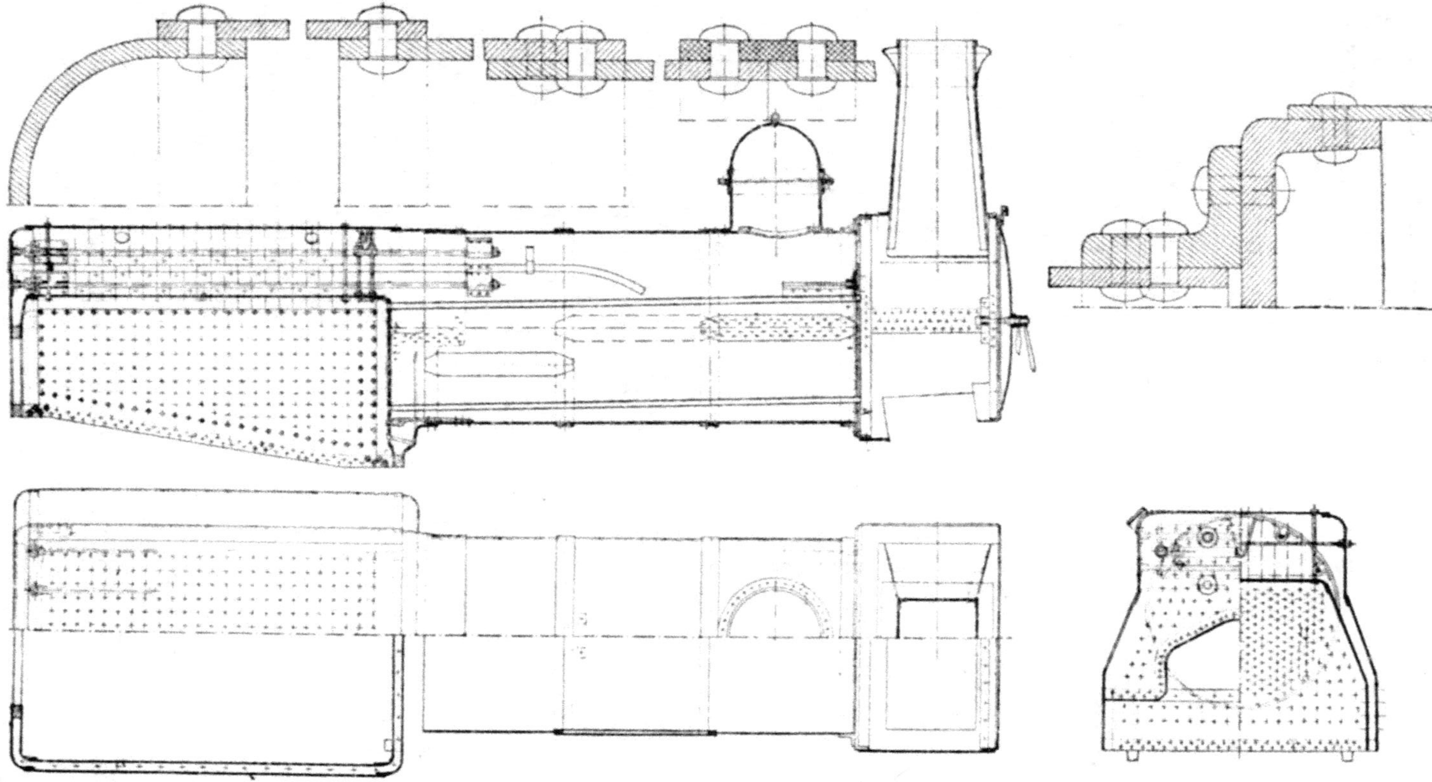

Fig. 26. — Chaudière de locomotive de l'État Belge, avec foyer Belpaire et large cheminée à section rectangulaire : coupe longitudinale ; coupes horizontale et transversale ; détail des rivures, à couvre-joints circulaires et longitudinaux sur le corps cylindrique ; assemblage par cornière de la plaque tubulaire de boîte à fumée.

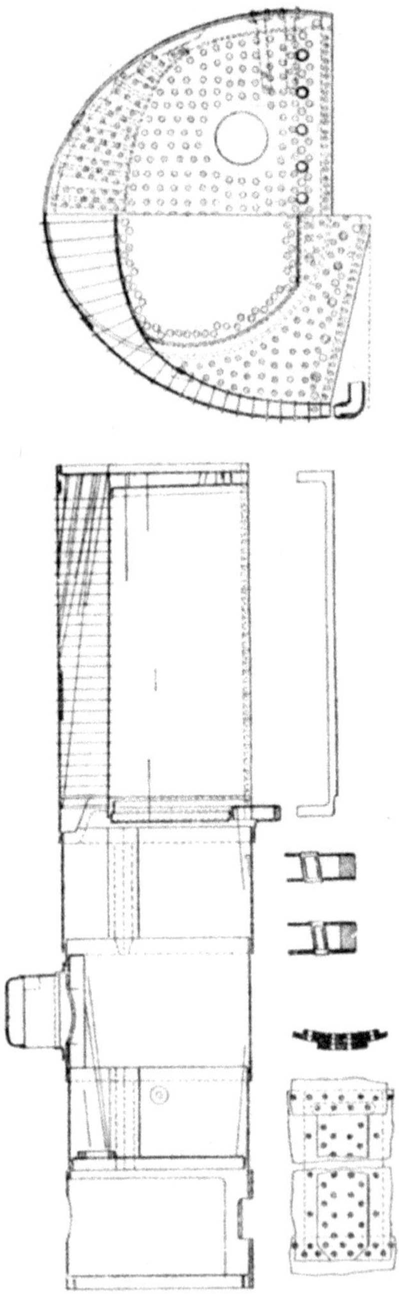

Fig. 27. – Chaudière avec foyer Wootten.

Aux États-Unis, le foyer Wootten (fig. 27) a de même une grille très large. Il a été imaginé pour brûler des anthracites menus. On applique une disposition analogue, mais avec des proportions moins vastes, quand on veut seulement agrandir le foyer ordinaire, sans chercher à brûler des combustibles spéciaux qui exigent des grilles immenses.

Pour obtenir une grande production de vapeur, nécessaire aux locomotives très puissantes de construction récente, on emploie fréquemment des foyers débordant au-dessus des roues, mais sans arriver aux largeurs excessives de Belpaire et de Wootten (fig. 25). On obtient ainsi facilement des grilles de 4 à 5 m^2.

En considérant l'évolution des foyers, on voit au début des boîtes à feu profondes, en porte à faux derrière le dernier essieu, ou plongeant entre les essieux; ensuite, pour allonger la boîte à feu, on la fait passer au-dessus de l'essieu d'arrière; enfin, pour l'élargir, on la fait déborder au-dessus des roues.

Ces modifications ont été rendues possibles par l'élévation progressive de l'axe de la chaudière, et aussi parce qu'on ne s'est plus astreint à donner au foyer une profondeur aussi grande au-dessous des tubes.

22. Chaudières à tubes d'eau.

Quelques tentatives ont été faites pour appliquer aux locomotives une chaudière à tubes d'eau, dans l'espoir d'en réduire le poids ou de diminuer les dépenses d'entretien.

La chaudière Robert (fig. 28), employée en Algérie sur des lignes où la mauvaise qualité des eaux d'alimentation rend très difficile le fonctionnement des chaudières ordinaires, comprend deux bouilleurs superposés, reliés par trois cuissards et par une série de tubes cintrés, qui remplacent le corps cylindrique. Du bouilleur supérieur, plus long que l'autre, descendent en outre une série de tubes verticaux, qui forment les parois du foyer. À leur extrémité inférieure, ces tubes s'assemblent dans un collecteur ou tube maintenu plein d'eau, qui est à la place du cadre.

La chaudière autrichienne de Brotan conserve le corps cylindrique avec tubes de fumée, mais la boîte à feu et le foyer sont remplacés par des tubes d'eau.

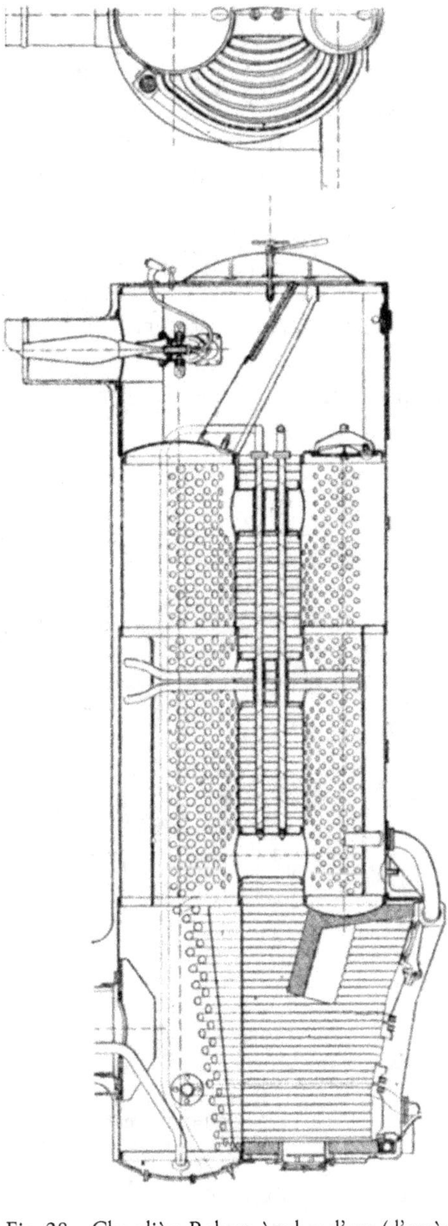

Fig. 28 – Chaudière Robert, à tubes d'eau (d'après M. Demoulin, la locomotive actuelle).

Les essais de ces chaudières ont été satisfaisants. Toutefois le type actuel de chaudière locomotive est éprouvé par une longue pratique : il se prête au service qu'on lui demande, et il est bien approprié à l'ensemble de la construction de la machine.

Aussi n'est-il guère probable qu'il soit remplacé, du moins avant longtemps, par des types essentiellement différents, sauf dans certains cas exceptionnels.

Les essais de ce genre, sur une échelle suffisamment étendue, n'en ont pas moins un très grand intérêt.

Pour les voitures automotrices, on emploie souvent des chaudières à tubes d'eau de petite dimension des systèmes Purrey et Serpolet.

23. Porte de foyer.

La porte de foyer est montée dans un cadre ovale ou rectangulaire : une contre-porte la préserve de l'action du feu. L'admission d'air par la porte (fig. 29), utile surtout pour la combustion des houilles très gazeuses ou chargées en couche épaisse, permet d'éviter la fumée.

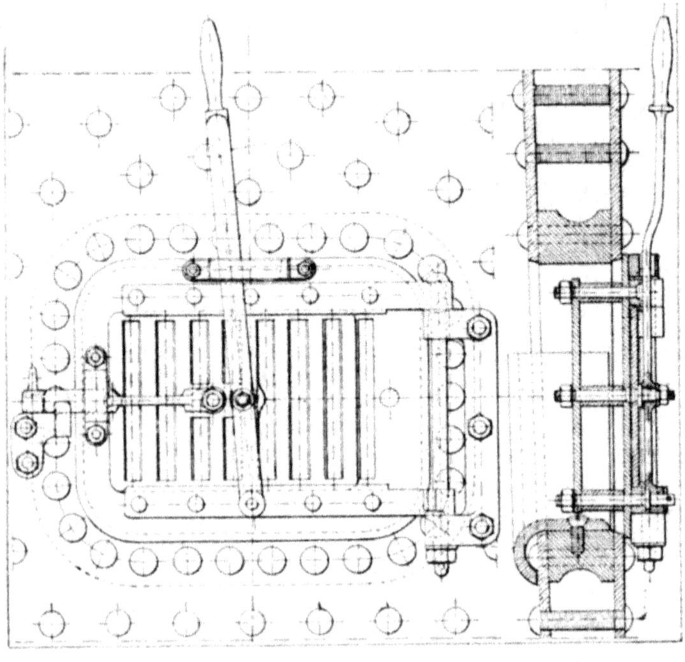

Fig. 29. — Porte de foyer, avec entrée d'air, des locomotives de l'Est.

Le volet mobile en tôle de la fig. 30 peut être fixé dans une position plus ou moins inclinée, et donne dans le foyer une entrée d'air, qu'il dirige à la façon du déflecteur qu'on voit sur les fig. 37 et 38.

La tôle rivée en saillie sur ce volet garantit alors le personnel contre le rayonnement du foyer, et permet la manoeuvre de l'appareil avec le pied.

Une garniture en fonte ou en fer, dite pare-ringard, recouvre la partie inférieure de la rivure du cadre de la porte, et la préserve du choc des outils qui servent à piquer le combustible.

Deux portes peuvent être nécessaires sur les foyers de grande largeur (fig. 25 et 27).

24. Grille.

La grille doit être appropriée au combustible qu'elle reçoit : les deux éléments principaux sont l'épaisseur et l'écartement des barreaux, qui déterminent la section de passage de l'air et la grosseur des fragments qu'elle laisse tomber.

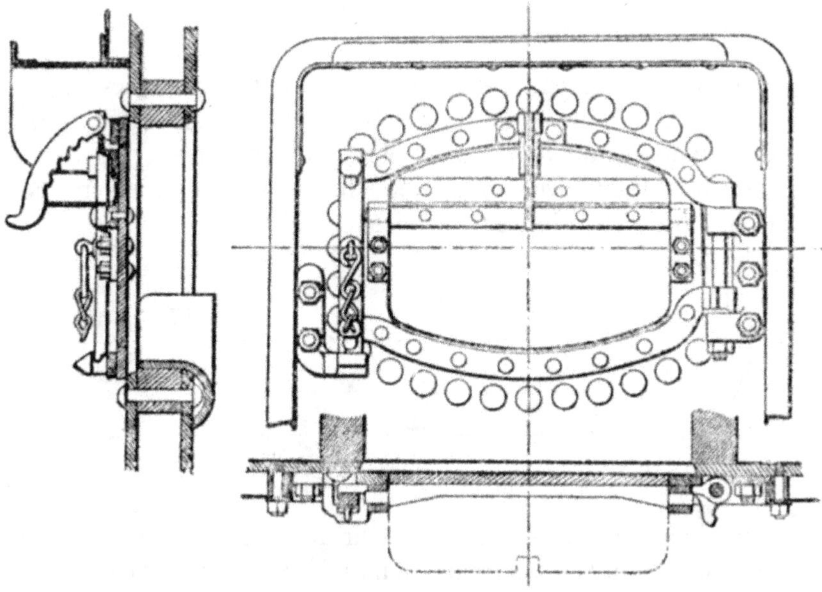

Fig. 30. — Porte de foyer à volet, des locomotives de l'Ouest.

Les barreaux sont en fer ou en fonte, et reposent sur des sommiers transversaux en fer. Ces sommiers ne doivent pas buter contre les parois du foyer, parce que la chaleur les allonge : sinon ils se plieraient ou bien ils écarteraient les parois. En coupe transversale, les barreaux s'amincissent vers le bas, afin de faciliter la chute des fragments de combustible.

Les gros barreaux en fer (fig. 31) ont des têtes forgées qui en déterminent l'écartement. Les barreaux minces en fer sont rivés par groupes de deux ou plusieurs lames séparées par des cales (fig. 32). La fonte forme également des groupes de plusieurs barreaux (fig. 33). La

Fig. 31. — Gros barreau en fer.

partie mobile ou jette-feu (fig. 34) placée à l'avant de la grille, facilite le nettoyage.

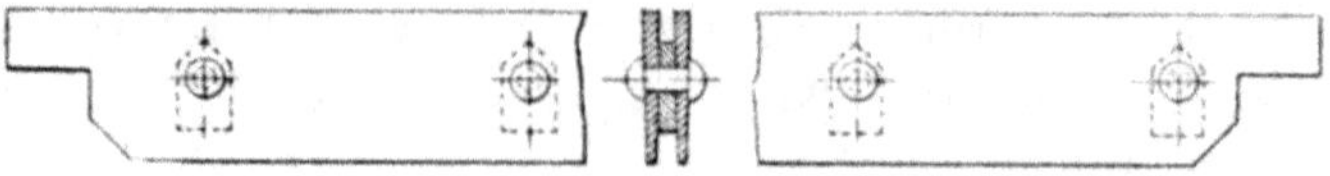

Fig. 32. — Barreaux minces en fer, rivés.

Les barreaux ne garnissent pas toujours complètement les angles ou les côtés de la grille : les vides qu'ils laissent ont une influence fâcheuse, en permettant la chute du combustible et en laissant passer des courants d'air nuisibles. Il faut avoir soin de boucher ces vides avec des mâchefers ou des fragments de briques réfractaires.

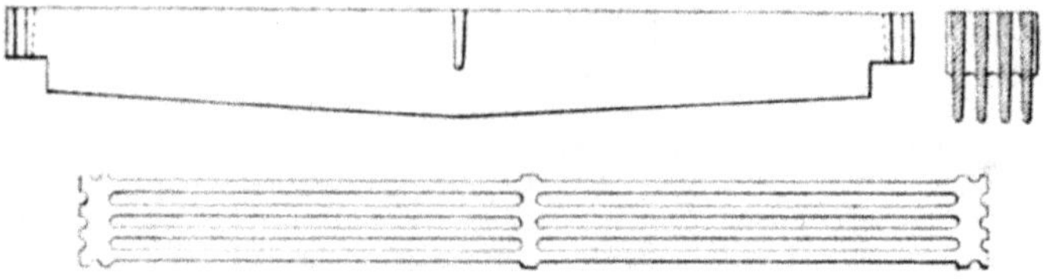

Fig. 33. — Barreau en fonte.

Il convient que la grille distribue l'air uniformément à travers toute la masse du combustible, dont la nature commande la grosseur et l'écartement des barreaux. Des barreaux écartés sont forcément assez gros, car ils doivent supporter chacun une charge de combustible plus forte que lorsqu'ils sont rapprochés ; minces et peu écartés, les barreaux donnent passage à des nappes d'air plus nombreuses et ne laissent tomber que de petits fragments de combustible. Il est en général avantageux d'employer ces barreaux minces. Certains combustibles encrassent peut-être les grilles ainsi constituées un peu plus vite que les gros barreaux espacés, mais il faut bien vérifier cet inconvénient avant de condamner les barreaux minces. Un autre avantage de ces barreaux minces est qu'ils s'échauffent moins que les gros, l'action de l'air qui en balaye la surface étant plus efficace. Une épaisseur de 8 à 10 mm, avec un vide égal, paraît convenable pour les combustibles, souvent menus, employés en France.

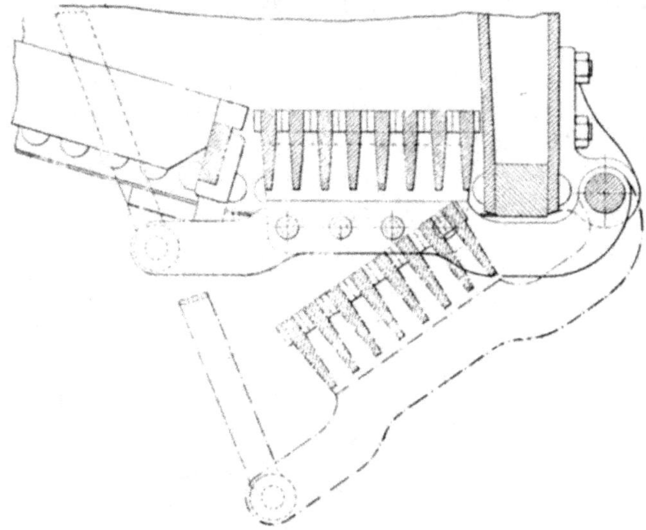

Fig. 34. — Jette-feu.

Pour éviter que les mâchefers n'empalent les barreaux, on construit des grilles dont les barreaux sont mobiles (grilles à secousses, grilles oscillantes) : ces appareils ne sont guère employés en France. On peut en citer l'emploi sur les locomotives *Pacific* de l'Orléans.

25. Cendrier.

Les anciennes locomotives n'étaient pas munies de cendriers, qui ont été construits pour empêcher la projection des escarbilles. On s'est parfois contenté d'installer sous le cadre du foyer des tôles verticales descendant à 12 cm de la surface du rail ; les parois transversales sont échancrées à la demande du gabarit.

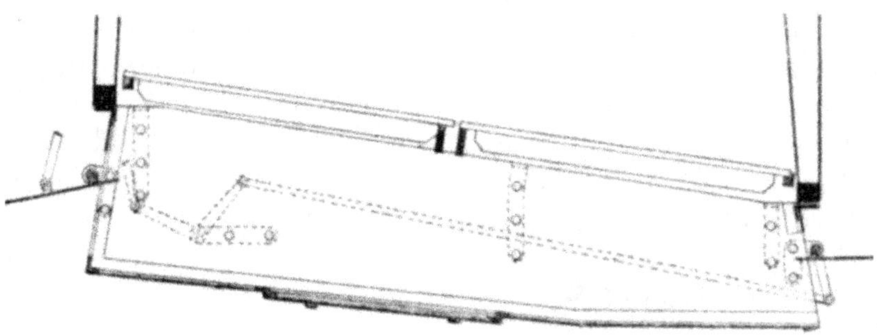

Fig. 35. — Cendrier à deux portes, une avant, une arrière : coupe longitudinale.

Le cendrier complet, muni d'un fond qui s'étend sous toute la grille, est plus efficace; il ne présente d'ouvertures qu'à l'avant et à l'arrière (fig. 35), et ces ouvertures peuvent être fermées par des portes; le cendrier n'est plus alors seulement un appareil de sécurité, mais il permet de modérer le tirage pendant les stationnements et en marche. Il convient à cet effet que le cendrier ne présente aucune ouverture anormale et que les portes ferment hermétiquement.

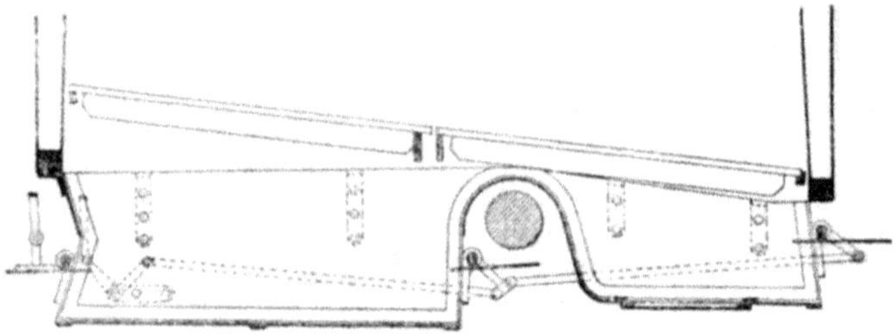

Fig. 36. — Cendrier avec essieu sous la grille ; deux portes avant.

Quand un essieu passe sous la grille, ce qui est la disposition habituelle avec les longs foyers des locomotives modernes, l'essieu traverse le cendrier: il est protégé par une gaine en tôle. Mais cette gaine gène l'accès de l'air vers l'arrière de la grille, et il est souvent préférable de former le cendrier de deux parties placées de part et d'autre de l'essieu, chacune munie d'une porte (fig. 36). Ces deux portes peuvent être manœuvrées ensemble ou séparément. Suivant les cas, on conserve ou on supprime la porte à l'arrière du cendrier.

Lorsque la locomotive circule, comme d'habitude, cheminée en avant, on ouvre la porte de l'avant du cendrier et on ferme celle de l'arrière pour obtenir un bon tirage. Dans la marche cheminée en arrière, on laisse souvent les portes dans la même position, afin que le feu ne devienne pas trop actif du côté de la porte du foyer.

On doit éviter l'accumulation des cendres dans les cendriers, surtout quand il y a peu de hauteur entre le fond du cendrier et les barreaux de grille; sinon le passage de l'air est gêné et les escarbilles chaudes brûlent les barreaux. Il faut aussi surveiller les écrous ou les clavettes qui attachent le cendrier sous le cadre du bas du foyer, pour qu'il ne risque pas de tomber sur la voie.

26. Voûte en briques.

L'usage d'une voûte en briques dans le foyer, général en Angleterre depuis longtemps, s'est aussi beaucoup répandu en France. Cette voûte (fig. 37) est placée un peu au-dessous de l'embouchure des tubes; elle est inclinée vers l'avant, et recouvre environ la moitié de la grille. Elle convient surtout dans les foyers profonds ; avec les grilles voisines des tubes (fig. 38), elle ne doit pas être trop longue, sinon elle ralentit la combustion à l'avant de la grille.

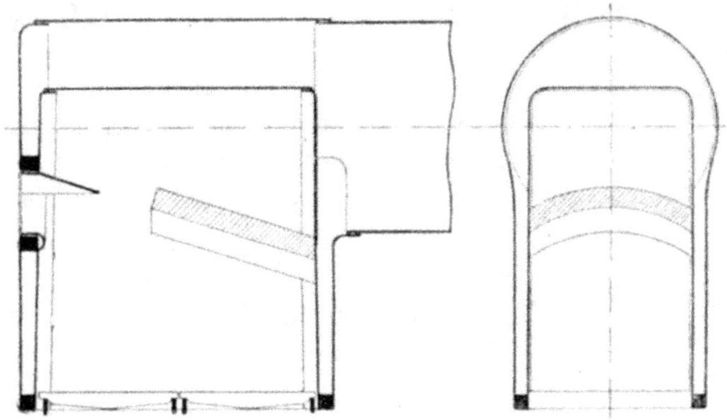

Fig. 37. — Voûte en briques dans un foyer profond, et déflecteur.

On combine souvent, avec la voûte, une entrée d'air par la porte du foyer : un déflecteur en fonte ou en tôle rabat cet air perpendiculairement au courant des gaz chauds donnés par le combustible. Ce déflecteur, qui se brûle assez rapidement, doit être une pièce simple et facile à remplacer.

La voûte a l'inconvénient de cacher en partie la plaque tubulaire. Sur les locomotives P. L. M., une petite ouverture, ménagée au-dessus de la porte, permet de regarder cette plaque et de se rendre compte de la combustion des gaz (fig. 77).

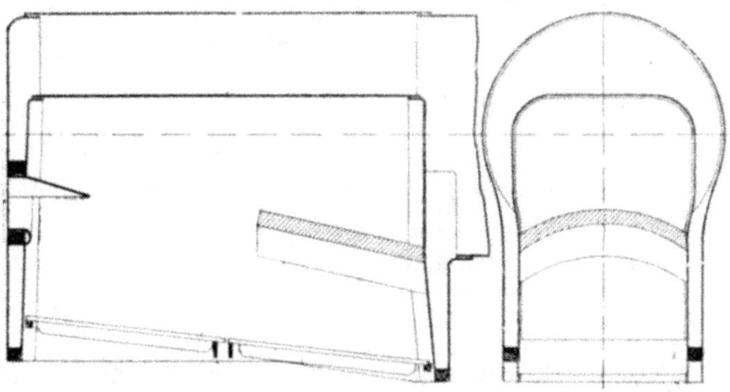

Fig. 38. — Voûte en briques dans un foyer peu profond, et déflecteur.

La voûte est construite avec des briques à couteau, c'est-à-dire à faces non parallèles, donnant le rayon voulu. Les rangées extrêmes sont formées de briques spéciales et posent sur des sommiers en fer, qui s'appuient sur des vis à tête carrée (fig. 39). Les briques sont assemblées à l'aide d'un peu de terre argileuse, dite terre à four. Quelques ouvertures, ménagées à l'avant, empêchent l'accumulation des escarbilles. Certaines voûtes sont formées de trois grosses pièces réfractaires.

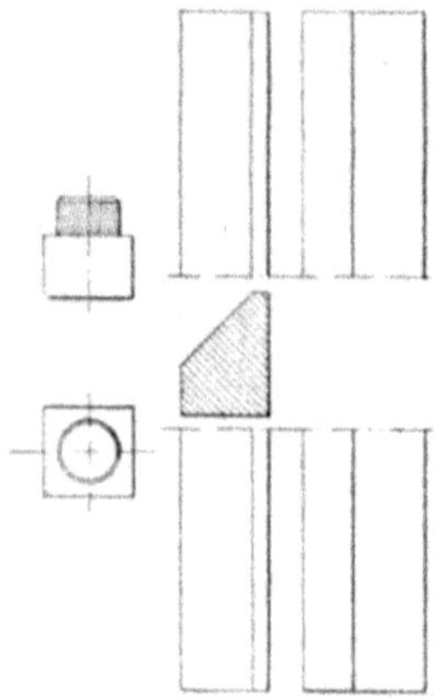

Fig. 39. — Sommier de voûte, en fer, et vis support de sommier.

La voûte est construite sur des madriers supportés par des cintres légers : on la laisse sécher avant d'allumer le feu, qui doit être mené lentement au début pour achever la dessiccation de la maçonnerie, en commençant par un petit feu de bois. Bien construites, avec des matériaux de bonne qualité, les voûtes durent six mois et même davantage : quand elles menacent ruine, il faut les remplacer sans en attendre la chute, qui étouffe le feu.

La voûte assure la combustion complète des gaz dégagés par la houille, en les mettant bien en contact avec l'air nécessaire pour cette combustion, soit qu'il entre par la porte du foyer, soit même qu'il ait traversé la grille : les courants gazeux sont mélangés ou brassés par les circuits que la voûte les oblige à faire. En outre, la voûte est fortement chauffée et, à son tour, elle communique de la chaleur à l'air et aux gaz combustibles. Bien entendu, elle ne produit pas la chaleur, mais elle la recueille, l'emmagasine et la restitue. Enfin, la voûte préserve la plaque tubulaire, lorsqu'on ouvre la porte du foyer, des coups d'air froid, qui provoquent des fuites aux tubes. Quand on arrête la machine, elle en ralentit le refroidissement : ce peut être une gène pour les lavages.

Le bouilleur Tenbrinck (fig. 186), qui a été fort employé sur les locomotives de l'Orléans et dont on trouve encore de nombreux spécimens en service, occupe la place de la voûte. C'est une caisse plate, formée de deux feuilles parallèles en cuivre, réunies par des bords emboutis et par des entretoises. Cette caisse communique avec la chaudière par deux ou trois tubulures inférieures et deux tubulures supérieures.

Le bouilleur produit le bon effet d'une voûte. Mais il coûte cher, pèse assez lourd, et demande beaucoup de soins pour rester étanche ; c'est pourquoi on y a généralement renoncé.

Dans les anciennes locomotives de l'Orléans, le bouilleur Tenbrinck est placé au-dessus d'une grille fortement inclinée. Le foyer porte une ouverture de chargement qui règne sur toute sa largeur, à la partie supérieure de cette grille : le combustible est jeté dans une trémie fixée sur cette ouverture et descend spontanément jusqu'au bas de la grille, à mesure que la combustion s'opère. L'air est admis au-dessus du combustible.

27. Tubes.

Le diamètre extérieur des tubes de locomotive est le plus souvent compris entre 45 et 50 mm ; quelquefois il descend à 40 mm. L'épaisseur est de 2 à 3 mm. Ils sont en fer ou en acier ; le laiton, autrefois d'un usage général, n'est plus guère employé à cause de son prix plus élevé. Le tube en laiton doit porter un bout soudé en cuivre rouge (fig. 40) du côté du foyer, parce qu'il devient fragile à la température du rouge sombre.

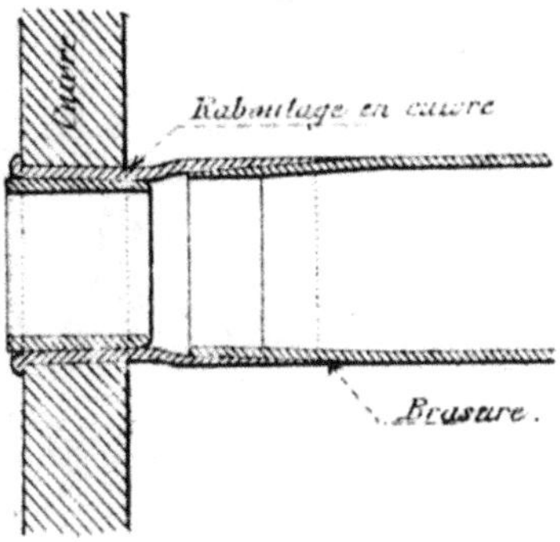

Fig. 40. — Tube à air chaud du P.L.M. (côté du foyer).

La partie délicate de la construction des chaudières tubulaires est la tenue des tubes dans les plaques. Le tube est mandriné au *dudgeon*, puis rivé (fig. 41). Habituellement on ajoute

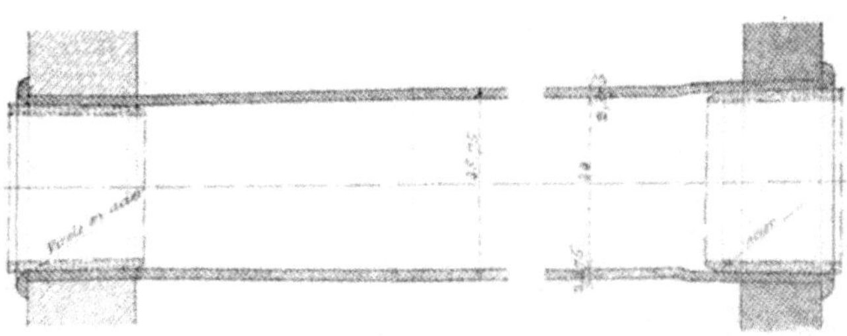

Fig. 41. — Tube de chaudière de locomotive de l'Est. La virole est habituellement montée du côté du foyer seulement (à gauche sur la figure).

des bagues ou viroles du côté du foyer, pour augmenter l'étanchéité et pour préserver le tube de la trop grande chaleur. Ces viroles ont d'ailleurs l'inconvénient de réduire la section de passage des gaz. Du côté de la boîte à fumée, elles sont inutiles.

Comme les tubes sont introduits par la boîte à fumée, les trous de la plaque ont de ce côté un diamètre un peu supérieur à celui du tube.

On donne au contraire à ceux de la plaque tubulaire du foyer un diamètre un peu inférieur, afin d'augmenter l'épaisseur du métal entre les trous, épaisseur qui doit être autant que possible voisine de 20 mm.

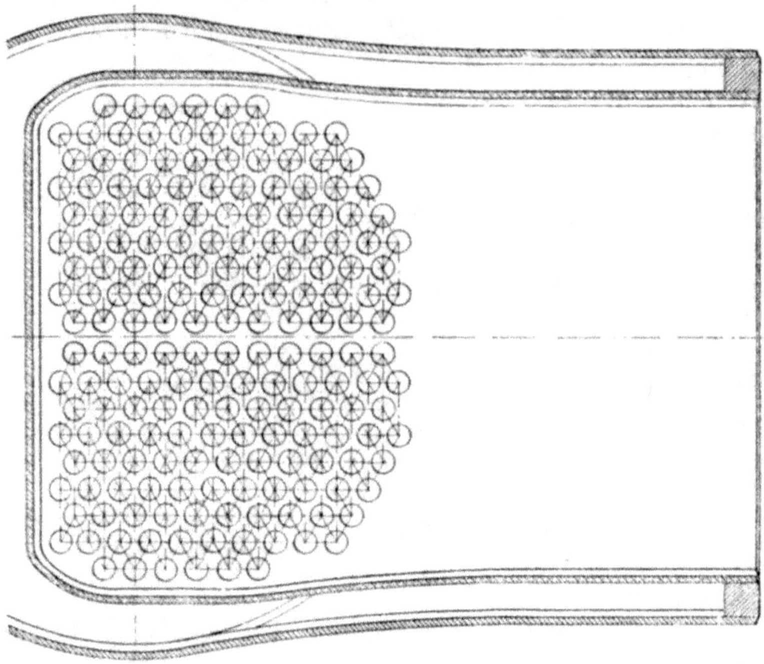

Fig. 43. – Division tubulaire en rangées verticales.

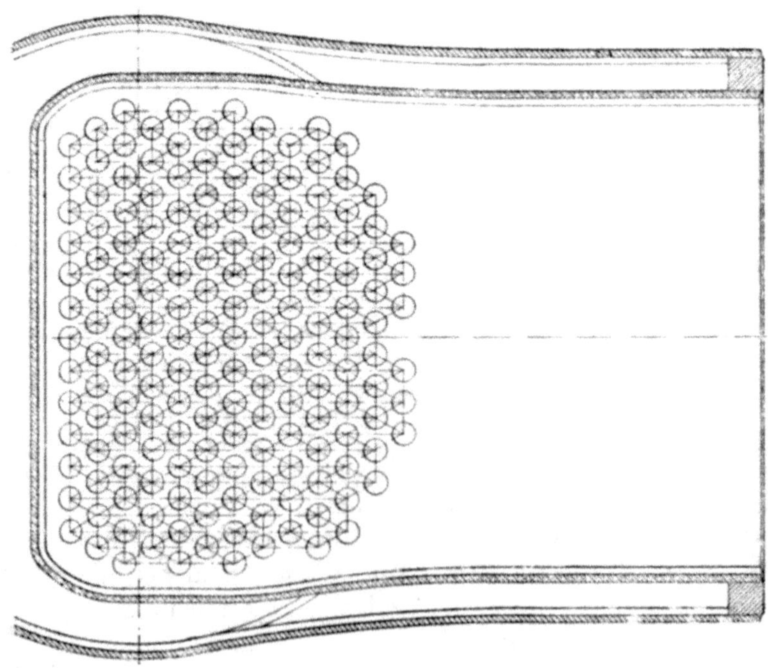

Fig. 42. – Division tubulaire en rangées horizontales.

Quelquefois on se contente du mandrinage des tubes et on se dispense de les river. Les tubes peuvent être disposés en rangées horizontales (fig. 42), ou verticales (fig. 43) : la seconde disposition parait faciliter le dégagement de la vapeur.

Le frottement des escarbilles use les tubes et les amincit : quand ils deviennent trop minces, des ruptures se produisent et on doit remplacer la tubulure.

Les tubes peuvent empêcher la séparation des deux plaques tubulaires, en agissant comme des tirants ; mais ils commencent par pousser les plaques et tendent à les écarter, parce qu'ils se dilatent par la chaleur plus que la tôle du corps cylindrique, étant portés à une température plus élevée.

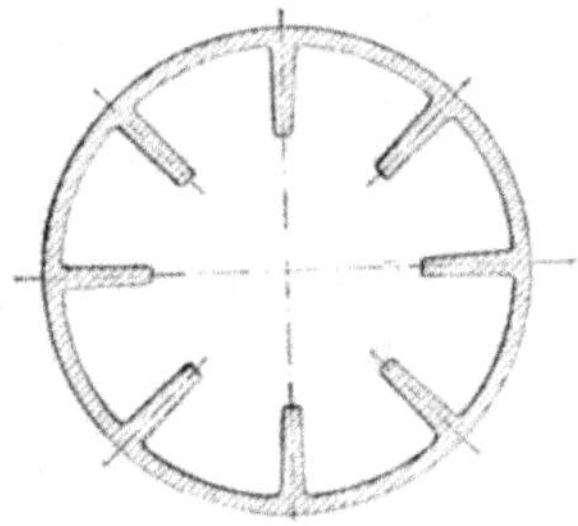

Fig. 44. — Tube à ailettes.

Afin d'augmenter la surface en contact avec les gaz chauds, on munit parfois les tubes d'ailettes intérieures (fig. 44) ; des tubes de cette espèce, montés à la place de tubes ordinaires, soutirent plus de chaleur aux gaz, qui sortent moins chauds dans la boîte à fumée. On les appelle souvent tubes Serve, du nom de leur inventeur. Les expériences du P. L. M. et du Nord ont montré que la surface de chauffe des tubes à ailettes, comptée en suivant toutes les sinuosités de leur section, était presque équivalente à une même surface intérieure de tubes lisses. Une tubulure à ailettes peut donc être plus courte qu'une tubulure lisse et, à égalité de longueur, la première prendra plus de chaleur aux gaz de la combustion.

Mais, en conservant la même longueur, on obtient la même surface de chauffe, et même une surface plus grande, avec un diamètre de tubes plus fort, qui est habituellement de 70 mm pour les tubes à ailettes. Les tubes sont alors moins nombreux et plus espacés ; les plaques tubulaires, moins découpées, semblent plus résistantes et plus durables. Les ailettes sont enlevées aux extrémités des tubes, assemblées dans les plaques tubulaires, afin de permettre le dudgeonnage et la pose des viroles.

Les tubes à ailettes pèsent un peu plus et surtout coûtent plus cher que les tubes lisses qu'ils remplacent. Par exemple, sur les locomotives n°s 1 904 à 2 269 de l'Ouest, 93 tubes à ailettes de 70 mm (à l'extérieur) ont été substitués à 192 tubes lisses en fer de 49 mm.

La garniture pèse 2 960 kg au lieu de 2 400[10] ; le prix de la tubulure mise en place a été, en 1907, de 1 670 fr. pour les tubes lisses et de 3 070 fr. pour les tubes à ailettes.

10 Cette légère différence de poids se trouve même presque complètement compensée

28. Surface de chauffe.

Une tôle d'un mètre carré, baignée d'un côté par l'eau de la chaudière et, de l'autre côté, en contact avec les gaz chauds de la combustion, laisse passer pendant chaque minute une quantité de chaleur limitée ou, en d'autres termes, ne peut vaporiser pendant chaque minute qu'une quantité d'eau limitée. Cette quantité dépend des températures de l'eau et des gaz: elle est d'autant plus grande que les gaz qui communiquent la chaleur sont plus chauds. Aussi un mètre carré du foyer, un mètre carré à l'entrée des tubes auprès du foyer, étant en contact avec la flamme même ou les gaz très chauds, vaporise beaucoup plus d'eau qu'un mètre carré pris plus loin dans les tubes, sur lequel passent des gaz déjà refroidis; si les tubes sont très longs, la dernière partie, auprès de la boîte à fumée, en est peu active.

On appelle surface de chauffe directe celle du foyer, exposée à la chaleur rayonnante du combustible, ainsi qu'au contact des gaz très chauds produits par la combustion. La surface de chauffe indirecte est celle des tubes, soumise seulement à l'action des gaz, de moins en moins chauds à mesure qu'ils s'avancent du foyer vers la boîte à fumée.

On compte comme surface de chauffe tantôt la surface intérieure des tubes, celle qui touche les gaz chauds, tantôt la surface extérieure, en contact avec l'eau: la différence entre les deux nombres est assez forte, à cause du petit diamètre des tubes et leur épaisseur relativement grande. Le mieux est de choisir la surface en contact avec les gaz, puisque c'est celle qui reçoit la chaleur. Avec les tubes à ailettes on ne peut guère compter autrement.

Des expériences ont déterminé le poids de vapeur que peut fournir, en une minute, d'une part le foyer et, d'autre part, le faisceau tubulaire, supposé partagé en plusieurs tronçons successifs par des plaques intermédiaires: la fig. 45 représente approximativement les poids vaporisés en une minute, quand la combustion est active ; elle montre au-dessus de la surface de l'eau la quantité qui se vaporise dans chaque tranche de la chaudière. Les proportions de vapeur ainsi produites par les diverses parties d'une chaudière varient avec ses dimensions, et, dans un même appareil, avec l'activité de la combustion.

On voit sur le diagramme que c'est au-dessus de l'embouchure des tubes que la production est la plus vive.

Par mètre carré le foyer produit davantage, mais les tubes présentent une surface de chauffe bien plus grande que le foyer.

La quantité de chaleur cédée par la surface de chauffe sert à échauffer l'eau d'alimentation, puis à la vaporiser; seulement le chauffage de

parce que le volume des tubes Serve est un peu plus grand que le volume des tubes lisses: par suite, la quantité d'eau contenue dans la chaudière est un peu réduite.

l'eau est en partie indirect: dans l'injecteur, la vapeur commence à la porter à une température voisine de 100°, puis elle se mélange à l'eau chaude qui remplit la chaudière.

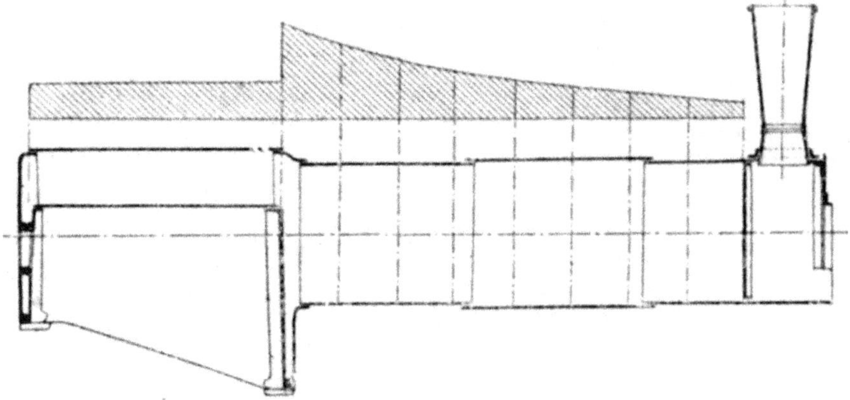

Fig. 45. — Diagramme de la vaporisation d'une chaudière (série 543-562 de l'Est: 178 tubes de 44 mm de diamètre intérieur, longs de 4,100 m ; surface de chauffe du foyer, 9,13 m^2 ; des tubes, à l'intérieur, 101 m^2).
Les surfaces couvertes de hachures, au-dessus de chaque tranche de la chaudière, figurent la quantité d'eau vaporisée dans cette tranche.
Sur 90 kg de vapeur par minute, le foyer en donne environ 30.

Une surface de chauffe trop petite laisse perdre beaucoup de chaleur; trop grande, elle alourdit peu utilement la locomotive; en outre, des tubes trop longs nuisent à l'activité de la combustion.

La valeur de 75 parait à recommander pour valeur du rapport de la surface de chauffe à la surface de grille; mais les nombreuses sujétions imposées au constructeur de locomotives l'obligent souvent à s'écarter de cette valeur. Il faut d'ailleurs remarquer qu'avec une combustion peu active, une surface de chauffe réduite suffirait, tandis qu'il faudrait l'augmenter quand on force la combustion.

La combustion peut dépasser le taux de 600 kg de houille par heure et par mètre carré de grille, et la production de la vapeur est souvent en moyenne de plus de 50 kg par heure et par mètre carré de surface de chauffe.

29. Boîte à fumée.

L'échappement, ou le souffleur, appelle dans la boîte à fumée les gaz de la combustion à travers les tubes, en créant dans cette boîte une pression inférieure à la pression atmosphérique. Le tirage est d'autant plus énergique que cet abaissement de pression est plus grand; on le mesure aisément avec un manomètre à eau.

La différence de pression, ou dépression, correspond à une hauteur d'eau dans le manomètre qui se tient entre 100 et 200 mm ; elle est alors comprise entre le 100e et le 50e de la pression atmosphérique, qui est équilibrée par une colonne d'eau de 10 m environ.

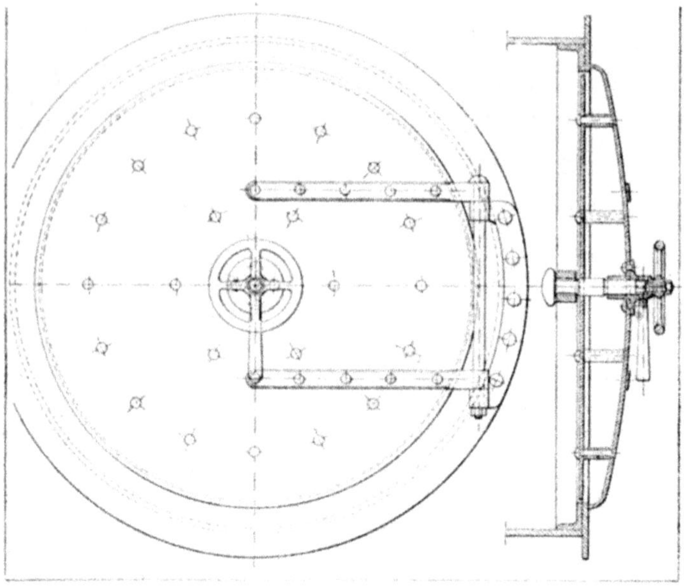

Fig. 46. — Porte ronde de boîte à fumée.

La porte de la boîte à fumée doit fermer hermétiquement, parce que les rentrées d'air nuisent au tirage et font brûler les escarbilles dans la boîte. A l'ancienne porte à deux vantaux, compliquée et difficilement étanche, on préfère généralement la porte ronde unique (fig. 46), que la pression exercée au centre par la vis de serrage fait coller sur le pourtour. On peut y ajouter des taquets appuyant sur les bords.

Quelquefois, un robinet d'arrosage permet d'éteindre le feu dans une boîte à fumée mal close : il convient de s'en servir avec mesure, parce que l'eau accélère la destruction des tôles inférieures de la boîte.

En France, l'article 11 de l'ordonnance du 15 novembre 1846 prescrit que les « locomotives devront être pourvues d'appareils ayant pour objet d'arrêter les fragments de coke tombant de la grille, et d'empêcher la sortie des flammèches par la cheminée » ; à cet effet, une grille à barreaux espacés de 10 mm (fig. 47) est montée dans la boîte à fumée.

Lorsque la cheminée est prolongée dans la boîte à fumée par un cône dont l'ouverture descend jusqu'au niveau de la tuyère d'échappement,

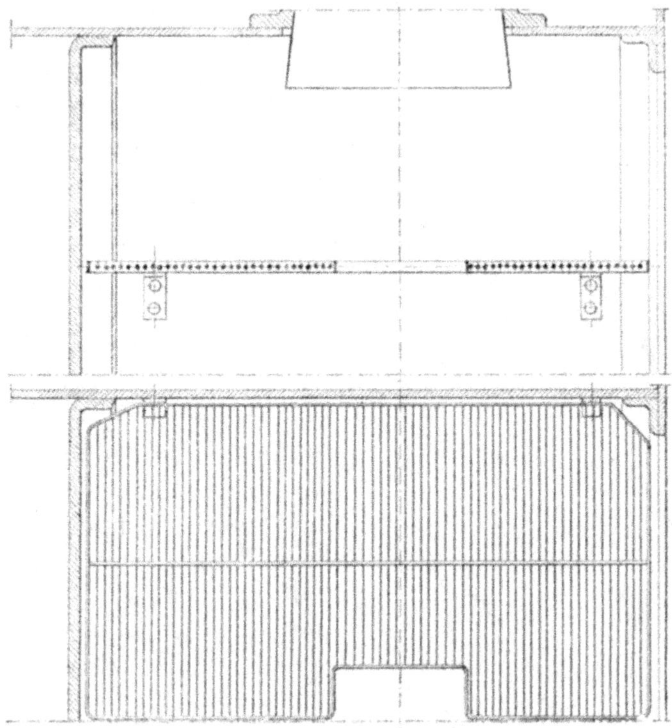

Fig. 47. — Grille à flammèches, à barreaux laissant des vides de 10 mm.

la grille à flammèches est parfois portée par ce cône (fig. 48). En plaçant ainsi la grille sur un passage de faible section, où la vitesse des gaz est grande, on exagère la résistance qu'elle oppose au tirage. On applique une garniture spéciale aux ouvertures que la grille ne couvre pas ; c'est ainsi qu'on rapporte des tôles perforées sur les côtés des échappements variables à valves (fig. 56). Une petite grille garnit aussi l'ouverture centrale de l'échappement annulaire (fig. 48). Certaines grilles à flammèches ont des barreaux disposés en surface conique entre la tuyère d'échappement et la base de la cheminée (fig. 49).

Le Midi, pour la traversée des Landes de Gascogne, où les incendies s'allument et se propagent avec une grande facilité dans des forêts de pins, emploie deux grilles superposées, placées dans de grandes boîtes à fumée, longues d'environ 1,5 m, avec cheminée vers l'arrière. La grille inférieure est composée de barreaux distants de 10 mm ; la grille supérieure est une toile métallique en fil d'acier rond, du diamètre de 2 mm, laissant des vides carrés de 4 mm de côté. Naturellement de telles grilles gênent toujours quelque peu le tirage, mais c'est un inconvénient qu'on est obligé d'accepter.

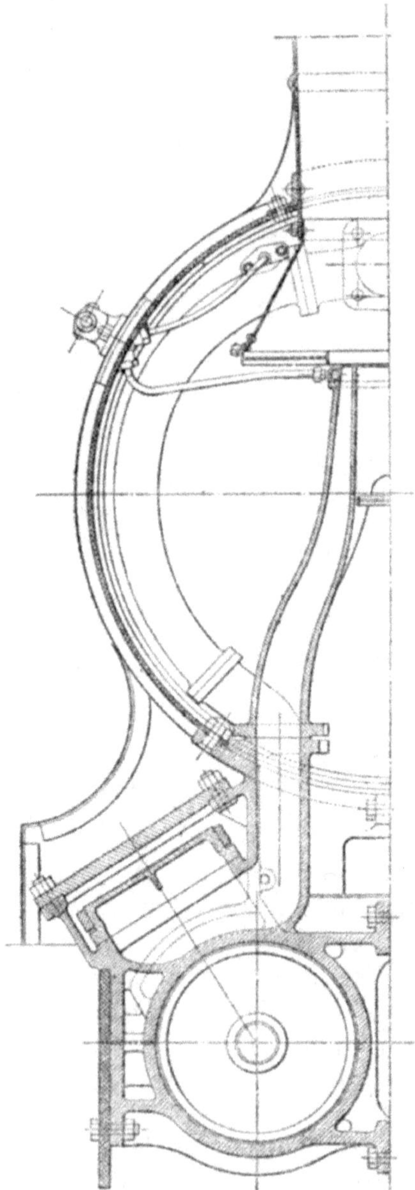

Fig. 48. — Boîte à fumée de locomotive à grande vitesse de l'Ouest.

En Amérique, on place généralement devant le débouché des tubes une tôle formant déflecteur, pour rabattre les gaz vers le fond de la boîte. On considère que ce déflecteur répartit plus également le courant gazeux entre tous les tubes. L'ouverture de passage à la partie inférieure de la tôle est souvent réglable (fig. 50).

Les opinions des constructeurs ont varié au sujet de la dimension à donner à la boîte à fumée.

Pendant longtemps on a pensé qu'il convenait, pour le tirage, de les faire aussi petites que possible ; puis, vers l'année 1880, on s'est mis, aux États-Unis, à construire des boîtes à fumée de très grande longueur (fig. 50), qu'on considérait comme régularisant le tirage ; ces grandes boîtes avaient en outre l'avantage plus certain de retenir une grande quantité d'escarbilles entraînées ; pour ce dernier motif surtout, on les a adoptées en Europe.

Aujourd'hui, une certaine réaction semble s'être produite contre les très vastes boîtes à fumée, mais on leur donne des dimensions assez grandes (fig. 51 et 52). L'effet du volume de la boîte sur le tirage parait minime : une boîte suffisamment étendue peut contenir une grille à flammèches de grande surface ; elle sert de réceptacle aux escarbilles et on y loge plus commodément les divers tuyaux qu'elle doit recevoir. L'avant des locomotives modernes offre en général un espace assez grand, qui ne doit pas être lourdement chargé, ce qui est une raison pour ne pas avancer trop loin la plaque tubulaire de la boîte à fumée.

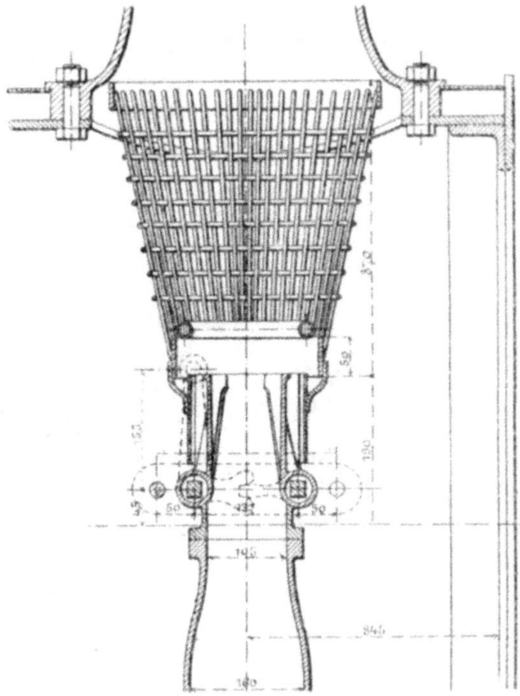

Fig. 49. — Grille à flammèches des chemins de fer Roumains.

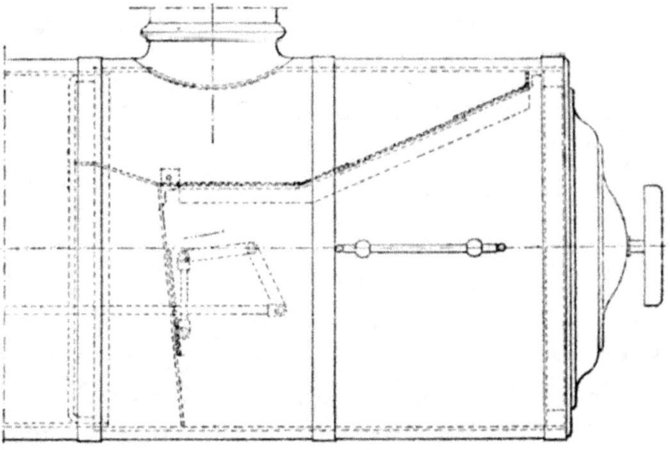

Fig. 50. — Boîte à fumée américaine, allongée, avec grille de grande surface et tôle mobile formant déflecteur devant les tubes.

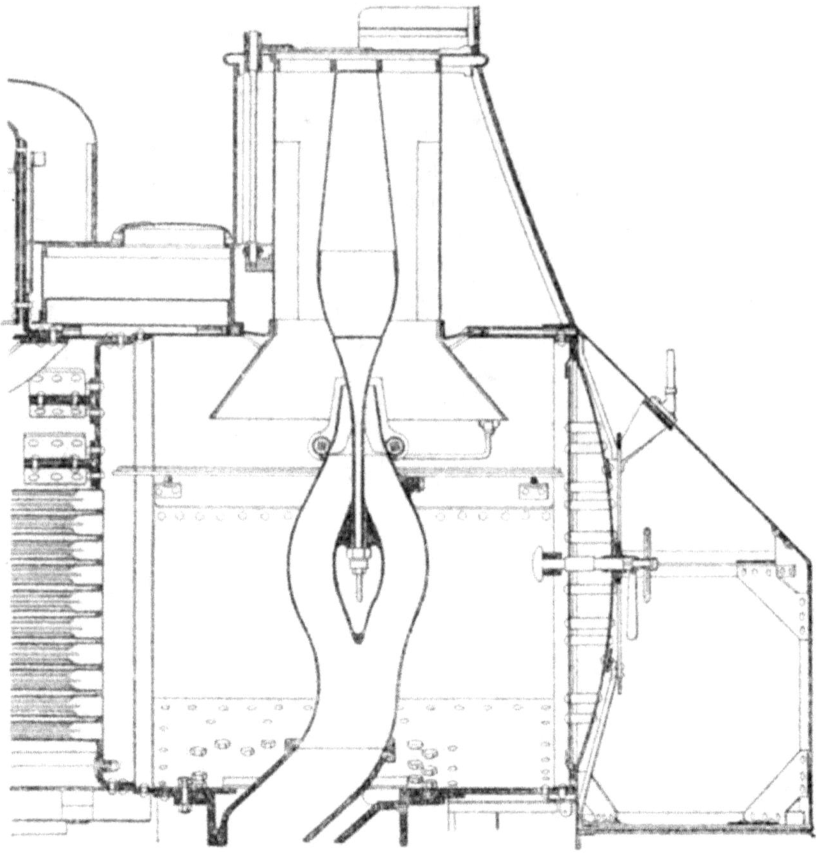

Fig. 51. — Boîte à fumée de locomotive compound du P. L. M., avec cheminée à noyau central : disposition ancienne, encore en usage.

On place habituellement la cheminée vers l'arrière ou au milieu des longues boîtes, dont la partie antérieure reçoit les escarbilles.

Une ouverture, fermée par un clapet (fig. 52), est commode pour la vidange des escarbilles.

Il convient que la manoeuvre en soit facile et surtout que la fermeture en soit toujours étanche.

30. Cheminée.

La cheminée de la locomotive est forcément très courte. On admet généralement qu'il est bon de lui donner une hauteur au moins égale à trois fois son diamètre le plus étroit, mais on en voit de bien moins hautes. Il est vrai qu'elle peut pénétrer à l'intérieur de la boîte à fumée, ce qui compense l'insuffisance de la partie extérieure. Il convient qu'elle présente, au-dessus de la tuyère d'échappement, une embouchure

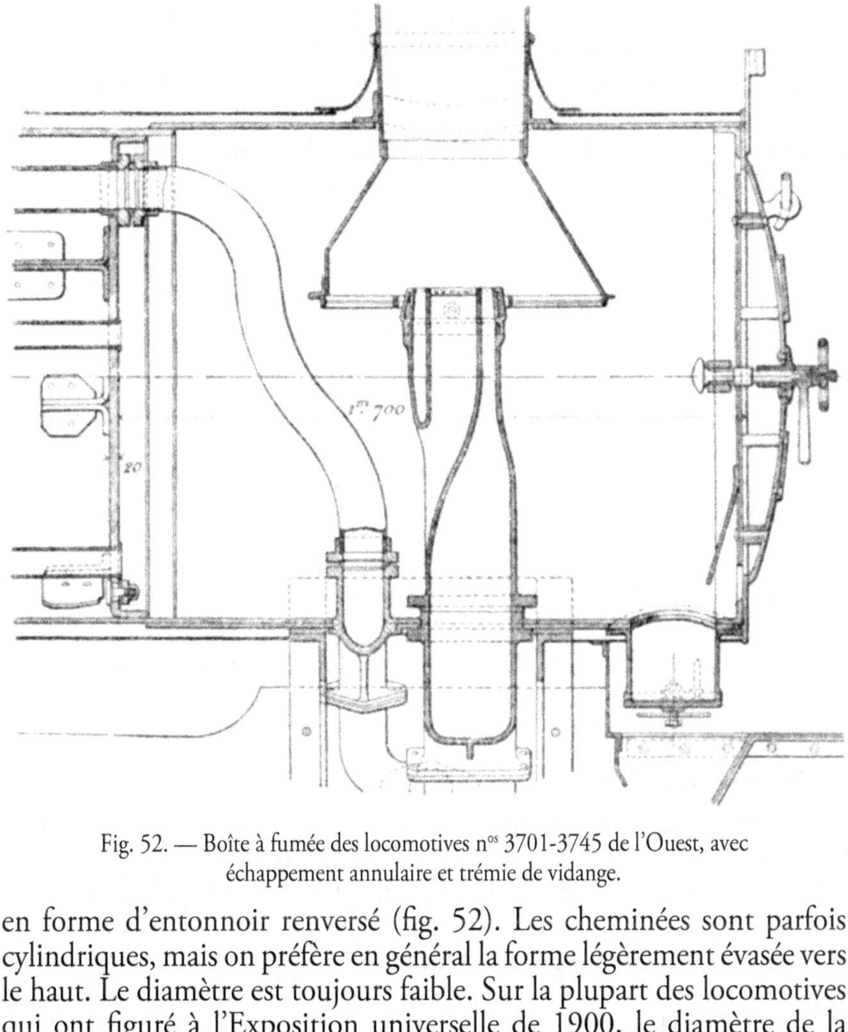

Fig. 52. — Boîte à fumée des locomotives nos 3701-3745 de l'Ouest, avec échappement annulaire et trémie de vidange.

en forme d'entonnoir renversé (fig. 52). Les cheminées sont parfois cylindriques, mais on préfère en général la forme légèrement évasée vers le haut. Le diamètre est toujours faible. Sur la plupart des locomotives qui ont figuré à l'Exposition universelle de 1900, le diamètre de la cheminée, à la partie la plus étroite, était de 400 à 430 mm.

Par exception, certaines locomotives belges ont une cheminée à large section carrée, qui se raccorde avec la boîte à fumée en s'évasant vers le bas (fig. 26) : cette disposition s'allie à la vaste grille Belpaire, sur laquelle le tirage doit être modéré.

On coiffe parfois la cheminée d'une visière placée à l'avant (fig. 53), qui augmente légèrement le tirage ; le *chapiteau* (fig. 54) a peut-être une action analogue, mais il est placé surtout avec une intention décorative.

Les cendriers fermés rendent moins utiles les capuchons tournants sur les cheminées ; cependant on les conserve sur certaines locomotives munies de cendriers (fig. 51).

Pour éviter la projection des flammèches, surtout quand les locomotives sont chauffées au bois, on a souvent ajouté à la cheminée de grosses enveloppes en tôle, destinées à séparer les parties solides entraînées par le courant gazeux. Le jet qui s'échappe de la cheminée cylindrique est dévié brusquement par un cône central (fig. 55 et 59) et par des ailettes (fig. 55), et les escarbilles tombent dans l'enveloppe conique.

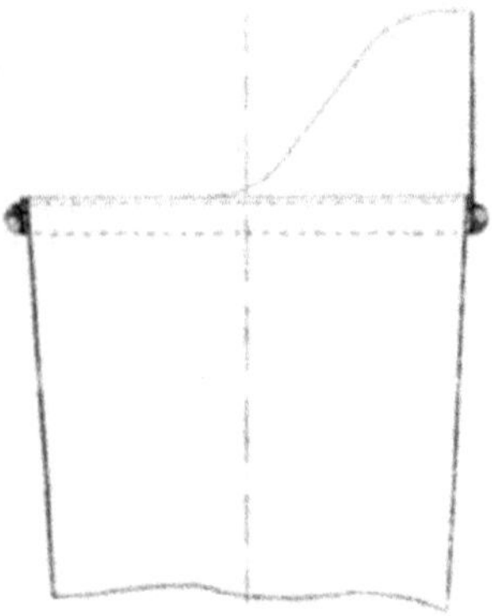

Fig. 53. — Visière de cheminée.

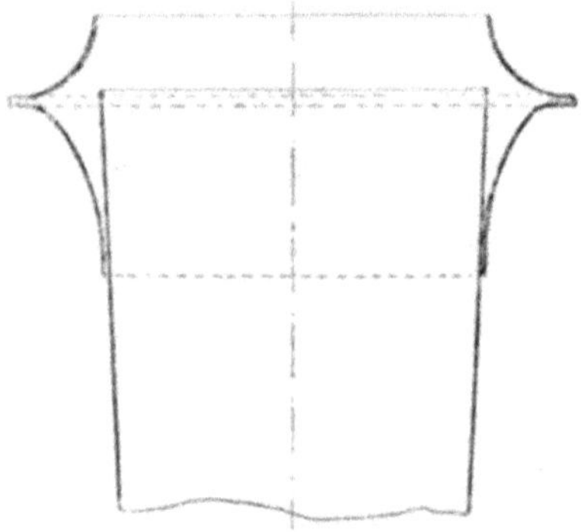

Fig. 54. — Chapiteau de cheminée.

31. Échappement.

La disposition de l'échappement a une grande influence sur la production de la chaudière. Le sommet de la tuyère, par laquelle sort la vapeur, ne doit pas s'élever trop haut; il convient qu'elle ne dépasse pas le niveau de la rangée supérieure des tubes. On a même tendance à placer la tuyère beaucoup plus bas, notamment dans certaines locomotives anglaises récentes. Du reste c'est surtout par rapport à l'entrée de la cheminée que la tuyère doit être réglée: si on abaisse l'embouchure inférieure de la cheminée, la tuyère doit aussi être abaissée.

Les conduits d'échappement doivent être tracés sans coudes brusques, et de manière que les courants venant des deux cylindres ne se contrarient pas. Ce sont là des détails étudiés par le constructeur de la machine, et le mécanicien doit les prendre tels qu'ils sont exécutés. Il peut toutefois vérifier si la tuyère est bien montée dans l'axe de la cheminée, et si, dans l'échappement à valves généralement employé en France (fig. 56), les deux valves s'ouvrent et se ferment symétriquement.

Si la distribution est bien étudiée et bien réglée, les quatre coups d'échappement, par tour de roue, se succèdent à des intervalles égaux; mais il n'est pas rare que la distribution présente, à certains crans de marche, de petites irrégularités inévitables.

La tuyère d'échappement fixe est formée par un tuyau d'ouverture invariable : avec l'échappement variable de la plupart des locomotives françaises, un mécanisme permet de faire varier la section de l'ouverture.

Pour activer la combustion et, par suite la production de la vapeur, on réduit la section de la tuyère ou on serre l'échappement ; on augmente ainsi la vitesse du jet de vapeur qui entraîne les gaz du foyer.

Le serrage de l'échappement n'est pas sans présenter des inconvénients : en réduisant la section de passage ouverte à la vapeur, il augmente la contre-pression sur les pistons pendant l'échappement avec une tuyère très serrée

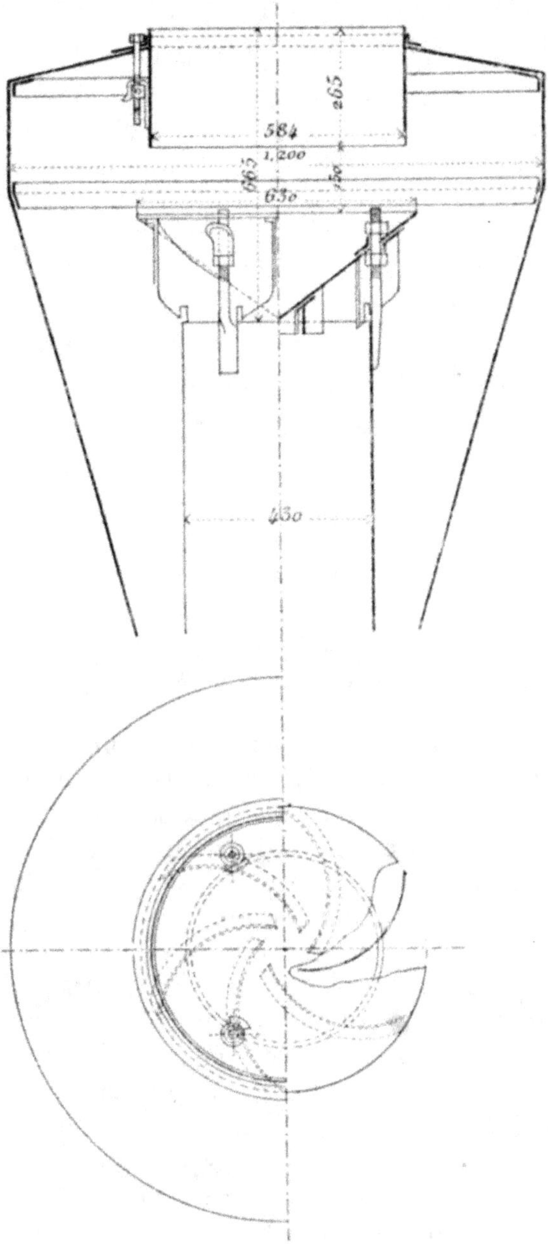

Fig. 55. — Cheminée pour locomotives chauffées au bois du chemin de fer russe Moscou-Brest.

Cette contre-pression, qui ne devrait guère dépasser la pression atmosphérique, prend souvent une valeur double et même encore plus forte : le travail donné par la vapeur s'en trouve réduit. Si on produit plus de vapeur, on l'utilise moins bien.

En outre, un échappement très serré provoque des entraînements de combustible. Il est donc important que le serrage soit toujours aussi modéré que possible.

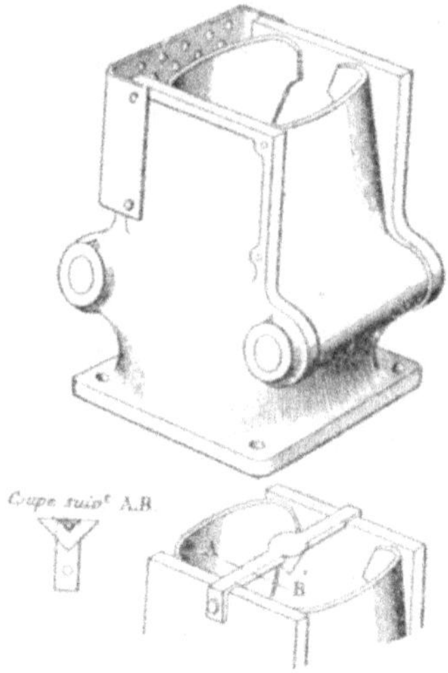

Fig. 56. — Échappement variable à valves ; barrette en travers de la tuyère.

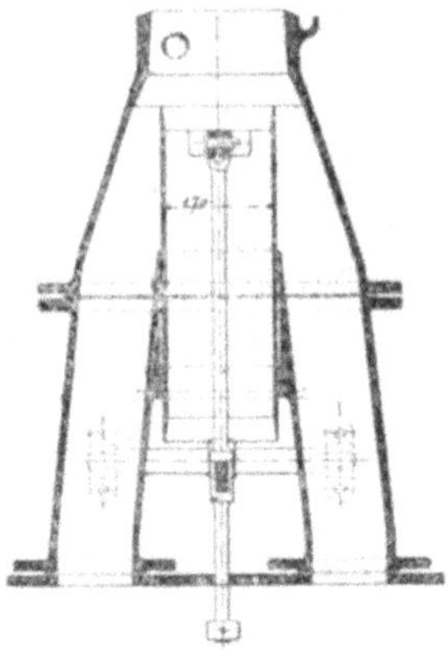

Fig. 57. — Échappement annulaire variable de locomotives belges.

Les échappements fixes sont forcément toujours assez étroits : cependant, dans quelques cas, la section en est encore trop grande, et l'action en est insuffisante ; souvent, au contraire, ils pourraient être plus ouverts, ce qui réduirait la contre-pression sur les pistons. L'échappement variable n'a pas ce défaut, mais à une condition, c'est qu'on s'en serve judicieusement.

Il arrive assez fréquemment que le personnel des machines laisse presque toujours l'échappement variable dans une même position, qui donne un serrage assez fort, et n'y touche que pour augmenter ce serrage, de temps en temps, parfois d'une manière excessive ; le manque d'arrêts convenables pour limiter le rapprochement des valves d'échappement est, en effet, un vice de construction qui n'est pas rare, et qu'il est, d'ailleurs, facile de corriger.

Certains échappements sont annulaires (fig. 52 et 180) ; la vapeur sort par une couronne comprise entre deux tuyères concentriques ; les gaz sont aspirés à l'extérieur et à l'intérieur de la nappe de vapeur. Ces échappements annulaires paraissent un peu plus efficaces que les échappements ordinaires, tout en ouvrant un plus large passage à la vapeur. On peut en rendre variable la section (fig. 57).

On améliore les échappements ordinaires à valves, en montant en travers de la tuyère, à égale distance des deux valves, une barrette (fig.

56). Cette barrette a la forme d'un couteau de balance, dont l'arête divise en deux parties égales le jet de vapeur : de plus, elle porte en son milieu un cône destiné à épanouir le jet en tous sens. Ces barrettes ont des largeurs différentes suivant les machines ; c'est ainsi que l'Est, où les applications en sont nombreuses, emploie les largeurs de 23, 20 et 15 mm.

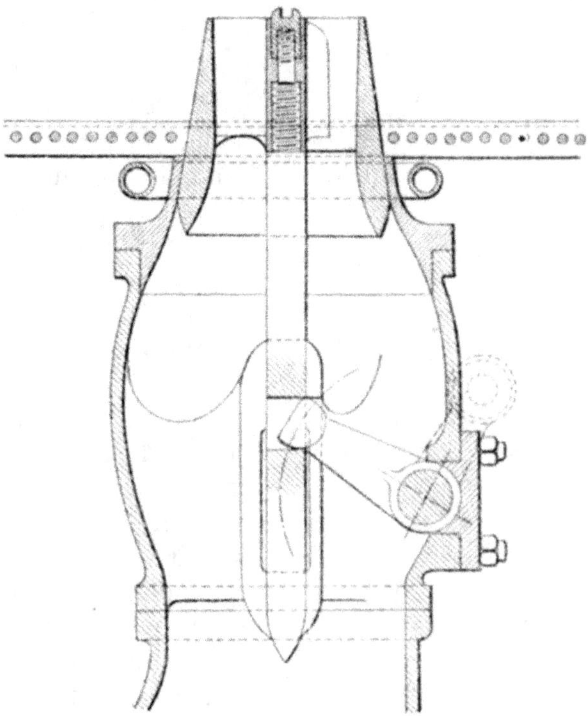

Fig. 58. — Échappement variable à tuyère mobile ; l'abaissement de cette tuyère laisse échapper une partie de la vapeur par la tuyère fixe.

L'échappement variable de la fig. 58, appliqué récemment sur le Nord, le P. L. M., l'Ouest, l'Orléans, comporte une tuyère mobile qu'on peut abaisser pour augmenter la section d'écoulement.

Certaines tuyères d'échappement sont surmontées d'un tronçon de tuyau avec embouchure (fig. 59) que les Américains nomment *petticoat* : une portion des gaz chauds est appelée à travers ce tuyau directement par le jet de vapeur, le reste est entraîné dans la cheminée par le courant gazeux qui sort de ce tuyau.

On peut permettre un réglage en hauteur de ce *petticoat* comme le montre la figure. Cet appareil a l'inconvénient d'encombrer la boîte à fumée.

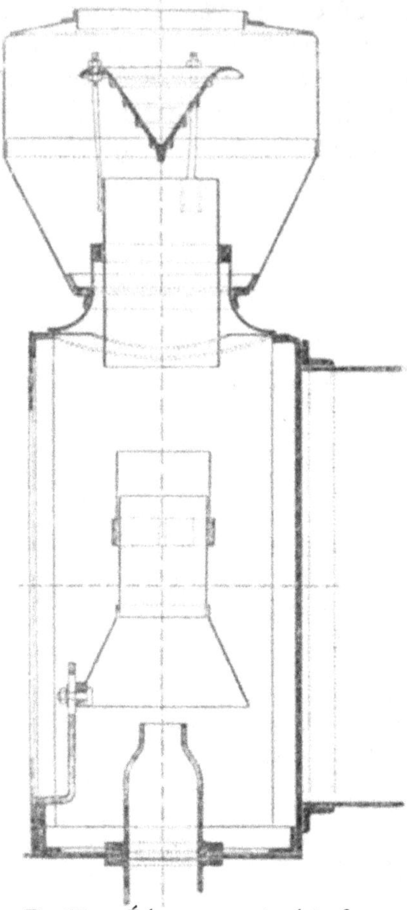

Fig. 59. — Échappement circulaire fixe surmonté du petticoat ; cheminée à cône déflecteur et réservoir d'escarbilles, des chemins de fer de la Nouvelle-Zélande.

32. Souffleur.

Le souffleur active le tirage au moyen d'un jet de vapeur, prise dans la chaudière et envoyée dans la cheminée. Lors des stationnements, ou en marche, quand le régulateur est fermé, le souffleur permet d'éviter la fumée ; en l'ouvrant avant de fermer le régulateur, on évite le retour de flamme et de fumée par la porte du foyer, retour salissant l'arrière de la machine, et même dangereux, si la porte est ouverte en grand.

Au jet unique dans la cheminée on préfère une série de petits jets donnés par les trous d'un tuyau circulaire (fig. 60, 48, 49 et 58), plus efficaces et moins bruyants. Une série de petits trous dans le noyau central de la cheminée de la fig. 51 forment un souffleur annulaire. Le conduit circulaire du souffleur peut être fondu avec la tuyère d'échappement (fig. 52).

La dépense de vapeur du souffleur varie suivant la dimension des orifices et l'ouverture du robinet. Avec une pression de 10 kg par cm^2 dans la chaudière, on peut estimer qu'un souffleur, à 10

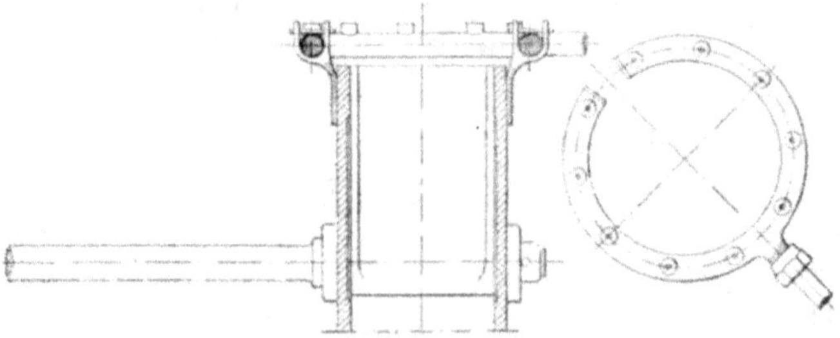

Fig. 60. — Souffleur annulaire.

trous de 2 mm de diamètre, dépense environ 130 kg de vapeur en une heure, quand le robinet est complètement ouvert.

Pour activer la production d'une locomotive, on ajoute quelquefois l'action du souffleur à celle de l'échappement. C'est une manoeuvre fâcheuse parce qu'elle augmente la dépense de vapeur.

En se servant avec soin d'un échappement variable, on peut toujours éviter cet emploi anormal du souffleur, du moins si l'échappement est bien disposé. L'amélioration de l'échappement s'impose sur les locomotives pour lesquelles l'action supplémentaire du souffleur serait souvent nécessaire.

33. Boîte à feu.

La construction de la boîte à feu se lie à celle du foyer qu'elle renferme. Une seule tôle peut former les parois latérales et la face supérieure, ou bien on emploie trois tôles rivées ensemble. La face d'arrière est une tôle emboutie, c'est-à-dire à bords rabattus, sur laquelle se rivent les parois latérales et la paroi supérieure. Toute la partie inférieure de la plaque d'arrière est entretoisée avec le foyer; la partie supérieure de cette plaque est raidie par des armatures et, en mitre, consolidée par des tirants, qui la rattachent au corps cylindrique.

À l'avant, une autre plaque emboutie se rive sur la partie inférieure de la dernière virole du corps cylindrique: à la partie supérieure, si la boîte à feu forme un berceau demi-cylindrique, ce berceau est, le plus souvent, rivé directement sur la virole: sinon une autre plaque emboutie est nécessaire pour le raccordement. Les deux parties embouties d'avant peuvent former une pièce unique.

34. Corps cylindrique.

Le diamètre du corps cylindrique est souvent voisin de 1,50 m et dépasse même cette côte. Pendant longtemps, il était beaucoup plus petit sur les locomotives à grande vitesse, parce que le corps cylindrique se logeait entre les grandes roues; mais en élevant davantage l'axe de la chaudière, on s'est affranchi de cette sujétion.

Le corps cylindrique est formé de deux ou de plusieurs viroles en tôle. Ces viroles sont assemblées à l'aide de rivures à recouvrement (fig. 61). ou couvre-joints, simples ou doubles. Les couvre-joints s'appliquent à la rivure longitudinale de chaque virole, et à l'assemblage de deux viroles entre elles (fig. 26). Certains couvre-joints longitudinaux ont des largeurs inégales (fig. 62) ; le couvre-joint extérieur, plus étroit, est fixé de chaque côté par une seule rangée de rivets rapprochés; les rivets des secondes rangées, plus écartés, prennent seulement le couvre-

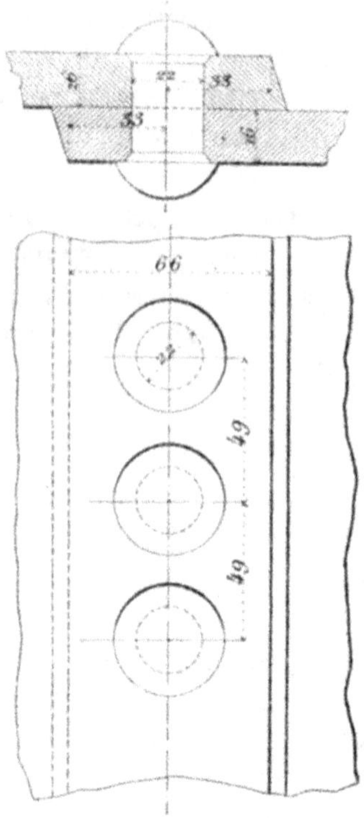

Fig. 61. — Rivure à recouvrement, avec simple rang de rivets.

joint intérieur et la tôle de la virole. La virole ne se trouve pas trop affaiblie par les trous rapprochés des premières rangées, puisqu'une rupture de la tôle de virole suivant ces trous ne suffirait pas à détruire l'assemblage; en outre, une fissure résultant d'un mauvais mattage le long du couvre-joint extérieur est moins dangereuse.

Une forme très usitée en Amérique, et récemment adoptée dans certaines locomotives européennes, est celle dite *wagon-top*, où la virole d'arrière du corps cylindrique est un cône qui s'évase vers la boîte à feu (fig. 244). Cette disposition donne une chambre de vapeur plus haute au-dessus du foyer ; on peut élever davantage le niveau de l'eau dans la partie cylindrique, et par suite y placer un plus grand nombre de tubes.

La boîte à fumée se compose d'une virole qui prolonge celle du corps cylindrique, ou bien elle a un plus grand diamètre. La plaque tubulaire est alors rivée sur une cornière circulaire, qui entoure la première virole du corps cylindrique ; les bords en sont rabattus et reçoivent la virole de boîte à fumée (fig. 26).

35. Liaison de la chaudière au châssis.

La chaudière repose sur le châssis par la boîte à fumée et la boîte à feu, souvent aussi en des points intermédiaires. La boîte à fumée est solidement rattachée par des boulons au châssis, ou aux cylindres quand ils sont intérieurs; les écrous, placés dans l'intérieur de la boîte à fumée, sont en bronze et à chapeau, pour protéger les boulons.

Quand on allume le feu, la chaudière se dilate ou s'allonge en s'échauffant: la dilatation du fer et de l'acier est d'environ 1 mm par mètre quand on en élève la température de 100°.

On peut compter en moyenne sur une variation de 150° ou un peu plus entre la chaudière froide et en feu. Si elle est longue de 6 m, elle se dilatera alors de 6 x 1,5 ou 9 mm. Il faut que la boîte à feu puisse glisser sur le châssis: aussi n'y est-elle pas liée invariablement, mais elle pose sur ses supports. On consolide l'attache par des agrafes, qui s'opposent à la séparation de la chaudière et du châssis lors des trépidations en marche, et quand on soulève la machine par le cadre du foyer.

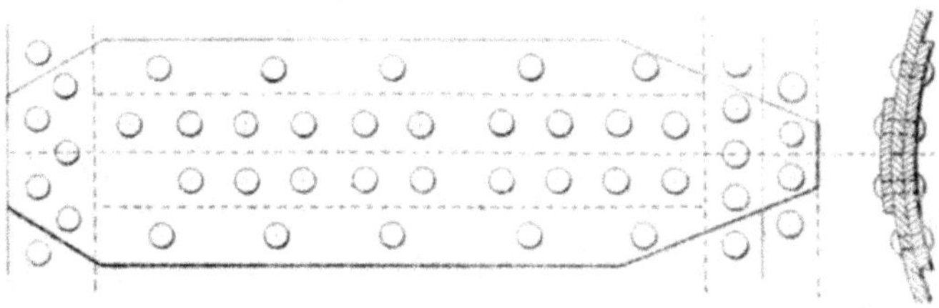

Fig. 62. — Rivure longitudinale à deux couvre-joints inégaux.

Il faut que ce glissement de la chaudière sur le châssis se produise toujours librement, de manière à éviter des tiraillements ou des ruptures dans l'une ou l'autre partie de la machine.

Sur certaines locomotives tenders du Nord (fig. 268), l'arrière de la chaudière porte sur des rouleaux, pour faciliter la dilatation, mais il est maintenu par une tôle verticale, perpendiculaire aux longerons, assez haute pour fléchir quand la chaudière se dilate.

36. Dôme.

La plupart des chaudières de locomotives sont munies d'un dôme, en haut duquel on prend la vapeur, le plus loin possible de la surface de l'eau. On évite ou on réduit ainsi l'entraînement des gouttelettes d'eau projetées au-dessus de cette surface, et la vapeur sort plus sèche.

Quant à l'effet du volume plus ou moins grand du dôme, formant réservoir de vapeur, il parait faible ; il semble donc inutile d'en exagérer la dimension, ce qui affaiblit la chaudière. Beaucoup de locomotives autrichiennes ont deux dômes réunis par un gros tuyau horizontal.

C'est une augmentation de prix et de poids, sans nécessité bien grande.

Le dôme est une pièce de chaudronnerie d'une certaine complication : il se compose souvent d'une tôle envirolée et rivée ou soudée sur elle-même, qu'une collerette emboutie relie au corps cylindrique. Le bord du trou ouvert dans le corps cylindrique doit être consolidé par une doublure. Le dôme est fermé à la partie supérieure par un plateau démontable, qui porte quelquefois les soupapes de sûreté. Un tuyau intérieur à la chaudière prend la vapeur dans le dôme et la conduit au régulateur, à moins qu'il ne soit monté en haut du dôme même.

Les chaudières des machines Crampton et de quelques autres construites vers la même époque n'avaient pas de dôme : la vapeur était prise en haut de la chaudière par un long tuyau, fendu à sa partie supérieure. Des tuyaux, analogues à cet appareil Crampton, sont quelquefois montés à l'intérieur des chaudières pour amener la vapeur au dôme et en séparer l'eau entraînée.

37. Surchauffeurs.

La température de la vapeur saturée, c'est-à-dire en contact avec l'eau qui la produit, est déterminée pour chaque valeur de la pression. Mais on peut augmenter cette température, tout en maintenant la pression à la même valeur, en faisant circuler la vapeur, séparée de l'eau, dans un appareil surchauffeur. Si cet appareil est chauffé par la chaleur perdue, dans la boîte à fumée, il ne donne qu'une faible surchauffe, et n'est guère qu'un simple sécheur de vapeur. Par contre, les gaz très chauds du foyer en brûleraient rapidement les tôles, que la vapeur rafraîchit moins que l'eau. Il convient donc de les chauffer par des gaz à une température intermédiaire.

De ce que la vapeur rafraîchit la tôle moins que l'eau, on conclut qu'elle lui enlève moins de calories par minute et, qu'à égalité de température des gaz chauds, le mètre carré transmet, chaque seconde, moins de chaleur dans le surchauffeur que dans la chaudière. En outre, l'action refroidissante exige que la vapeur circule : si elle est stagnante, le surchauffeur risque de se détériorer. Il convient donc d'isoler le surchauffeur du courant de gaz chauds quand le régulateur est fermé.

Depuis quelques années, on a appliqué la surchauffe aux locomotives, surtout en Allemagne[11]. Les fig. 63, 64, 65 donnent des exemples des principaux types de surchauffeur. L'appareil de la fig. 63 est placé dans la boîte à fumée, mais il est entouré d'une gaine en tôle dans laquelle circulent les gaz chauds amenés par un gros tube monté à la partie inférieure du corps cylindrique.

Un clapet arrête le courant gazeux quand le régulateur est fermé. Sur une locomotive compound un peut diviser le surchauffeur en deux, comme le montre la partie droite de la fig. 63, pour surchauffer la vapeur d'abord à la sortie de la chaudière, puis à son passage d'un cylindre à l'autre.

Dans le second type de Schmidt (fig. 64), la partie supérieure du faisceau tubulaire est formé de tubes de gros diamètre (120 mm), dans lesquels sont placés les tubes surchauffeurs. Chacun des gros tubes contient quatre tubes surchauffeurs, formant un circuit unique parcouru par la vapeur. Des boîtes fondues, montées dans la boîte à fumée, prennent la vapeur du régulateur, la distribuent dans les tubes surchauffeurs, et la reçoivent après surchauffe pour l'envoyer aux cylindres. Elles sont enveloppées dans une caisse en tôle, avec trappe

11 Les brevets français pris en 1849 et 1850 par MM. Quillac et Moncheuil s'appliquent à des surchauffeurs pour locomotives, fort analogues aux appareils récemment adoptés.

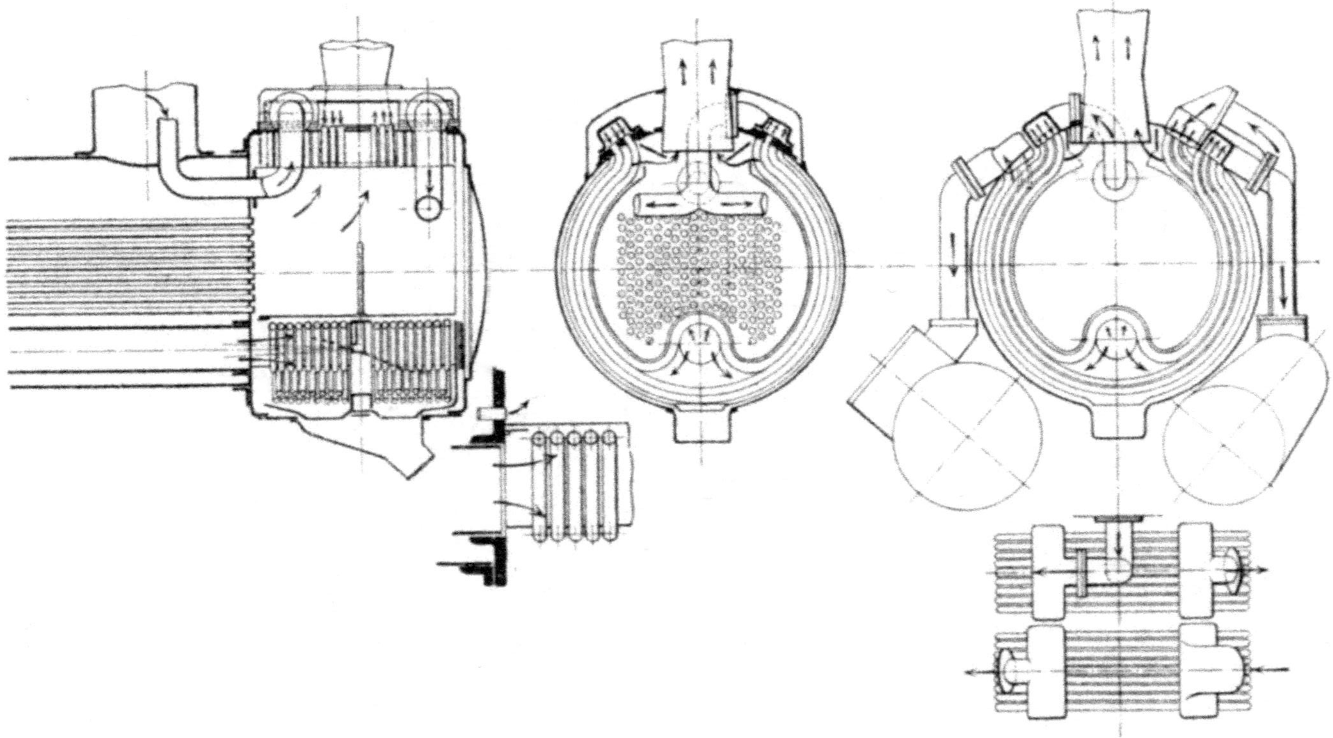

Fig. 63. — Surchauffeur Schmidt (type de boîte à ruinée), pour locomotive à simple expansion, et pour locomotive compound, avec surchauffe de la vapeur dans le réservoir intermédiaire. Les gaz chauds, amenés par le gros tube monté vers le bas du corps cylindrique, circulent autour des tuyaux de vapeur et sortent près de la base de la cheminée.

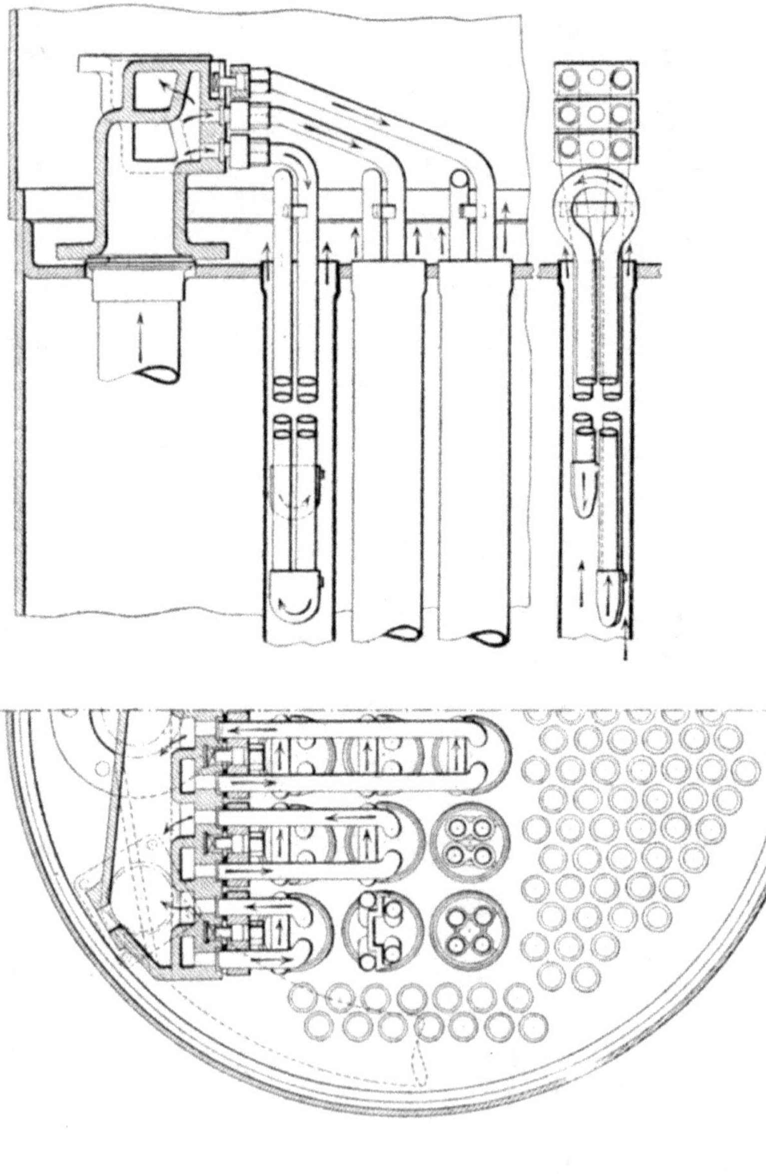

Fig. 64. – Surchauffeur Schmidt, à tubes surchauffeurs dans les tubes à fumée.

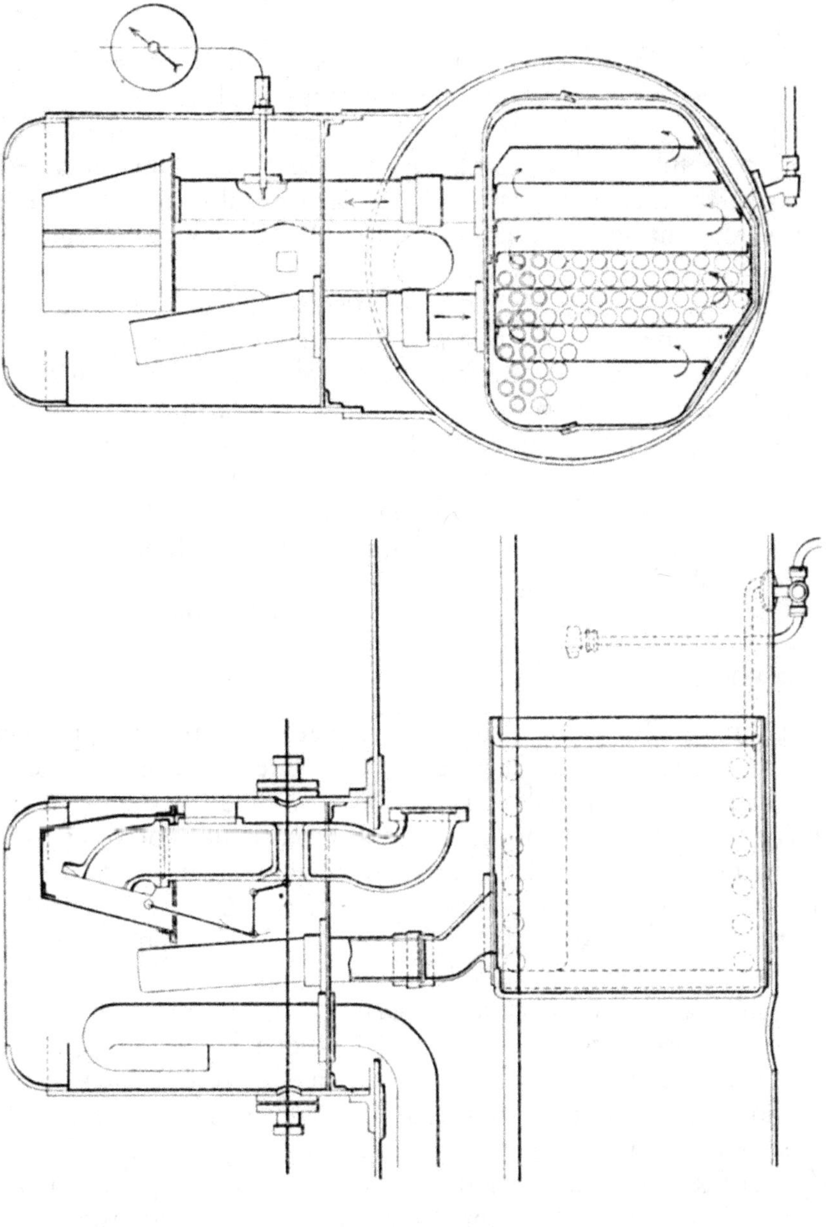

Fig. 65. – Surchauffeur Pielock. La figure montre le tuyau qui prend dans le dôme la vapeur saturée, et celui qui l'amène après surchauffe au régulateur. Un thermomètre à cadran indique la température de la vapeur surchauffée.

mobile, qui doit être fermée en même temps que le régulateur, surtout quand le souffleur est ouvert, afin d'éviter que les tubes surchauffeurs ne se brûlent. Ces tubes se ramonent avec une lance à vapeur introduite du côté du foyer.

Le surchauffeur Pielock (fig. 65) est formé par une caisse, installée vers le milieu du corps cylindrique, et traversée par le faisceau tubulaire. Les parois sont formées de deux plaques tubulaires et d'une tôle qui entoure les tubes. Elle reçoit la vapeur prise dans le dôme, et la rend, après surchauffe, au régulateur. Des tôles verticales, placées entre les tubes, forment des chicanes qui obligent la vapeur à bien circuler sur toute la surface surchauffante.

Une fois installé, l'appareil ne présente aucun joint extérieur pouvant donner lieu à des fuites. Mais les fuites intérieures, difficiles à localiser, empêcheraient la surchauffe. Les plaques tubulaires médianes compliquent le montage et l'extraction des tubes. En outre, le tuyau intérieur, qui va du régulateur à la boîte à fumée, traverse la vapeur saturée, qui abaisse la température de la vapeur surchauffée. Enfin, pendant les arrêts, les tubes risquent de s'échauffer d'une manière excessive dans le surchauffeur. La figure montre un robinet qui permet de le remplir d'eau.

On préfère en général les appareils du type de la fig. 64.

38. Manomètres.

Le manomètre, monté sur les chaudières, indique en kg par cm^2 la pression effective de la vapeur, c'est-à-dire la pression totale ou absolue, diminuée de celle de l'atmosphère. C'est un tube creux courbé et élastique, se déformant plus ou moins sous la pression qui s'exerce à l'intérieur. L'extrémité mobile de ce tube commande une aiguille, qui se déplace le long d'un cadran gradué (fig. 66). La vapeur de la chaudière ne pénètre pas dans le tube, dont la chaleur pourrait fausser les indications, mais le tuyau de communication avec la chaudière se remplit d'eau qui transmet la pression.

Sur la chaudière froide, l'aiguille indique le zéro, ce qui veut dire que la pression dans la chaudière égale la pression extérieure de l'atmosphère. L'air pénétrant dans la chaudière froide, notamment en soulevant le tiroir du régulateur, on n'a pas à craindre que le vide s'y produise, par condensation de la vapeur. Suivant la prescription de l'article 9 du décret du 9 octobre 1907, relatif aux appareils à vapeur, une marque très apparente indique, sur l'échelle du manomètre, la limite que la pression effective ne doit pas dépasser.

Les manomètres se vérifient par comparaison avec un manomètre étalon construit avec soin et toujours en bon état. Le mécanicien voit d'ailleurs si l'aiguille du manomètre marque bien la pression limite, au moment où les soupapes se lèvent, ce qui a lieu quand manomètre et soupapes sont en bon ordre. On doit faire réparer tout manomètre dont l'aiguille donne, à ce moment, une indication erronée d'un quart de kilogramme en plus ou en moins.

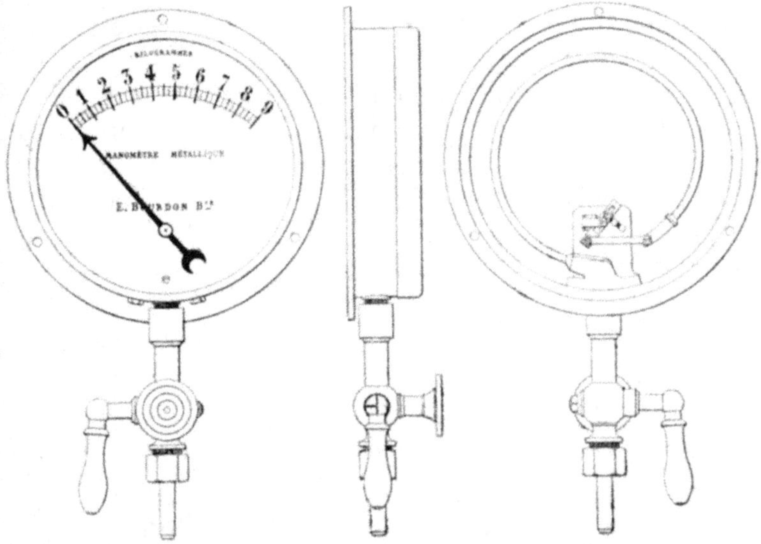

Fig. 66. — Manomètre Bourdon à tube métallique.

Si l'aiguille ne retombe pas exactement au zéro quand toute pression effective cesse, ce défaut n'a pas une grande importance, pourvu qu'elle donne une indication juste à la pression supérieure.

Pour mesurer de faibles différences de pression, on fait usage d'un manomètre à eau ou à mercure, formé d'un tube en verre courbé suivant la forme de la lettre U, et contenant de l'eau ou du mercure. Une des branches du tube s'ouvre dans l'atmosphère, l'autre communique avec l'enceinte où l'on veut mesurer la pression, par exemple avec la boîte à fumée d'une locomotive. La différence de niveau du liquide dans les deux branches donne la hauteur d'une colonne d'eau ou de mercure correspondant à la différence de pression entre l'atmosphère et l'enceinte.

La pression moyenne de l'atmosphère, au niveau de la mer, est mesurée par une colonne de 10,33 m d'eau, ou de 76 cm de mercure.

39. Soupapes de sûreté.

La pression effective dans la chaudière, en kg par cm^2, ne doit pas dépasser le nombre inscrit sur le timbre. Les soupapes de sûreté sont disposées pour se lever dès que la pression atteint cette limite. La soupape pose sur un siège étroit, contre lequel elle doit être bien rodée; on calcule, en kilogrammes, la charge qu'elle doit porter, en multipliant le timbre par le nombre de centimètres carrés contenus dans la surface de l'ouverture fermée par la soupape; ce produit donne bien la force qui tend à soulever la soupape, quand la vapeur atteint sa tension limite. Ce serait 943 kg pour une soupape de 100 mm de diamètre et un timbre de 12.

On évite l'application de lourdes masses sur les soupapes, en les chargeant par l'intermédiaire d'un levier, articulé sur un support fixe: on appelle bras du levier les distances de cette articulation au point qui porte le poids et à celui qui appuie sur la soupape. Si le grand bras est dix fois plus long que le petit bras appuyant sur la soupape, le poids à suspendre sera le dixième de la charge (en négligeant le poids du levier, dont il serait d'ailleurs aisé de tenir compte).

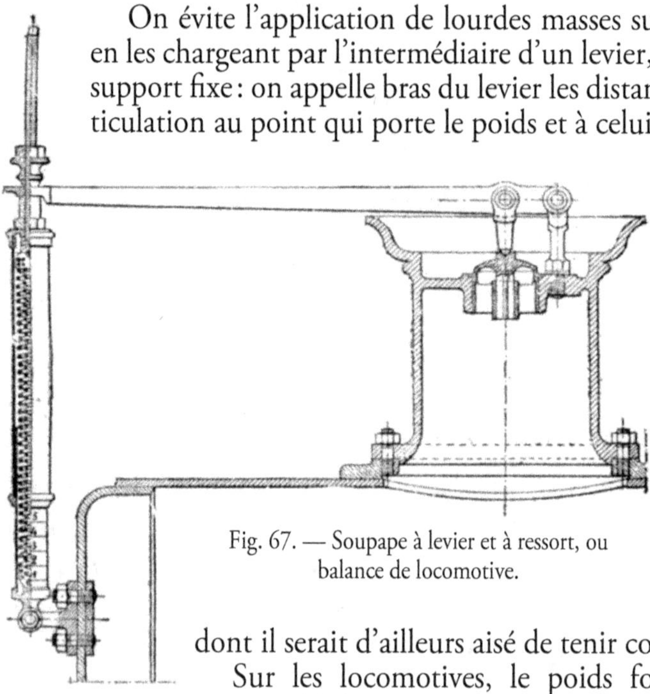

Fig. 67. — Soupape à levier et à ressort, ou balance de locomotive.

Sur les locomotives, le poids fonctionne mal, parce qu'il danse constamment en marche ; aussi le remplace-t-on par des ressorts, agissant à l'extrémité du levier (fig. 67). Cet appareil est désigné par le nom de balance. En desserrant l'écrou à molette qui appuie sur le levier, on diminue la tension du ressort et, par suite, la charge de la soupape. Un fourreau gradué en laiton indique, en kg par cm^2, les pressions qui soulèvent la soupape pour les diverses tensions données au ressort. Une bague d'arrêt, de hauteur déterminée, placée sous l'extrémité du levier, limite la tension qu'on peut donner avec l'écrou à molette.

On préfère aujourd'hui la charge directe par ressort à la charge par levier: le montage de la soupape est plus simple, et il est moins facile d'en modifier le réglage, qui doit être fait à l'atelier seulement.

Le fonctionnement de la soupape ordinaire n'est pas tout à fait satisfaisant: si elle est bien réglée, elle se lève des que la pression de la vapeur atteint la valeur du timbre, mais elle ne se lève que fort peu ; dés que la vapeur s'échappe par la fente très étroite ouverte, la pression qui soulève la soupape diminue par suite du mouvement rapide de la nappe de vapeur : il en résulte que l'ouverture est insuffisante et la pression peut s'élever dans la chaudière au-dessus du timbre. Il faut alors soulager la soupape à la main, ou desserrer l'écrou sur lequel s'attache le ressort des appareils a levier.

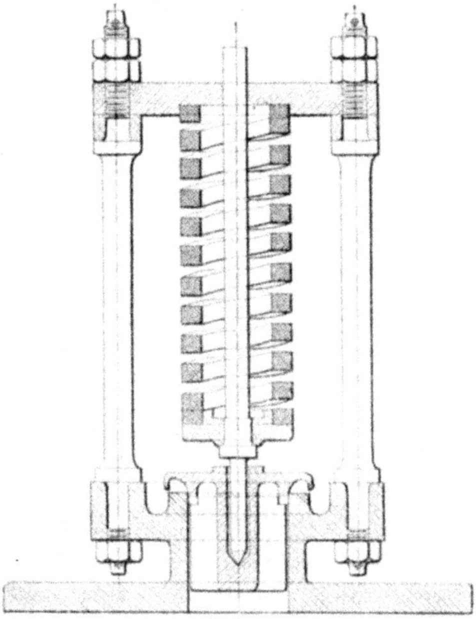

Fig. 68.— Soupape Adams, à gorge augmentant la levée sous l'action du jet de vapeur.

La soupape Adams (fig. 68) est chargée directement par un ressort à boudin. Une petite gorge entoure la partie reposant sur le siège : dès que la soupape quitte son siège, la vapeur agit sur cette gorge et la soulève davantage ; aussi la soupape Adams débite-t-elle beaucoup de vapeur, avec un diamètre plus petit que les soupapes ordinaires. Mais souvent elle en laisse échapper trop, et ne se referme que lorsque la pression est descendue notablement au-dessous du timbre. Dès que le manomètre baisse de plus d'un demi-kilogramme avant la fermeture d'une soupape Adams, il convient de la faire rectifier dans les ateliers ; cette chute de pression ne doit pas dépasser un quart de kilogramme pour les soupapes neuves ou réparées.

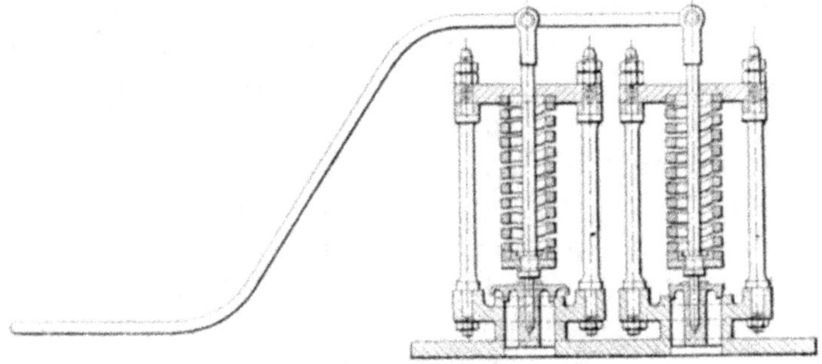

Fig. 69. — Conjugaison par levier d'une soupape Adams et d'une soupape ordinaire, permettant la fermeture à la main.

En conjuguant une soupape Adams et une soupape ordinaire, sans gorge, chargée de même à l'aide d'un levier articulé sur les tiges des deux soupapes (fig. 69) et prolongé vers l'arrière, on donne au mécanicien le moyen de refermer la soupape Adams ; celle-ci étant montée a l'arrière, il suffit d'appuyer sur le levier. Cette opération n'a d'ailleurs rien de nuisible, car en surchargeant une des soupapes on décharge l'autre.

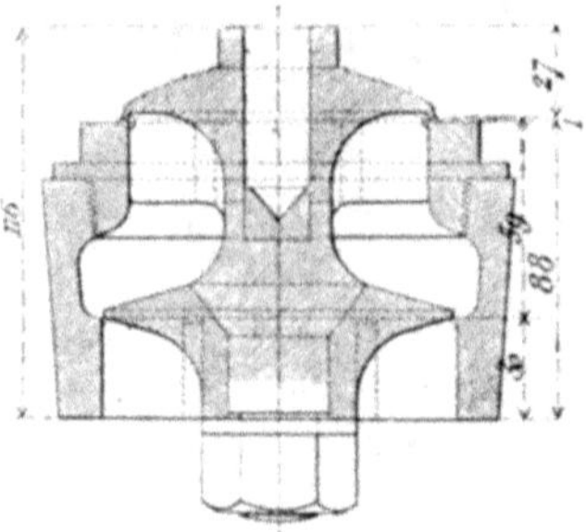

Fig. 70. — Soupape à disque du P. L. M.

La soupape à disque (fig. 70) donne de même un grand débit. Dès que la vapeur soulève cette soupape, la pression baisse dans l'espace compris entre la soupape et le disque inférieur : la pression dans la chaudière, qui s'exerce sans réduction sous ce disque, augmente la levée. Avec une vaporisation très active, la pression ne dépasse guère le timbre augmenté de 0.5, et la fermeture se fait sans trop de retard.

Le disque supplémentaire de la soupape Lethuillier-Pinel (fig. 71) est extérieur et placé à petite distance d'un rebord du siège ; des ailettes guident la soupape et le disque.

Les locomotives récentes du P. L. M sont munies des soupapes réglables représentées fig. 72. La soupape repose sur deux sièges concentriques ; quand elle est fermée, la pression s'exerce sur la surface comprise entre ces deux sièges. Lorsque la soupape se lève, la vapeur, qui s'échappe par le siège intérieur, exerce une certaine pression supplémentaire, qui augmente la levée. On peut modifier cette action en agissant sur l'anneau dentelé, qui obstrue plus ou moins le dégagement de la vapeur fournie par le siège intérieur.

Les soupapes de sûreté d'une chaudière doivent toujours être en excellent état, bien rodées sur leur siège, et jouer librement, sans qu'aucun frottement vienne les gêner : caler les soupapes ou seulement en troubler le fonctionnement est une faute des plus graves, et sans excuse. Avec les pressions élevées en usage aujourd'hui, on ne voit guère ce qu'on peut gagner à surcharger les soupapes ; quand on veut forcer la machine, ce n'est pas l'excès de vaporisation, mais bien le manque de pression qui gêne.

Les mécaniciens et chauffeurs soigneux évitent de perdre la vapeur par les soupapes, en réglant bien le feu, en alimentant abondamment la chaudière au moment où la pression approche de sa valeur limite, enfin en réchauffant l'eau du tender.

La quantité de vapeur débitée par une soupape de locomotive ouverte en grand est en effet considérable, puisqu'elle doit donner

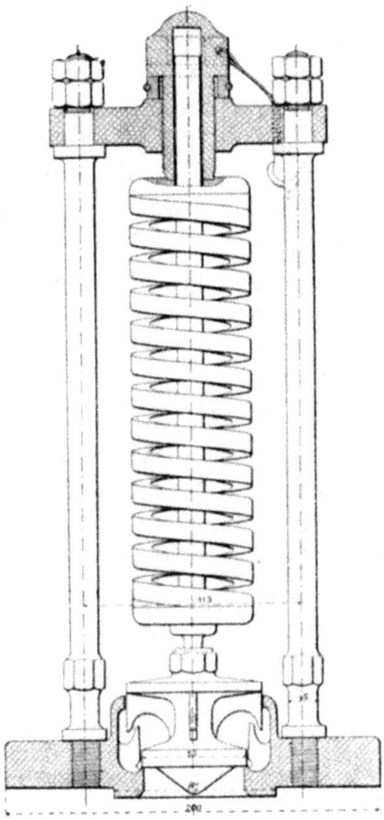

Fig. 71. — Soupape Lethuillier-Pinel (Ouest).

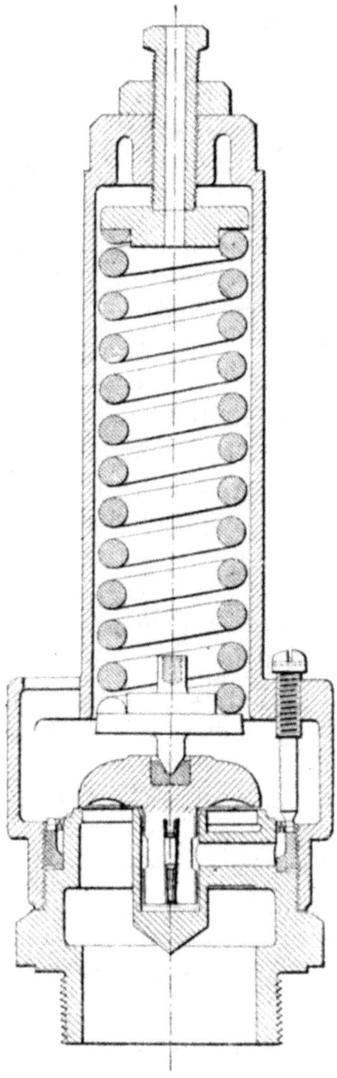

Fig. 72. — Soupape de sûreté P. L. M. La soupape est représentée légèrement soulevée. L'échappement de vapeur par la partie centrale créée une surpression qui augmente la levée. On règle cette surpression en levant plus ou moins l'anneau dentelé, qui obstrue partiellement les orifices d'échappement. Une vis d'arrêt maintient cet anneau dans la position choisie.

issue à toute la vapeur produite : dans des expériences exécutées sur la soupape représentée fig. 71, avec un diamètre de 90 mm, cette dépense a été d'environ 100 kg par minute. Pour produire ce poids de vapeur, il a fallu brûler 12 kg de houille au moins.

40. Enveloppes des chaudières.

Les chaudières perdent de la chaleur à l'extérieur, surtout les chaudières de locomotives, exposées à de violents courants d'air et à la pluie. Une enveloppe isolante réduit cette perte. On se contente le plus souvent d'une simple tôle mince, portée sur une légère carcasse en fer ou crinoline. C'est l'air enfermé sous cette enveloppe qui ralentit la transmission de chaleur au dehors : l'air est mauvais conducteur de la chaleur. Il ne faut pas que l'air chaud, qui sert d'isolant, puisse s'échapper ; l'enveloppe ne doit donc laisser aucun jour. On réduit encore la perte de chaleur en intercalant, entre la chaudière et son enveloppe, des substances peu conductrices, telles que bois, feutre, liège, qui risquent de se carboniser sur la boîte à feu, scories filées, amiante, qui ont l'avantage d'être incombustibles.

Quelques expériences, faites en Russie, sur une locomotive de dimension moyenne, ont montré que la simple enveloppe de tôle réduisait à moitié la quantité de chaleur perdue par une chaudière sans enveloppe, tandis qu'avec un bon isolant la perte n'était que du tiers. La chaleur perdue, avec l'enveloppe simple de tôle, correspondait, par vingt-quatre heures, à la combustion de 150 kg de houille en moyenne. Ces expériences ont été faites à petite vitesse : la perte est notablement plus forte à grande vitesse ; elle est encore augmentée par la pluie et par les grands froids.

41. Accessoires des chaudières.

Le sifflet est une cloche en bronze qui vibre quand une nappe de vapeur en frappe le bord ; les vibrations, au nombre de plusieurs centaines ou de plusieurs milliers par seconde, se communiquent à l'air. La note donnée par le sifflet est d'autant plus aigüe que le nombre des vibrations est plus grand ; les sifflets aigus sont plus désagréables, sans qu'ils s'entendent plus loin que les autres. Un bon mouvement de sifflet donne une ouverture et une fermeture franches, sans tremblements.

Le robinet de vidange, placé à la partie inférieure de la boîte à feu, porte un pas de vis pour recevoir les tuyaux qui servent à l'écoulement de l'eau et au remplissage.

Il est commode de trouver sur les locomotives une prise de vapeur, avec un raccord bien calibré, pouvant recevoir un tuyau flexible :

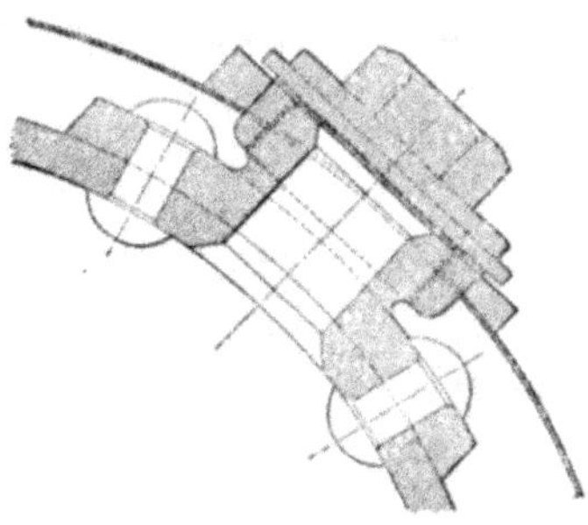

Fig. 73. — Regard de lavage monté sur l'arrondi de la boîte à feu, avec filetage extérieur (Ouest).

cette prise fournit de la vapeur pour le ramonage des tubes, pour la commande d'un pulsomètre ou d'un éjecteur servant à l'élévation de l'eau, pour le réchauffage de l'eau dans des bouillottes ou dans la chaudière d'une autre locomotive.

Plusieurs orifices sont nécessaires pour le lavage et le nettoyage de la chaudière. Les plus petits sont fermés par des bouchons filetés. Pour que les tringles de nettoyage n'usent pas les filets de vis, on peut placer l'ouverture dans un siège rivé ou vissé, portant un filetage extérieur, sur lequel se visse un chapeau (fig. 73). La figure montre une rondelle en cuivre épaisse de 2 mm, serrée par le chapeau contre le siège, qui assure l'étanchéité du joint entre les deux pièces. D'autres ouvertures se ferment à l'aide de tampons autoclaves ou de plateaux extérieurs (fig. 74) ; ici le joint est assuré par une mince rondelle en plomb.

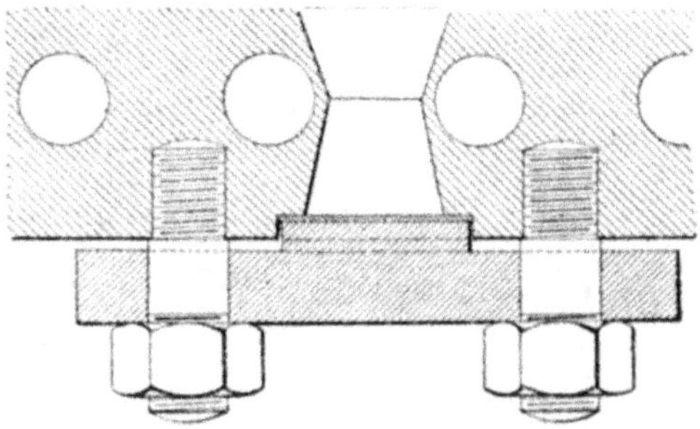

Fig. 74. — Plateau pour regard du cadre de bas de foyer (Ouest).

42. Indicateurs du niveau de l'eau.

Deux appareils distincts font connaître le niveau de l'eau dans la chaudière. L'un est le tube en verre qui laisse voir l'eau même, tube prescrit en France par l'art. 13 du décret du 9 octobre 1907. Deux robinets permettent de fermer la communication avec la chaudière en cas de rupture du tube ; un troisième, placé à la partie inférieure, sert à la purge. C'est un instrument commode, mais certaines précautions sont nécessaires pour que les indications n'en soient pas trompeuses. Il faut d'abord que les tubulures, qui le font communiquer avec la chaudière, ne se bouchent pas : quand la machine est en lavage, on y passe une raclette ; en marche, on doit ouvrir le robinet de purge au moins une fois toutes les heures. A défaut de ces précautions, le tube peut rester plein d'eau quand la chaudière se vide. Il faut aussi, bien entendu, que les robinets de communication soient ouverts. On a brûlé plus d'un ciel de foyer, dans les dépôts, en allumant des chaudières vides dont le tube, avec son robinet fermé, montrait de l'eau.

Le joint étanché du tube en verre dans les tubulures en bronze est assuré au moyen d'une bague en caoutchouc serrée par un presse-

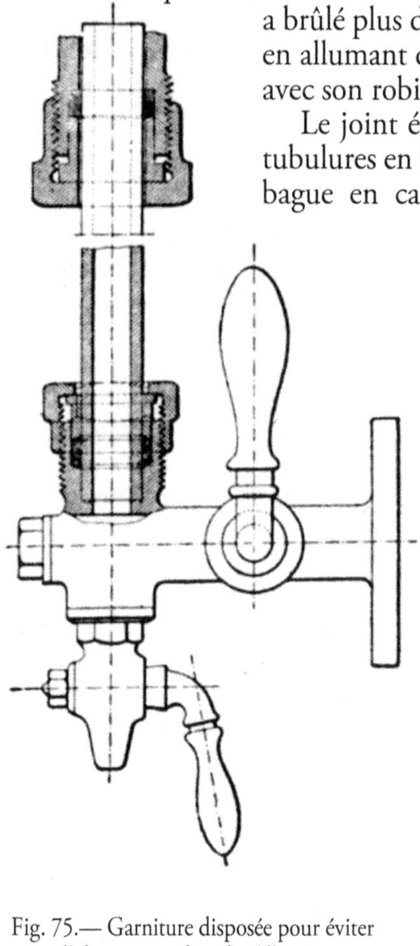

Fig. 75.— Garniture disposée pour éviter l'obstruction du tube (d'après M. Walckenaer).

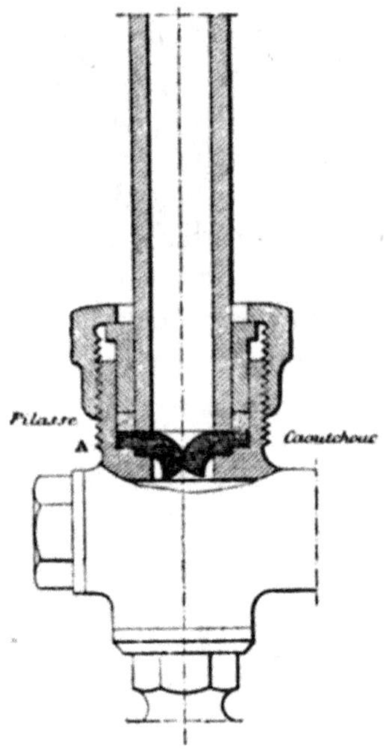

Fig. 76.— Tube en verre bouché par la bague en caoutchouc de la garniture d'après M. Walckenaer).

garniture (fig. 75). Quelquefois le caoutchouc pénètre en dessous du verre, qui risque alors d'être bouché (fig. 76) : on évite cet accident en plaçant contre la bague en caoutchouc, en dessus et en dessous, une petite tresse en chanvre, à moins que la monture ne soit construite de manière à éloigner suffisamment le caoutchouc de l'extrémité du tube (fig. 75). Il importe que les robinets du tube de niveau se manœuvrent toujours facilement pour qu'on puisse les fermer immédiatement si le tube se rompt. Cette manoeuvre est aisée et sans danger lorsque la poignée est montée à quelque distance du robinet : on peut aussi

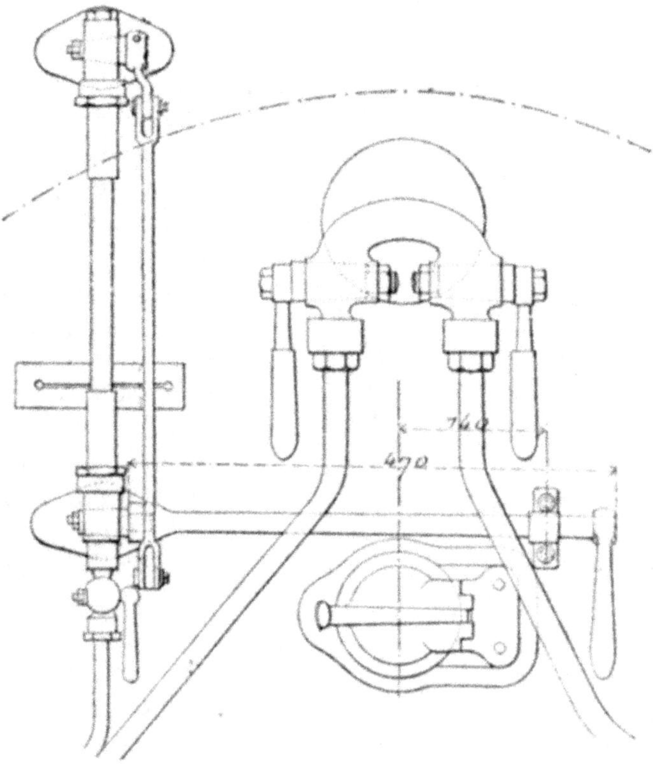

Fig. 77. — Commande des robinets du tube de niveau des locomotives P. L. M. Cette figure montre le regard qui permet d'inspecter la plaque tubulaire au-dessus de la voûte du foyer.

conjuguer les deux robinets de manière qu'ils se ferment ensemble (fig. 77). On ne doit pas tolérer de fuites à ces robinets. Des robinets qui pleurent ou qu'on ne peut faire tourner font aussitôt juger que le personnel des machines et des dépôts manque de soin. On doit avoir sur chaque locomotive deux ou trois tubes de rechange, coupés à la longueur convenable.

Avec le système Berthelot (fig. 78), adopté par le P. L. M. et pour un certain nombre de machines de l'Est, le remplacement d'un tube brisé est facile : les boîtes à garniture du tube sont amovibles, et on a comme rechange un tube préparé avec les deux boîtes. Pour éviter les chances de rupture d'un tube neuf, on y fait passer de la vapeur pendant un certain temps, la purge étant ouverte.

Avec l'élévation des pressions, le nombre des ruptures de tubes de niveau a augmenté, et il est utile de les munir d'un protecteur qui garantit le personnel, tel que celui de MM. Birlé et Defaucoupret, composé de deux fortes glaces, prises dans une monture métallique fort simple.

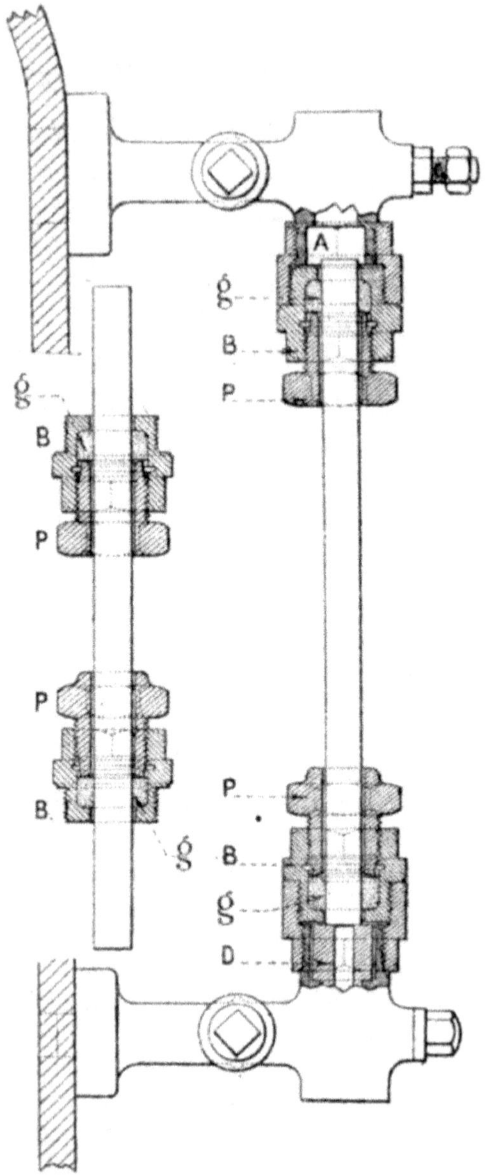

Fig. 78. — Tube de niveau à garnitures amovibles, système Berthelot. Pour remplacer un tube brisé, on dévisse les deux boîtes B, et on visse à la place les boîtes préparées à l'avance sur le tube de rechange.

On a imaginé de nombreux systèmes de fermeture automatique, qui fonctionnent en cas de rupture du tube ; mais en général ces appareils sont délicats et, si l'entretien n'en est pas parfait, ils risquent de fonctionner intempestivement, et le tube donne alors une indication trompeuse. Aussi ne sont-ils guère employés sur les locomotives. Un bon protecteur assure d'ailleurs au moins aussi bien la sécurité.

Le second appareil de niveau se compose de robinets de jauge. On ne doit pas attendre, pour s'en servir, que le tube de verre soit cassé, mais il faut les faire jouer au moins une ou deux fois par jour : on s'assure ainsi qu'ils sont en bon état, et on contrôle l'indication du tube de verre.

Pour atténuer les effets désastreux d'un manque d'eau, le ciel du foyer porte deux bouchons fusibles (fig. 79), dont le plomb fond quand il n'est plus refroidi par l'eau. La pression tombe et la machine ne peut continuer sa marche. Il faut construire avec soin ces bouchons, et on ne doit pas les laisser s'entartrer, car le plomb pourrait se détacher ou fondre sans que l'eau ait manqué.

La limite inférieure du niveau de l'eau, marquée sur la chaudière, doit être à 10 cm au-dessus du foyer : le décret du 9 octobre 1907 n'exige même que 6 cm. Les mécaniciens feront bien de profiter d'un lavage de la chaudière pour vérifier, par une des ouvertures de la boîte à feu, si la plaque indicatrice est convenablement montée sur leur machine.

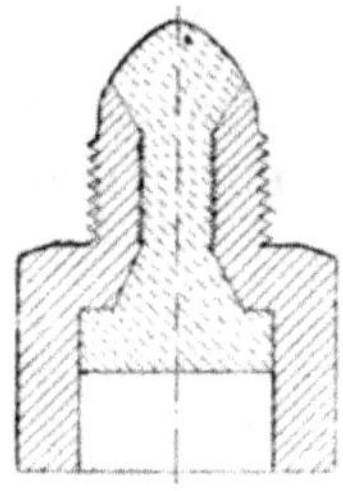

Fig. 79 Bouchon fusible.

43. Alimentation.

L'alimentation, ou introduction d'eau dans la chaudière, se fait à l'aide de pompes ou d'injecteurs. Les pompes, seules employées avant l'invention de Giffard en 1862, ont cédé la place, sur presque toutes les locomotives, aux injecteurs, plus simples, moins sujets aux avaries et permettant d'alimenter pendant les stationnements. On a quelquefois conservé la pompe pour alimenter avec de l'eau fortement réchauffée par la vapeur d'échappement.

L'alimentation peut être continue ou discontinue : si la machine fait un long parcours en palier ou sur une rampe uniforme, la dépense de vapeur est régulière, et le mieux est de maintenir autant que possible l'eau au même niveau par une alimentation continue.

Sur les profils variables, au contraire, l'alimentation discontinue est commode. La chaleur fournie par le combustible doit d'abord échauffer l'eau jusqu'à la température de la vapeur, puis la vaporiser : l'eau étant prise à 15° et la pression étant de 10 kg par cm^2, on a vu que plus du quart de la chaleur échauffe l'eau (jusqu'à 183°) et moins des trois quarts la vaporisent. Quand on arrête l'alimentation, toute la chaleur qui pénètre dans la chaudière transforme l'eau chaude en vapeur : la quantité de vapeur produite peut être ainsi augmentée, sans que la pression tombe. Mais le niveau de l'eau s'abaisse, et il ne faut pas un temps bien long pour qu'il arrive à sa limite inférieure. La suppression de l'alimentation offre toutefois une ressource précieuse pour franchir de courtes rampes. Un abondant envoi d'eau vient ensuite réparer les pertes de la chaudière : il est d'ailleurs souvent difficile, sans abaisser la pression, de relever le niveau de l'eau quand on l'a trop laissé tomber. En outre, l'abaissement excessif du niveau, en montant les rampes, est dangereux, par suite du mouvement de bascule fait par la locomotive en passant de la rampe à une pente ou même à un palier.

44. Tuyauterie d'alimentation.

Les appareils d'alimentation exigent des tuyaux souvent longs et compliqués. La tuyauterie est distincte pour chaque injecteur, qui reçoit le tuyau d'arrivée d'eau, le tuyau d'amenée de vapeur et le tuyau de refoulement. À la prise de vapeur sur la chaudière est installé un robinet à boisseau ou, de préférence, à soupape.

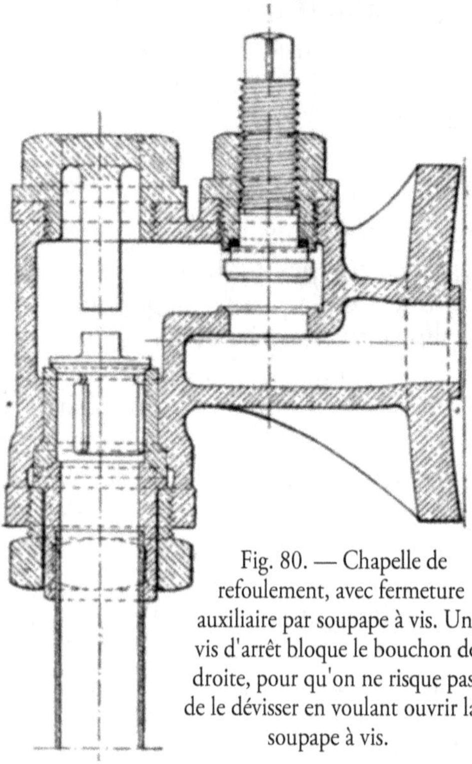

Fig. 80. — Chapelle de refoulement, avec fermeture auxiliaire par soupape à vis. Une vis d'arrêt bloque le bouchon de droite, pour qu'on ne risque pas de le dévisser en voulant ouvrir la soupape à vis.

Le tuyau de refoulement aboutit à la chapelle de refoulement (fig. 80) sur la chaudière, qui doit, d'après le décret du 9 octobre 1907, être munie d'une soupape se fermant d'elle-même. Un robinet ou une soupape permet d'isoler de la chaudière la soupape automatique; la visite de cette soupape, quand la locomotive est en pression, présente quelque danger, car on risque d'être brûlé par l'eau chaude, si on s'est trompé sur la position de fermeture du robinet d'arrêt ou s'il n'est pas étanche.

Quand il gèle, l'entretien des tuyauteries est assujettissant; elles doivent être revêtues de matières isolantes, et il faut avoir soin de ne jamais y laisser d'eau quand elles ne servent pas.

La chapelle de refoulement est montée sur la façade arrière de certaines locomotives, ou bien l'injecteur est directement appliqué contre cette façade arrière. Un tuyau intérieur amène l'eau refoulée vers le milieu du corps cylindrique. Ce tuyau de refoulement intérieur se remplit à la longue d'incrustations, et doit être visité et au besoin remplacé lors des réparations de la chaudière, ou bien si l'injecteur refuse de fonctionner sans qu'on en trouve d'autre cause.

45. Injecteurs.

La plupart des injecteurs comportent les mêmes organes essentiels. La tuyère laisse écouler avec une grande vitesse un jet de vapeur venant de la chaudière, lorsque la prise de vapeur est ouverte; il convient que cette vapeur soit bien sèche; aussi faut-il la prendre dans le dôme ou au moins dans la partie supérieure de la chaudière. La tuyère débouche dans l'axe de la chambre ou cheminée, simple ajutage conique, ou composée de plusieurs cônes convergents : cette chambre ou cheminée reçoit l'eau par une prise spéciale : la vapeur se condense au contact de l'eau et il se forme un jet d'eau chaude animé d'une grande vitesse, quoique bien inférieure à celle qu'aurait le jet de vapeur seule.

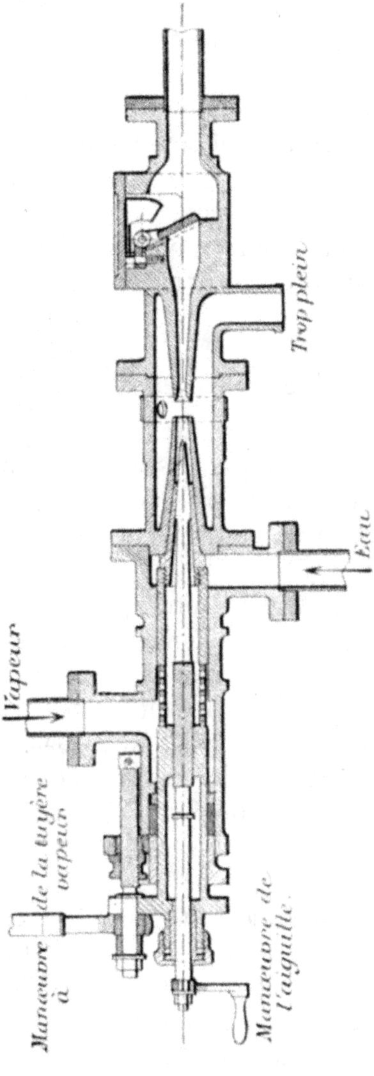

Fig. 81. — Injecteur Giffard, représenté complètement fermé ; en tirant vers la gauche la tuyère à vapeur, on ouvre le passage de l'eau : la manoeuvre de l'aiguille laisse passer la vapeur.

Ce jet d'eau chaude traverse un espace dit trop-plein, qui communique librement avec l'extérieur, par lequel s'écoule l'eau ou la vapeur lors de l'amorçage de l'injecteur.

En traversant le trop-plein, le jet d'eau chaude peut entraîner de l'air qui pénètre dans la chaudière : or la présence de l'air risque à la longue d'altérer les tôles ; aussi plusieurs injecteurs ont-ils sur le trop-plein une soupape qui se ferme du dehors au dedans : cette soupape ne s'oppose pas à la sortie d'eau et de vapeur lors de l'amorçage, mais se referme quand une aspiration se produit, l'injecteur étant amorcé.

Enfin le jet rapide qui traverse le trop-plein pénètre dans un conduit appelé divergent à cause de sa forme, où la vitesse se ralentit ; en même temps la pression augmente, suivant un principe de mécanique ; si la vitesse à l'entrée du divergent est assez grande et si elle se ralentit suffisamment par suite de l'élargissement du conduit, la pression croit assez pour atteindre et dépasser celle de la chaudière : l'eau y pénètre en soulevant la soupape de retenue, qui empêche la vidange de la chaudière lorsque l'appareil ne marche pas.

La dimension d'un injecteur la plus importante à connaître est le diamètre du divergent à sa section la plus étroite, auprès de son embouchure : de ce diamètre dépend, pour chaque type d'injecteur, la quantité d'eau qu'il peut refouler. Le numéro de l'injecteur est souvent ce diamètre exprimé en millimètres.

Les qualités principales qu'on recherche dans un injecteur, qualités qui, dans chaque cas, font préférer tel ou tel appareil, sont les suivantes :

- Facilité de la manoeuvre et sûreté de l'amorçage, que le personnel des locomotives apprécie tout particulièrement ;
- Fonctionnement avec de l'eau chaude, qui permet de réchauffer l'eau du tender au lieu de laisser perdre la vapeur par les soupapes ;
- Débit variable à volonté, de sorte qu'on puisse régler une alimentation continue ;
- Simplicité de la construction et facilité de l'entretien.

Les injecteurs aspirants peuvent être montés au-dessus du niveau de l'eau dans la bâche où ils la puisent ; les injecteurs non aspirants doivent recevoir l'eau en charge, ce qui oblige à les placer en dessous du tablier de la locomotive. Quand ils ne fonctionnent pas, ils videraient le tender si on oubliait de fermer l'arrivée d'eau.

On trouve encore en service l'injecteur Giffard, à peu près tel qu'il est sorti des mains du célèbre inventeur (fig. 81) : l'aiguille, manœuvrée par une petite manivelle, ferme ou ouvre plus ou moins la tuyère par laquelle s'échappe la vapeur prise à la chaudière. Il faut fermer cette aiguille avec douceur car, poussée fortement, elle peut faire éclater la tuyère dans laquelle elle se coince. Le petit jet de vapeur, que laisse passer la tuyère entrouverte, entraîne l'air lors de la mise en marche et appelle l'eau par suite de la diminution de la pression dans le tuyau d'aspiration.

La tuyère avec l'aiguille peut glisser dans le corps de l'injecteur, sous l'action de la vis commandée par une grande poignée ; on ouvre ainsi plus ou moins le passage de l'eau. Il ne faut pas que la vapeur puisse fuir à l'extérieur de la tuyère et pénétrer par là dans la chambre ou cheminée : une garniture s'oppose à cette fuite. La nécessité de cette garniture intérieure est le principal défaut de l'injecteur Giffard ; dans les types de Turck, et du P. L. M. (fig. 82), la partie conique de la chambre et le divergent constituent une pièce mobile entre deux garnitures, qu'on resserre de l'extérieur. Le trop-plein communique librement, avec le dehors. Un clapet ou une soupape ferme l'extrémité du divergent, du côté du refoulement à la chaudière.

Pour faire fonctionner l'injecteur Giffard, on règle le passage de l'eau, à l'aide de la grande poignée, en réduisant l'ouverture d'autant plus que la pression dans la chaudière est plus forte.

Avec l'aiguille on ouvre d'abord un étroit passage à la vapeur pour aspirer l'eau, puis on augmente l'ouverture. Un injecteur Giffard, avec divergent de 9 mm de diamètre à l'endroit le plus étroit, peut refouler, par minute, dans une chaudière dont la pression est de 10 kg par cm², 60 à 120 litres d'eau prise au tender. Ces nombres deviennent 80 à 130 pour la pression de 13 kg par cm², et 40 à 100 pour celle de 7 kg par cm². Dans l'injecteur Sellers (fig. 83), la vapeur sort non seulement par la tuyère, mais forme en outre une nappe mince autour de cette tuyère.

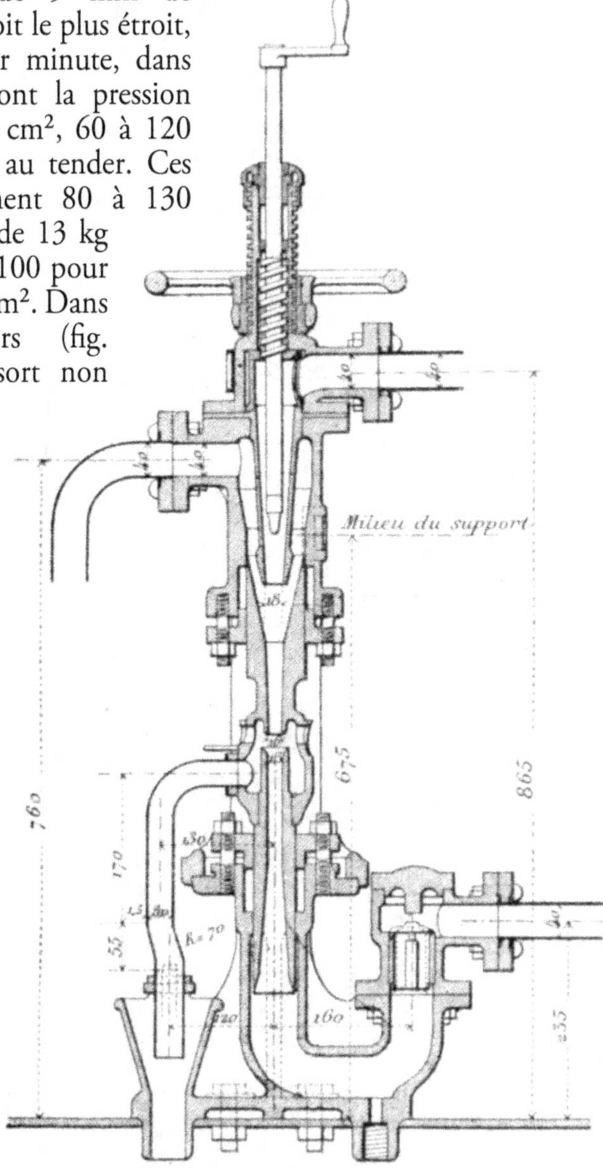

Fig. 82. — Injecteur vertical des locomotives P. L. M. de construction antérieure à 1887, dérivé du type Giffard.

La soupape, commandée par un levier, commence par donner passage seulement à cette nappe auxiliaire de vapeur, à cause du téton qui s'engage dans la tuyère : elle produit alors l'aspiration de l'air, puis de l'eau, pour la mise en train. L'entrée de l'eau est réglée par un robinet. La chambre, où se mêlent l'eau et la vapeur, est un long cône percé d'une série d'ouvertures en communication avec le trop-plein. Une soupape, s'appliquant de l'extérieur vers l'intérieur,

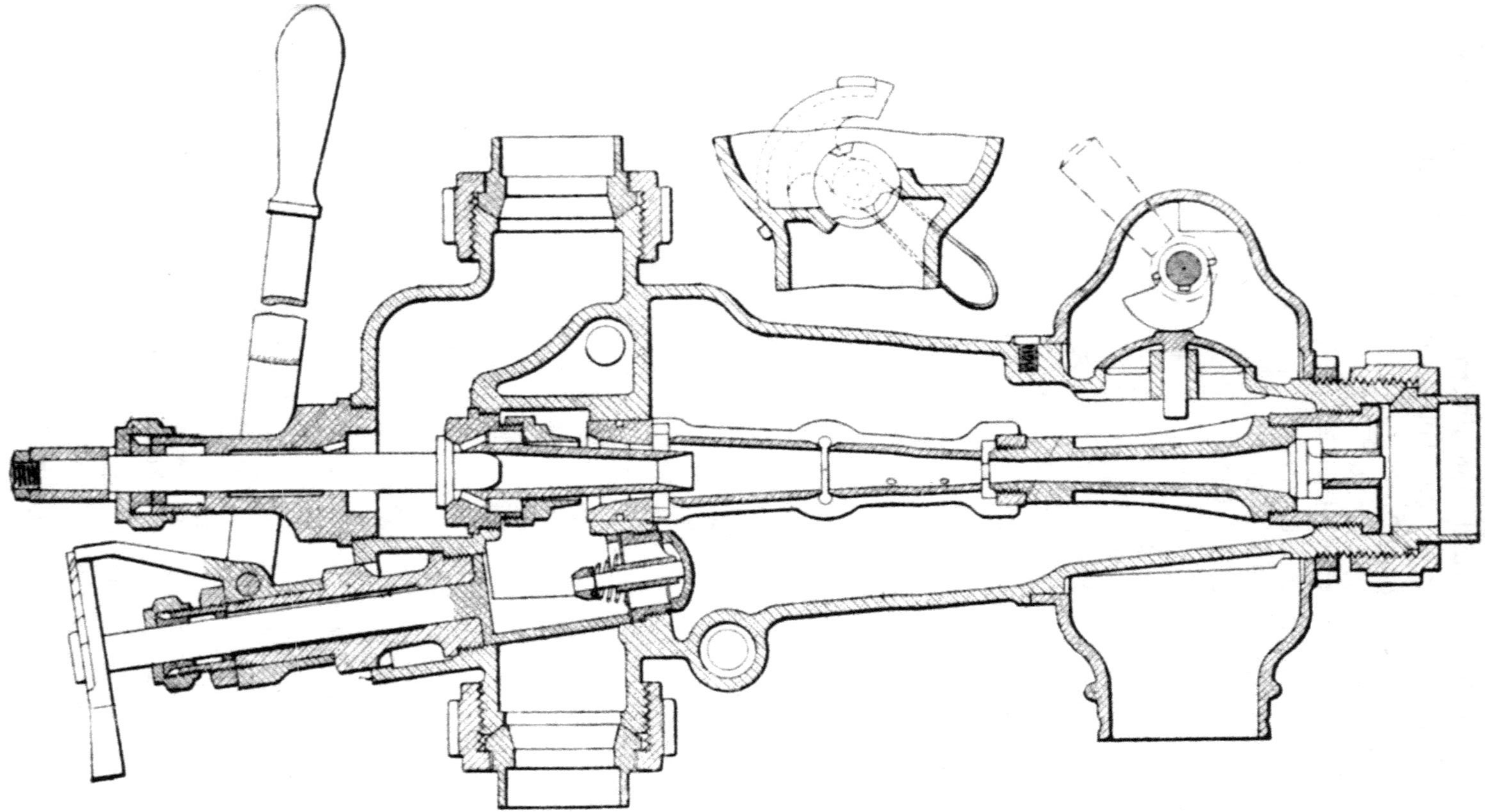

Fig. 83. —Injecteur Sellers ; coupe longitudinale ; vue en bout de la poignée du robinet à eau. Le grand levier vertical commande la soupape de prise de vapeur ; la poignée inférieure, à gauche, le robinet à boisseau, placé sur l'arrivée d'eau (représenté dans la position de fermeture). La petite poignée à droite permet d'immobiliser la soupape de trop-plein.

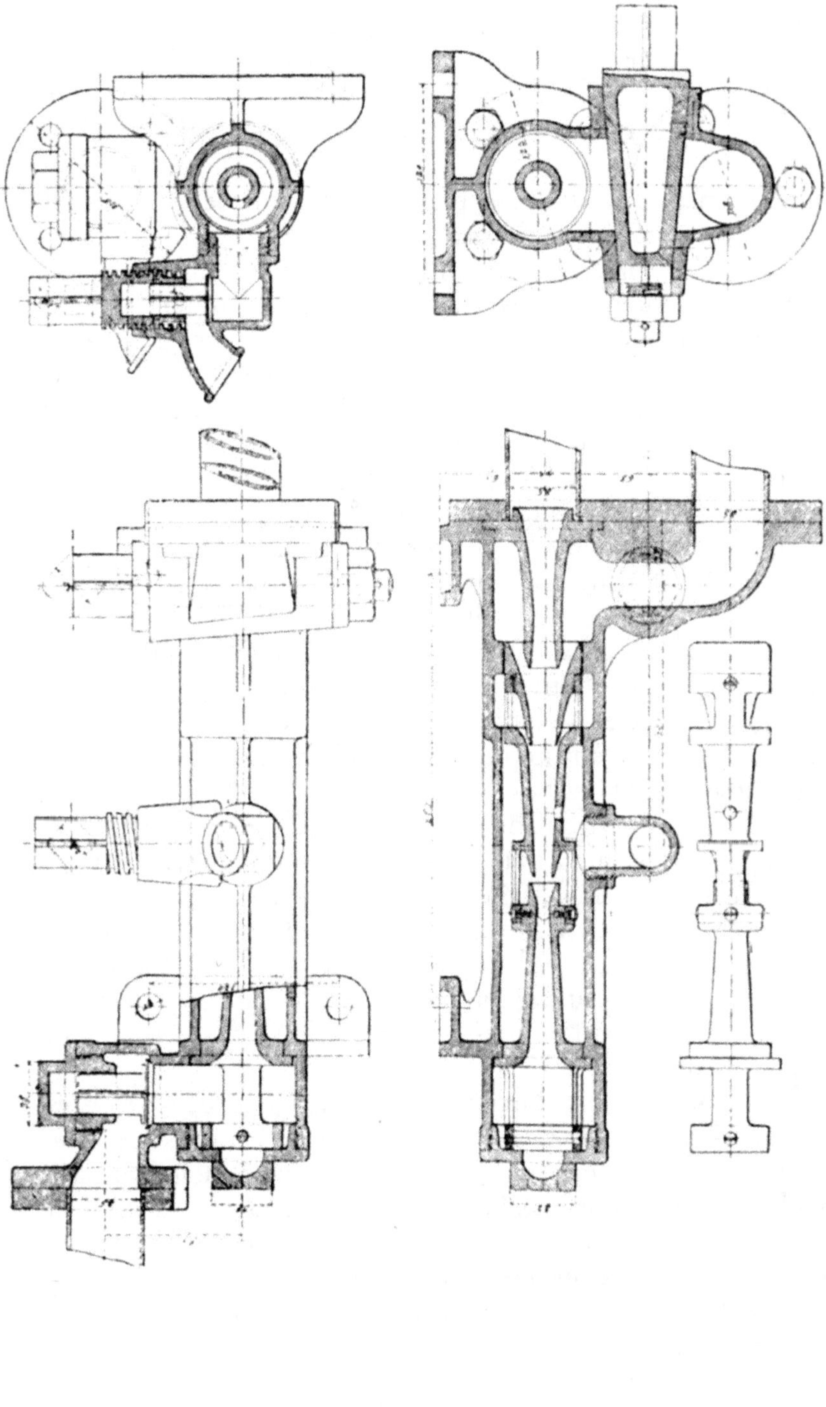

Fig. 84. — Injecteur Friedmann n° 9, non aspirant ; en haut, à droite, soupape automatique empêchant l'aspiration d'air, avec fermeture pour le réchauffage du tender.

s'oppose à l'aspiration de l'air et peut être fermée quand on se sert de la prise de vapeur pour réchauffer l'eau du tender. Une soupape, au bout du divergent, empêche le retour d'eau de la chaudière. On remarquera une soupape qui peut s'ouvrir dans la caisse qui entoure les tuyères. Cette soupape, dont l'action est secondaire, n'existait pas sur les premiers injecteurs de Sellers. La forme de la tuyère à vapeur, d'abord convergente, puis divergente du côté de la sortie, est digne d'attention.

Cette forme, qui existe dans plusieurs appareils de cette nature, augmente la vitesse du jet de vapeur. A première vue, on pourrait croire que l'évasement de la tuyère, en augmentant la section d'écoulement, diminue la vitesse du fluide. Mais il faut tenir compte de l'augmentation de volume qui résulte de l'abaissement de pression de la vapeur pendant son parcours : ce fait compense et au-delà, l'effet de l'augmentation de section. Un injecteur Sellers débite un peu plus d'eau qu'un injecteur Giffard à divergent de même diamètre (70 à 140 litres, sons la pression de 10 kg au lieu de 60 à 120). Il fonctionne encore avec de l'eau à la température de 50°. La manoeuvre en est très facile, mais l'appareil doit être bien construit et bien entretenu. Il faut notamment que la fente annulaire, qui donne la nappe auxiliaire de vapeur autour de la tuyère, ne soit pas trop large.

Les injecteurs non aspirants sont en général plus simples que les autres ; mais leur position en rend la manoeuvre un peu moins commode. Ces injecteurs n'ont que des cônes fixes : l'admission de la vapeur s'y règle par la soupape de prise montée sur la chaudière, et celle de l'eau par le robinet que porte l'injecteur.

Tel est l'injecteur Friedmann (fig. 84), remarquable par la facilité de démontage ; en dévissant le chapeau fileté qui le ferme en bout, du côté du refoulement, on peut extraire tout le système des cônes intérieurs, sauf la tuyère à vapeur. Cette tuyère est évasée vers l'extrémité qui donne le jet de vapeur ; la chambre comporte deux cônes successifs. Cet injecteur prend l'eau tiède jusqu'à 45 ou 50° ; avec un divergent de 9 mm, il débite 75 à 150 litres d'eau par minute, contre la pression de 10 kg par cm^2.

L'arrêt prolongé de l'alimentation entraîne une détresse. C'est pourquoi les locomotives sont habituellement munies de deux injecteurs, qui ne peuvent guère manquer à la fois, à moins que l'eau du tender ne soit trop chaude. Les chances d'avarie des injecteurs, bien entretenus, sont d'ailleurs si faibles qu'on s'est longtemps contenté d'en avoir un seul sur les locomotives du P. L. M. Outre la température trop élevée de l'eau du tender, les principales causes qu i peuvent faire rater un injecteur sont les suivantes :

- La vapeur est trop humide, fait qui ne doit pas se produire, même quand le niveau de l'eau est très élevé dans la chaudière, si la prise de vapeur est bien établie ;
- L'injecteur ou un de ses tuyaux est bouché par un morceau de chiffon, ou par la matière d'un joint pénétrant a l'intérieur : il n'y a que la visite de l'appareil qui permette de remédier à cette conséquence d'une fâcheuse négligence.
- L'injecteur est entartré : comme le dépôt de tartre ne se forme que lentement, cette circonstance indique un manque d'entretien. Une rentrée d'air par les rotules peut empêcher l'amorçage d'un injecteur aspirant.
- Lorsqu'un injecteur est très chaud, par suite de plusieurs tentatives d'amorçage, le fonctionnement peut en devenir plus difficile encore : il faut tacher de le refroidir (avec l'injecteur non aspirant, il suffit de laisser couler par le trop-plein l'eau du tender).
- Enfin l'usure, le déplacement, la rupture des organes, les fuites intérieures dans l'injecteur Giffard, peuvent paralyser ou gêner le fonctionnement.

Quelquefois, après avoir passé en revue inutilement toutes les causes vraisemblables qui peuvent empêcher la marche d'un injecteur, on finit par s'apercevoir qu'on a été chercher midi à quatorze heures,

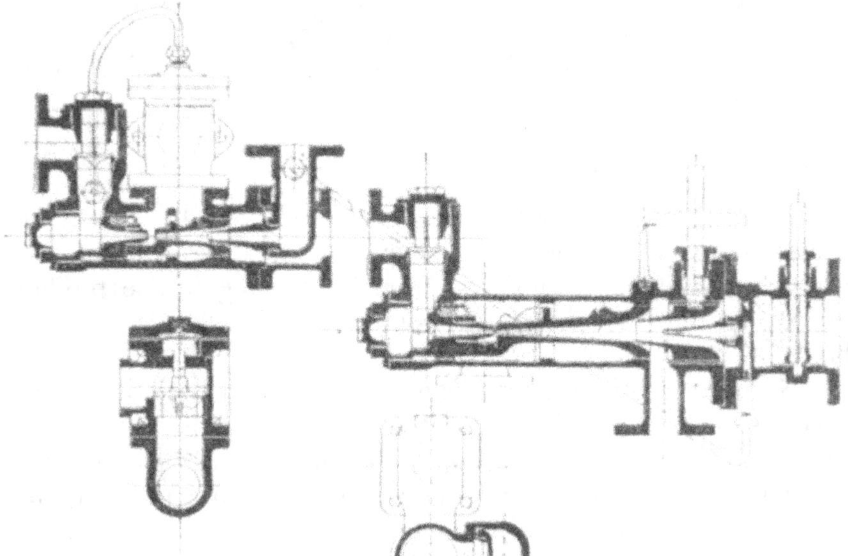

Fig. 85. — Injecteur à vapeur d'échappement Ravies et Metcalfe.

comme on dit familièrement, et qu'une cause très simple paralyse l'appareil : on découvrira, par exemple, que le robinet de la chapelle de refoulement est fermé.

46. Injecteurs à vapeur d'échappement.

On a souvent cherché a réduire la dépense de combustible dans les locomotives en réchauffant l'eau d'alimentation à l'aide d'une partie de la vapeur d'échappement ; la quantité de vapeur ainsi détournée, ne dépassant pas le quart ou le cinquième de ce que rejettent les cylindres, ne paraît pas assez grande pour que le tirage en soit notablement réduit. L'économie due au réchauffage de l'eau est évidente, mais on n'aime guère à monter sur les locomotives des appareils compliqués qui ne sont pas indispensables. Parmi ces appareils réchauffeurs, un des plus intéressants est l'injecteur à vapeur d'échappement. Au sortir du cylindre, la vapeur s'échappe avec une vitesse assez grande pour alimenter un injecteur convenablement disposé, pourvu que la pression au refoulement ne dépasse par 4 ou 5 kg par cm^2. Pour les pressions plus élevées, qui existent dans la chaudière de la locomotive, on ajoute à l'appareil une petite tuyère supplémentaire, qui reçoit directement la vapeur de la chaudière. En outre, dans l'appareil Davies et Metcalfe (fig. 85), l'eau envoyée par l'injecteur à vapeur d'échappement traverse un second injecteur, mis en action par la vapeur prise à la chaudière.

Un inconvénient accessoire de cet emploi de la vapeur d'échappement est l'envoi dans la chaudière de matières grasses provenant des cylindres : on tâche de séparer ces matières de la vapeur avant qu'elle n'entre dans l'injecteur.

47. Combustibles.

On brûle dans les locomotives les combustibles les plus variés, suivant les ressources des contrées qu'elles parcourent : les diverses variétés de houilles, y compris les anthracites et les lignites : les produits qui en dérivent, coke, briquettes, goudrons les pétroles : la tourbe ; le bois.

La tourbe est un produit de l'altération des végétaux : elle se forme encore actuellement. Elle contient principalement du carbone, des cendres, et une grande proportion d'eau, qu'on élimine partiellement en faisant bien sécher les morceaux. Une bonne tourbe peut produire en brûlant à peu près la même quantité de chaleur qu'un poids égal de bois.

L'eau forme encore le quart ou le cinquième du poids des bois bien secs. Les rondins de bois durs (hêtre, chêne, charme, frêne, érable, bouleau. etc.) pèsent 400 à 500 kg par stère ou mètre cube; les bois résineux (pin, sapin, etc.) pèsent 300 à 400 kg, et les bois tendres (châtaignier, tilleul, tremble, saule, peuplier, etc.) 200 à 300 kg. Le pouvoir calorifique des bois, contenant en poids un cinquième d'eau, est d'environ 3 000 calories par kilogramme.

48. Houilles.

Les principaux éléments de la houille, carbone, matières volatiles, cendres, ont été mentionnés plus haut. Il existe de nombreuses espèces de houille, dont les compositions sont assez différentes: c'est surtout la proportion des matières gazeuses, par rapport à celle du carbone fixe, qui les caractérise.

L'anthracite contient surtout du carbone, des cendres et très peu de matières volatiles. Il s'enflamme difficilement et les morceaux isolés s'éteignent rapidement; mais en masse il donne un bon feu avec peu de flamme et sans fumée.

Quelques espèces d'anthracite décrépitent ou se brisent en petits fragments sous l'action de la chaleur: cette propriété en rend l'emploi plus difficile. L'anthracite abonde en Pennsylvanie, où le foyer Wootten (§ 21) a été imaginé pour le brûler en menus morceaux. On exploite aussi l'anthracite dans le pays de Galles et, en France, dans le département de l'Isère.

Les houilles maigres se rapprochent des anthracites, mais renferment un peu plus de matières gazeuses: en calcinant dans un creuset 100 g de ces houilles, on chasse 7 à 10 g de gaz, et il reste 93 à 90 g de carbone et de cendres. Ces houilles brûlent avec une flamme courte et donnent peu de fumée.

Les houilles demi-grasses renferment une proportion plus forte de matières volatiles (10 à 15 g p. 100); les fragments s'agglutinent au feu.

Les houilles grasses tiennent encore plus de matières volatiles (15 à 20 g p. 100); elles se ramollissent au feu, fondent en partie et se prennent en masse; parfois on les appelle houilles maréchales, à cause de l'emploi qu'on en fait dans les forges.

Les houilles sèches à longue flamme ou flambantes sont les plus riches en matières gazeuses (20 a 23 g p. 100). Elles ne s'agglomèrent pas au feu, et brûlent avec flamme et fumée abondantes. Ces houilles sont assez rares en France; on en trouve beaucoup en Écosse.

Le pouvoir calorifique d'un kilogramme de houille pure, complètement débarrassée de cendres et d'humidité, est d'environ 9 000 calories. On trouve d'ailleurs des différences assez importantes pour les diverses espèces de houilles, le pouvoir calorifique pouvant s'abaisser à 8000 calories et s'élever à 9 600.

Les lignites sont des combustibles minéraux qui proviennent de couches moins anciennes que celles des véritables terrains houillers. Il en existe d'assez nombreuses variétés. Le plus souvent, le lignite est de couleur brune ou noire, plutôt terne que brillante. Il donne une fumée abondante d'une odeur désagréable; il renferme une forte proportion d'eau, de sorte qu'a poids égal, le pouvoir calorifique est moindre que celui de la houille.

La plupart des mines divisent la houille en plusieurs catégories, suivant la grosseur des morceaux, en la faisant passer sur des grilles et des cribles à mailles diversement espacées. Les morceaux de la plus grande taille forment la grosse houille, facile à emmagasiner et pouvant se conserver longtemps sans altération. La grosse houille se brûle facilement; elle laisse une large place pour le passage de l'air nécessaire à la combustion. Certaines sortes de houille donnent beaucoup de gros morceaux: d'autres, très friables, n'existent guère sous cette forme.

Par gailleterie, on entend les petits morceaux de la grosseur du poing, commodes surtout pour le chauffage domestique.

Le mot tout-venant désigne la houille telle qu'elle sort de la mine, les morceaux de toutes grosseurs étant confondus. Mais on appelle aussi tout-venant des houilles dont on a déjà séparé, en partie du moins, soit les plus gros morceaux, soit les menus les plus fins.

Pendant longtemps on n'a guère utilisé que les houilles en morceaux, en rejetant les menus, sauf ceux qui se collent au feu et qu'on pouvait transformer en coke. Les autres menus étaient perdus en grande partie: c'était un véritable gaspillage des richesses limitées qui existent dans les terrains houillers. Les prix extrêmement bas de ces menus peu recherchés ont décidé plusieurs industriels et ingénieurs de chemins de fer à les employer: quand on a pris les dispositions convenables pour cet emploi, on a facilement réussi, comme lorsqu'on a substitué au coke la houille en morceaux on a reconnu que le combustible menu pouvait, tout aussi bien que le gros combustible, servir à la production de la vapeur: il suffit de le brûler sur une grille d'étendue assez grande, car il laisse passer l'air moins facilement que les morceaux de grande taille.

Les menues houilles ont même certains avantages spéciaux sur les gros combustibles: elles peuvent être débarrassées, par le lavage, d'une partie des matières pierreuses qui formeraient les cendres. Ces matières pierreuses sont plus denses que la houille, c'est-à-dire plus lourdes à égalité de volume, et forment des grains isolés, grâce à la grande division des morceaux: l'action de l'eau, mise en mouvement par une pompe, les sépare, en soulevant dans des bacs les seules parties combustibles, plus légères. Les menus permettent l'emploi d'appareils mécaniques pour le chargement régulier et continu des foyers; mais ces appareils ne servent guère sur les locomotives. Quelques essais en ont été faits aux États-Unis.

Pour ces raisons, l'usage des menus s'est beaucoup développé, si bien qu'aujourd'hui l'écart entre les prix des menus et de la houille en morceaux n'est plus aussi grand. Il existe d'ailleurs bien des espèces de menus, suivant les dimensions des cribles qui séparent les diverses grosseurs.

Les espèces les plus fines trouvent leur application, même les boues formées de grains extrêmement ténus, qui sont entraînées par les eaux servant au lavage, et qu'on recueille dans des bassins de décantation. Si l'on n'avait pas trouvé le moyen d'utiliser les menus combustibles, l'énorme consommation de la grosse houille en aurait beaucoup élevé le prix: il en serait résulté un grand excès de dépenses, c'est-à-dire des transports plus coûteux, ou une diminution des services rendus par les chemins de fer. Les prix des diverses qualités de combustibles sont naturellement très variables, suivant les époques les provenances et la longueur du transport. À titre de comparaison, on peut indiquer comme prix moyen par tonne, en 1907, des combustibles rendus sur un réseau français, en tas dans les dépôts. 19 fr. 70 pour les menus et tout-venants, 25 fr. 10 pour la briquette et la grosse houille. Chargé sur le tender, le combustible coûte environ 50 centimes de plus par tonne.

49. Cendres.

Il est désirable que la proportion de cendres dans un combustible soit aussi faible que possible, puisqu'elle réduit d'autant la quantité de véritable combustible. La nature des cendres a aussi une grande importance. Quand elles sont infusibles à la chaleur, comme la plupart des cendres blanches, elles tombent en poussière et traversent sans peine les grilles. Les cendres à demi fusibles sont les plus gênantes: elles empâtent et encrassent les grilles, sous forme de mâchefers.

50. Coke.

Le coke est le résultat de la distillation de la houille dont on extrait les éléments volatils, soit en la chauffant dans des cornues pour obtenir le gaz d'éclairage, soit en la traitant dans des fours spéciaux, uniquement pour produire le coke. Cette opération enlève à la houille des carbures d'hydrogène capables de produire par leur combustion une grande quantité de chaleur. En outre, vu le départ de ces carbures, il y a dans un kilogramme de coke plus de cendres que dans un kilogramme de la houille qui a servi à le produire. Exposé a l'air humide et à la pluie, le coke absorbe beaucoup d'eau. Le poids de l'eau ainsi absorbée peut s'élever jusqu'à 200 et même 250 g pour un kilogramme de coke sec. Cette eau consomme en pure perte de la chaleur lorsqu'elle se vaporise dans le foyer.

51. Briquettes.

Les briquettes sont formées de houille très menue, souvent enrichie par lavage, qu'on agglutine à l'aide de brai, qui provient de la distillation du goudron de houille. Le brai a une cassure vitreuse et se divise en petites parcelles aiguës. Aussi donne-t-il une poussière irritante pour les yeux.

Le poids de brai qui entre dans la composition des briquettes est, d'environ 80 kg par tonne. On forme une pâte en le malaxant avec la houille menue; cette pâte est fortement comprimée dans des moules à section ronde ou rectangulaire. La briquette, avec peu de cendres, est un combustible analogue à la grosse houille de bonne qualité; le brai qu'elle contient est lui-même un combustible pur et riche en carbone; elle s'emmagasine facilement et peut se conserver plusieurs années sans s'altérer à l'air. On casse en quelques morceaux les grosses briquettes avant de les employer.

52. Mélanges de combustibles.

Il est souvent difficile de trouver un combustible qui convienne parfaitement au service des locomotives. En prenant des houilles de qualités diverses, on peut en former des mélanges convenables, quoique de prix modéré. Les charbons menus se prêtent bien à ces mélanges. C'est ainsi que, grâce à une addition de houille grasse ou demi-grasse, les houilles maigres s'agglomèrent au feu et peuvent brûler dans les foyers ordinaires de locomotives.

Des mélanges habilement faits permettent de constituer des combustibles de qualité moyenne et constante, appropriée au service qu'ont à fournir les machines et au type des foyers.

Le mélange se fait au moment du chargement dans le tender, ou lorsqu'on approvisionne le combustible en tas. Suivant les cas, on ajoute au combustible moyen une proportion plus ou moins grande de houille en gros morceaux ou de briquettes.

Ce système permet d'assurer le service de la traction, en réduisant autant que possible les dépenses, toujours si considérables, faites pour l'achat des combustibles. Il n'est pas seulement désirable que ces dépenses ne soient pas inutilement exagérées, mais le devoir de tous ceux qui coopèrent à l'exploitation d'un chemin de fer est de rechercher la plus grande économie dans ce service, comme dans tous les autres. Il n'est pas inutile d'insister sur ce point : réduire le prix de revient des transports, les effectuer en consommant la moindre quantité de cette denrée si précieuse, le travail humain sous toutes ses formes, c'est la grande raison d'être des chemins de fer.

Brûler dans la locomotive des combustibles plus chers qu'il ne faudrait, des combustibles qui pourraient plus utilement être appliqués à d'autres usages, c'est gaspiller du travail.

Cette recherche continuelle de l'économie, loin de faire abaisser le salaire des ouvriers, est précisément ce qui l'augmente : la remarquable organisation du service des mécaniciens et chauffeurs de locomotives en France, avec les primes d'économie de matières, en est un exemple. C'est le mode de rétribution du travail qui rapproche le plus le travailleur de cette situation désirable entre toutes, mais dans bien des cas impossibles à réaliser, celle où il travaille directement pour son propre compte.

53. Combustion dans les foyers de locomotive.

C'est du feu que sort la puissance des machines à vapeur : pour tirer bon parti de la locomotive, il faut, avant tout, savoir conduire ce feu bienfaisant, mais capricieux.

L'art du chauffeur peut se résumer en quelques mots : brûler complètement le combustible, et en brûler une quantité suffisante en une heure. C'est plus facile à dire qu'à faire ; ce qui complique le travail, c'est l'extrême diversité des circonstances dont on doit tenir compte. Il existe tant de variétés de combustibles ; la même mine, la même couche ne donnent pas toujours des houilles de qualité uniforme. Les dimensions et les dispositions des chaudières sont variables : deux locomotives de même type ne sont pas toujours identiques ; quelques différences, difficiles à voir dans la grille, dans l'échappement, sont très sensibles au chauffeur, sans qu'on puisse toujours reconnaître avec précision les conditions les plus favorables.

Un chauffeur n'est pas appelé à conduire les types les plus variés de foyers et à employer les combustibles les plus différents ; mais il faut, au moins dans l'étendue d'un même réseau de chemin de fer, qu'il ne soit pas trop dépaysé s'il change de machine ou si la nature de la houille varie.

Les principes de la combustion ont été indiqués au § 12 : pour qu'elle soit complète, le carbone doit être entièrement transformé en gaz carbonique, et l'hydrogène en eau, par la combinaison avec l'oxygène ; cette transformation complète exige une certaine quantité d'air et une température élevée du combustible.

L'air arrive au contact du combustible de deux manières, soit en traversant la grille, puis la masse qu'on veut brûler, soit au-dessus, en entrant par la porte du foyer et quelquefois par d'autres ouvertures, ménagées dans les parois. La première manière est la plus usitée et, sauf dans des cas spéciaux, l'air n'est admis au-dessus du combustible qu'en supplément.

Appelé par l'échappement, l'air arrive sous la grille sans rencontrer d'obstacle dans les anciennes machines dépourvues de cendrier; le cendrier n'en gêne guère l'accès, pourvu qu'on ne laisse pas les escarbilles l'engorger. Après avoir traversé la grille, l'air circule entre les morceaux de combustible par des passages plus ou moins étroits: c'est là que commence la combustion. Pour qu'elle s'effectue, il faut que les morceaux de combustible soient déjà portés à une température élevée, manifestée par leur incandescence ; la combustion même entretient cette température élevée et la transmet aux parties voisines de celles qui brûlent; mais il est nécessaire que la masse allumée soit suffisante ; des fragments isolés ou peu nombreux de houille s'éteignent, refroidis par l'air plus que la combustion ne les échauffe.

La combustion se continue au-dessus de la masse solide, par des flammes, produites quand l'oxygène de l'air se combine avec l'oxyde de carbone, provenant de la combustion incomplète du carbone, et surtout avec des carbures d'hydrogène. C'est lorsque ces gaz sont abondants qu'il est utile d'employer l'admission d'air par-dessus le combustible, parce qu'alors la quantité d'air qui le traverse n'est pas suffisante: cela arrive avec les houilles très riches en matières volatiles, et aussi avec le combustible en couche épaisse, quelle qu'en soit la nature.

Si un petit excès d'air est désirable, vu l'impossibilité de le doser toujours exactement, un grand excès d'air est nuisible. En premier lieu, cet excès d'air refroidit le combustible solide ou les gaz qu'il dégage; or la combustion se fait d'autant plus franchement que les éléments à brider sont à une température plus élevée.

En second lieu, l'excès d'air inutile prend la température du courant rejeté par la cheminée et emporte ainsi de la chaleur sans profit. Cet air sort par la cheminée à une température assez élevée, qu'on peut estimer à 300° en moyenne. La quantité de chaleur qu'il faut ainsi fournir pour un mètre cube d'air, pris à 15°, serait capable de chauffer et de vaporiser dans la chaudière prés de 140 g d'eau.

Divers phénomènes troublent la combustion dans le foyer des locomotives. Des fragments de charbon peuvent passer à travers la grille, les barreaux doivent être suffisamment rapprochés pour réduire cette perte. Puis on prend la précaution de charger les menus sur une première couche de houille capable de les retenir, en attendant qu'ils s'agglomèrent au feu. Le charbon peut aussi quitter la grille en suivant le courant gazeux, qui le dépose en partie dans la boîte à fumée.

Le combustible ainsi entraîné a perdu des matières volatiles et se trouve à l'état de petits grains de coke mélangés de cendres : c'est ce qu'on appelle le fraisil, qui s'accumule dans la boîte à fumée.

L'entraînement du combustible produit une perte sérieuse. C'est surtout quand le courant est inégalement réparti dans le foyer que l'air entraîne ainsi le charbon. S'il traversait toute la surface de la grille, il ne serait nulle part trop violent ; mais s'il ne passe qu'en quelques points, la vitesse y est exagérée, tandis que l'air manque dans le reste du foyer.

Cette mauvaise distribution du courant d'air peut tenir à ce que la grille n'est pas également garnie, et à ce qu'elle est obstruée par des mâchefers. Souvent aussi elle est causée par la disposition même de la locomotive, à laquelle le mécanicien ne peut remédier. Un serrage excessif de l'échappement, surtout avec des charbons légers, provoque l'entraînement.

On recueillera à part, dans les dépôts, les fraisils de boîte à fumée, car c'est un combustible qu'on brûle très bien dans des foyers appropriés, notamment pour le chauffage des ateliers et des bureaux, et pour la production de vapeur dans des chaudières fixes. Mais c'est un combustible qui en réalité coûte cher et qu'on doit s'efforcer de ne pas produire.

Certaines houilles, loin d'être entraînées par un courant d'air énergique, ont le défaut de s'agglomérer en masses telles que l'air ne les pénètre pas : il se forme entre ces masses des trous ou des crevasses, qu'il faut remplir de combustible en ignition, tandis qu'on divise les masses agglomérées.

Le feu est encore difficile à conduire lorsque le combustible encrasse les grilles au bout de peu de temps, en y formant des gâteaux de mâchefers. L'enlèvement de tous ces mâchefers exige un stationnement assez prolongé. Pendant la marche, on ne peut guère procéder à un décrassage complet ; on se contente de retirer quelques-uns des plus gros morceaux.

La fumée que dégage la cheminée après un chargement est teintée en noir par des particules de carbone non brûlé et ce carbone ne provient pas de fragments solides de la houille directement entraînés, mais de la décomposition des carbures d'hydrogène, que la houille chauffée dégage.

Le poids de carbone ainsi visible dans la fumée n'est qu'une faible fraction du combustible consommé, et la perte peut en sembler négligeable. Mais à côté de ce qu'on voit dans la fumée, il y a ce qu'on ne voit pas ; elle peut renfermer, sans que rien le décèle, une quantité

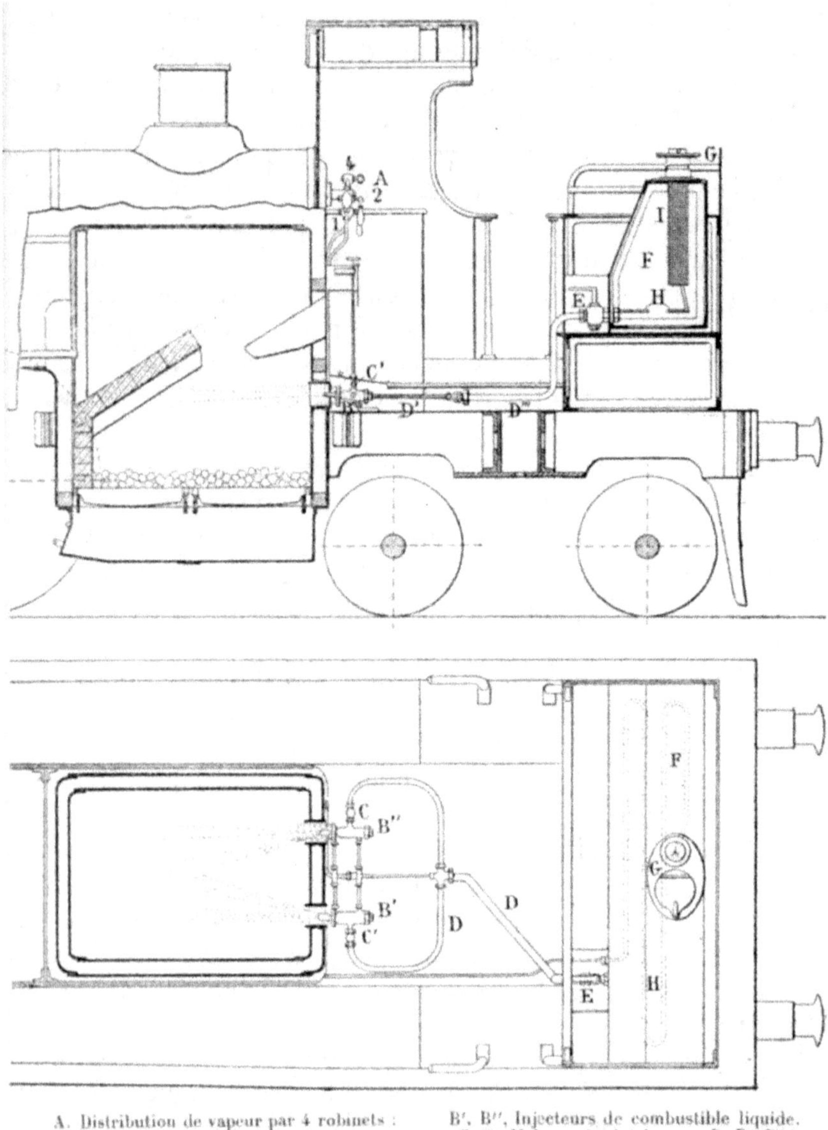

A. Distribution de vapeur par 4 robinets :
1. Au réchauffeur du réservoir de combustible liquide ;
2. Aux espaces annulaires des injecteurs ;
3. Au centre des injecteurs ;
4. Pour le nettoyage de la tuyauterie et des injecteurs.

B', B'', Injecteurs de combustible liquide. — C, C', Valves régulatrices. — D, D', D''', Tuyaux avec robinet en E. — F, réservoir, — G, Trou d'homme avec orifice de remplissage et admission d'air. — H, Réchauffeur. — I, Filtre épurateur.

Fig. 86. — Application à une locomotive-tender de l'appareil Holden pour brûler du pétrole.

considérable de gaz combustibles non brûlés. S'il y a du carbone non consumé dans la fumée, c'est parce que la quantité d'air qui pénètre dans le foyer est insuffisante ; c'est souvent aussi parce que le combustible et les gaz qu'il dégage ne sont pas portés à une température assez élevée pour assurer une combustion vive et rapide ; ces mêmes causes font que des gaz combustibles se perdent par la cheminée.

Le remède consiste à charger la houille par petites quantités, sur un feu clair et vif, et à laisser au besoin entrer un peu d'air par les ouvertures de la porte, après le chargement.

Une couche épaisse de charbon, même bien allumé, sans admission d'air supplémentaire par-dessus, peut dégager de l'oxyde de carbone. Quelquefois la cheminée rejette cet oxyde de carbone à une température assez élevée pour qu'il s'enflamme au contact de l'air, en donnant des flammes bleuâtres, visibles la nuit. Le mélange avec la vapeur d'échappement refroidit les gaz.

L'insuffisance d'air favorise les dépôts de suie dans les tubes, qu'un feu ardent diminue au contraire ; la suie ralentit la transmission de la chaleur à l'eau de la chaudière.

54. Combustibles liquides.

Le pétrole est un liquide naturel dont les gisements exploités les plus abondants se trouvent en Pennsylvanie et au Caucase. On en extrait, par distillation, successivement des essences fort inflammables, les huiles d'éclairage, celles de graissage ; il reste alors une huile lourde, épaisse, qui est un excellent combustible. Les goudrons des usines à gaz se brûlent comme les huiles lourdes de pétrole.

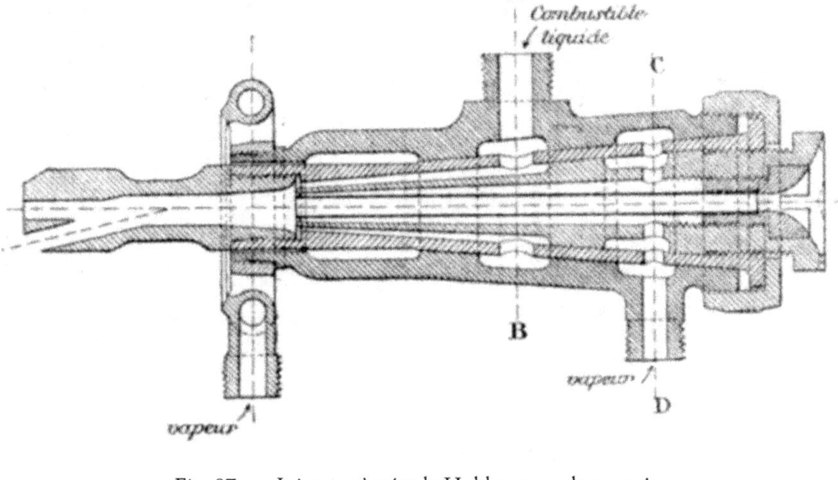

Fig. 87. — Injecteur à pétrole Holden, pour locomotive.

Dix kilogrammes d'huile lourde sont à peu prés l'équivalent de quinze kilogrammes de bonne houille.

Cet excellent combustible coûte trop cher en France pour qu'on puisse l'employer couramment.

Il n'en est pas de même dans certaines parties de la Russie, et des États-Unis, où beaucoup de locomotives sont chauffées au pétrole.

On brûle les huiles lourdes et les goudrons en les pulvérisant dans le foyer. Cette pulvérisation est produite à l'aide d'une sorte de chalumeau ou d'injecteur (fig. 87), formé de cônes concentriques ; de petits jets de vapeur entraînent le pétrole et l'air nécessaire à sa combustion ; deux de ces chalumeaux envoient dans le foyer de la locomotive leur jet de flamme, qu'on peut régler à volonté (fig. 86).

On conserve la grille ordinaire couverte de combustible solide, qui allume le jet pulvérisé.

Lorsque la chauffe se fait uniquement au pétrole, on garnit le foyer de revêtements en briques réfractaires, qui sont portées au rouge, et qui rallument le pétrole après les extinctions.

À la mise en marche, un feu auxiliaire de combustible solide échauffe les briques.

CHAPITRE III

MÉCANISME

55. Adhérence.

Les pistons donnent aux roues motrices le mouvement de rotation; celles-ci font avancer la locomotive en roulant sur le rail, sans glisser ou patiner. C'est le frottement qui empêche le patinage. Quand un objet repose sur une table plane, même par une face bien dressée, par exemple un tiroir de locomotive sur un marbre d'atelier, une certaine force est nécessaire pour le déplacer ; cette force dépend du poids de l'objet, de la nature et de l'état des surfaces en contact; c'est, dans chaque cas, une fraction déterminée du poids. Ce pourra être le cinquième du poids du tiroir, s'il n'est pas graissé. En posant sur le marbre une rondelle cylindrique, on peut soit la faire rouler, soit la faire glisser comme le tiroir, en la poussant de manière qu'elle ne tourne pas. Il faudra pour cela surmonter un frottement comme pour faire glisser un corps plat, tandis qu'un très faible effort suffit pour produire le roulement.

De même, quand une roue de locomotive patine au lieu de rouler, elle surmonte un frottement, c'est-à-dire une résistance, qui agit au point de contact de la roue, dans la direction du rail.

Si la roue motrice et le rail sont munis de dents engrenant les unes dans les autres, comme sur les chemins de fer à crémaillère, et comme l'avait fait Blenkinsop en 1811, la rotation de la roue fait nécessairement avancer la locomotive; l'effort exercé par les dents de la roue sur celles du rail est l'effort de traction total, qui entraîne le train et la locomotive elle-même.

On peut se figurer une roue et un rail ordinaires munis de dents microscopiques, et ces petites dents donnent à la locomotive un appui pour exercer son effort de traction; il en résulte une poussée sur le rail égale à l'effort de traction. Cette poussée ne peut dépasser la valeur qui produirait le glissement de la roue, valeur limite qui est une fraction du poids appuyant sur le rail ; cette fraction est variable selon l'état des surfaces.

Tant que l'effort de traction produit par la locomotive est moindre que cette limite, les roues tournent sans glisser ; dès que l'effort la dépasse, soit qu'il devienne trop fort, soit que la limite s'abaisse, les roues patinent.

Cet effort limite peut être le cinquième du poids des roues motrices sur le rail, dit poids adhérent, et même davantage, lorsque le rail est bien sec. L'humidité rend le rail un peu gras et réduit l'effort capable de produire le patinage, par exemple au dixième, au quinzième du poids adhérent. Sur les rails bien lavés par une pluie abondante, on retrouve une adhérence presque aussi grande que lorsqu'ils sont secs.

Diverses causes, outre l'humidité, peuvent réduire beaucoup l'adhérence : les feuilles mortes, l'huile, les mélasses sur les rails ou sur les roues, les sauterelles écrasées.

En résumé, les conditions variables de l'adhérence imposent à l'effort de traction une limite indépendante de la puissance motrice que peut donner la vapeur.

Lorsque cette limite est atteinte, les roues patinent ; la puissance motrice dépassant la résistance qui lui est opposée, le mécanisme se met aussitôt à tourner plus vite, et risque d'atteindre une vitesse capable de le briser ou de le fausser, si le mécanicien ne ferme à temps le régulateur.

56. Accouplement.

La limite de l'effort de traction imposée par l'adhérence est, à chaque instant, proportionnelle au poids adhérent : il y a intérêt évident à relever cette limite, mais les voies ne supporteraient pas un accroissement indéfini du poids sous les roues ; en France on ne dépasse guère 17 à 18 t par essieu.

L'accouplement de deux ou plusieurs trains de roues, en les obligeant à rouler ou à patiner ensemble, permet d'augmenter beaucoup le poids adhérent ; il peut comprendre le poids total de la locomotive et même celui des approvisionnements, dans les machines-tenders.

Longtemps on a pensé que l'accouplement ne convenait pas pour la grande vitesse.

La pratique a montré que les bielles d'accouplement, bien montées, résistaient aux rotations les plus rapides des roues, et que les avaries en étaient extrêmement rares.

57. Sablières.

En répandant un peu de sable sur les rails, on augmente l'adhérence, et on combat les influences qui la réduisent. Le sable, contenu dans une sablière, est amené par des tuyaux en avant des roues motrices ; il tombe spontanément quand on démasque un orifice au fond de la sablière (fig. 88 et 89), ou bien il est versé dans les tuyaux par un distributeur en hélice qu'on fait tourner à la main (fig. 90).

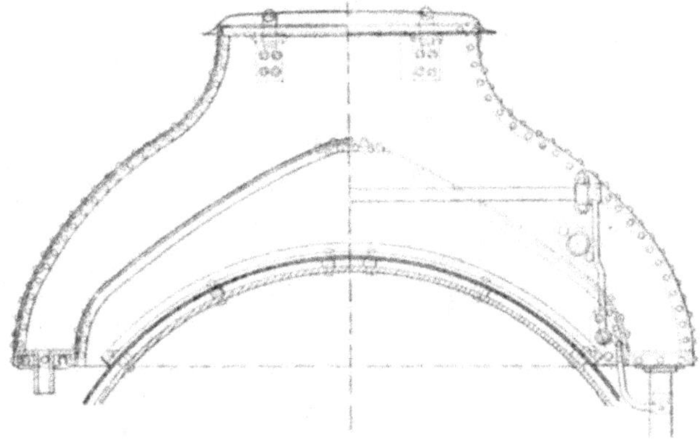

Fig. 88. — Sablière P. L. M.: un petit disque percé de deux trous, sur le fond horizontal de la boîte, démasque l'ouverture de l'un ou l'autre des tuyaux qui aboutissent en avant et en arrière de la roue.

Ces sablières simples ne sont pas très satisfaisantes; le sable coule inégalement et forme des paquets qui, bien qu'écrasés par les roues motrices, gênent le roulement des roues suivantes et augmentent la résistance du train. Puis le sable tombe à quelque distance en avant des roues motrices, de sorte qu'il n'agit pas au premier instant d'un

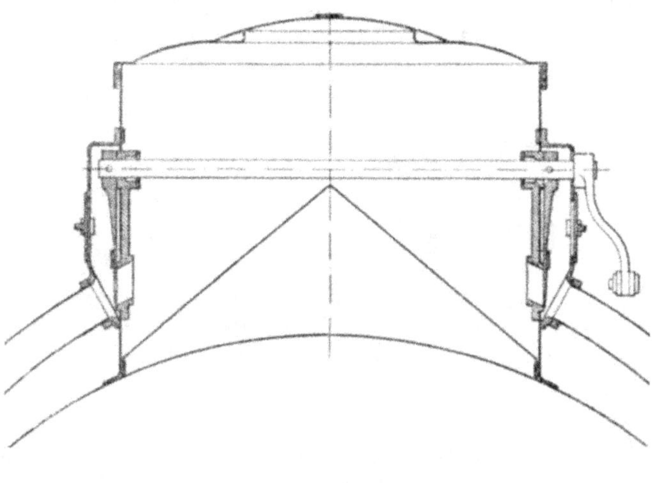

Fig. 89. — Sablière à valves.

démarrage, et le vent peut l'emporter. Enfin la dépense de sable est assez forte, et les sablières se vident avant le terme d'une étape si les patinages sont fréquents.

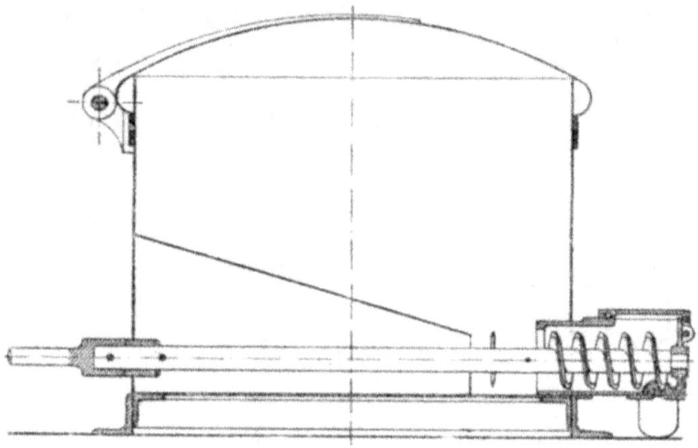

Fig. 90. — Sablière à distributeur hélicoïdal.

Dans l'appareil Gresham (fig. 91), un petit éjecteur à vapeur est installé en avant de la roue motrice : le jet de vapeur, en s'échappant par la tuyère centrale, aspire l'air par le tuyau qui aboutit à une boîte montée sous la sablière. Cette boîte est percée d'un trou pour l'entrée de l'air et le sable y descend par son poids.

Quand le jet de vapeur fonctionne, l'air entraîne le sable, qui est lancé entre la roue et le rail ; une faible quantité de sable suffit pour rétablir l'adhérence ; l'excès nuisible de consommation est évité, et le sable est projeté sans retard à l'endroit même où il est utile. En une

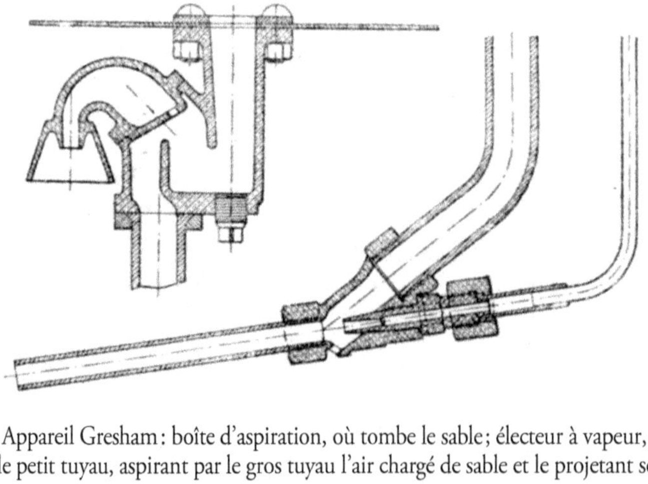

Fig. 91. — Appareil Gresham : boîte d'aspiration, où tombe le sable ; électeur à vapeur, recevant la vapeur par le petit tuyau, aspirant par le gros tuyau l'air chargé de sable et le projetant sous la roue.

minute, les deux jets d'un appareil Gresham débitent ensemble à peu près un litre de sable.

Quelques précautions sont nécessaires pour que cet appareil fonctionne bien. Le sable doit être sec et fin ; on le sèche dans un four spécial, et on le crible sur des mailles larges de 2 mm au plus. Le robinet qui fournit la vapeur aux éjecteurs doit être disposé pour que l'eau qu'il peut laisser fuir ne s'écoule pas par ces éjecteurs.

Pour éviter complètement l'inconvénient de l'eau provenant de la vapeur condensée, on fait usage, au lieu de vapeur, d'air comprimé, pris au réservoir principal du frein Westinghouse. Dans la disposition de la fig. 92, l'air comprimé s'échappe par deux petits orifices dans une boîte montée contre la sablière, quand on ouvre le robinet de manœuvre. L'un des jets d'air (celui de droite sur la figure) vient frapper le sable, et l'autre s'ajoute au premier pour entraîner le sable, ainsi soulevé, dans le tuyau qui l'amène sur le rail auprès de la roue.

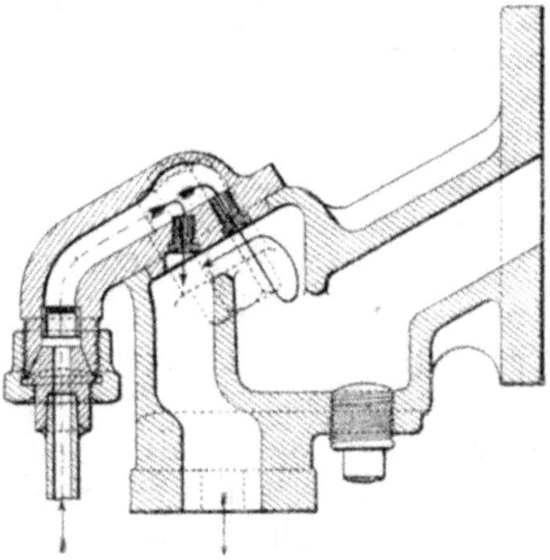

Fig. 92. — Sablière à air comprimé (Ouest).

Pour obtenir un effet complet il faudrait pouvoir envoyer du sable simultanément sous toutes les roues accouplées. Mais cette installation serait compliquée. On double quelquefois les appareils à sable sur les locomotives à trois et quatre essieux couplés. Beaucoup de locomotives, même des machines-tenders, n'ont de tuyaux à sable que pour la marche avant, ce qui rend la marche arrière plus difficile. Lorsque cette marche est fréquente, l'addition de tuyaux donnant du sable à l'arrière des roues motrices est utile (fig. 88).

On doit éviter de projeter sur les aiguilles du sable, qui pourrait en gêner la manoeuvre.

58 Lavage des rails.

Sur un rail bien mouillé, l'adhérence est à peu près aussi bonne que sur un rail sec; il suffit de laver à grande eau un rail gras pour qu'il cesse d'être glissant. Sur certaines lignes à fortes rampes, où la grande consommation de sable exigeait un déblaiement fréquent des tunnels et augmentait l'usure des rails et des bandages, on a muni les locomotives d'appareils à laver les rails. Des tuyaux, placés vers l'avant, envoient sur les rails de l'eau prise au tender et lancée par un jet de vapeur.

59. Action motrice de la vapeur.

Le régulateur étant ouvert, la vapeur de la chaudière pénètre dans la boîte à vapeur, puis dans le cylindre, quand le tiroir de distribution démasque une lumière d'admission. La vapeur se répand dans cet espace, et presse le piston. Si les passages sont assez largement ouverts, et si la marche de la machine est lente, la pression sur chaque centimètre carré du piston sera la même que dans la chaudière, car la pression de la vapeur, comme celle de l'atmosphère, se transmet également dans tous les sens.

Si le piston est, au début, à un fond de course, cette pression va le pousser en faisant avancer la machine. Il sortira de la chaudière une certaine quantité de vapeur, remplacée par la vaporisation d'un poids égal d'eau.

Lorsque le piston, poussé par la vapeur à la pression de la chaudière, a parcouru une partie de sa course, le tiroir, recouvrant la lumière d'entrée, enferme dans le cylindre un certain volume de vapeur. À ce moment commence la détente. Le piston continuant sa course, l'espace occupé par la vapeur enfermée dans le cylindre augmente ; en même temps la pression qu'elle exerce diminue. La vapeur est comme un ressort qui produit un effort de moins en moins grand à mesure qu'il s'allonge.

Les physiciens ont étudié comment varie la pression de la vapeur, pendant sa détente. Le praticien se contentera d'une règle simple et suffisamment exacte : au moment où finit l'admission, le cylindre contient un certain volume de vapeur, exerçant une pression connue, dont on calcule la valeur absolue, en augmentant d'une unité la pression effective en kg par cm^2 ; on multiplie ce volume, en litres, par la pression absolue. Quand la détente a augmenté le volume, le produit de ce nouveau volume par la nouvelle pression absolue reste le même ; cette constance du produit permet de calculer aisément les pressions qui correspondent à une série de positions successives du piston. Les diagrammes donnés plus loin, notamment fig. 135 montrent clairement cette variation de la pression avec le volume.

Tandis que le piston est ainsi poussé par la vapeur, l'autre face reçoit seulement la pression de l'atmosphère, pendant la plus grande partie de la course, parce que le cylindre communique de ce côté avec l'extérieur par la tuyère d'échappement.

60. Transmission du mouvement du piston.

Le piston, qui se meut en ligne droite dans le cylindre, doit faire tourner l'essieu (fig. 93). Il est fixé sur une tige en acier, qui sort du cylindre à travers une garniture ne laissant pas fuir la vapeur.

La tige du piston s'emmanche dans la tête ou crosse de piston, munie de patins, guidés par les glissières.

La bielle motrice s'articule d'un côté sur la tête de piston, qui se meut en ligne droite comme le piston, et de l'autre sur le bouton ou tourillon de manivelle. Quand les cylindres sont intérieurs, le tourillon de manivelle fait partie d'un essieu coudé. Lorsque le piston est à une des extrémités de sa course, la manivelle est dite au point mort : elle est horizontale, si l'axe du cylindre l'est aussi et dirigée suivant OM_1 ou OM_4 (fig. 93). En passant d'une position à l'autre, le point M, sur l'axe du bouton, décrit un cercle dont le centre est sur l'axe de l'essieu et dont le diamètre M_1M_4, est égal à la course du piston. Sauf au passage des points morts, l'axe de la bielle est incliné sur l'axe du cylindre ; il en résulte une poussée de la tête de piston contre une des glissières.

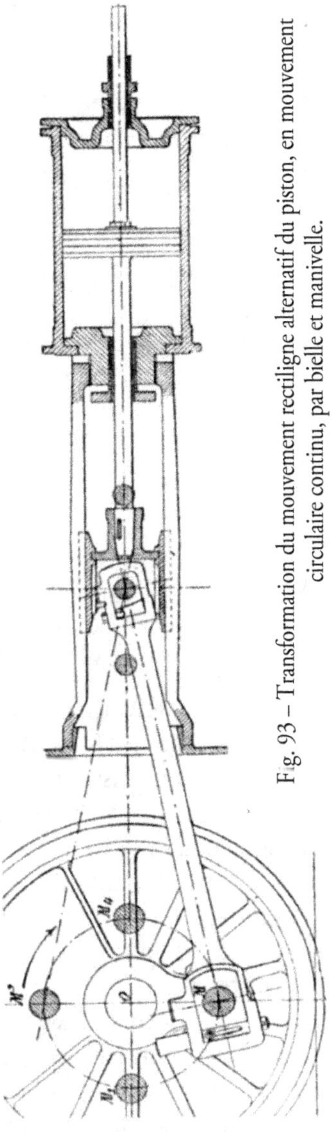

Fig. 93 – Transformation du mouvement rectiligne alternatif du piston, en mouvement circulaire continu, par bielle et manivelle.

Dans la marche avant, le piston tire pendant que la manivelle décrit le demi-cercle supérieur M_1 M' M_4 (sauf en approchant du fond de course, la traction du piston pouvant cesser par suite de la compression de la vapeur). Cette traction appuie la tête de piston contre la glissière supérieure ; pendant le retour en arrière du piston, il pousse au lieu de tirer (sauf encore au bout de sa course) ; la manivelle décrit le demi-cercle inférieur M_4 M' M_1 ; la bielle étant inclinée en sens inverse, c'est encore la glissière supérieure que presse la tête de piston.

En négligeant l'effet des compressions en fin de course, on voit que la glissière supérieure travaille seule pendant la marche avant.

Pendant la marche arrière, la tête de piston presse la glissière inférieure seule. Pour bien comprendre comment le mécanisme de la locomotive la fait avancer, il faut se rendre compte de la poussée exercée par les boîtes contre leurs glissières. Les essieux simplement porteurs sont entraînés par le véhicule qu'ils supportent ; c'est donc la glissière d'arrière qui en pousse constamment les boîtes. L'effort nécessaire n'est pas grand, si bien que souvent les boîtes des voitures à voyageurs ne touchent pas les plaques de garde et, sont seulement tirées par les menottes inclinées des ressorts. Mais quand un essieu est moteur, soit directement, soit par l'intermédiaire de bielles d'accouplement, ce sont ses roues, en tournant sur le rail sans patiner, qui font avancer la machine ; quelle est alors l'action des boîtes sur les glissières ! Qu'on imagine une locomotive transformée en moteur d'atelier, les roues motrices étant remplacées par des roues dentées qui en commandent d'autres (fig. 94) ; après cette transformation, les forces qui s'exercent sur le bâti, et notamment entre les boîtes et les glissières, restent à peu près les mêmes que lorsque la locomotive courait sur la voie ; on suppose, bien entendu, que l'essieu tourne avec la même vitesse et que le travail est le même par coup de piston, dans les deux modes de fonctionnement. La poussée des dents d'engrenage est alors égale à celle que la roue exerce sur le rail, quand elle ne patine pas ; on peut assimiler le rail à une crémaillère munie de très petites dents.

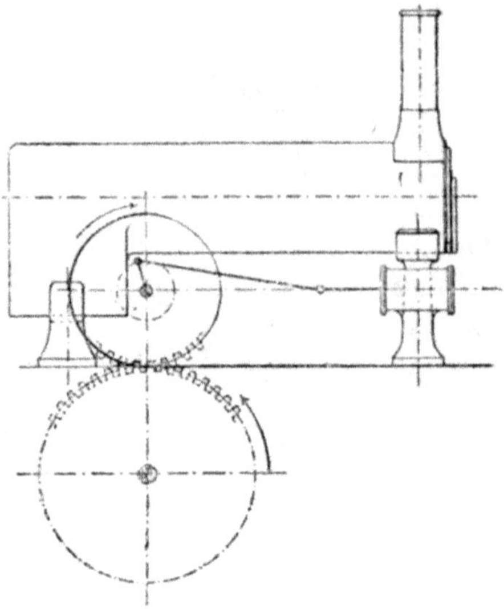

Fig. 94. — Transmission de l'effort moteur : comparaison de la locomotive avec une machine fixe.

Sur une machine fixe, si les paliers de l'arbre laissent un peu de jeu, on voit, pendant un tour, cet arbre alternativement poussé et tiré par le piston ; de même, la boîte de la locomotive sera poussée contre la glissière arrière par le piston marchant d'avant en arrière, puis tirée en avant par le retour du piston. Eu outre, la réaction de la roue dentée entraînée (ou celle du rail contre la roue motrice) s'exerce constamment dans le même sens et tend à toujours appliquer la boîte contre la glissière avant, avec une force égale à cette réaction ; il en résulte que la poussée contre cette glissière est augmentée d'autant, tandis que la poussée contre la glissière arrière est diminuée. Si la poussée, variable avec la pression de la vapeur sur le piston, atteint, dans chaque sens, 6 000 kg, et si la poussée des dents d'engrenage de la roue ou l'effort de traction à la jante, est alors de 2 000 kg, la poussée sur la glissière avant atteindra à chaque tour 8 000 kg, et la poussée sur la glissière arrière sera réduite à 4 000 kg; ces variations produisent des chocs violents s'il y a trop de jeu entre la boîte et les glissières.

On a considéré une seule boîte et le piston correspondant, supposé agir très près de la boîte, ainsi qu'on le voit sur les locomotives à cylindres extérieurs; quand les cylindres sont intérieurs, les deux mécanismes moteurs sont assez éloignés des boîtes, et leur action se combine d'une manière un peu plus compliquée.

On peut être surpris de voir les roues motrices, qui en somment font avancer la locomotive, appuyer à certains moments leurs boîtes contre les glissières arrière. Mais il ne faut pas oublier que le bâti est soumis à l'action d'autres forces ; la vapeur presse toujours l'un ou l'autre fond du cylindre, exactement comme le piston: on peut donc dire que lorsque la boîte de l'essieu moteur s'appuie contre la glissière arrière, c'est par le fond avant du cylindre que la vapeur pousse la locomotive; au contraire, quand la boîte s'appuie contre la glissière avant, sa poussée contre-balance et dépasse la pression sur le fond arrière du cylindre, et c'est elle alors qui communique une impulsion à la machine. Le bâti doit être assez solide pour résister à ces forces intérieures, qui tendent alternativement à tirer l'essieu vers le cylindre et à l'en écarter. S'il y a deux ou plusieurs essieux accouplés au moyen de bielles, recevant le mouvement du bouton de manivelle actionné par la bielle motrice, chacun de ces essieux prend une part de l'effort moteur du piston et la transforme en effort de traction.

61. Effort de traction de la locomotive.

Les conditions d'adhérence imposent une limite variable à la force de traction d'une locomotive; cette force de traction, produite par la vapeur, ne peut dépasser une valeur déterminée. Il faut éviter toute confusion entre ces deux limites de l'effort de traction. Si l'effort que peut produire la vapeur dépasse celui que l'adhérence permet d'utiliser à certains moments, il est possible de réduire cet effort; on peut aussi améliorer l'adhérence à l'aide du sable ou autrement; elle s'améliore spontanément certains jours et en certaines saisons. Mais si c'est l'effort moteur de la vapeur qui est trop faible, si grande que soit l'adhérence, il n'y a plus de remède: on ne pourra dépasser cet effort.

Lorsqu'on construit des machines puissantes en réduisant autant que possible le poids des pièces, il arrive souvent que l'adhérence est faible comparée à la puissance ; c'est pourquoi on a quelquefois alourdi les machines à dessein et sans autre motif. Sur des lignes de plaine, où les locomotives à marchandises remorquent des trains pesant 1 000 t et plus, l'addition de quelques tonnes à la machine n'est guère sensible, si on la compare à la charge totale.

Mais sur les lignes de montagne, à rampes de 20, de 40 mm par mètre, le poids qu'on peut traîner n'est pas grand. Si ce poids descend à 80 ou 100 t, quelques tonnes de plus à la machine, qui réduisent d'autant la charge utile du train, ne sont pas indifférentes ; il faut y regarder à deux fois avant d'alourdir exprès les locomotives, pour améliorer leur adhérence. Il convient alors de rendre adhérent, autant que possible, tout le poids nécessaire pour le moteur, notamment en supprimant les tenders séparés. L'effort de traction, qui est ordinairement indiqué sur le tableau des dimensions des locomotives, est calculé comme il suit. Si la vapeur, prise à la plus forte pression que doive supporter la chaudière, poussait le piston pendant sa course entière, sans aucune détente, l'autre face communiquant constamment avec l'échappement, on obtiendrait le plus grand travail possible par coup de piston. Ce travail est égal à la force qui pousse le piston multipliée par sa course ; avec un piston de 45 cm de diamètre, dont la surface est de 1 590 cm^2, et une chaudière timbrée à 12 kg, cette force atteint 19 080 kg. Si la course est de 0.6 m, le travail sera 19 080 x 0,6 ou 11 448 kgm; pour un tour de roues, comme il y a deux cylindres, et que chaque piston fait une excursion aller et retour, le travail moteur sera quatre fois plus grand.

D'autre part, le travail exercé par la locomotive, pour un tour de roues, est égal à l'effort de traction moyen appliqué entre les roues et le rail, multiplié par le chemin parcouru pendant que ces roues font un tour. Ce chemin est égal à la circonférence d'une roue; le diamètre des roues étant par exemple de 1 400 m, la circonférence est de 4 400 m environ.

Si les frottements ou d'autres résistances ne causaient aucune perte dans la transmission du travail des pistons aux roues motrices, le travail de l'effort de traction pendant un tour de roues serait égal à celui de la vapeur sur les pistons, 4 fois 11 448, ou (en arrondissant) 46 000 kgm dans l'exemple. Ce travail connu est le produit de l'effort de traction moyen par la longueur parcourue, 4 400 m: l'effort de traction est donc 46 000 divisé par 4 400 ou 10 500 kg environ.

C'est ce qu'exprime la formule, $\dfrac{4p\,\dfrac{3.14}{4}\,d^2c}{3.14\,D}$ qui se réduit à pd^2c / D, où *p* est la pression effective de la valeur en kg par cm^2, *d* le diamètre du cylindre en centimètres, *c* la course du piston, en mètres, à compter quatre fois pour un tour de roues. D le diamètre des roues motrices, en mètres.

En réalité, on ne peut développer un si grand effort de traction, parce que la vapeur n'agit jamais à pleine pression pendant toute la course du piston, et parce que les frottements sont inévitables. On estime qu'avec les dispositions usuelles des locomotives, on ne peut recueillir qu'environ les deux tiers, ou 0,65 du travail calculé. C'est ce qu'indique la formule 0,65 (pd^2c/D). Cette réduction est assez largement estimée, et il arrive que les locomotives développent un effort supérieur.

Celte traction est celle qu'exercent les roues motrices; elle sert non seulement à tirer le train, mais encore à faire avancer la locomotive elle-même. L'effort sur le crochet de traction d'arrière, qu'enregistre le dynamomètre, est donc moindre. Enfin l'action motrice des pistons sur les roues n'est pas constante pendant un tour, ce qui ne trouble pas l'égalité du travail exprimée, mais risque de produire le patinage pour certaines positions des pistons.

L'effort de traction, ainsi calculé, ne peut être développé pendant longtemps, sauf avec une vitesse très faible, car la chaudière ne fournirait pas toute la vapeur nécessaire, d'ailleurs mal utilisée quand elle travaille sans détente.

Pour les locomotives compound, on calcule souvent l'effort de traction par la formule empirique n/2 x 0,75 x (pd^2c/D) où *n* est le nombre des cylindres, *d* le diamètre des cylindres à haute pression, en centimètres, *c* la course de leurs pistons, en mètres, D le diamètre des roues motrices, en mètres, *p* le timbre. Cette formule donne des valeurs souvent un peu trop faibles, mais qui ne s'écartent guère de celles calculées plus exactement.

Pour tirer bon parti des machines, il importe de leur donner des charges aussi lourdes que possible ; ces charges dépendent, pour une machine donnée, de la vitesse de marche, des rampes et des courbes, enfin de l'état atmosphérique, qui .agit sur l'adhérence, et aussi sur les résistances du train. C'est en définitive la vaporisation de la chaudière qui impose à la charge une limite ; cependant, à faible vitesse, les conditions d'adhérence peuvent quelquefois obliger à la réduire; cette réduction est même parfois nécessaire pour ne pas surmener les attelages, qui ne peuvent supporter avec sécurité qu'un effort limité à un certain nombre de tonnes.

Lorsque les rampes ne sont pas longues, l'élan du train permet de les franchir plus facilement. Les courbes causent une résistance qu'on peut assimiler à celle d'une rampe d'un certain nombre de millimètres par mètre. Quant à l'effet, très variable, des conditions atmosphériques, on en tient compte, d'une manière générale, en fixant des charges différentes pour l'hiver et pour l'été, et par des réductions temporaires ou exceptionnelles.

Sur le P. L. M., on a calculé, pour chaque section, une rampe fictive qui représente l'effet des déclivités réelles et des courbes; la section est supposée présenter cette rampe fictive en alignement droit, sur toute sa longueur. Comme les trains les plus rapides peuvent le mieux franchir par élan certaines rampes, il en résulte que la rampe fictive a une moindre valeur pour ces trains. Elle est, bien entendu, différente pour les deux sens du parcours.

Le tableau qui suit donne, comme exemple, les rampes fictives pour la ligne de Paris à Tonnerre. Ces rampes sont indiquées en millimètres et fractions de millimètre par mètre.

Des tableaux donnent, pour chaque série de machines, les charges qu'elles doivent remorquer, aux diverses vitesses, sur les diverses rampes fictives. Les charges des trains sont calculées approximativement en tonnes.

62. Régulateur des locomotives.

Le mécanisme de prise de vapeur s'appelle régulateur sur les locomotives. Le régulateur des machines fixes est un appareil différent, qui agit automatiquement sur l'admission de vapeur, de manière à maintenir à peu près constante la vitesse de marche, malgré les variations du travail résistant. Sur la locomotive, on peut régler le travail moteur en ouvrant plus ou moins la prise de vapeur, ce qui justifie le nom de régulateur ; mais ce n'est pas le seul mécanisme qui produise cet effet.

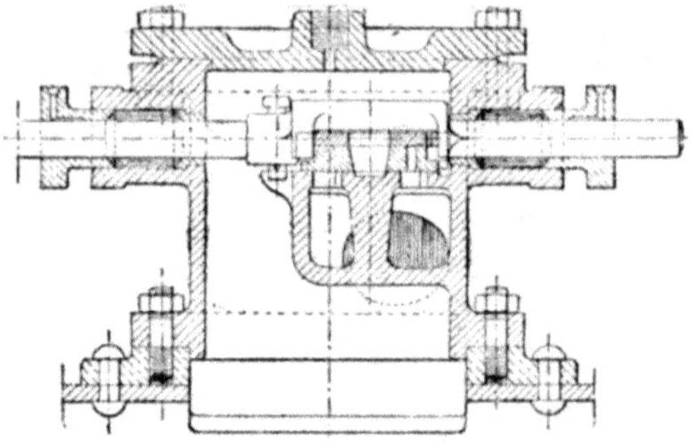

Fig. 95. — Régulateur du type Crampton, à deux tiroirs, avec contre-tige.

Le régulateur consiste souvent en une plaquette ou tiroir de bronze, placé dans la vapeur et pouvant ouvrir ou fermer des lumières en communication avec des tuyaux qui aboutissent aux boîtes à vapeur des cylindres. La pression de la vapeur dans la chaudière fait coller ce tiroir sur sa table.

VITESSE EN KILOMÈTRES À L'HEURE	15 à 25	26 à 30	31 à 35	36 à 40	41 à 45	46 à 50	51 à 55	56 et au-dessus
Paris à Villeneuve-Saint-Georges	1,50	1,25	1,25	1,00	1,00	1,00	1,00	1,00
Villeneuve-Saint-Georges à Moret	3,00	2,75	2,50	2,25	2,25	2,25	2,25	2,25
Moret à Laroche	2,50	2,25	2,00	2,00	2,00	2,00	2,00	2,00
Laroche à Tonnerre	2,75	2,50	2,25	2,25	2,25	2,25	2,25	2,25
Tonnerre à Laroche	1,00	0,75	0,75	0,50	0,50	0,50	0,50	0,50
Laroche à Moret	2,00	1,75	1,50	1,25	1,00	0,75	0,75	0,50
Moret à Villeneuve-Saint-Georges	3,00	2,75	2,50	2,25	2,25	2,25	2,25	2,25
Villeneuve-Saint-Georges à Paris	1,50	1,25	1,25	1,00	1,00	1,00	1,00	1,00

Lorsque le régulateur n'ouvre qu'une étroite issue à la vapeur, il se produit un laminage ou abaissement de la pression. On peut graduer cet effet avec le régulateur à deux tiroirs (fig. 95) : le tiroir supérieur commence par démasquer une petite lumière ménagée dans le tiroir inférieur. Cette disposition permet d'éviter les à-coups aux démarrages et dans les manoeuvres. Elle a aussi l'avantage de rendre plus douce la manoeuvre. Dès que le petit tiroir est déplacé, la vapeur, pénétrant sous le grand tiroir, réduit la pression qu'il supporte et, par suite, le frottement à vaincre pour le mouvoir. Par contre, le régulateur est moins simple et moins étanche. On obtient un effet analogue avec un seul tiroir jouant sur une lumière triangulaire, et disposé pour qu'au début une course assez forte de la poignée de manoeuvre ne produise qu'un faible déplacement du tiroir.

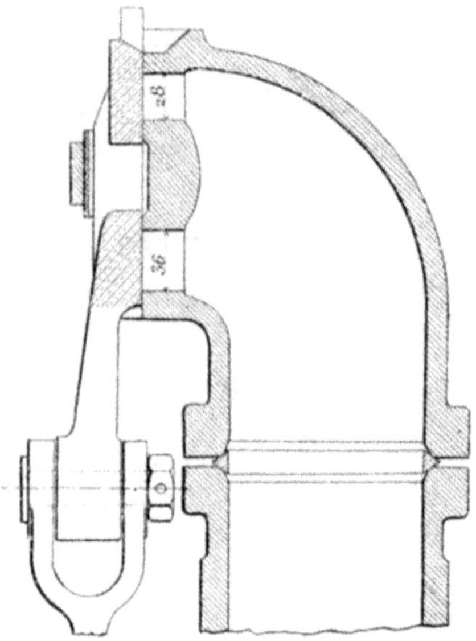

Fig. 96. — Régulateur à un tiroir placé dans le dôme (locomotives de l'Ouest).

En France, surtout sur les machines un peu anciennes, beaucoup de régulateurs comportent une boîte en fonte du type Crampton ; cette disposition a été imaginée pour les locomotives Crampton, dont les cylindres sont montés vers le milieu du corps cylindrique. Quand les cylindres sont au-dessous de la boîte à fumée, elle n'a plus les mêmes avantages ; on peut lui reprocher de faire passer inutilement les tuyaux de vapeur à l'extérieur de la chaudière, ce qui, malgré les enveloppes, cause une certaine perte de chaleur par condensation de vapeur. Les régulateurs placés dans le dôme, avec tuyaux à l'intérieur de la chaudière et dans la boîte à fumée, sont préférables sous ce rapport ; ils consistent en un tiroir jouant sur une table verticale (fig. 96). Ils doivent être montés de manière à se fermer par leur poids en cas de rupture de la tige de commande.

Un godet à deux robinets permet de graisser le régulateur ; il faut s'en servir avec modération, surtout pour les régulateurs montés dans le dôme, à cause de l'action fâcheuse de l'huile dans les chaudières.

Les régulateurs du type Crampton sont manœuvrés à l'aide d'une tringle, qui sert à travers une garniture, et qui est commandée par un levier placé à la main du mécanicien. La pression de la vapeur s'exerce, sans être contre-balancée sur une surface égale à la section de la tige et tend à la pousser, en ouvrant le régulateur. Si le diamètre de la tige est de 36 mm, la section est d'environ 10 cm². Avec une pression de 12 kg par cm², c'est une force de 120 kg à laquelle les frottements seuls résistent, à moins qu'on ne fasse usage d'une contre-tige qui supprime la poussée de la vapeur (fig. 95).

La dilatation de la chaudière, à la mise en pression, peut déplacer le régulateur commandé par une tige extérieure qui, restant froide, ne se dilate pas. L'effet est le même que si elle se raccourcissait de quelques millimètres ; si le levier touche l'arrêt de son support, c'est le tiroir qui est tiré par suite de ce raccourcissement. Les tiroirs des régulateurs doivent avoir des recouvrements assez étendus pour que ces petits mouvements ne démasquent jamais les lumières. Au lieu de tiroirs, on peut employer une soupape comme organe de prise de vapeur. Le système Zara (fig. 97) comporte deux soupapes, une petite et une grande. La tige soulève d'abord la petite soupape, ce qui permet de manœuvrer avec douceur ; en outre, la vapeur admise par la petite soupape équilibre la grande, qu'on soulève ensuite aisément.

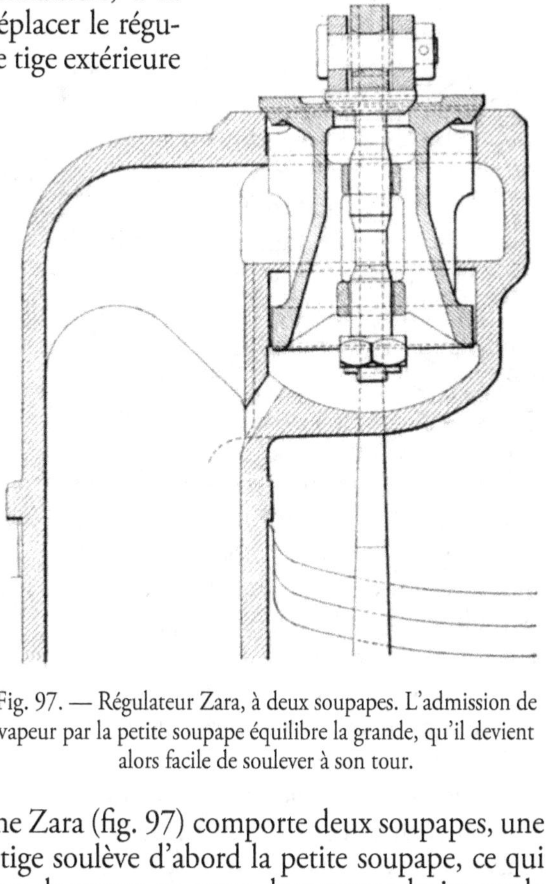

Fig. 97. — Régulateur Zara, à deux soupapes. L'admission de vapeur par la petite soupape équilibre la grande, qu'il devient alors facile de soulever à son tour.

Le régulateur monté dans le dôme est souvent commandé par une tige tournante placée dans la chaudière, traversant, dans une garniture, la face arrière de la boîte à feu, et terminée à l'extérieur par un levier. On manoeuvre aussi le régulateur dans le dôme par un levier horizontal, monté sur le côté de la machine et agissant sur un renvoi de sonnette. Les fuites des régulateurs peuvent causer une mise en marche intempestive, si on a négligé d'ouvrir les purgeurs pendant un stationnement.

La section ouverte d'un régulateur n'a pas besoin, en général, d'ètre très large, surtout avec les pressions élevées actuellement en usage, ce qui justifie l'habitude qu'ont beaucoup de mécaniciens, de ne jamais l'ouvrir en grand. Par contre, les tuyaux de prise de vapeur doivent avoir une large section, un tuyau trop étroit donnant lieu à des chutes de pression pendant l'admission, beaucoup plus qu'un petit régulateur.

63. Cylindres.

Les cylindres sont fixés aux longerons par des boulons enfoncés à force dans des trous alésés; cette attache doit être très solide. Les cylindres sont à l'extérieur (fig. 98) ou à l'intérieur des longerons. Les cylindres des locomotives américaines, toujours extérieurs[12] (fig. 99), sont boulonnés ensemble et sur les barres de fer qui constituent le châssis ; ils sont fondus avec une selle qui porte la chaudière. Les cylindres intérieurs (fig. 100) sont boulonnés ensemble, ou fondus en une pièce unique.

L'axe des cylindres est, autant que possible, horizontal; mais on est conduit à l'incliner, dans le cas des cylindres intérieurs, quand il y a un essieu couplé en avant de l'essieu moteur, et parfois aussi dans le cas des cylindres extérieurs, quand la place n'est pas suffisante entre les roues pour les recevoir.

Le fond d'arrière, qui porte les glissières, ne se démonte pas en service, mais on retire fréquemment le plateau d'avant, ainsi que le couvercle de la boîte à vapeur.

Avant de remonter les plateaux, il faut s'assurer qu'il ne reste, dans les replis des lumières, ni chiffons, ni aucun objet pouvant endommager le cylindre, tel qu'écrou, outil.

Les enveloppes extérieures des cylindres doivent toujours être montées avec soin, car le refroidissement par l'air y cause une perte de chaleur nuisible. L'emploi de matières isolantes entre la fonte et l'enveloppe en tôle est à recommander ; les matières vitreuses en filaments, dites coton minéral, laine de scorie, conviennent pour cet usage, parce que la chaleur ne les altère pas. Il faut qu'elles remplissent bien les vides, sans être trop tassées.

Les tiroirs occupent diverses positions sur les cylindres. Cette position dépend d'abord de l'emplacement disponible pour loger les boîtes à vapeur, qui renferment les tiroirs; puis il convient que le mécanisme de distribution les commande facilement; enfin la visite des tiroirs et des tables doit être aisée. Lorsque les cylindres sont extérieurs, les hottes à vapeur pénètrent souvent à l'intérieur des longerons, où

12 Sauf dans des locomotives compound à quatre cylindres de construction récente.

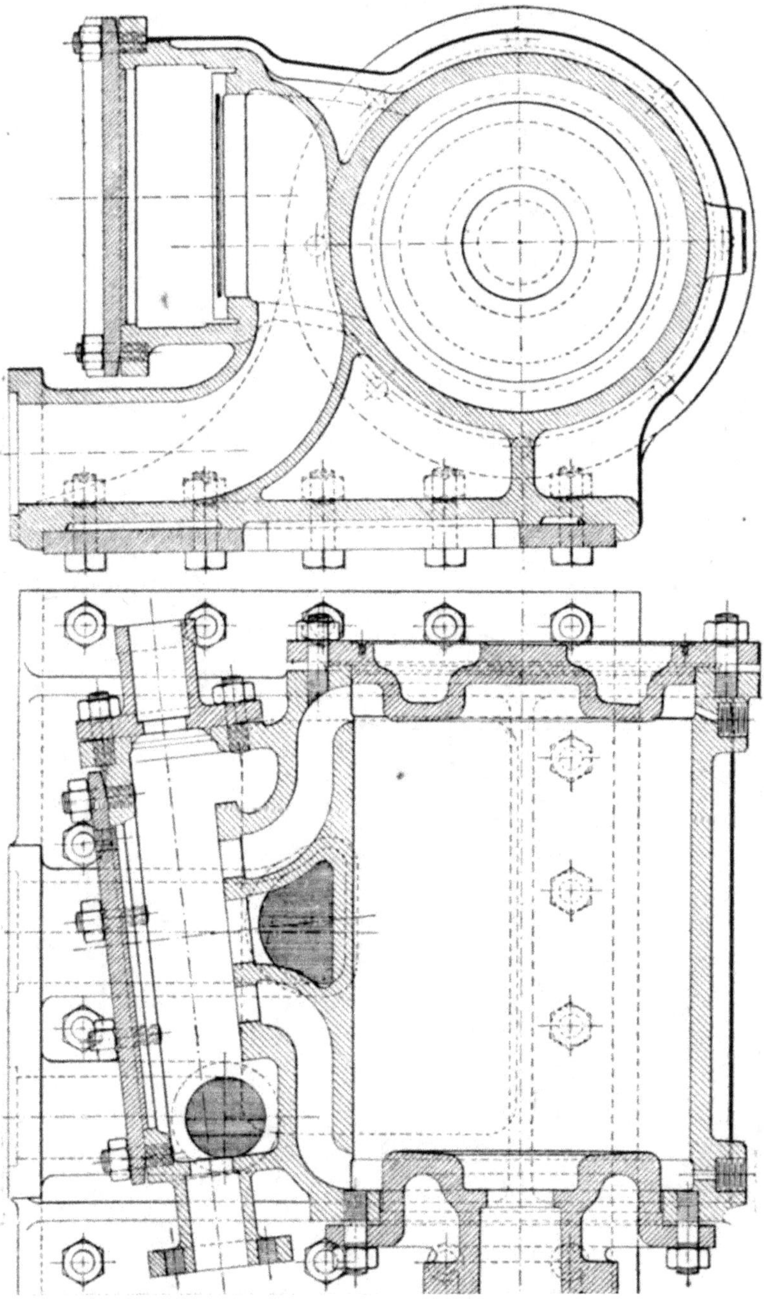

Fig. 98. – Cylindre extérieur des locomotives de gare n°s 0.901 à 0.958 de l'Est, avec boîte à vapeur à la partie supérieure et tige de tiroir inclinée.

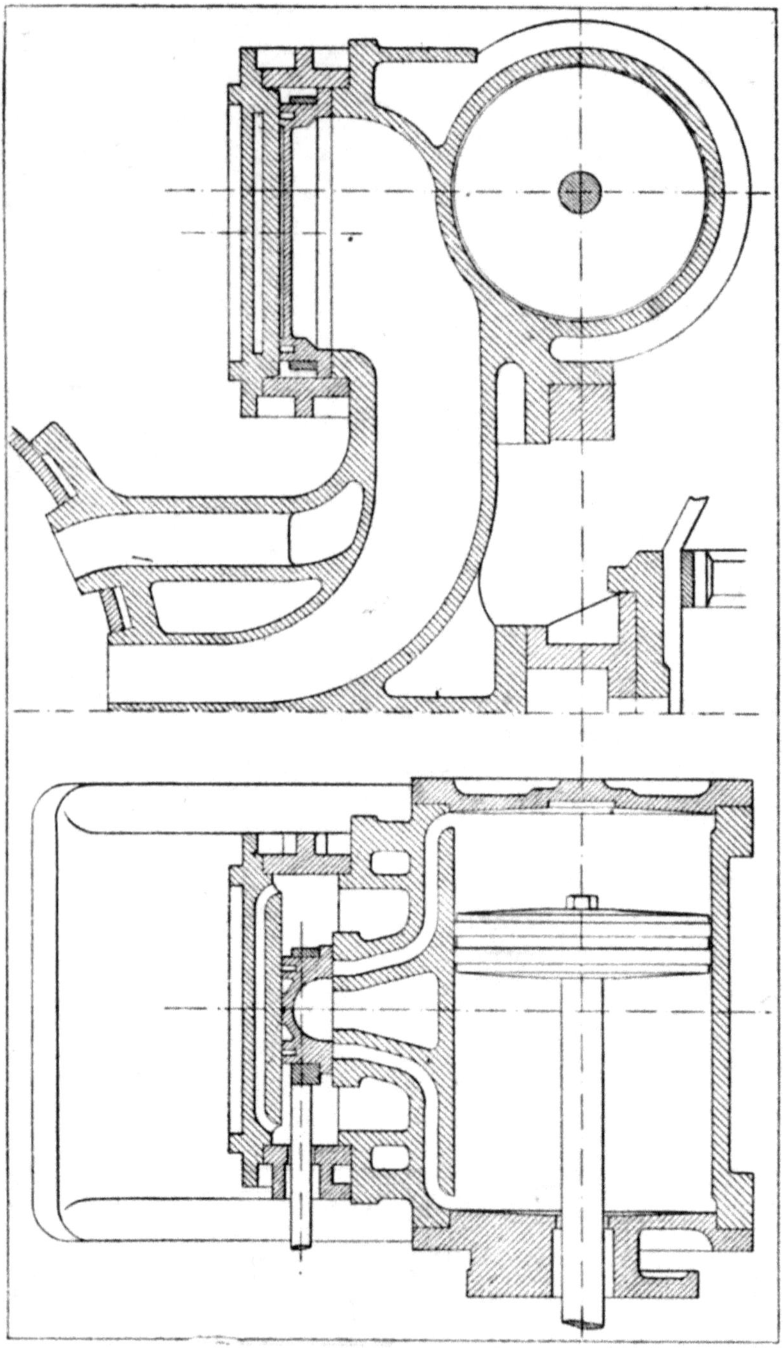

Fig. 99. – Cylindre (extérieur) de locomotive américaine. Les parois verticales de la boîte à vapeur forment un cadre amovible, serré par les mêmes écrous que le plateau de cette boîte.

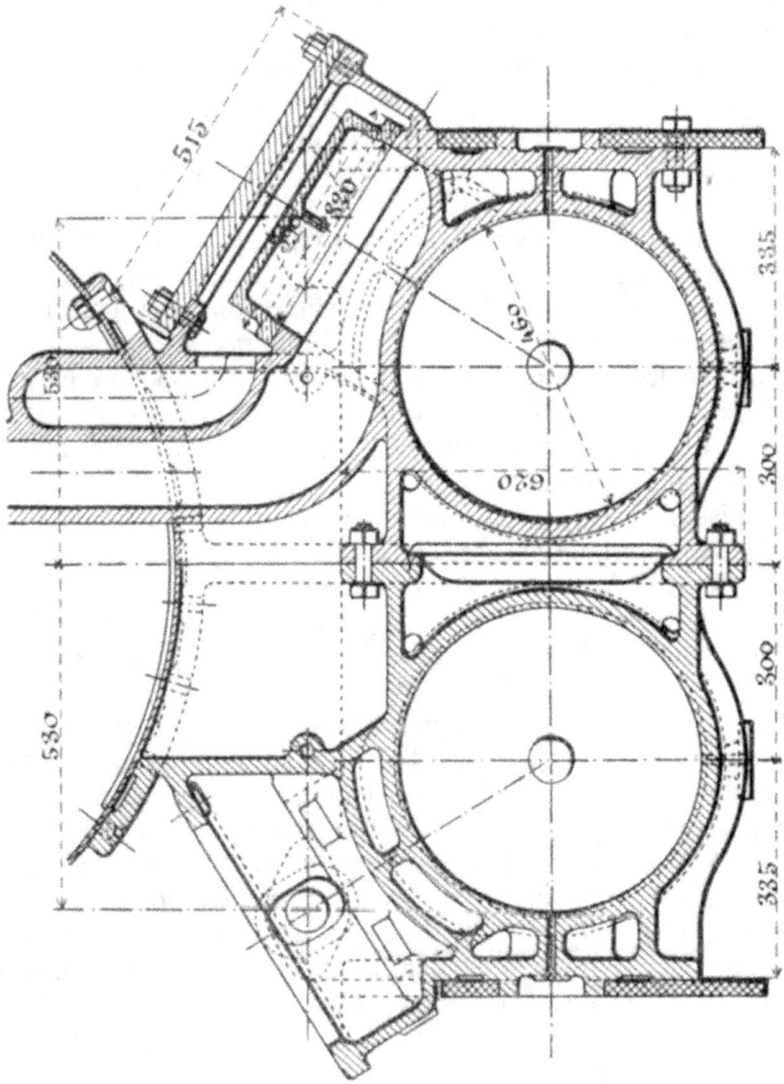

Fig. 100. – Cylindres intérieurs des locomotives n°s 963-998 de l'Ouest (d'après M. Demoulin).

la place ne manque pas, et les tables des lumières sont verticales. On n'est pas trop gêné pour la visite, mais elle est encore plus facile si le tiroir est au-dessus du cylindre, soit avec une table horizontale (fig. 99), soit avec une table inclinée (fig. 98). Une intéressante disposition des locomotives américaines, commode pour l'entretien des tables, consiste à former les parois de la boîte à vapeur, placée au-dessus du cylindre, d'un cadre amovible, serré par les mêmes écrous que le plateau de cette boîte (fig. 99).

Quand les cylindres sont intérieurs, les tiroirs sont souvent montés entre les cylindres et jouent sur des tables verticales ; mais la place disponible entre les cylindres n'est plus suffisante dès que leur diamètre est un peu grand ; aussi cette disposition ne se trouve guère dans les machines récentes. Les tables sont alors au-dessus ou en dessous des cylindres intérieurs, ou bien les tiroirs sont placés latéralement sur une table oblique (fig. 100).

Dans les constructions récentes, les cylindres ont souvent, au lieu de tables planes, des logements pour tiroirs cylindriques.

Lorsque les cylindres sont symétriques par rapport à un plan perpendiculaire à leur axe, ils sont identiques à droite et à gauche ; on n'a plus qu'un modèle de fonderie, et un seul cylindre de rechange peut servir pour les deux côtés.

Le piston au bout de sa course ne touche pas le plateau du cylindre mais laisse un certain jeu ; sans ce jeu, les fonds de cylindre seraient brisés ; en outre, la lumière d'admission, jusqu'à la table, communique toujours avec le cylindre. La capacité totale ainsi formée s'appelle espace libre du cylindre ; il y a deux espaces libres dans chaque cylindre, un à chaque extrémité.

Dans un cylindre de 450 mm avec course de 650 mm, chacun de ces deux espaces a une capacité de 7 dm^3 environ sans espaces libres, la capacité du cylindre, déduction faite de la place occupée par le piston, serait de 103 dm^3 ; chaque espace libre est donc le quinzième environ de ce volume. Il est mauvais d'exagérer l'épaisseur de la matière plastique employée pour rendre étanche le joint du plateau de cylindre, parce qu'on agrandit ainsi l'espace libre et, par suite, la consommation de vapeur. Toutefois, sur les locomotives compound, on a souvent augmenté les espaces libres, notamment en montant des pistons évidés dans des cylindres à fonds plats afin d'éviter des compressions excessives.

64. Pistons.

Le piston (fig. 101) doit glisser librement dans le cylindre, mais sans laisser fuir la vapeur. Le segment de piston (fig. 102), ou bague élastique en fonte, large en moyenne de 35 mm avec une épaisseur de 12 mm[13], est d'abord tourné avec un diamètre dépassant d'un centimètre environ celui du cylindre ; puis on le coupe et on enlève un tronçon long de 30 mm environ ; on l'amène alors sur le tour exactement au diamètre

13 Aux États-Unis ces bagues sont plus étroites et plus épaisses (12 mm de largeur et 17,5 mm d'épaisseur sur certaines locomotives).

du cylindre, après avoir rapproché les deux extrémités ; toutefois on interpose une cale de 2 mm, afin qu'il reste un jeu entre les deux bouts de la bague en place sinon la dilatation risquerait de la faire coincer.

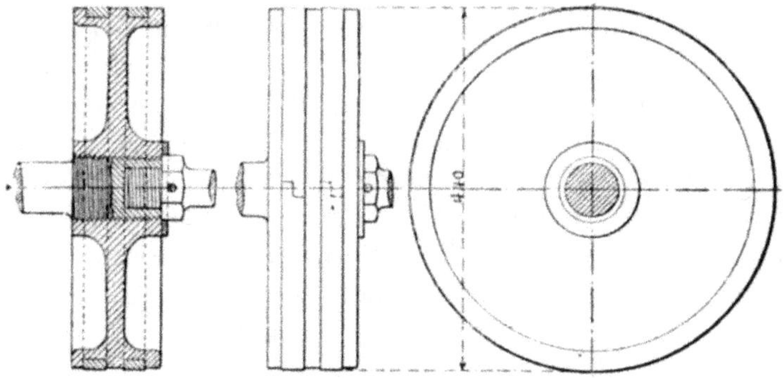

Fig. 101. — Piston de locomotive, à contre-tige, avec deux segments à joints brisés, montés dans des gorges séparées.

Le joint brisé, qu'on voit sur les fig. 101 et 102, est préférable à la coupure droite, parce qu'il ouvre un moindre passage à la vapeur.

En montant des segments neufs, on doit pouvoir déplacer le piston a la main sans trop de peine.

À mesure que l'extérieur du segment et du cylindre s'usent, le segment s'ouvre de plus en plus et il presse de moins en moins les parois ; il faut le changer quand il baille de 10 mm environ. Le joint, qui doit être étanche, n'est pas seulement celui du segment contre le cylindre sur lequel il frotte, mais aussi celui du plat du segment contre le bord de la rainure du piston. Le changement de sens continuel de la pression de la vapeur déplace le segment dans la gorge, et en produit l'usure latérale.

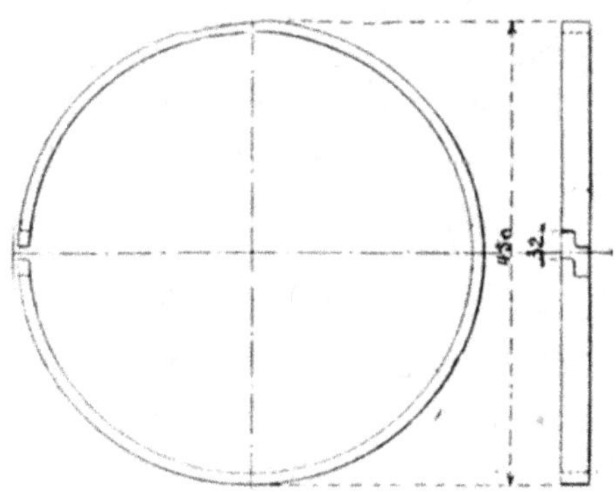

Fig. 102. — Segment ou bague de piston

Les segments cassés, non seulement laissent fuir la vapeur d'un côté du piston à l'autre, mais peuvent rayer le cylindre; les morceaux risquent de défoncer les plateaux en quittant leur logement.

Au piston évidé à simple toile (fig. 101) certains constructeurs préfèrent le piston creux à double toile, limité par deux parois planes;

les fonds de cylindre sont alors un peu plus simples, puisqu'ils ont également une face plane et n'épousent plus le profil refouillé du piston.

Le piston doit être solidement emmanché sur la tige : un piston de 500 mm de diamètre, soumis à une pression effective de 12 kg par cm^2, transmet une force de 23 500 kg. Les deux pistons, s'ils étaient placés comme des vérins, pourraient parfois soulever leur locomotive.

La tige est vissée dans le piston (fig. 101), où la portée du piston sur la tige est légèrement conique, avec un écrou sur la tige. On peut même se passer d'écrou, en montant le piston à chaud sur la tige froide.

La contre-tige est utile dès que le diamètre du cylindre dépasse 500 mm ; elle est de plus en plus employée, même pour de plus petits diamètres ; sans contre-tige, les grands pistons sont mal guidés et les tiges se faussent assez fréquemment. Le piston peut être entièrement supporté par la tige et la contre-tige, de sorte qu'il ne pose pas sur le cylindre. Certains constructeurs préfèrent faire porter le poids du piston sur le cylindre, soit que le corps du piston repose directement sur le cylindre, soit qu'il appuie sur les bagues ; cette question se lie à la disposition des garnitures (fig. 66).

65. Graissage des tiroirs et des pistons.

Bien que l'eau, entraînée par la vapeur ou provenant de condensations dans le cylindre, réduise le frottement du piston et du tiroir, le graissage de ces deux organes est nécessaire, ne fût-ce que pour la marche avec régulateur fermé, mais il est utile même quand la vapeur est admise aux cylindres.

Les appareils graisseurs se groupent en quatre catégories :

1° Les graisseurs à deux robinets (fig. 103), montés directement sur le cylindre ou sur la boîte à vapeur, permettent de graisser lors des arrêts ; il y a quelque danger à s'en servir pendant la marche, à cause de leur position vers l'avant de la machine.

2° Les graisseurs, reportés à l'arrière de la machine, sont reliés par des tuyaux aux cylindres ; l'huile est aspirée dans les cylindres lorsque le régulateur est fermé. Avec cet appareil, le graissage est encore intermittent ; il exige la fermeture du régulateur ; enfin les tuyaux se bouchent assez souvent, surtout en temps de gelée. La plate-forme reçoit des projections d'huile fort désagréables quand on oublie de refermer le robinet d'un de ces graisseurs.

3° Les graisseurs à condensation se composent d'un réservoir rempli d'huile, au fond duquel s'accumule petit à petit de l'eau provenant de la condensation de la vapeur. L'huile, qui surnage, est progressivement déplacée par l'eau et pénètre sur les pièces à

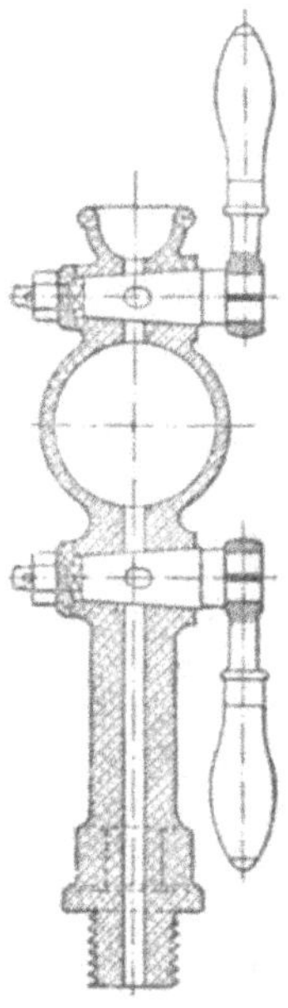

Fig. 103. — Graisseur à deux robinets.

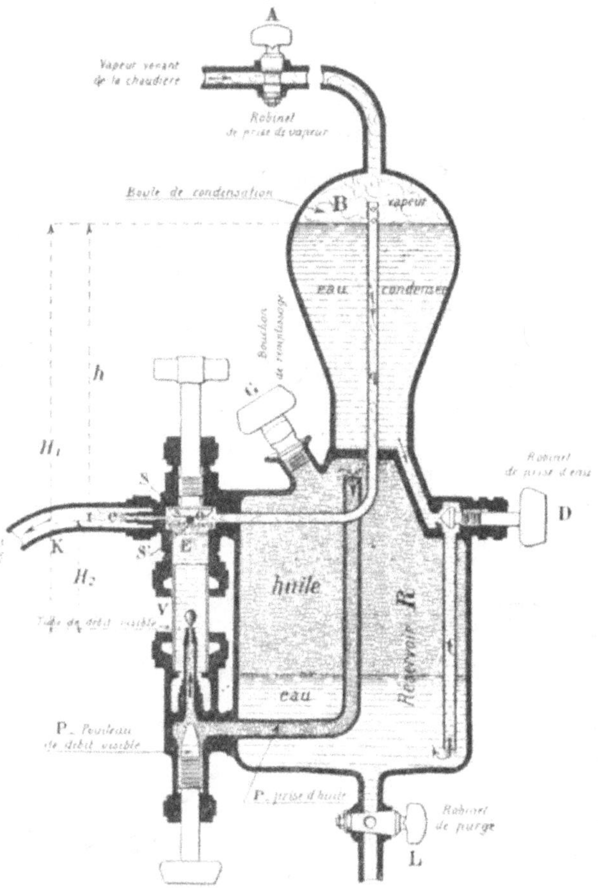

Fig. 104. — Schéma du graisseur a condensation Nathan Friedmann. L'huile est déplacée par l'eau condensée, et traverse le tube en verre de débit visible que le tuyau *q* tient plein d'eau. Ce même tuyau donne un mélange d'eau et de vapeur qui s'écoule avec l'huile, par le petit orifice *c*, dans le tuyau de graissage K. La soupape S sert en cas de rupture du tube en verre.

graisser. Par exemple, dans le graisseur Nathan Friedmann (fig. 104), la vapeur venant de la chaudière se condense dans une boule de condensation, d'où l'eau s'écoule au bas du réservoir d'huile, quand le robinet de prise d'eau est ouvert. L'huile, déplacée par l'eau, descend au pointeau de débit visible, d'où elle monte dans un tube de verre, constamment plein parce qu'il communique par un tuyau spécial avec le haut de la boule de condensation. L'huile s'échappe ensuite, mélangée d'eau et de vapeur, par un petit orifice d'environ 1,5 mm de diamètre, dans un tuyau qui aboutit à l'organe à graisser, piston ou tiroir. Il faut remarquer que

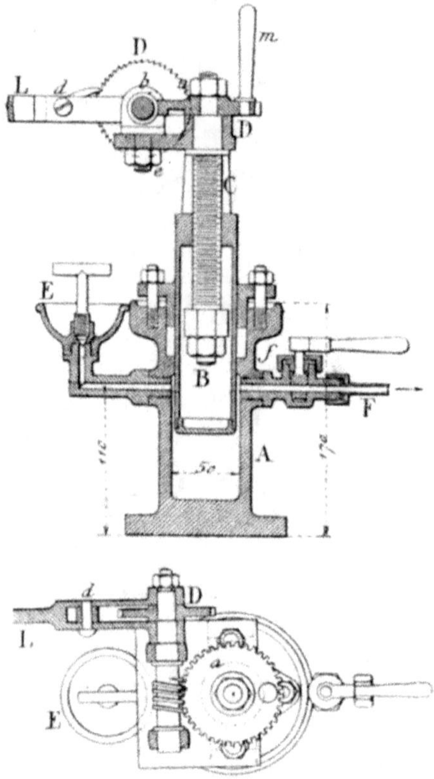

Fig. 105. — Graisseur mécanique Mollerup.

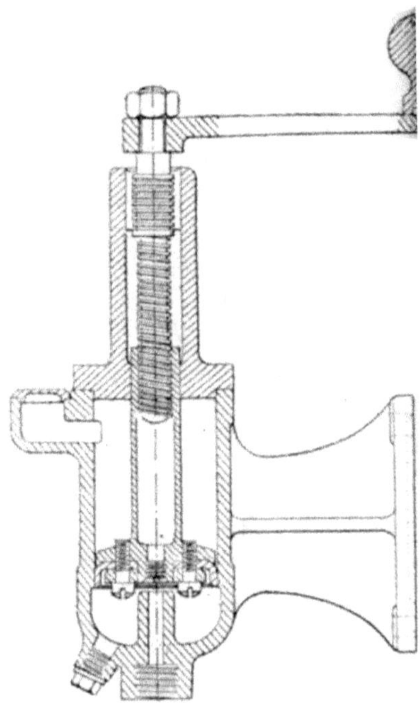

Fig. 106. — Graisseur à piston du P. L. M. (anciennes locomotives).

la pression de la chaudière s'exerce dans tout l'appareil. On règle le débit d'huile par la manoeuvre du pointeau de débit visible. En cas de rupture du tube de verre, on ferme ce pointeau, ainsi qu'une soupape spéciale placée au-dessus du tube. L'ouverture d'un robinet spécial permet alors de continuer l'envoi d'huile, prise à la partie supérieure du réservoir, mais, le débit n'est plus visible. Un robinet de purge permet la vidange de l'eau pour remplir à nouveau d'huile l'appareil. Du même réservoir peuvent partir deux ou même plusieurs tuyaux séparés de graissage, munis chacun de son pointeau de débit visible et de son tube en verre, par exemple pour graisser les quatre tiroirs d'une compound. Dans certains appareils on a remplacé le tube en verre par une petite ouverture munie d'une glace, moins fragile.

Les graisseurs à condensation sont généralement préférés aux autres pour les locomotives.

Fig. 107. – Graisseur Dicker et Werneburg, à six pistons plongeurs.

4° Les graisseurs mécaniques (fig.105) se composent d'une véritable pompe dont le piston plongeur reçoit un mouvement de descente fort lent et chasse l'huile dans les cylindres en quantité exactement réglée. Un appareil analogue (fig. 106) peut être commandé à la main.

Pour répartir également l'huile entre les deux tiroirs et les deux pistons d'une locomotive ordinaire ou entre les quatre cylindres de certaines compound, on fait usage de graisseurs mécaniques à pistons multiples, car plusieurs tuyaux alimentés par un corps de pompe unique risquent de ne pas tous débiter également. Dans l'appareil Dicker et Werneburg (fig. 107), les différents pistons sont commandés simultanément par un levier à rochet. Une manivelle, qu'on tourne à la main, relève les pistons pour le remplissage des corps de pompe, mis en communication avec un réservoir d'huile par la manoeuvre d'un robinet unique.

66. Garnitures de tiges.

Les garnitures ordinaires guident les tiges, qui portent sur la bague de fond et la bague de presse-garniture, en bronze. Les fuites de vapeur

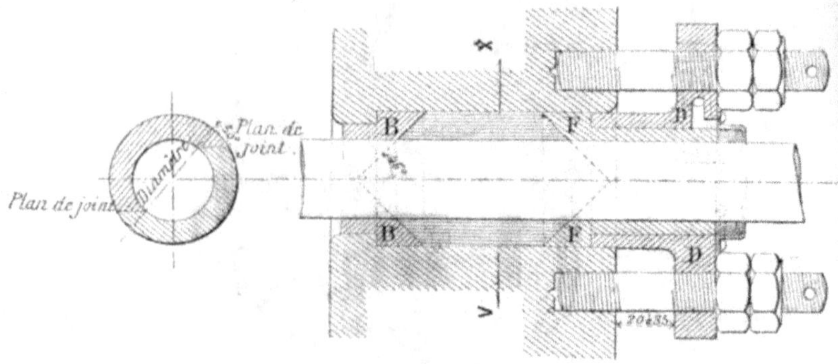

Fig. 108. — Garniture Duterne, du P. L. M. Composition du métal blanc de la bague par 100 g : plomb, 76 g ; antimoine, 10 g ; étain, 44 g.

sont arrêtées par la matière élastique, comprimée entre les deux bagues. On se servait autrefois de tresses en étoupe de chanvre, que la vapeur à pression élevée et, par suite, très chaude, en usage aujourd'hui, carbonise rapidement. On a d'abord remplacé le chanvre par des tresses

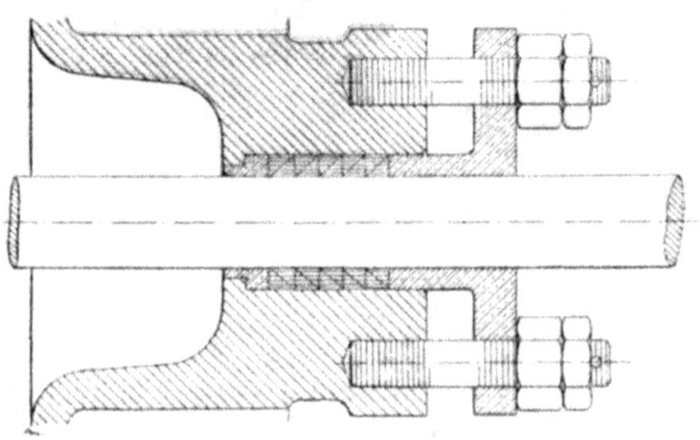

Fig. 109. — Garniture Kubler de l'Est. Composition du métal blanc des bagues par 100 g : plomb, 80 g : antimoine, 8 g : étain, 12 g.

formées de copeaux en métal blanc ; mais on préfère en général les garnitures composées de bagues en métal blanc. La garniture Duterne consiste en une bague cylindrique, terminée à chaque extrémité par un cône (fig. 108), et composée de deux pièces juxtaposées suivant deux plans parallèles, comme le montre la coupe transversale. La garniture est maintenue entre la bague de fond B et le presse-garniture D, qui porte sur un fourreau F, en deux pièces, lorsque la tige est renflée à l'emmanchement dans la crosse de piston. Le logement de la garniture est alésé avec un léger cône vers l'extérieur pour faciliter l'extraction (un millimètre en plus sur le diamètre du côté de l'entrée).

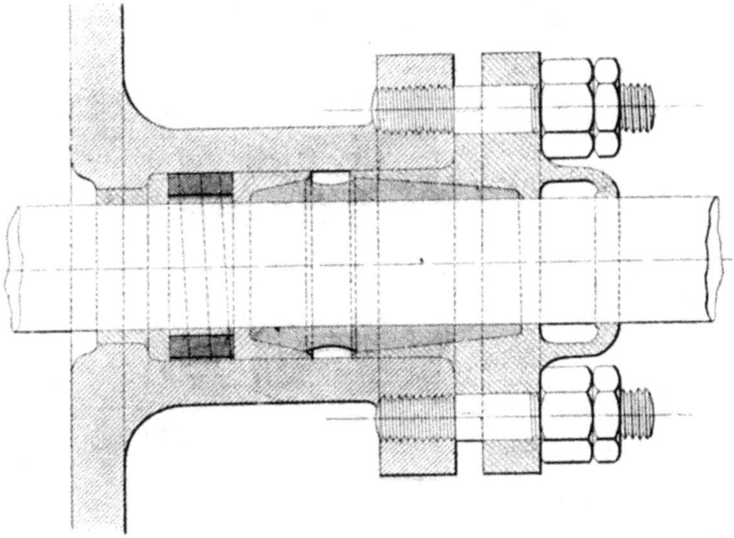

Fig. 110. — Garniture à bague métallique de l'Ouest, serrée par un ressort qui s'appuie sur la bague de fond.

La garniture Kubler se compose de bagues coniques en métal blanc, bien graissées, empilées entre la bague de fond et le presse-garniture (fig. 109), en croisant les joints. Avec ces garnitures, on doit serrer à la main les écrous du presse-garniture de telle sorte qu'à froid il puisse jouer sur la tige. Le contre-écrou, serré fortement contre l'écrou, empêche le desserrage ; on le visse avec une clef, en maintenant l'écrou par une seconde clef. Il est bon de répéter fréquemment cette opération. Une légère fuite de vapeur, lors de la mise en service d'une garniture neuve, n'a pas d'inconvénients sérieux et disparaît au bout de quelques jours.

On supprime le réglage en produisant le serrage à l'aide d'un ressort en acier, dont la tension est déterminée d'avance ; il n'y a plus qu'à serrer à bloc le presse-garniture (fig. 110).Les presse-garnitures sont munis d'un godet graisseur et portent en outre un petit réservoir d'huile entourant la tige et renfermant une tresse en coton. Le graissage doit toujours être fait avec soin, sinon les garnitures risquent de gripper ou de fondre.

Le démontage d'une garniture, parfois malaisé, est rendu plus facile par l'emploi d'un fourreau en bronze (fig. 111) qui la contient tout entière. Ce fourreau est légèrement conique à l'extérieur, ainsi que son logement dans le cylindre. Pour le faire sortir, on le rattache par deux étriers en fer au presse-garniture, qu'on pousse dans le sens convenable, en faisant tourner deux écrous placés d'avance, ou au moment du démontage sur les goujons entre les deux pièces. La difficulté de démontage n'existe pas avec la disposition de la fig. 110.

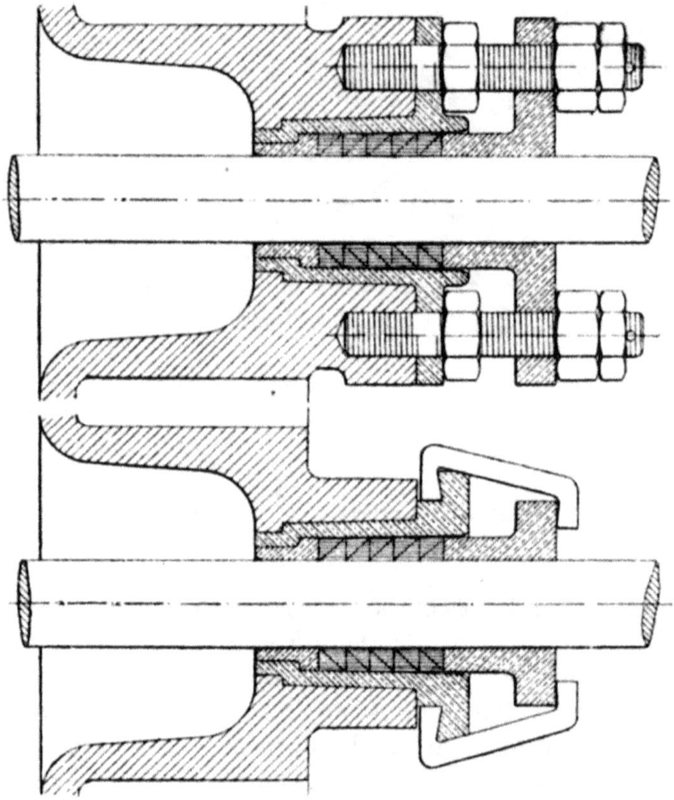

Fig. 111. — Garniture métallique contenue dans un fourreau en bronze qu'on enlève en le rattachant au presse-garniture par deux petits étriers et en poussant le presse-garniture par les écrous placés en dessous.

Si le corps du piston est bien guidé dans l'appareil, il n'est plus nécessaire de guider la tige dans la garniture, qui peut être uniquement chargée d'assurer l'étanchéité.

Telles sont les garnitures américaines (fig. 112). et la garniture Schmidt (fig. 113), pour locomotives à vapeur surchauffée, qui permettent le déplacement transversal de la tige. L'ensemble mouvement rectiligne, piston, tige et tête, est alors guidé par ses deux extrémités seulement, ce qui est plus simple que le guidage en trois points.

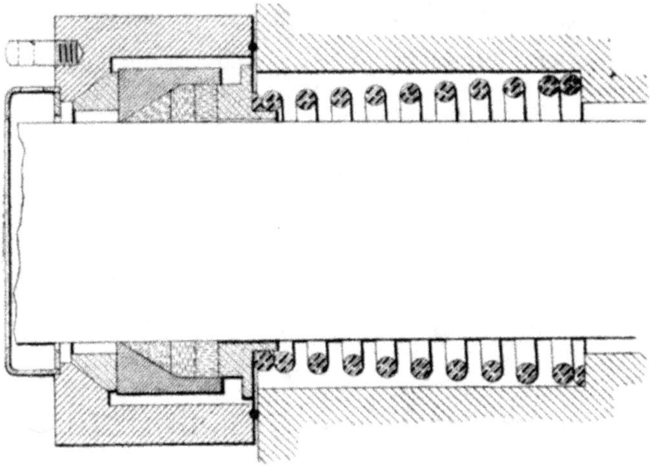

Fig. 112. – Garniture métallique à ressort, usitée en Amérique, de la *United States metallic packing Co*, avec bagues permettant le déplacement latéral de la tige.

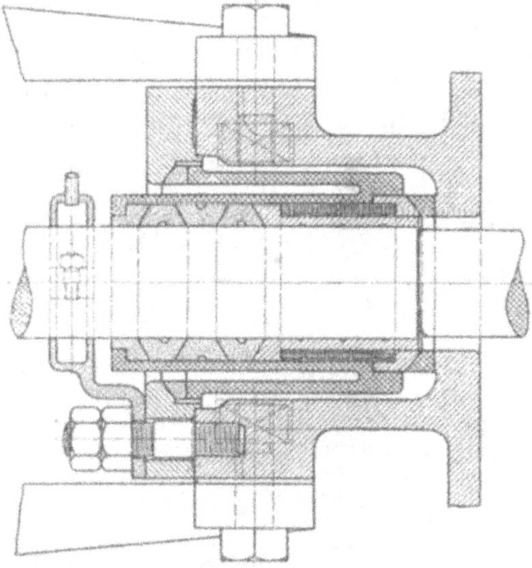

Fig. 113. — Garniture Schmidt, permettant le déplacement transversal de la tige. Composition des bagues qui assurent l'étanchéité, pour 100 g:
antimoine 15, plomb 65, zinc 20.

67. Tête ou crosse de piston et glissières.

La tige de piston s'emmanche dans la tête ou crosse de piston, pièce en fer ou en acier coulé, sur laquelle s'articule la bielle motrice. La tige

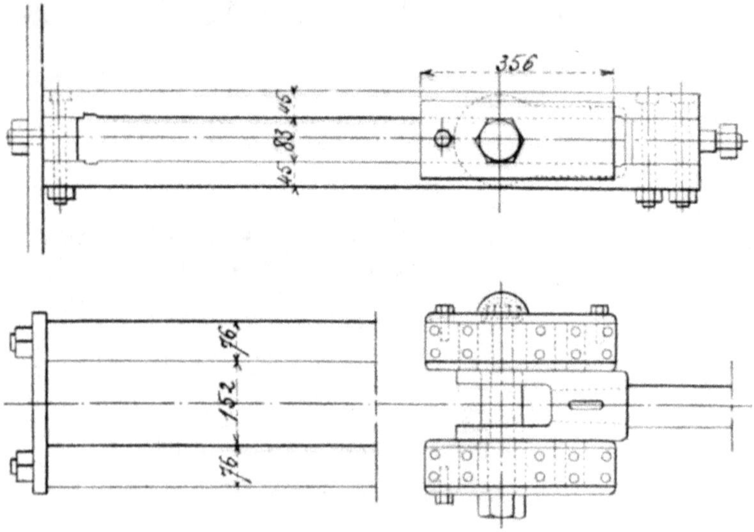

Fig. 114. — Tête de piston guidée par quatre glissières (d'après M. Demoulin) ; élévation longitudinale et plan.

de piston, conique, s'ajuste dans un cône correspondant de la tête : une clavette goupillée l'empêche de sortir. Un trou, au fond du logement de la tige, permet de la chasser, lors du démontage.

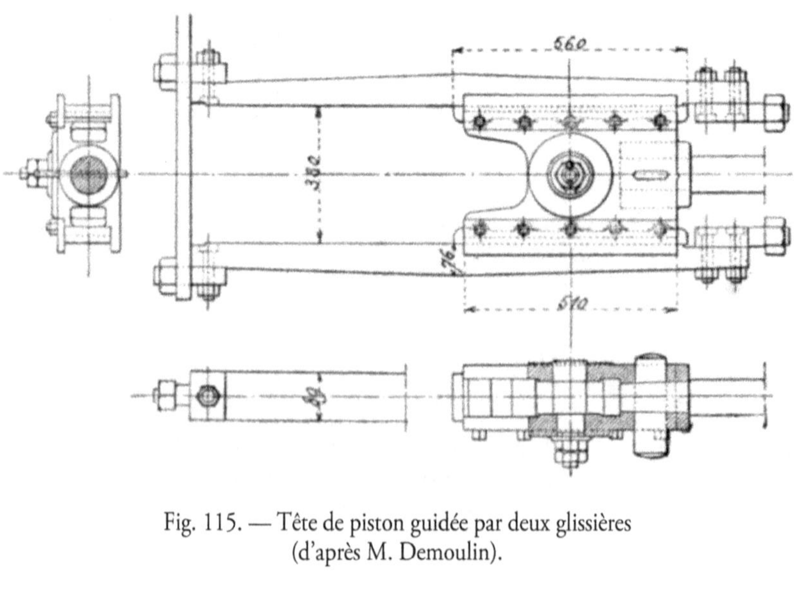

Fig. 115. — Tête de piston guidée par deux glissières (d'après M. Demoulin).

La tête de piston porte des coulisseaux en fonte, qui peuvent être garnis de régule, et qui la guident en ligne droite entre les glissières.

On emploie, pour ce guidage, ou quatre, ou deux glissières, ou même une seule. Quatre glissières (fig. 114) occupent peu de hauteur, ce qui est commode quand la tête passe au-dessus d'un essieu. Les deux glissières (fig. 115) sont assez écartées pour permettre l'oscillation de la bielle. Enfin la glissière unique (fig. 116) est enfermée entre la tête du piston et un chapeau boulonné.

Les glissières sont des barres d'acier dont une extrémité est fixée au fond arrière du cylindre et l'autre à un support spécial. Des cales minces sont interposées entre la glissière et ses supports ; en enlevant ou en limant ces cales, on règle les glissières de manière à compenser les effets de l'usure. C'est un travail délicat, parce qu'elles doivent toujours rester parallèles à l'axe du cylindre.

Avec la glissière unique, le jeu ne peut être rattrapé que sur le coulisseau.

Les glissières sont pressées dans le même sens pendant presque toute la course du piston, sauf lorsque la compression crée une résistance (§ 60). Dans la marche avant de la locomotive, c'est la glissière supérieure qui travaille.

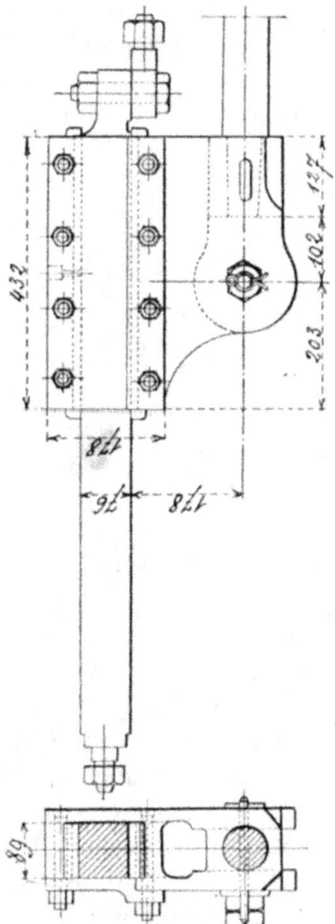

Fig. 116. – Glissière unique placée au-dessus de la tête du piston (d'après M. Dumoulin).

68. Bielle motrice.

La petite tête de bielle motrice s'articule sur la crosse du piston, la grosse tête sur le tourillon ou bouton de manivelle ; les deux têtes sont réunies par le corps.

La petite tête peut être simple (fig. 118, 119, 120) ou à fourche (fig. 117) : il est essentiel que les deux branches de la fourche portent également sur les tourillons de la tête de piston.

Les coussinets de la petite tête sont en bronze, ils s'usent lentement. Aussi la disposition de réglage, à l'aide d'une clavette ou d'un coin à vis (fig. 117, 119 et 120), n'est pas indispensable ; on peut se contenter d'une bague (fig. 118). Le jeu de l'articulation de la bielle sur la tête de piston ne doit pas être supérieur à 0,1 mm quand on la monte; en service, on ne laissera pas ce jeu dépasser 1 mm.

La difficulté du montage sur la tête de piston a conduit à l'emploi d'une cage ouverte ou d'une chape rapportée (fig. 117), avec étrier et clavette, pour certaines machines.

Les coussinets de la grosse tête sont logés dans une cage ouverte, dans une cage fermée, ou dans une chape rapportée.

La cage ouverte (fig. 120) s'applique sur les tourillons prolongés par une contre-manivelle et sur les essieux coudés; en enlevant la clavette et l'étrier, on peut sortir le coussinet arrière.

La cage peut être fermée par un chapeau serré à l'aide de deux boulons (fig. 117) ; c'est une disposition fréquente pour les mouvements intérieurs. On remplace quelquefois les boulons par des prolongements filetés de la cage.

La cage fermée (fig. 119) reçoit les deux coussinets et la clavette de réglage, qu'on fixe au moyen d'un frein serré par un boulon. Cette forme convient pour une manivelle extérieure sans contre-manivelle. En enlevant la clavette, on peut repousser vers le fond de la cage le coussinet d'arrière et le sortir latéralement.

La bielle à chape rapportée (fig. 118)est souvent employée pour les mécanismes intérieurs. La pièce est un peu lourde, mais robuste et facile à démonter, la bielle étant entièrement dégagée une fois la chape enlevée. La fig. 121 représente une forme de chape à prolongements filetés, fixée par écrous sur le corps de bielle.

Les coussinets de la grosse tête de bielle sont habituellement en bronze; souvent on garnit de régule la surface frottante. Si le revêtement de régule s'étend sur toute cette surface, le bronze devient inutile et le coussinet peut être forgé en fer ou en acier. On rapporte toutefois sur chaque coussinet (fig. 118) deux barrettes et deux cales d'épaisseur en bronze; ces pièces en bronze peuvent supporter la bielle et empêcher le piston de défoncer le cylindre si un fort chauffage fait fondre le régule.

On diminue un peu le poids de la bielle en évidant le corps.

La bielle motrice est montée sur la manivelle avec un jeu, suivant le diamètre, de 0,5 mm environ, et un jeu transversal de 1 à 2 mm. L'usure ovalise les têtes de bielles, et il en résulte des chocs, parce qu'elle tire et pousse alternativement. On rattrape le jeu, dès qu'il atteint 1.5 mm en limant les faces de contact des coussinets, serrés à bloc l'un contre l'autre par une clavette ou un coin. Suivant la position des clavettes, ce réglage allonge ou raccourcit la bielle, c'est-à-dire la distance entre les deux axes des articulations. Dans le premier cas, le jeu du piston à fond de course contre le plateau d'avant diminue; on aura soin au montage

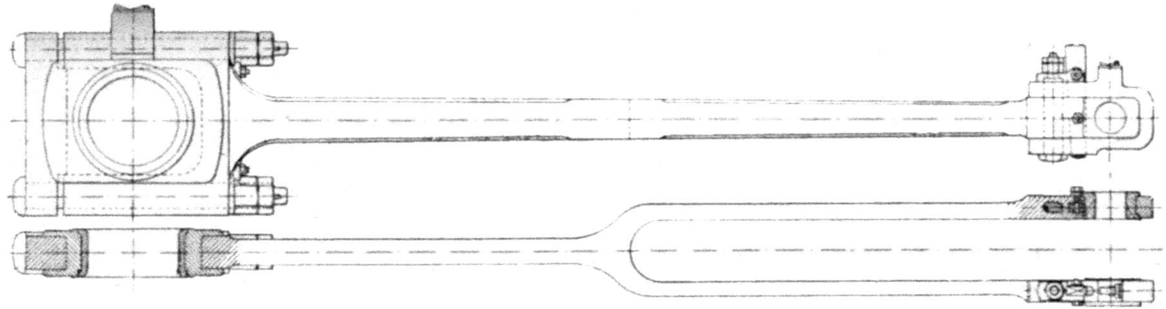

Fig. 117. – Bielle motrice avec petite tête à fourche et à chapes rapportées, et avec grosse tête à cage ouverte et à chapeau.

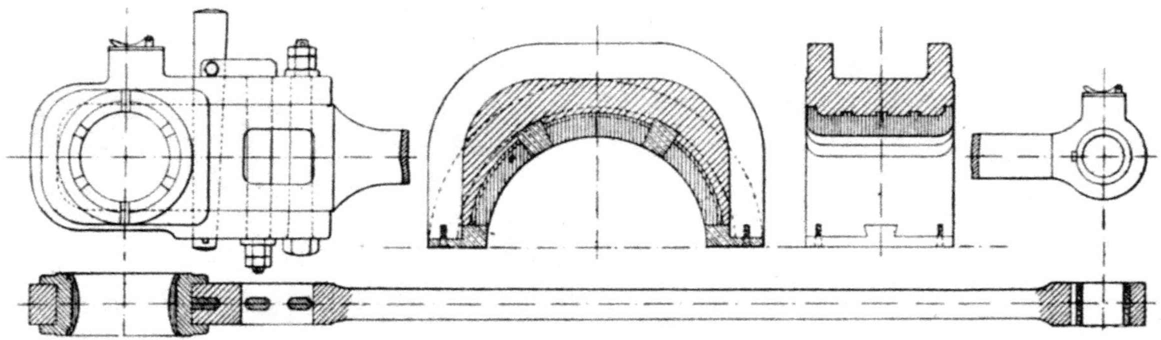

Fig. 118. – Bielle motrice avec petite tête simple et à bague, et avec grosse tête à chape rapportée ; détail du coussinet, en acier revêtu de régule et muni de barrette en bronze pour maintenir la bielle en cas de fusion du régule.

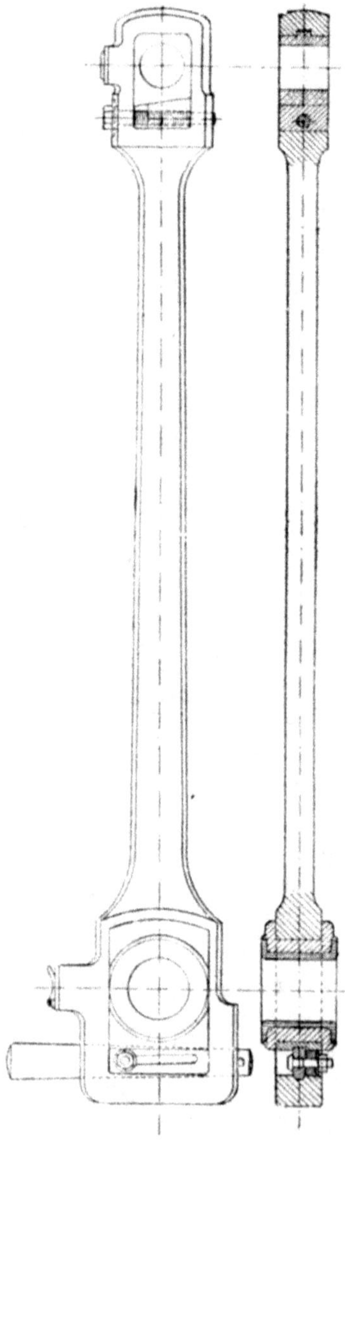

Fig. 119. – Bielle motrice à cages fermées sur les deux têtes.

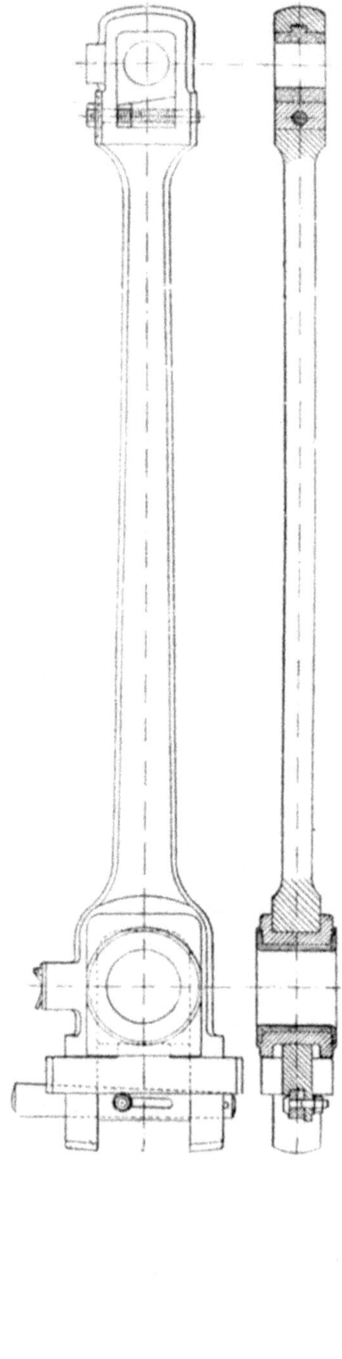

Fig. 120. – Bielle motrice à cage ouverte sur la grosse tête.

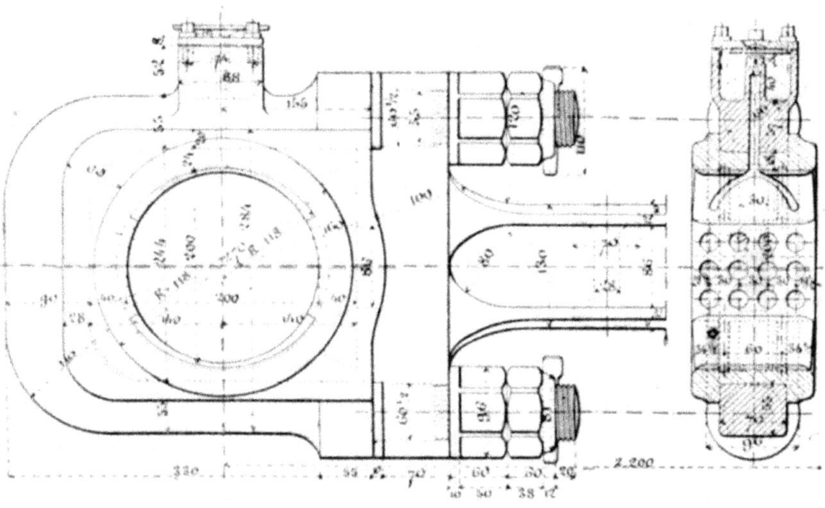

Fig. 121. — Grosse tête de bielle motrice, à chape filetée, des locomotives nos 963-990 de l'Ouest (d'après M. Demoulin).

primitif de laisser un peu plus d'espace libre de ce côté. Si le réglage raccourcit la bielle, il rapproche le piston du fond d'arrière.

69. Bielles d'accouplement.

Les bielles d'accouplement peuvent être munies de clavettes de réglage (fig. 122) pour compenser l'usure des coussinets. Ce réglage exige beaucoup de soin : la longueur des bielles, comptée d'axe en axe des oeils, doit être la même des deux côtés de la machine. Les coins des glissières des boîtes sont réglés en même temps, de manière à donner le même écartement aux essieux accouplés. La moindre différence de longueur d'une bielle à l'autre fatigue la machine, augmente les frottements et l'usure, et risque de provoquer des ruptures.

Les bielles à bagues (fig. 123 et 124) ont une simple bague en bronze ou parfois en régule, qui porte sur le tourillon. Sans aucun moyen de réglage on ne peut donc en changer la longueur que par une opération d'atelier. La bague présente sans inconvénient un jeu d'un millimètre sur le diamètre du tourillon. Souvent on supprime en même temps les coins de rattrapage de jeu aux glissières des boîtes. L'accouplement des essieux est ainsi notablement simplifié et une machine bien montée à l'atelier ne sera pas déréglée en service. Ces bielles marchent longtemps sans retouche. La réparation consiste à remplacer ou à réguler les bagues, puis à les aléser. Les rappliques des glissières de boîtes peuvent être en même temps changées, si les boîtes ont trop de jeu.

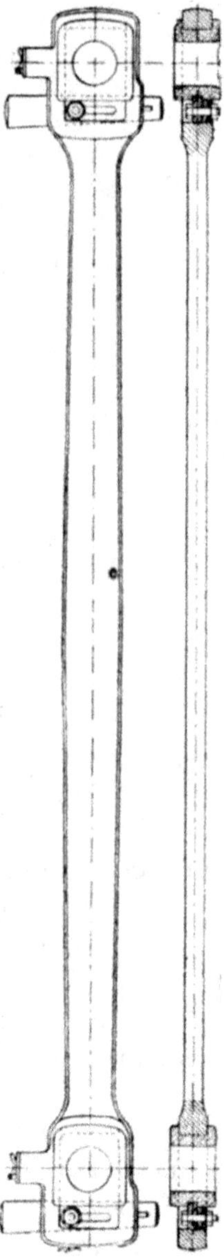

Fig. 122. – Bielle d'accouplement à clavettes de réglage.

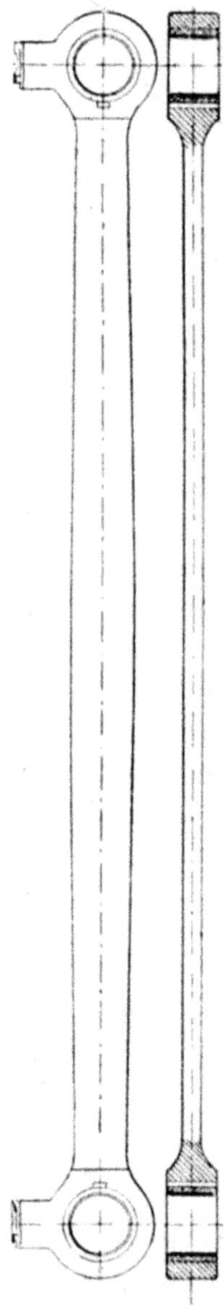

Fig. 123. – Bielle d'accouplement à bagues, sans réglage.

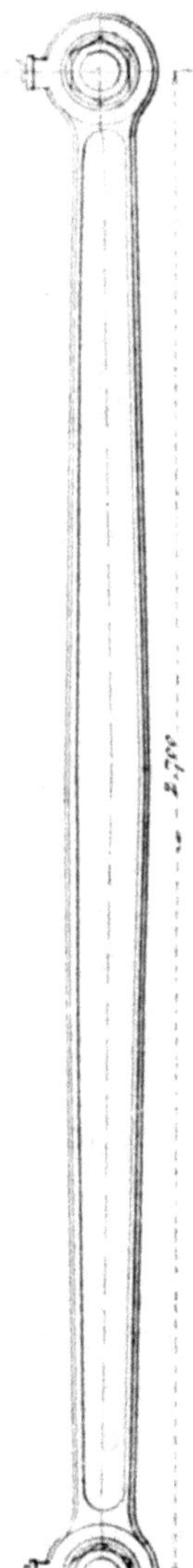

Fig. 124. – Bielle d'accouplement à bagues, avec corps évidé (Ouest).

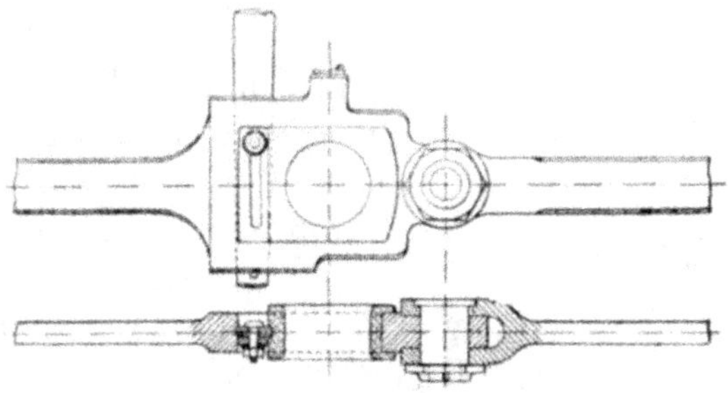

Fig. 125. — Articulation des bielles d'accouplement, pour plus de deux essieux couplés.

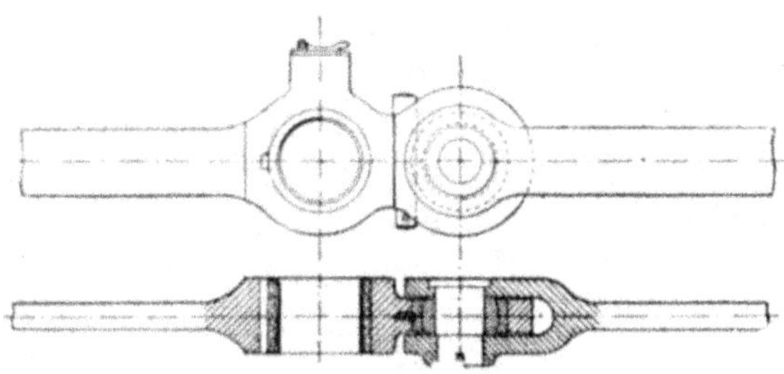

Fig. 126. — Articulation sphérique d'une bielle d'accouplement, pour essieux à déplacement transversal.

La disposition de bague sans réglage a été quelquefois appliquée aux grosses têtes de bielles motrices locomotives du *Great Western railway*).

L'évidement des corps (fig. 124) permet de donner aux grandes bielles, dont la longueur atteint parfois trois mètres, une résistance suffisante sans les faire trop lourdes. La dilatation du longeron, au voisinage de la boîte à feu, allonge un peu le châssis, tandis que la bielle d'accouplement des essieux d'arrière ne change pas de longueur. Aussi est-il nécessaire de donner dès le début un jeu un peu fort aux bielles sur leurs tourillons, surtout quand elles sont très longues.

Lorsque plus de deux essieux sont accouplés, on ne peut monter de chaque côté de la machine une bielle rigide unique, parce que les centres des essieux ne restent pas en ligne droite, à cause des inégalités et des flexions de la voie. Les bielles doivent se monter séparément sur les tourillons des deux essieux voisins, ou bien, ce qui est la disposition usuelle, présenter une articulation près d'un tourillon (fig. 125). Avec une articulation sphérique (fig. 126), la bielle peut se déplacer en tout sens, si l'un des essieux accouplés a un jeu transversal. Dans les

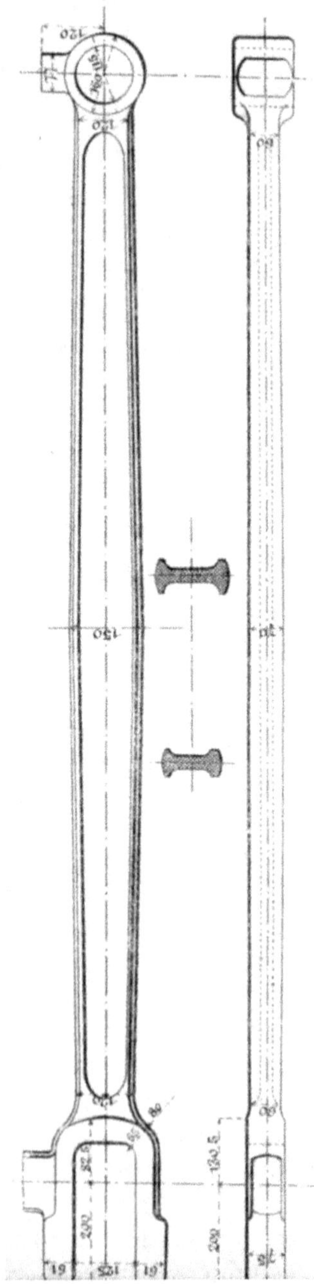

Fig. 127. – Bielle d'accouplement de locomotives à grande vitesse de l'Orléans (d'après M. Demulin).

locomotives à cylindres intérieurs, le montage des bielles d'accouplement est fort simple : elles sont maintenues sur les tourillons par un écrou vissé et goupillé sur un prolongement fileté du tourillon. Le montage reste aussi simple avec des cylindres extérieurs, et deux essieux couplés, quand la bielle motrice est derrière la bielle d'accouplement, sur le bouton de manivelle de l'essieu moteur. Mais lorsque la bielle d'accouplement se trouve derrière la bielle motrice, ou lorsque le bouton porte une contre-manivelle pour la commande de la distribution, le montage est moins facile. Les coussinets doivent alors être contenus dans des cages ou des chapes démontables, au moins à l'une des extrémités de la bielle (fig. 127).

70. Graissage des mécanismes.

Il est nécessaire que les parties frottantes des machines soient bien graissées. Pour les articulations soumises à de grands efforts, comme les boutons de manivelle, les poulies d'excentriques, la matière lubrifiante est contenue dans un godet graisseur, de capacité suffisante pour les plus longs parcours, dont le débit doit être convenablement réglé, sans excès. L'huile est débitée par des mèches, ou par un appareil à épinglette, plus commode et ne dépensant pas d'huile pendant les arrêts. L'épinglette a un diamètre d'un millimètre environ et joue dans un trou de 1,5 mm. On réduit ou on augmente à volonté le débit, en employant des épinglettes de grosseurs diverses.

On peut même supprimer l'épinglette, et se contenter d'un trou, percé au fond d'une petite coupe, où l'huile est projetée par les mouvements ou les trépidations des pièces. Le diamètre du trou est inférieur à 1 mm.

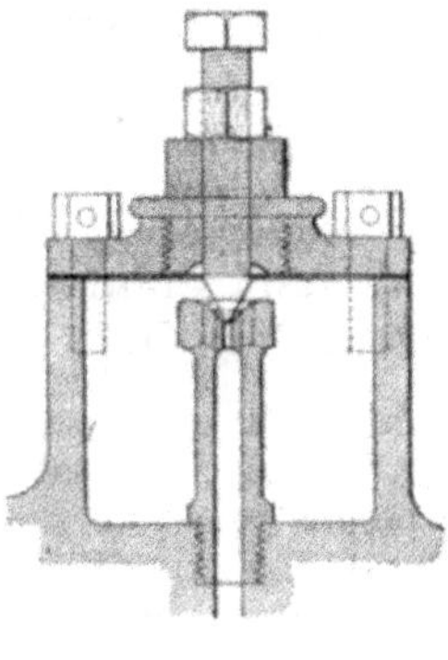

Fig. 128. — Godet graisseur du Midi pour pièces mobiles du mécanisme.

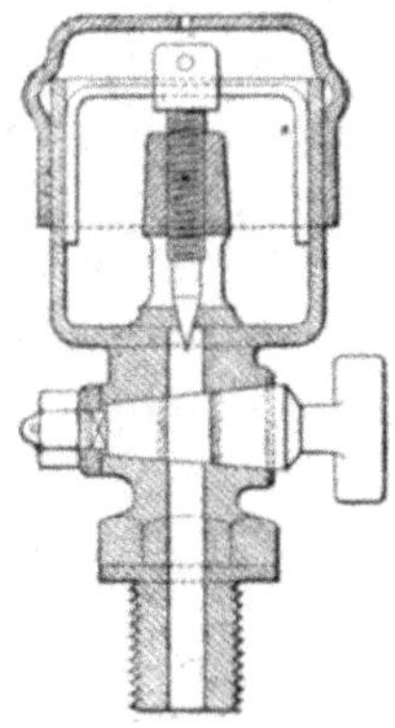

Fig. 129. — Godet graisseur de l'Est, pour pièces fixes.

Le réglage est facile avec l'appareil représenté fig. 128 : une vis à pointeau permet de réduire plus ou moins le passage de l'huile ; le diamètre du petit conduit d'écoulement est de 2 mm. La vis est montée dans un bouchon fileté qu'on enlève pour remplir le godet, ou bien, si le godet est assez grand, on place à côté de la vis à pointeau un couvercle à ressort ou un bouchon à vis.

Cette disposition convient pour les pièces animées d'un mouvement qui projette l'huile à la partie supérieure des godets, telles que les grosses têtes de bielles.

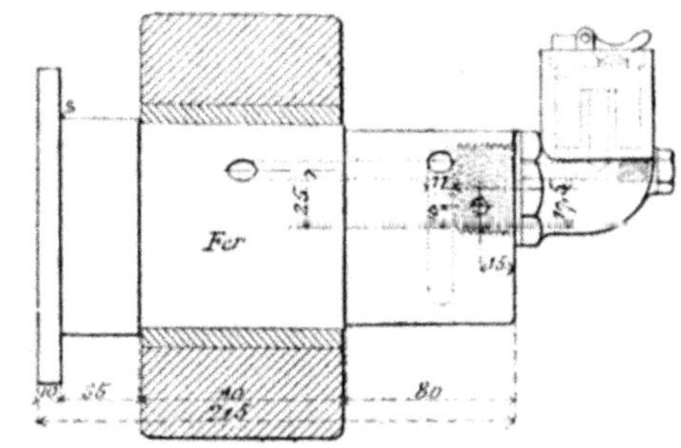

Fig. 130. — Graisseur sur bouton de manivelle du P. L. M. (cette disposition ne s'applique plus aux machines nouvelles).

Quand les graisseurs sont immobiles, comme ceux qui lubrifient les glissières de crosse, les tiges de piston et de tiroir, l'ouverture réglée par le pointeau est à la partie inférieure du godet (fig. 129) ; un petit robinet permet d'arrêter l'écoulement de l'huile pendant les stationnements.

La tête de la vis pointeau est traversée par deux fils de laiton, dont l'un sert à la tourner, et dont l'autre, formant ressort, s'appuie sur les parois du godet. Le couvercle est muni d'une ceinture moletée ; il est percé d'un petit trou pour l'entrée de l'air.

Au lieu de faire corps avec la bielle, le godet graisseur peut être fixé sur le tourillon (fig. 130), percé de trous qui débouchent sur la surface frottante. De simples trous de graissage, sans godets, peuvent suffire pour les articulations les moins fatiguées, notamment pour les mécanismes de distribution des petites machines.

Les matières employées pour le graissage sont d'origine animale (le suif), végétale ou minérale. Des huiles végétales, la plus usitée en France est celle de colza. Les huiles minérales, extraites des pétroles, sont fréquemment employées. à cause de leur prix peu élevé, parfois en mélange avec le colza.

71. Tiroir.

L'appareil le plus simple pour distribuer la vapeur est le tiroir ordinaire. Le cylindre présente trois conduits ou lumières (fig. 131) : les deux lumières latérales aboutissent aux extrémités du cylindre ; celle du

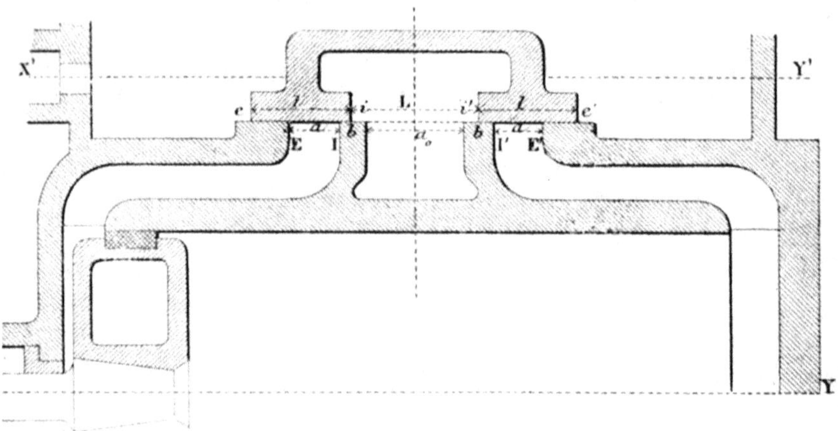

Fig. 131. — Tiroir sur la table des lumières ; coupe par l'axe de la tige. E,E', bords *extérieurs* des lumières ; I,I', bords *intérieurs* des lumières ; *e, e'*, bords *extérieurs* du tiroir ; *i, i'*, bords *intérieurs* du tiroir.

milieu communique avec l'extérieur et sert à l'échappement. Ces trois conduits débouchent dans la boîte à vapeur sur une face plane bien dressée, dite table des lumières. Les ouvertures des lumières sur la table sont des rectangles de hauteur commune, séparés par des barrettes.

Le tiroir présente une face plane glissant sur la table ; cette face est un rectangle de hauteur un peu plus grande que celle des lumières. Dans sa position moyenne, elle dépasse également les bords extérieurs E, des deux lumières d'admission, d'une longueur dite recouvrement extérieur. La face plane du tiroir présente en outre un évidement rectangulaire de hauteur égale à celle des lumières ; dans sa position moyenne, les bords de cet évidement peuvent dépasser un peu les

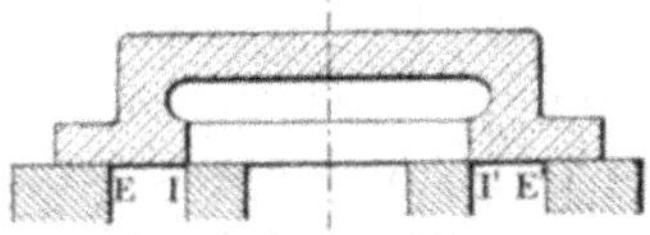

Fig. 132. — Tiroir sans recouvrements intérieurs.

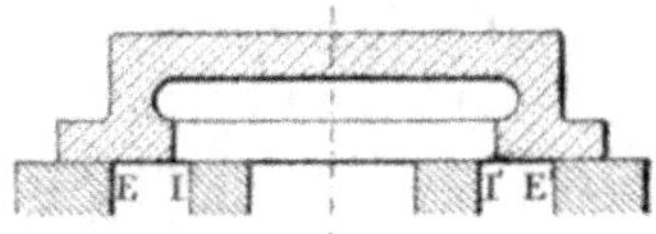

Fig. 133. — Tiroir à découverts intérieurs.

bords intérieurs I, I' des lumières, d'une longueur dite *recouvrement intérieur* ; mais souvent les recouvrements intérieurs sont nuls (fig. 132) ; certains tiroirs ont même des découverts intérieurs (fig. 133) : dans sa position moyenne, les deux bords intérieurs laissent aux deux lumières une ouverture vers l'échappement.

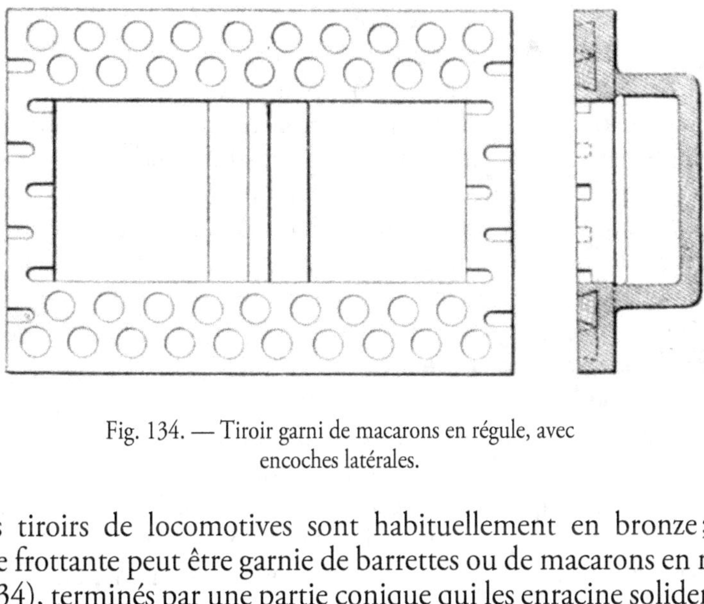

Fig. 134. — Tiroir garni de macarons en régule, avec encoches latérales.

Les tiroirs de locomotives sont habituellement en bronze ; leur surface frottante peut être garnie de barrettes ou de macarons en régule (fig. 134), terminés par une partie conique qui les enracine solidement. La surface des macarons varie du quart au tiers de la surface de portée totale. On ménage aussi quelquefois des encoches sur les bords pour mieux distribuer l'huile de graissage.

Autrefois, avec des pressions de vapeur modérées, les tiroirs étaient fréquemment en fonte, et prenaient un beau poli sur la table en fonte. Avec les fortes pressions usitées aujourd'hui, une usure rapide des tables est à craindre sous un tiroir en fonte : mieux vaut user le tiroir, facile à remplacer.

72. Phases de la distribution.

Le tiroir, réglant l'entrée dans le cylindre, puis la sortie de la vapeur, effectue ce qu'on appelle la distribution. La fig. 135 représente cette distribution sur l'une des faces du piston, celle de gauche sur la figure.

Le piston partant de son fond de course en 1 (fig. 135), le tiroir laisse ouverte la lumière de gauche, pendant un parcours 1 - 2 du piston ; la vapeur de la chaudière entre dans le cylindre : c'est la période d'admission. Puis, pendant un parcours 2 - 3, cette vapeur est enfermée dans le cylindre, et continue à pousser le piston avec une pression décroissante : c'est la période de détente.

Quand le piston passe en 3, l'intérieur du tiroir met en communication la lumière de gauche avec la lumière du milieu, qui aboutit au dehors ; la vapeur s'échappe du cylindre : c'est la période d'échappement anticipé, qui commence avant que le piston ne soit arrivé au bout de sa course, en 4 ; l'effort moteur est réduit pendant cette période 3 - 4, mais la pression a le temps de baisser suffisamment pour ne pas opposer une trop grande résistance, quand le piston va revenir en arrière, pendant l'échappement : dans cette période, le piston fait le trajet 4 - 5. Quand le piston est en 5, le tiroir recouvre la lumière de gauche ; la vapeur qui reste dans le cylindre, à une pression ne dépassant pas beaucoup celle de l'atmosphère, y est enfermée. Le piston, continuant sa marche, réduit le volume occupé par cette vapeur ; c'est une action inverse de la détente. La pression de la vapeur augmente pendant cette période de compression. La compression produit un effet important ; à chaque coup de piston, l'espace libre doit se remplir de vapeur à la pression de l'admission. Il en résulterait une notable augmentation de la dépense de vapeur, si la compression ne venait fournir au moins une partie, et parfois la totalité de cette vapeur qui remplit l'espace libre : au moment où le tiroir ouvre la lumière d'admission, la vapeur qui doit entrer dans le cylindre trouve cet espace en partie occupé. Toutefois il faut remarquer que, si la dépense de vapeur est diminuée par la compression, c'est aux dépens du travail que produit le piston, puisque cette compression est une résistance croissante qu'il surmonte.

Enfin, dans une position 6, un peu avant que le piston ne soit arrivé exactement à son fond de course, le tiroir commence à démasquer la lumière pour l'admission, et produit l'admission anticipée. On pourrait croire que cette admission anticipée est nuisible, puisqu'on oppose la pression de la vapeur au piston pendant la fin de sa course ; mais, quand cette admission anticipée se produit, la compression a déjà relevé la pression de la vapeur dans le cylindre, et le tiroir n'ouvre qu'une fente étroite, si bien qu'il n'entre pas beaucoup de vapeur

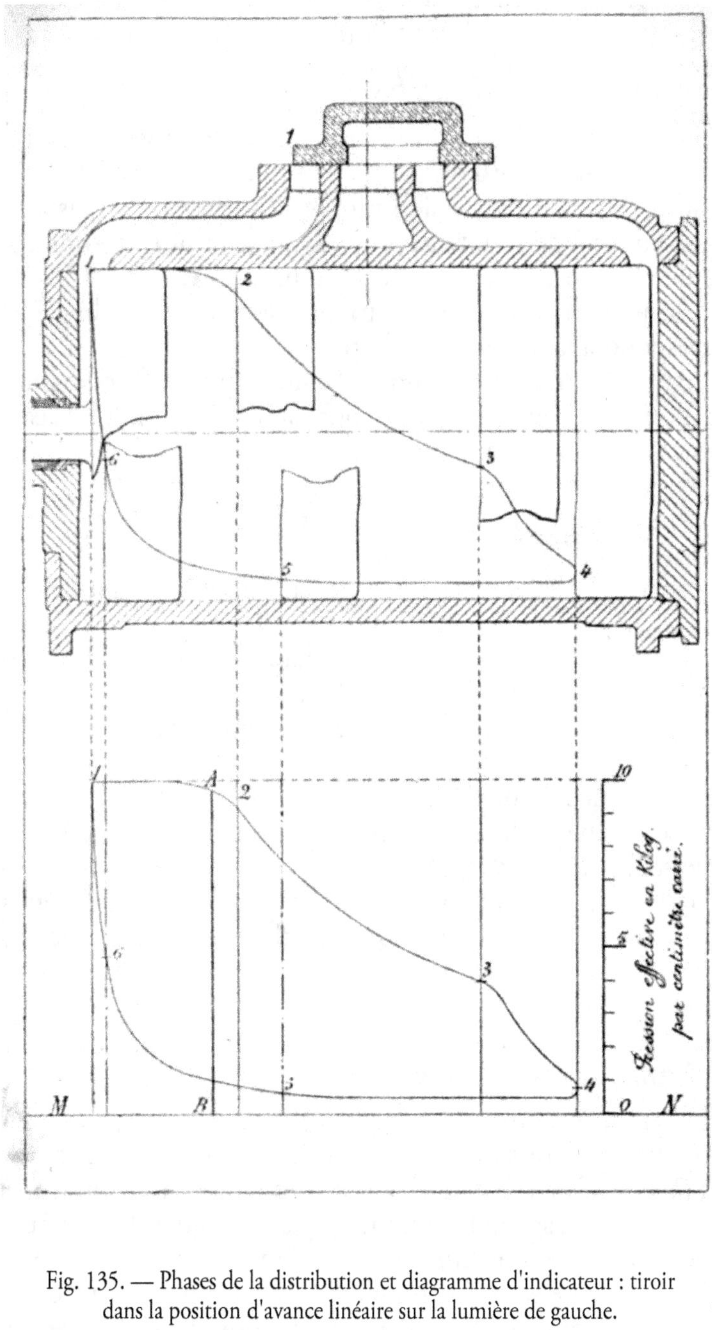

Fig. 135. — Phases de la distribution et diagramme d'indicateur : tiroir dans la position d'avance linéaire sur la lumière de gauche.

dans le cylindre pendant cette période, qui ne correspond qu'à un parcours peu étendu du piston. Grâce à cette ouverture anticipée de la lumière, au moment où le piston repart de son fond de course pour commencer son parcours moteur, la vapeur trouve un passage plus grand dès le début de la période d'admission. En outre, quand la compression n'est pas suffisante, l'admission anticipée assure en temps utile l'établissement de la pression de la boîte à vapeur dans l'espace libre. La distance du bord du tiroir au bord de la lumière, au moment précis où commence l'admission proprement dite, ou à l'instant où le piston est en fond de course, s'appelle avance linéaire du tiroir : c'est la largeur de la fente ainsi ouverte à ce moment. Sur la fig. 135, le tiroir est représenté dans une de ses deux positions d'avance linéaire, celle qui correspond à la face gauche du piston.

En résumé, si on considère un seul côté du piston (le côté gauche de la fig.), pour une course aller et retour, la distribution a les six phases suivantes :

Aller du piston	Admission Détente Échappement anticipé
Retour du piston	Échappement Compression. Admission anticipée.

Sur l'autre face du piston (côté droit de la figure), on retrouve pour une course complète aller et retour, à partir du fond de course à droite, la même succession de six phases.

Chacun des côtés du piston travaille ainsi pour son compte, la locomotive étant une machine à double effet. Le piston d'une machine à simple effet ne travaille que d'un seul côté, et le cylindre peut être ouvert du côté opposé.

73. Laminage de la vapeur.

Pour que la pression de la chaudière s'établisse dans le cylindre pendant toute l'admission, il faut que les conduits suivis par la vapeur soient largement ouverts et que la marche de la machine soit lente ; mais le tiroir ne donne pas toujours un large passage ; quand il vient d'ouvrir et quand il va fermer une lumière, il ne démasque qu'une fente étroite ; et le piston marche souvent très vite. Alors la vapeur n'entre pas dans le cylindre en quantité suffisante pour y prendre la même pression que dans la boîte à tiroir : on dit qu'elle se lamine. Le même effet se produit entre la chaudière et la boîte à tiroir, si le régulateur n'est pas largement ouvert : la pression dans la boîte à tiroir est alors moindre que dans la chaudière. Même avec le régulateur complètement ouvert, on constate, pendant la marche à grande vitesse, d'incessantes fluctuations de la pression dans la boîte à tiroir du cylindre. Au moment où le tiroir ouvre l'échappement, la vapeur ne peut pas sortir instantanément du cylindre, et la pression ne devient pas tout de suite égale à celle de l'atmosphère ; et même, surtout si la tuyère d'échappement est étroite, le piston est soumis pendant toute sa course à une contre-pression plus grande que la pression de l'atmosphère.

Tout en causant une petite perte sur le travail que donne la vapeur, le laminage améliore les distributions par coulisses des locomotives, en allongeant la période de détente aux dépens de l'admission et de l'échappement anticipé. Quand le tiroir se referme vers la fin de l'admission, la pression baisse et la détente commence avant la fermeture complète de la lumière ; c'est comme si la période d'admission était un peu plus courte. Quand l'échappement anticipé commence, l'ouverture du tiroir est faible et, en réalité, la détente continue, sans qu'il sorte beaucoup de vapeur du cylindre. Ces effets sont surtout sensibles à grande vitesse.

Pendant le retour du piston, le laminage augmente l'importance de la compression.

74. Indicateur et diagrammes.

On se rend compte de la distribution en regardant des modèles ou des dessins : on peut en examiner le réglage, sur la locomotive même, à froid, en démontant le plateau du tiroir. Mais pour savoir avec précision comment la vapeur est réellement distribuée dans la machine en marche, il faut connaître à chaque instant la pression sur le piston. Pour cette étude, on se sert d'un indicateur (fig. 136) ; un petit cylindre vertical (ayant un diamètre de 20 mm) communique avec le cylindre de la locomotive, du côté où l'on veut étudier le travail de la vapeur : elle entre librement dans ce petit cylindre et soulève le piston dont il est muni. Un ressort à boudin appuie sur ce piston et se comprime plus ou moins suivant la pression de la vapeur ; chaque flexion du ressort exige une force qu'on a mesurée d'avance. Si on pouvait voir à chaque instant quelle est la longueur du ressort, on connaîtrait la pression de la vapeur. Mais l'observation directe n'est guère possible. Un crayon, relié au piston de l'indicateur, en trace la position sur une feuille de papier. Si ce papier ne bougeait pas, le crayon laisserait un simple trait vertical : aussi rattache-t-on le support du papier à la tête du piston de la locomotive, de manière qu'il se déplace horizontalement comme ce

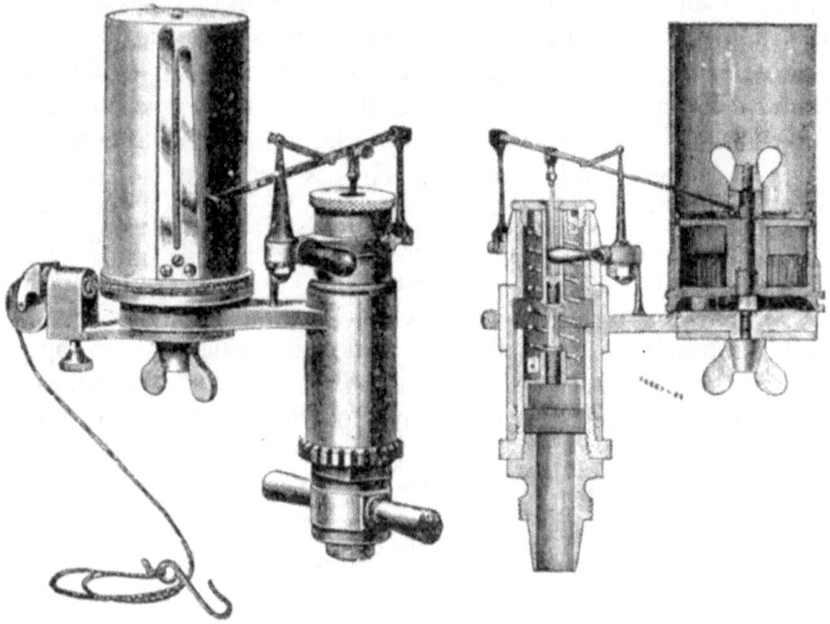

Fig. 136. — Indicateur Thompson ; vue perspective et coupe.

piston. La course du piston étant de 60 à 65 cm, il faudrait une longue bande de papier et un appareil encombrant pour la porter : aussi réduit-on la course dans un rapport déterminé mais le déplacement du papier de l'indicateur permet toujours de connaître la position du piston de la locomotive. Par exemple, si le point A est au quart de la longueur du tracé du crayon, dit *diagramme* (fig. 135), au moment où il a été inscrit le piston était également au quart de sa course, et la pression effective de la vapeur, ou pression au-dessus de celle de l'atmosphère, est mesurée par la longueur AB, qui enregistre la flexion du ressort. MN est le trait du crayon, lorsque l'indicateur ne communique pas avec le cylindre de la locomotive, c'est-à-dire quand la pression atmosphérique s'exerce sur les deux faces de son piston.

On voit sur la fig. 136 que le papier est enroulé sur un barillet qui oscille autour d'un axe vertical, en suivant le mouvement du piston de la locomotive convenablement réduit. On voit aussi que la course du piston d'indicateur est très petite et se trouve amplifiée par le mécanisme porte-crayon : c'est une disposition qu'on a trouvée avantageuse pour réduire les oscillations dues aux brusques variations de la pression.

Sur le diagramme (fig. 135) la partie 1 - 2 est tracée pendant l'admission, avec laminage surtout vers la fin ; 2 - 3 est tracé pendant la détente, 3 - 4 pendant l'échappement anticipé ; le piston moteur revient alors en arrière; 4 - 5 est tracé pendant l'échappement, 5 - 6 pendant la compression, 6 - 1 pendant l'admission anticipée. Avec un peu d'habitude, on voit assez bien sur les diagrammes, fournis par l'indicateur, la position de ces points, 2, 3 et 5, mais la place exacte du point 6 n'est guère visible.

Connaissant ainsi la pression exacte sur le piston à chaque instant et le chemin qu'il fait, on en déduit la valeur moyenne de la pression, ou ordonnée moyenne du diagramme. Il suffit pour cela de mesurer la surface du diagramme, avec un instrument nommé planimètre. L'ordonnée moyenne est la hauteur du rectangle qui a même surface, avec une base égale à la longueur du diagramme (fig. 137). Si la vapeur poussait le piston pendant toute sa course avec cette pression moyenne, la résistance étant supposée nulle pendant le retour du piston, le travail produit serait le même que dans la marche réelle.

La connaissance de l'ordonnée moyenne, jointe à celle des dimensions du cylindre et de la vitesse de rotation, permet de calculer la puissance indiquée. Soit, par exemple, une ordonnée moyenne de 3 kg, dans un cylindre de 500 mm de diamètre, avec une course de 650 mm, et une vitesse de 3 tours par seconde. La surface du piston, de 500 mm de diamètre, est de 1 963,5 cm^2 : une pression moyenne de 3 kg par cm^2 donne une force de 5 890.5 kg.

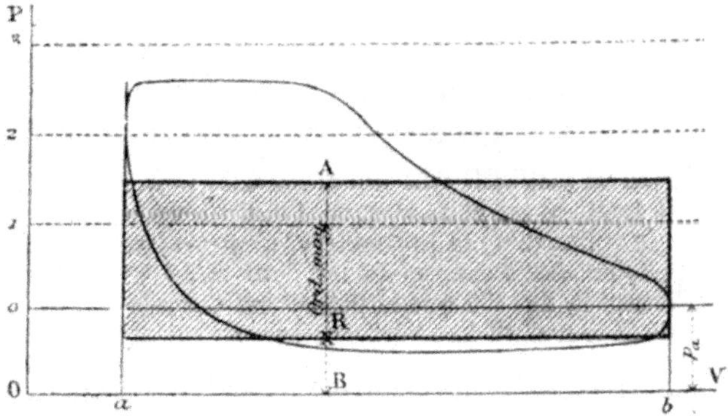

Fig. 137. — Diagramme d'indicateur et ordonnée moyenne.

Comme le piston a une course de 650 mm, et qu'il fait 3 excursions aller et retour par seconde, il parcourt 3,9 m par seconde; comme il y a deux pistons pareils, le travail total par seconde est de 5890,5 x 7,8, ou 46 500 kgm. En divisant par 75 on obtient un quotient 620, nombre de chevaux-vapeur. Dans le résultat de ces calculs, il n'y a pas lieu, en pratique, de tenir compte des décimales ni même des chiffres des unités, parce que l'ordonnée moyenne, telle qu'elle résulte du tracé d'indicateur, ne peut pas être connue avec une extrême précision.

75. Commande du tiroir.

L'excentrique (fig. 138), qui commande le tiroir, n'est pas, en principe, un mécanisme différent de la manivelle; il dérive de la manivelle ordinaire dont le tourillon est grossi jusqu'à ce qu'il vienne

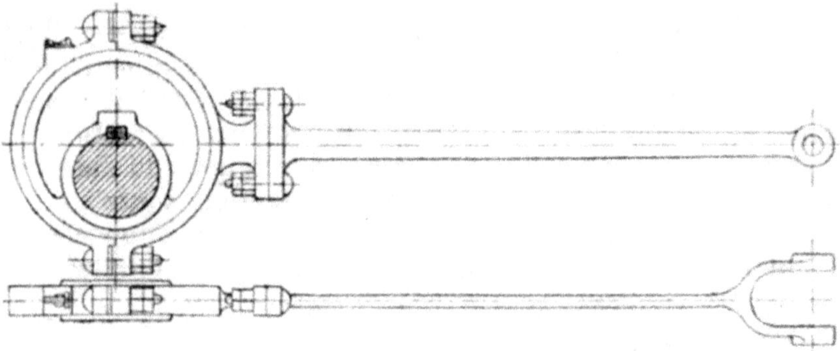

Fig. 138. — Excentrique, collier et barre d'excentrique.

enfermer l'essieu: alors le corps de l'essieu, sans qu'il soit nécessaire de le couder, peut recevoir ce tourillon grossi. Le collier d'excentrique est l'équivalent de la grosse tête de bielle motrice: la barre d'excentrique, qui se rattache à la tige du tiroir, guidée en ligne droite, est l'équivalent du corps de la bielle. La course du tiroir est égale au double du rayon de l'excentrique, distance de l'axe du tourillon à l'axe de l'essieu.

Qu'on envisage d'abord un tiroir de machine fixe dont la tige est parallèle à l'axe du cylindre, disposition fréquente. Quand la manivelle motrice est à un point mort, en OM, (fig. 139), le rayon de l'excentrique est en OT_1 ; la barre d'excentrique est en T_1A_1 ; le tiroir découvre légèrement une des lumières et dépasse le bord extérieur de cette lumière de la longueur dite avance linéaire.

Quand la manivelle motrice est venue en une position quelconque OM, le rayon de l'excentrique a tourné du même angle et a pris la

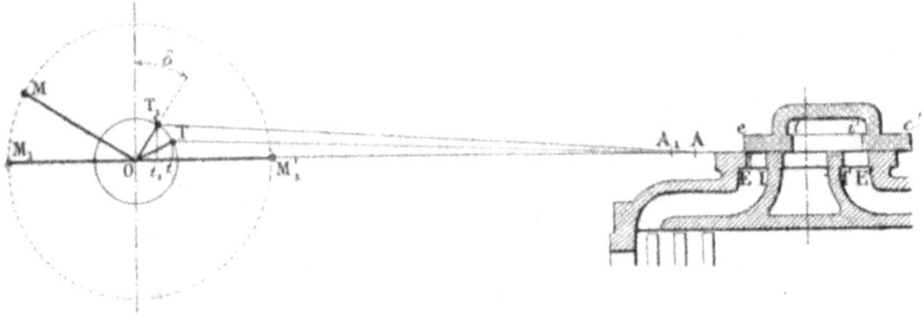

Fig. 139. — Commande du tiroir par un excentrique (la coupe du tiroir et des lumières du cylindre est rabattue sur le plan de la figure par une rotation d'un angle droit).

position OT. Pour connaître le déplacement du tiroir, on n'a qu'à porter en TA la longueur de la barre : le tiroir a parcouru la longueur A,A.

Fig. 140. — Gabarit pour le tracé du déplacement du tiroir.

Ce tracé exige une feuille de papier immense si on veut le faire à grande échelle ; aussi opère-t-on autrement : qu'on prenne, sur l'axe OA_1 A_1t_1 égal à A_1 T_1 (ce qu'on pourrait faire en plaçant en A_1 la pointe d'un compas et décrivant un arc de cercle de rayon A_1T_1) et, de même, A*t* égal à A T et par suite à A_1T_1 ; t_1t est égal à A_1A, c'est-à-dire au déplacement cherché du tiroir. Au lieu de placer la pointe du compas en A_1 et en A, on prend une équerre à dessin, dont on a taillé le petit côté en arc de cercle du rayon voulu A_1T_1 (fig. 140) : on n'a plus qu'à faire glisser cette équerre suivant OA en amenant la partie ainsi arrondie sur les points T_1, puis T : on trace T_1 t_1Tt, ce qui donne le déplacement cherché du tiroir, t_1t.

En suivant ainsi le mouvement du tiroir pour un tour complet (fig. 141), on voit d'abord le point *t* s'écarter de t_1 vers la droite, jusqu'à ce que T vienne en *t'*, ce qui montre que le bord *e* du tiroir s'écarte du bord E de la lumière, qui s'ouvre de plus en plus. Ensuite *t* revient vers la gauche en se rapprochant de t_1, sur lequel il repasse ; le tiroir se retrouve dans la position initiale ; puis le point *t* s'en éloigne vers la gauche. Quand *t* a parcouru une longueur $t_1 t_2$ égale à l'avance linéaire, le tiroir s'est déplacé de la même quantité et son bord *e* vient toucher le bord E de la lumière, qu'il ferme alors complètement : l'admission cesse et la détente commence ; le rayon de l'excentrique est en OT, et la manivelle motrice, qui suit toujours le rayon de l'excentrique à distance angulaire constante, est en OM_2.

Le tiroir continue à se déplacer vers la gauche : après un parcours t_2t_3, le bord intérieur gauche *i* du tiroir vient rencontrer le bord intérieur I de la lumière, et l'échappement anticipé commence. La manivelle motrice est alors en OM_3. La figure montre que le chemin $t_2 t_3$ est égal à la largeur *e i* de la bande du tiroir, diminuée de la largeur E I de la lumière.

La rotation continuant, quand la manivelle motrice passe en OM_4 le tiroir continue à ouvrir la lumière vers l'intérieur : c'est la fin de l'échappement anticipé et le commencement de l'échappement. Le point *t* se déplace vers la gauche jusqu'en *t'* et le tiroir ouvre de plus en plus la lumière pour l'échappement ; puis il revient en arrière, et la lumière se ferme vers l'intérieur quand le point *i* repasse sur I, c'est-

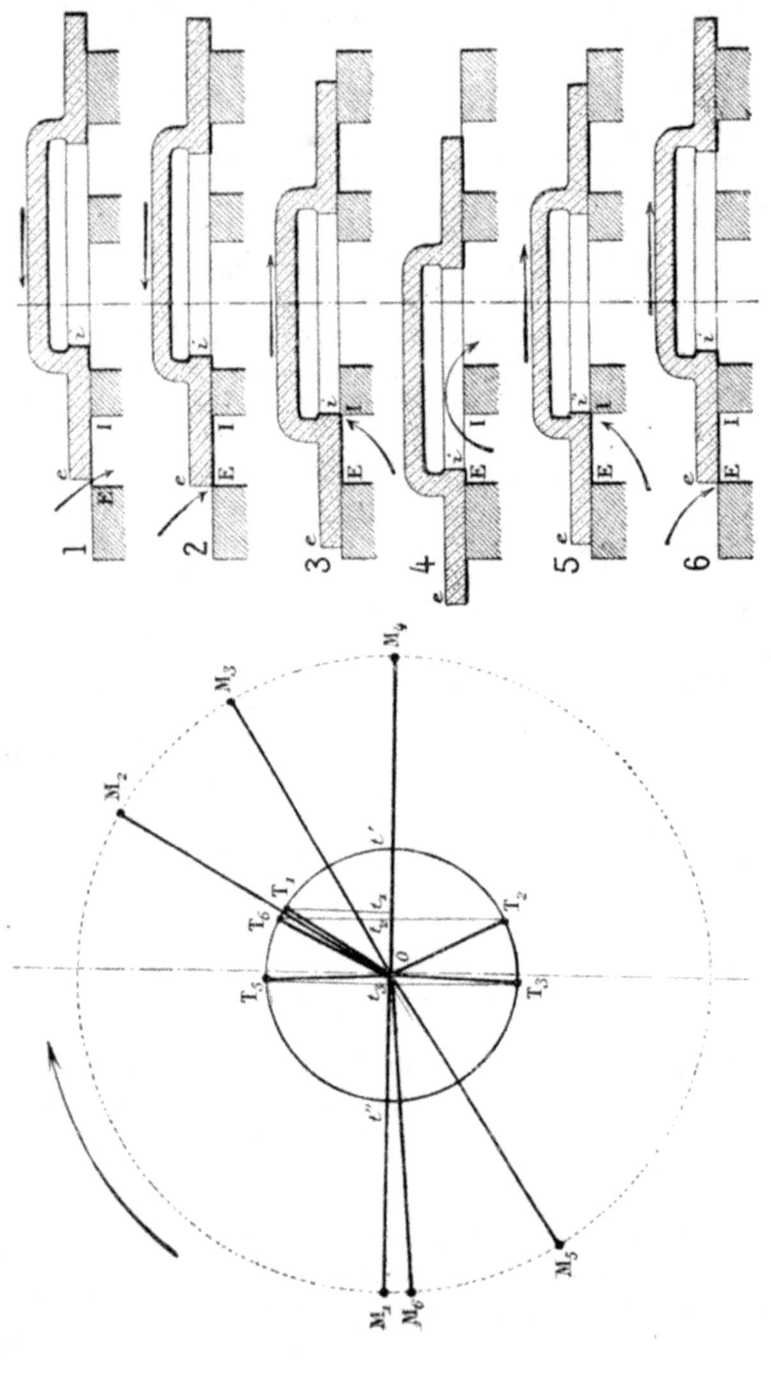

Fig. 141. — Positions de la manivelle motrice, du rayon de l'excentrique, et du tiroir, pour l'étude de la distribution sur la face arrière du piston.
1, avance linéaire ; 2, fin de l'admission ; 3, commencement de l'échappement (anticipé); 4, échappement ouvert 5, fin de l'échappement ; 6, commencement de l'admission (anticipée).

à-dire quand t repasse en t_3; le centre de l'excentrique est alors en T_5 et la compression commence. Quand t repasse sur t_2, T étant en T_6 , e repasse sur E et le tiroir commence à ouvrir la lumière pour l'admission anticipée. On étudie la distribution sur l'autre face du piston (fig. 142), en examinant le déplacement des bords e' et i' du tiroir par rapport aux bords E' et I' de la lumière de droite. On trouve de même les diverses positions intéressantes du rayon de l'excentrique. Quand le piston est au fond de course à droite, la manivelle motrice est à son autre point mort, OM'_1 ; le rayon de l'excentrique est en OT'_1 diamétralement opposé OT_1. Le tiroir a l'avance linéaire e'E', égale à t'A. L'admission cesse et la détente commence quand le point t passe en t'_2; l'échappement anticipé commence quand il est en t'_3, et l'échappement cesse quand il repasse au même point: enfin l'admission anticipée commence quand il est en t'_2.

On examine ainsi à part la distribution sur les deux côtés du piston, sans confondre les positions du tiroir correspondant à ces deux côtés.

Les valeurs des diverses phases ne sont pas exactement les mêmes pour les deux côtés du piston: les différences sont d'autant moindres que la barre d'excentrique et surtout la bielle motrice sont plus longues. Il résulte de ces différences que le travail de la vapeur n'est pas identique sur les deux faces du piston.

Quand la manivelle motrice tourne d'un angle M_1OM à partir de son point mort arrière (fig. 139), le chemin parcouru par le piston est moindre que lorsque la manivelle décrit un angle égal à partir de son point mort avant; on le voit en appliquant au piston le même tracé qu'au tiroir, à l'aide d'une équerre dont le petit côté est taillé en arc de cercle avec un rayon convenable.

On appelle angle d'avance ou angle angulaire de l'excentrique l'angle qu'en fait le rayon OT_1 avec la perpendiculaire à la manivelle motrice OM_1, angle compté dans le sens de la rotation. Cet angle est désigné par la lettre grecque δ sur la fig. 139.

Une distribution est entièrement définie, et on peut en tracer tous les éléments, quand on connaît l'angle d'avance et le rayon de l'excentrique, ainsi que la longueur de la barre et les côtes du tiroir et des lumières.

On rapporte ainsi le début et la fin de chaque phase de la distribution à la position du rayon de l'excentrique et, par suite, de la manivelle motrice; connaissant la position de la manivelle, on en déduit celle du piston, et on sait alors combien de chemin il a parcouru depuis le fond de la course. On divise cette course en cent parties égales et on indique combien de ces centièmes le piston parcourt pendant chaque phase de la distribution. Par exemple, avec une avance angulaire de

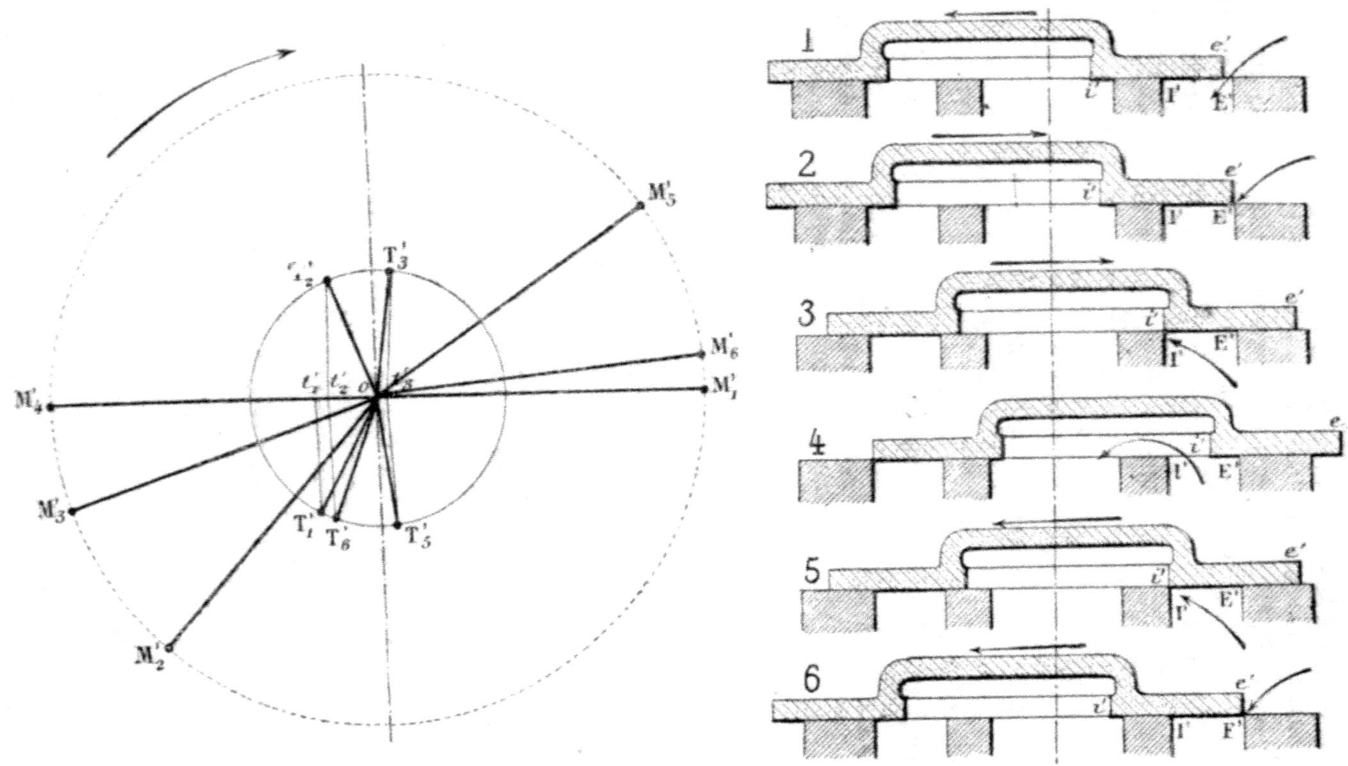

Fig. 142. — Positions de la manivelle motrice, du rayon de l'excentrique et du tiroir, pour l'étude de la distribution sur la face avant du piston.
1, avance linéaire ; 2, fin de l'admission ; 3, commencement de l'échappement anticipé ; 4, échappement ouvert ; fin de l'échappement ; 6, commencement de l'admission anticipée.

300, un rayon d'excentrique de 50 mm, une barre d'excentrique de 2,500 m, des avances linéaires, égales de chaque côté, de 3 mm, des recouvrements extérieurs de 22 mm, des recouvrements intérieurs de 5 mm, enfin avec une bielle motrice dont la longueur est 5 fois celle de la manivelle, on obtient les valeurs suivantes :

Côté du piston :	Arrière. (Côté de l'essieu)	Avant.
Admission	72	82
Détente	23	14
Échappement anticipé	3	4
Échappement	92	90
Compression	8	10
Admission anticipée	0	0

En réalité, le parcours du piston pendant l'admission anticipée n'est pas rigoureusement nul, mais il est très petit.

76. Marche arrière.

La distribution étudiée dans le paragraphe précédent peut convenir aux machines fixes qui tournent toujours dans le même sens ; mais la locomotive doit fonctionner dans les deux sens, avoir une marche arrière aussi bien qu'une marche avant. On voit immédiatement qu'il serait facile de construire deux machines distinctes, dont l'une tournerait en avant, l'autre en arrière.

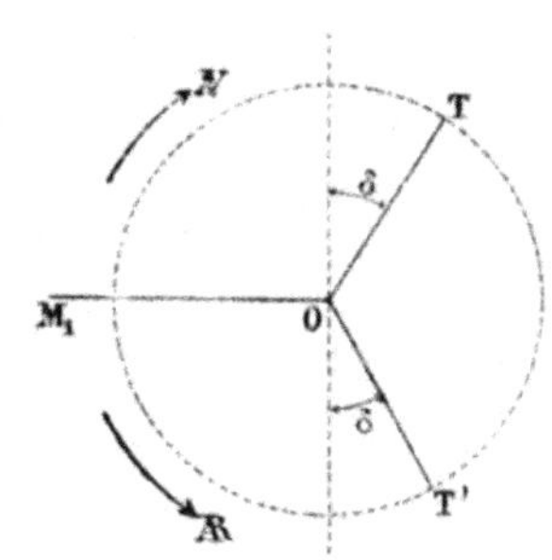

Fig. 143. — Excentriques pour marches avant et arrière.

La première ayant le rayon de l'excentrique en OT (fig. 143), il suffirait de prendre pour rayon de l'excentrique de la seconde OT', symétrique de OT par rapport à l'axe dirigé suivant OM_1, position commune de la manivelle ; en refaisant les tracés, on retrouve dans les deux cas, pour les diverses phases de la distribution, des parcours égaux de la manivelle ; seulement les uns sont faits dans le sens de la flèche marquée AV, et les autres en sens contraire, suivant la flèche AR.

Les deux excentriques, ayant pour rayons OT et OT', sont calés sur un arbre unique ; en reliant la tige du tiroir avec une barre d'excentrique articulée sur T ou avec une seconde barre articulée sur T', on obtient les distributions convenables pour les deux sens de marche.

On a vu au §2 que cette disposition a existé sur d'anciennes locomotives (fig. 5).

77. Coulisse de Stephenson.

La coulisse de Stephenson. CC’ (fig. 144), relie les extrémités des deux barres ; un coulisseau, fixé sur la tige du tiroir, qui se meut en ligne droite, est engagé dans la coulisse ; celle-ci est suspendue, par son milieu ou par l’une de ses extrémités, à une tige, qui s’articule à l’extrémité d’un levier de l’arbre de relevage.

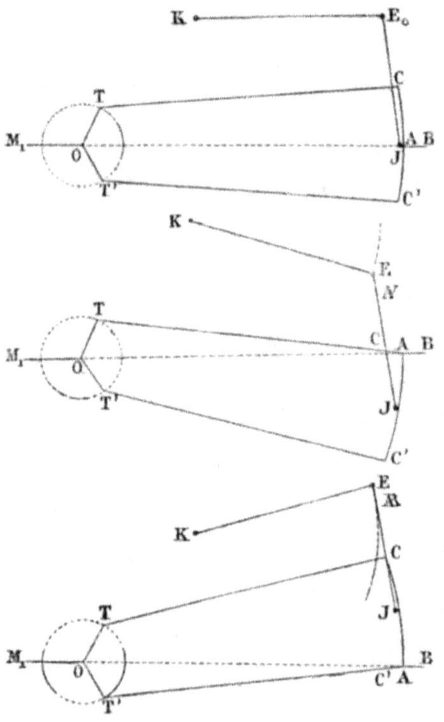

Fig. 144. — Coulisse de Stephenson (à barres droites), dans diverses positions : point mort du changement de marche ; marche avant ; marche arrière.
OT, OT', rayons des excentriques ; TC. T'C'. barres d'excentriques ; CC', coulisse ; EJ, bielle de suspension ; K, arbre de relevage.

L’arbre de relevage étant fixé dans une position telle que le coulisseau se trouve à l’extrémité supérieure de la coulisse, au point où s’articule une des barres, le tiroir est conduit par cette barre. En manœuvrant l’arbre de manière à relever la coulisse, on fait conduire le coulisseau par son extrémité inférieure, c’est-à-dire par l’autre barre d’excentrique. On passe ainsi d’une des marches à l’autre sans disjoindre aucune articulation.

La coulisse n’est pas seulement un appareil de changement de marche. Au lieu de placer l’arbre de relevage dans les positions extrêmes, où l’une des barres conduit la tige du tiroir, qu’on le fixe de telle sorte que le coulisseau se trouve en un point intermédiaire de la coulisse (fig. 145), le tiroir se meut suivant une loi précise. On a reconnu que, pour chaque position de l’arbre de relevage, le mouvement du tiroir était, à peu de chose près, celui que lui donnerait un certain excentrique, d’angle de calage et de rayon déterminés.

C’est ce qu’on appelle l’excentrique fictif du tiroir, excentrique qui, s’il était construit, remplacerait le mécanisme de la coulisse, mais seulement pour la position correspondante de l’arbre de relevage.

On trace facilement les divers excentriques fictifs, qui pourraient ainsi se substituer à une coulisse (fig. 146) ; tous leurs centres se trouvent sur un arc de cercle de grand rayon joignant les centres T et T' des deux excentriques ; et si la position de l'arbre de relevage est telle que le point A de la coulisse saisisse le coulisseau, le centre G de l'excentrique fictif divise l'arc TT' comme le point A divise la coulisse CC'.

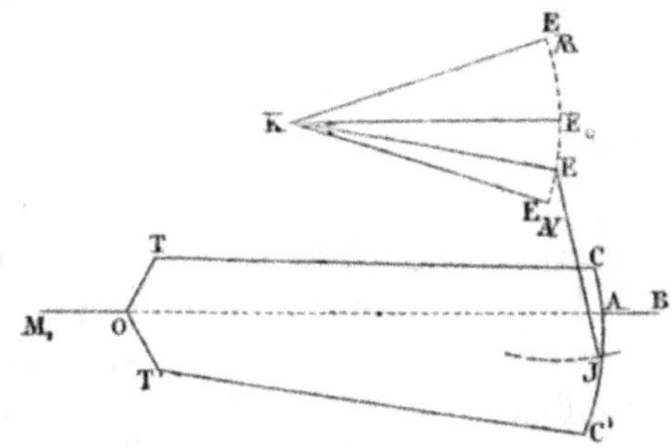

Fig. 145. — Conduite du tiroir par un point intermédiaire de la coulisse de Stephenson.

On sait tracer la distribution que produit un excentrique quelconque OG. En comparant cette distribution à celle que donne OT, on reconnaît que la période d'admission est plus courte, et que celles d'échappement anticipé et de compression sont plus longues ; ces différences sont d'autant plus grandes que le point G se rapproche davantage du milieu H_0 de TT' en d'autres termes, elles s'accroissent à mesure que le rayon de l'excentrique fictif diminue et que son angle d'avance augmente.

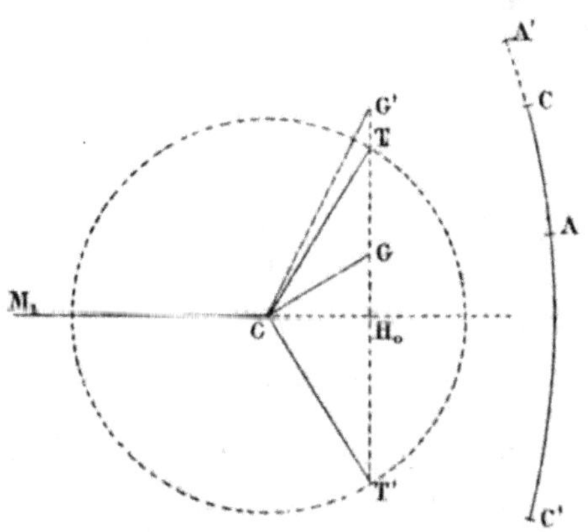

Fig. 146. — Centres des excentriques fictifs de la coulisse de Stephenson.

La coulisse permet ainsi d'obtenir des distributions avec admissions variables : la quantité de vapeur admise dans le cylindre diminue à mesure que le point G s'éloigne de T et la longueur de chacune des trois périodes de détente, d'échappement anticipé et de compression augmente. Pour l'autre sens de marche, la coulisse donne des distributions variables de même, quand le centre de l'excentrique fictif passe de T' à H_0.

La coulisse de Stephenson modifie, en même temps que la période d'admission, l'avance linéaire du tiroir, c'est-à-dire la petite ouverture de la lumière *c'* qu'il donne lorsque le piston est à fond de course. On se rend compte de cette variation des avances linéaires en examinant le tiroir lorsque le plateau de la boîte à vapeur est démonté ; il suffit

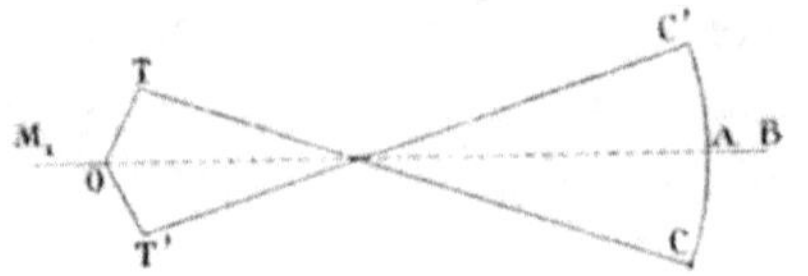

Fig. 147. — Coulisse de Stephenson à barres croisées (disposition peu usitée sur les locomotives).

de placer la machine dans une position telle que le piston soit bien exactement à fond de course (manivelle motrice à un de ses points morts).

En manœuvrant alors l'arbre de relevage au moyen de l'appareil de changement de marche, on voit le tiroir se déplacer légèrement sur la table et augmenter l'ouverture de la lumière ou avance linéaire, à mesure que l'index du changement de marche se rapproche du zéro de la réglette, c'est-à-dire à mesure que le coulisseau est plus voisin du milieu de la coulisse.

On verrait à peu près la même variation, dans une machine bien réglée, sur l'autre bout du tiroir, en amenant la manivelle motrice à son autre point mort. Il faut pour cela que le rayon de la coulisse, ou rayon du cercle auquel on peut la supposer géométriquement réduite, soit à peu près égal à la longueur des barres d'excentriques.

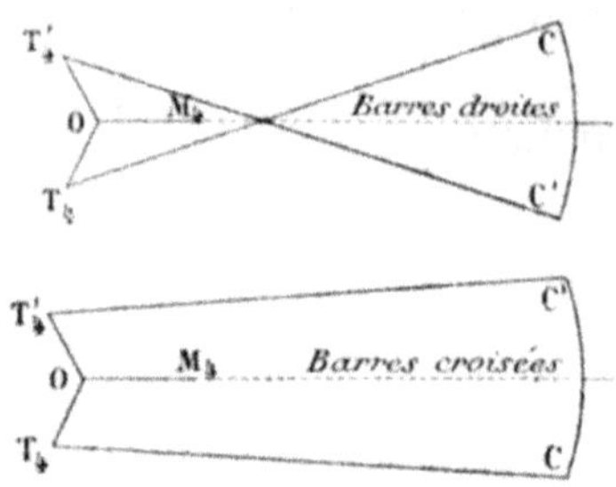

Fig. 148. — Coulisses de Stephenson, avec barres droites et barres croisées, après un demi-tour de l'essieu, quand le piston est au fond de course avant.

Cette augmentation des avances linéaires, qui se produit quand on rapproche du milieu de la réglette l'index du changement de marche, c'est-à-dire quand on diminue l'admission de la vapeur, est plutôt avantageuse car, d'une manière générale, cette position correspond aux grandes vitesses de marche, pour lesquelles les laminages prennent une grande importance; elle assure l'établissement de la pression dès le début de l'admission proprement dite. Pour éviter l'exagération de cet effet, on donne généralement une avance linéaire nulle avec le changement de marche à fond de course.

Cette variation des avances se produit avec la coulisse de Stephenson dans sa disposition ordinaire, avec des barres droites ou ouvertes (fig. 144).

Quand les barres sont croisées ou fermées (fig. 147), disposition rarement usitée pour les locomotives, la variation a lieu en sens inverse, et on peut n'avoir ni avance linéaire, ni par suite aucune ouverture de la lumière, dans la marche au zéro de la réglette.

La désignation de barres droites et croisées ne correspond qu'à la position des figures: après un demi-tour, les barres droites se croisent et les barres croisées se décroisent (fig. 148).

Position de l'index du changement de marche.	MARCHE AVANT								MARCHE ARRIÈRE									
	Fond de course		Cran 6		Cran 4		Cran 2		0		Cran 2		Cran 4		Cran 6		Fond de course	
Côté du piston.	AV	AR	AV	AR	AV	AR	AV	AR	AV	AR	AV	AR	AV	AR	AV	AR	AV	AR
Admission. . . .	78	74	65	60	45	40	25	20	12	12	21	20	43	40	66	60	78	74
Détente	16	18	24	26	35	37	41	42	44	41	45	41	38	36	24	26	16	18
Echap. anticipé .	6	8	11	14	20	23	34	38	44	47	34	39	19	24	10	14	6	8
Echappement. . .	94	93	85	87	74	77	58	63	49	53	58	63	73	78	84	88	91	93
Compression. . .	9	7	14	12	24	21	36	32	39	58	34	32	24	20	15	11	9	7
Adm. anticipée. .	0	0	1	1	2	2	6	5	12	9	8	5	3	2	1	1	0	0

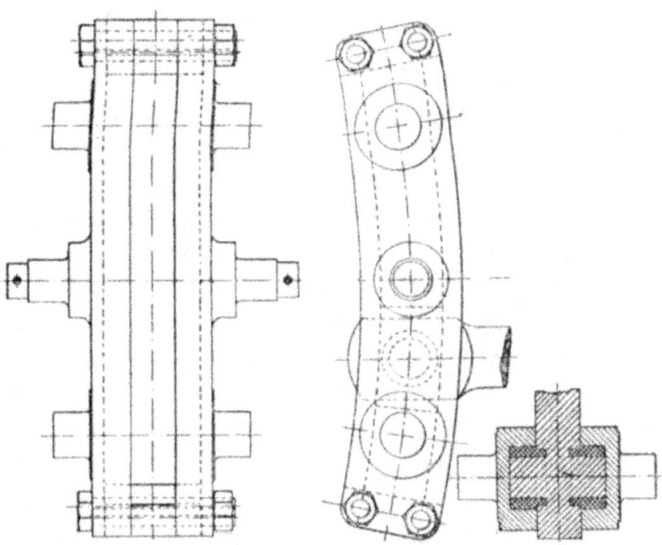

Fig. 149. — Coulisse de Stephenson à flasques; élévations transversale et longitudinale; coupe par un plan normal à l'axe.

Le tableau ci-après donne, en centièmes de sa course, le parcours du piston pendant chaque phase de la distribution, aux divers crans de marche, pour les machines n°s 613-728 de l'Est.

On voit dans ce tableau d'assez fortes inégalités des phases de la distribution sur les deux faces du piston. En traçant les mécanismes, on tâche d'atténuer ces inégalités, surtout pour la marche avec admissions de 20 à 40 p. 100.

La coulisse est souvent composée de deux flasques (fig. 149), réunies à leurs extrémités par des boulons, qui les serrent contre une entretoise. Les flasques portent, sur leur face extérieure, des tourillons venus de forge, sur lesquels s'articulent les fourches des barres d'excentrique et les bielles de suspension. Toutes ces articulations sont cémentées et trempées. Un coulisseau en fer cémenté et trempé joue à l'intérieur de chacune des deux flasques ; les deux coulisseaux sont articulés sur l'extrémité de la tige du tiroir, qui est maintenue en ligne droite par un guide carré, ou parfois suspendue à une articulation fixe ; le coulisseau ne se meut plus alors rigoureusement en ligne droite, mais le mouvement du tiroir n'en est guère modifié.

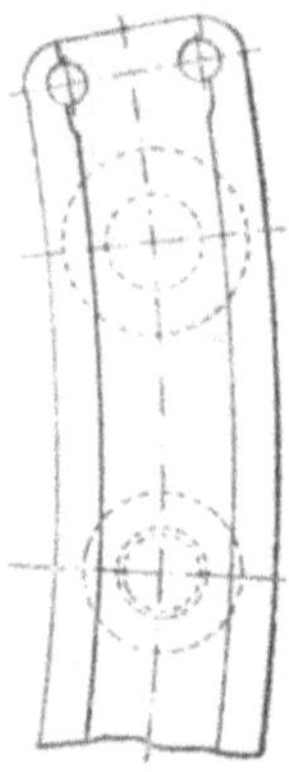

Fig. 150. — Flasque de coulisse de Stephenson montrant l'entrée sur laquelle se monte l'entretoise, de manière à permettre la rectification de la coulisse à la meule, sans changer les entretoises.

Il faut surveiller de près ce mécanisme, surtout dans les machines neuves : bien construites, les articulations n'ont que fort peu de jeu, et le moindre défaut de graissage risque de les faire gripper.

La disposition des extrémités des flasques, représentée fig. 150, facilite la rectification des coulisses usées.

Il existe des formes plus simples de coulisse : on peut la découper dans une pièce unique d'épaisseur uniforme (fig. 151) et rapporter des axes d'articulation aux deux extrémités. Elle n'est plus alors suspendue par le milieu, et la bielle de suspension s'articule à l'une des extrémités, sur le même axe que la barre d'excentrique.

Avec cette disposition, la course du coulisseau est réduite et on ne peut pas le faire conduire par les extrémités mêmes de la coulisse, c'est-à-dire uniquement par une des barres d'excentrique : la plus grande admission qu'on obtient, en mettant le changement de course, s'en trouve réduite.

Pour éviter cet inconvénient, on construit des coulisses découpées de même dans une pièce unique, mais en reportant la rainure qui saisit le coulisseau en avant des trous qui reçoivent les axes d'articulation (fig. 152). La tige de suspension s'articule en haut de cette coulisse.

78. Manoeuvre de l'arbre de relevage.

Le mécanisme, qui manoeuvre l'arbre de relevage et le fixe dans chacune de ses positions, était autrefois un levier de changement de marche (fig. 453), maintenu par un verrou à ressort, engagé dans les crans d'un arc de cercle denté. La manœuvre du levier est pénible sur les grandes locomotives, à cause du frottement des tiroirs sur les tables et des tiges dans les garnitures ; en outre, il présente quelque danger car, mal enclenché sur son secteur, il peut se déplacer brusquement et frapper le mécanicien ; aussi préfère-t-on généralement la commande par une vis de changement de marche (fig. 154), munie d'un volant de manoeuvre : cette vis fait voyager un écrou, sur lequel s'adapte une tringle, qui va rejoindre un levier calé sur l'arbre. Un index, porté par l'écrou, se déplace le long d'une réglette divisée: la position de cet index indique quelle partie de la coulisse conduit le coulisseau; quand il est à un de ses fonds de course, c'est une des extrémités de la coulisse qui conduit le coulisseau. L'index au milieu de la réglette, en regard du zéro, est dit au point mort: le coulisseau est au milieu de la coulisse. La graduation de la réglette, de part et d'autre du zéro, indique approximativement l'admission correspondante, en centièmes de la course du piston.

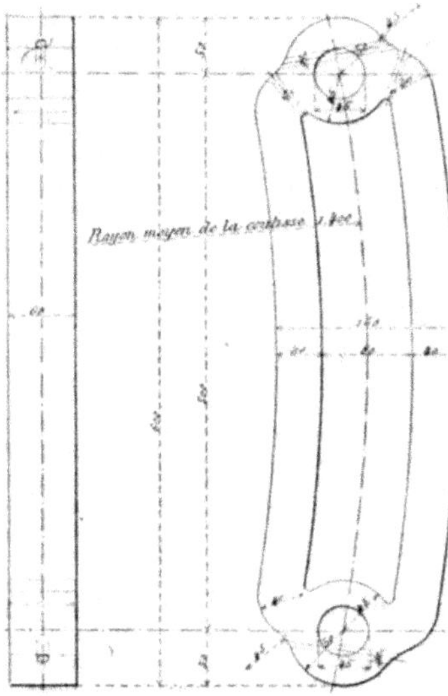

Fig. 151. — Coulisse de Stephenson découpée dans une pièce unique.

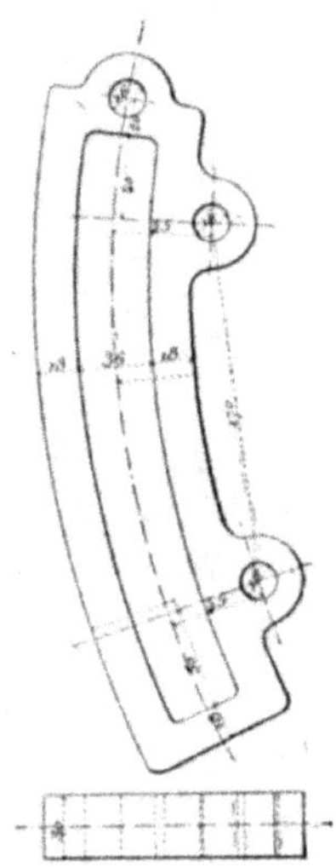

Fig. 152.— Coulisse de Stephenson découpée, avec articulations déportées.

Un contrepoids, fixé sur un levier spécial de l'arbre de relevage, équilibre les coulisses et le reste de l'attirail suspendu à l'arbre. Ce contrepoids, assez lourd, fatigue par ses vibrations le mécanisme de relevage : c'est pourquoi des ressorts sont préférables pour l'équilibre de l'arbre de relevage, soit qu'ils tirent sur l'extrémité d'un levier, soit qu'une lame enroulée en spirale et attachée à un point fixe entoure l'arbre.

La manoeuvre du volant du changement de marche exige encore un effort assez considérable sur certaines machines : on la facilite en produisant cet effort au moyen d'un petit cylindre à vapeur.

Dans l'appareil à contre-poids de vapeur (fig. 155), le volant peut se déplacer un peu sur la vis lorsqu'on le fait tourner, et ce déplacement préalable ouvre l'admission de vapeur d'un côté ou de l'autre du piston, qui entraîne la barre de relevage quand on continue à manœuvrer la vis.

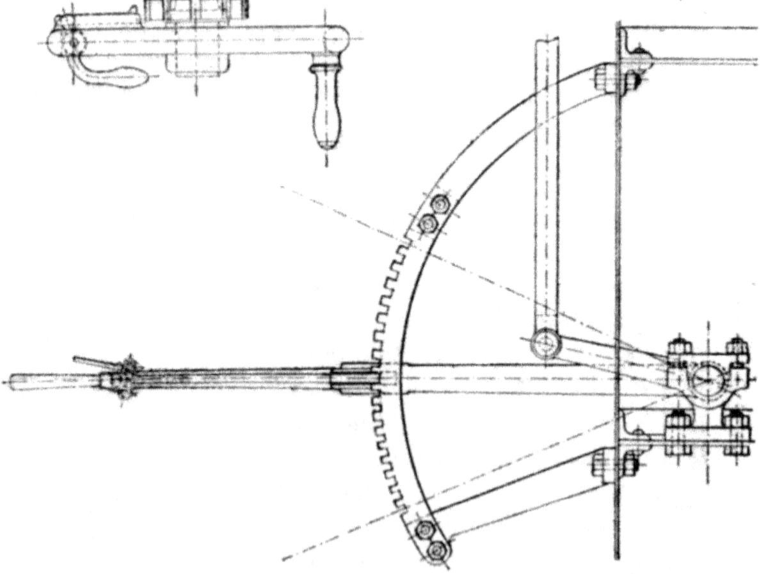

Fig. 153. – Levier de changement de marche.

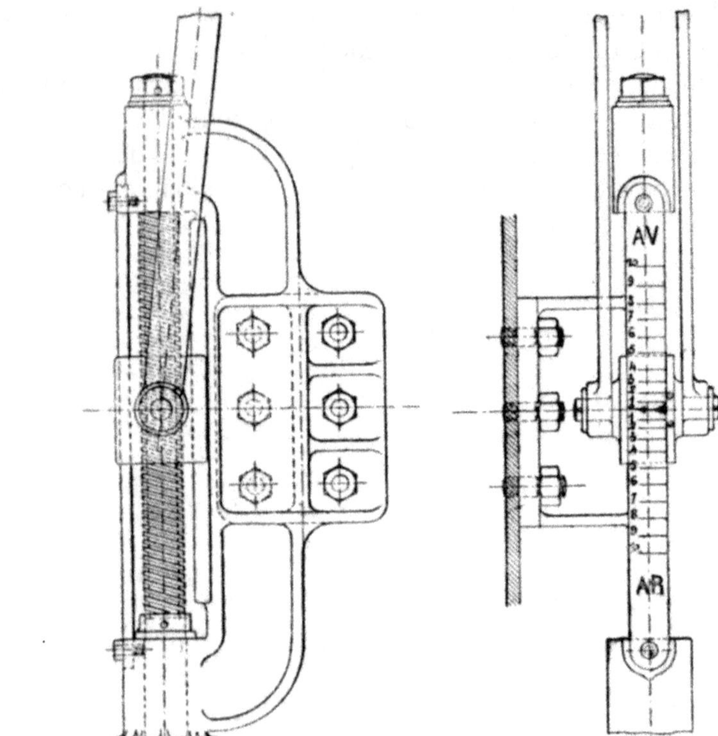

Fig. 154. – Vis de changement de marche ; élévation et plan.

Cet appareil peut être commode, mais la grandeur des efforts à produire ne le rend pas indispensable sur la locomotive : aussi les applications en sont-elles assez rares.

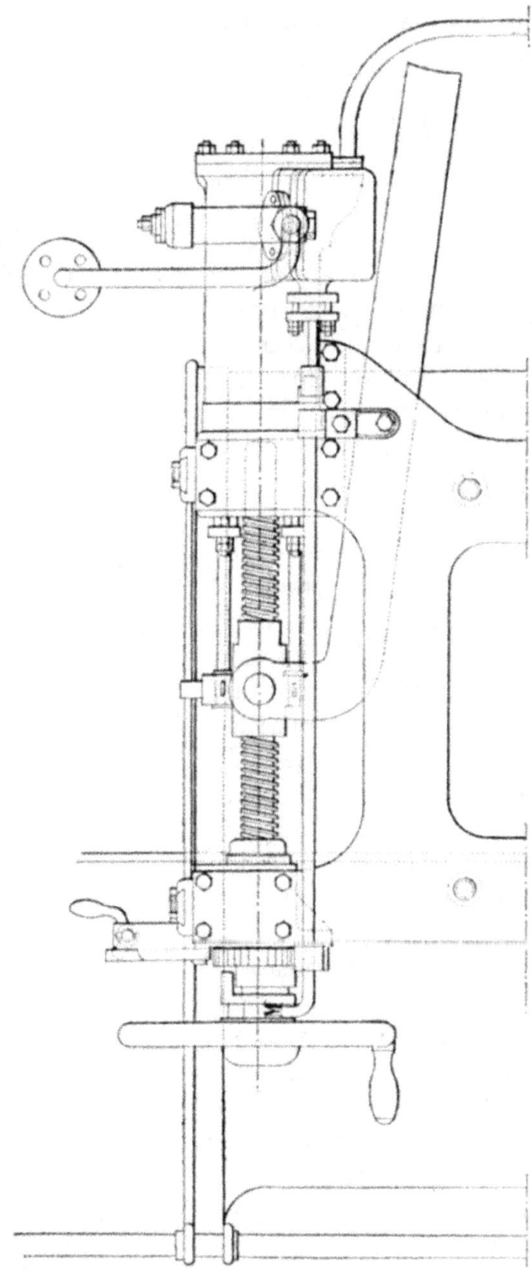

Fig. 155. – Changement de marche à contrepoids de vapeur du P.L.M. (locomotives anciennes).

79. Commande du tiroir par tige oblique ; par balancier.

Les tiroirs ne se meuvent pas tous parallèlement à l'axe du cylindre. Avec une direction oblique du mouvement (fig. 156), le tiroir trouve sa place au-dessus du cylindre. Il se meut alors suivant OX', mais la loi du mouvement doit rester la même. Quand la manivelle motrice est à son point mort, OM_1, les rayons des excentriques, OT_1 et OT'_1 doivent être symétriques par rapport à OX', et la véritable avance angulaire se compte à partir de la perpendiculaire à OX'.

Parfois, un balancier de renvoi (fig. 157) communique le mouvement au tiroir : les excentriques sont calés à l'opposé (à 180°) de leur position normale.

80. Coulisse de Gooch.

De nombreux systèmes de coulisses diffèrent du mécanisme imaginé par Stephenson, tout en produisant à peu près les mêmes effets : c'est surtout la commodité de l'application, sur chaque type de locomotive qui fait choisir un de ces systèmes, plus que ses avantages propres comme appareil de distribution. La coulisse de Gooch (fig. 158 et 159) est tournée en sens inverse de celle de Stephenson. Elle est attachée par des bielles de suspension à un axe fixe, et non plus à l'extrémité du levier d'un arbre de relevage mobile ; le coulisseau est à l'extrémité d'une bielle, qui commande la tige du tiroir, guidée en ligne droite : le levier de l'arbre de relevage supporte cette bielle. En manœuvrant cet arbre, on promène le coulisseau le long de la coulisse. L'arbre de relevage se trouve soit au-dessus, soit au-dessous de la coulisse. Le rayon de la coulisse est précisément égal à la longueur de la bielle du tiroir.

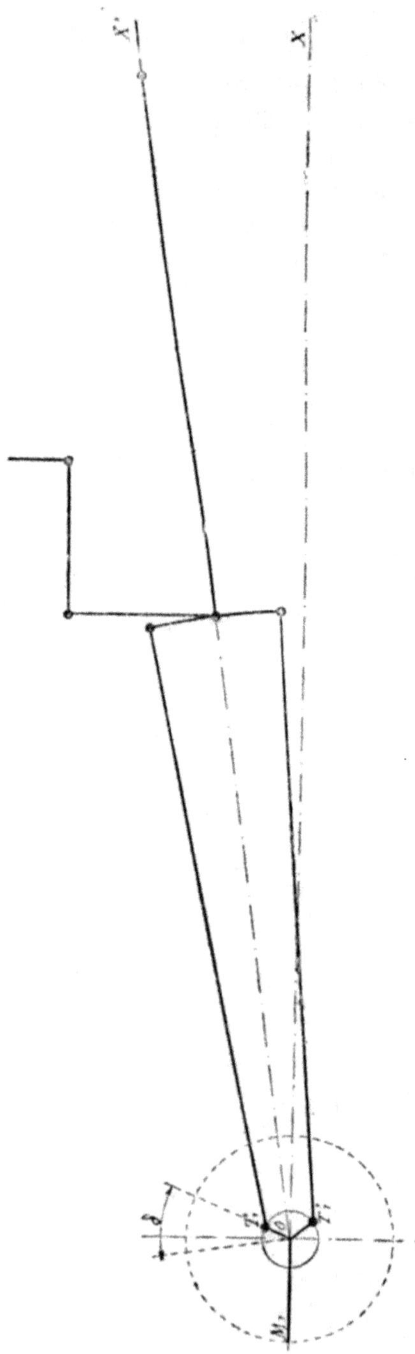

Fig. 156. – Distribution par coulisse de Stephenson avec obliquité de l'axe du mouvement du tiroir.

L'avance linéaire du tiroir est invariable, quelle que soit la position de l'arbre de relevage : en effet, quand la manivelle motrice est à un de ses points morts, c'est-à-dire quand le tiroir a l'avance linéaire, l'extrémité B (fig. 158) de la bielle du tiroir est précisément au centre de l'arc de cercle de la coulisse CC'. Par suite, on peut promener le coulisseau A dans la coulisse, en manœuvrant le changement de marche, sans que le point B, ni par suite, le tiroir bouge. Il présentera donc la même avance linéaire quel que soit le cran de marche. Cette constance des avances linéaires n'existe plus, si le rayon de la coulisse n'a pas exactement la longueur de la bielle du tiroir, ou si les deux excentriques ne sont pas calés symétriquement, avec le même angle d'avance.

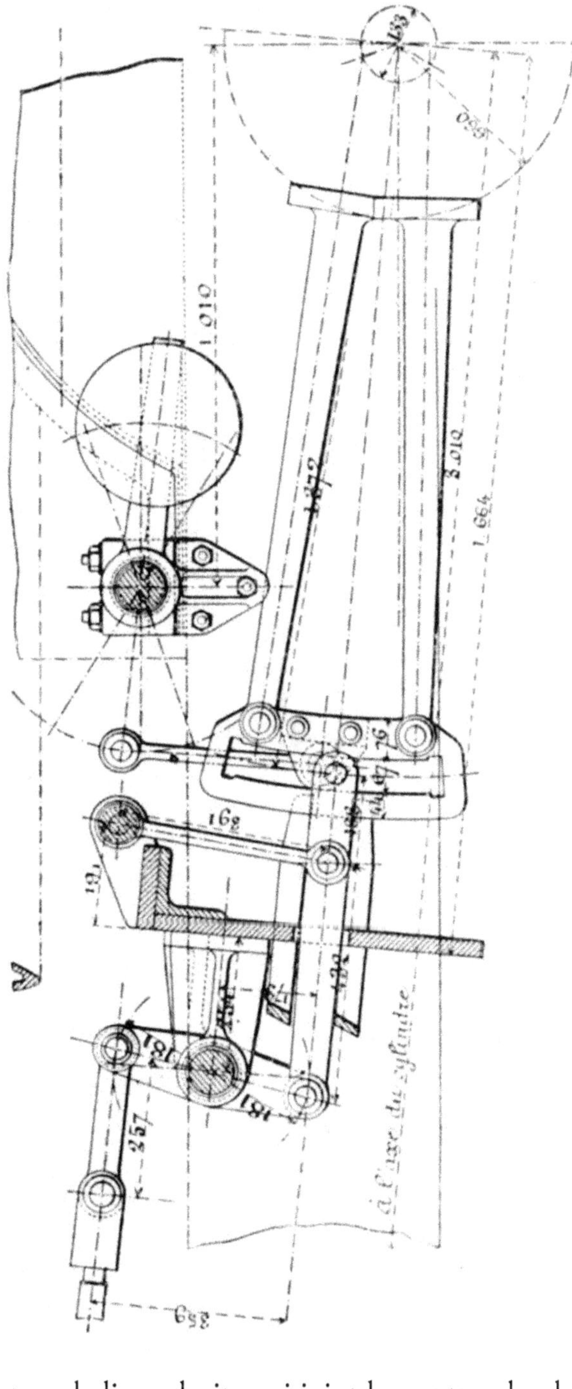

Fig. 157. – Distribution par coulisse de Stephenson avec renvoi du mouvement à la tige du tiroir par balancier (d'après M. Demoulin.)

Les centres des excentriques fictifs, qui conduiraient le tiroir comme le fait, la coulisse de Gooch, se rangent sur la ligne droite qui joint les centres des deux excentriques.

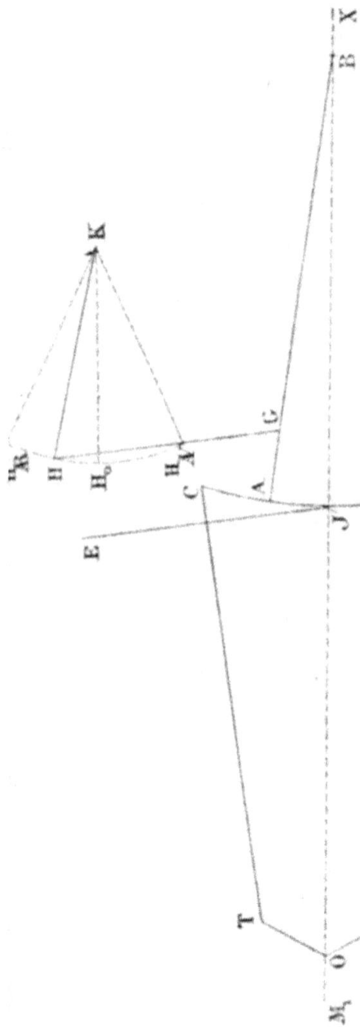

Fig. 158. – Schéma du mécanisme de distribution par coulisse de Gooch.

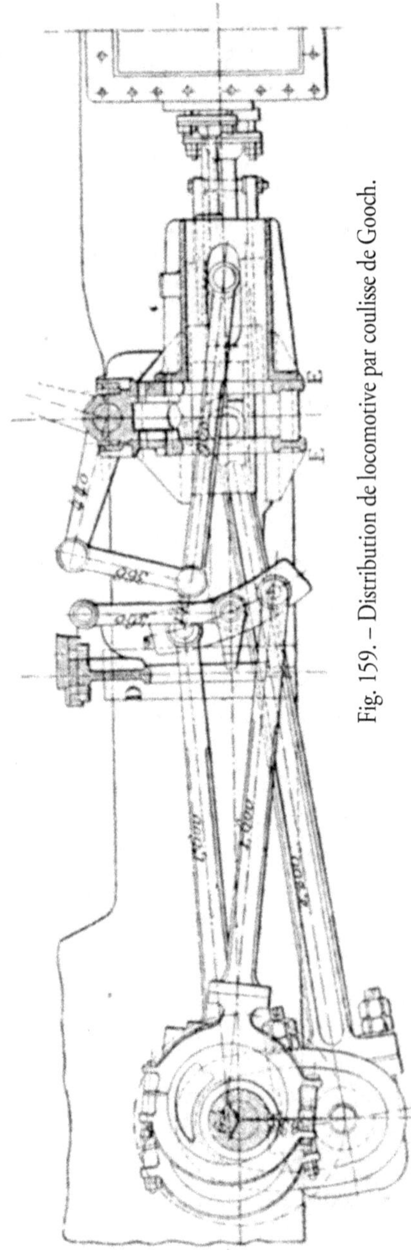

Fig. 159. – Distribution de locomotive par coulisse de Gooch.

La constance des avances linéaires n'entraîne pas celle des périodes d'admission anticipée aux divers crans de marche ; cette phase de la distribution correspond à des parcours du piston de plus en plus longs à mesure que le coulisseau est plus voisin du milieu de la coulisse. En effet, les centres des excentriques fictifs sont rangés sur la corde $T_1T'_1$ (fig. 160), et l'admission anticipée se produit pendant le parcours d'un arc de projection constante EG_1, c'est-à-dire pendant le parcours d'un angle d'autant plus grand que le rayon, qui varie de OT_1 à OG_1 est plus petit.

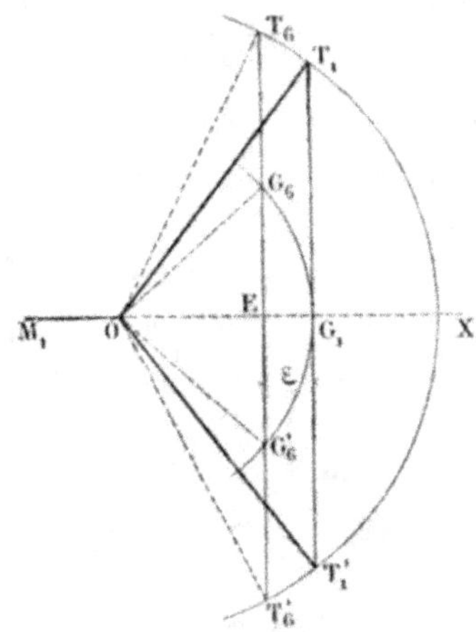

Fig. 160. — Variation de la période d'admission anticipée, avec avance linéaire constante.

La coulisse de Gooch demande sur la locomotive une longueur plus grande que celle de Stephenson, puisqu'il faut loger en plus la bielle du tiroir.

81. Coulisse d'Allan.

Les coulisses de Stephenson et de Gooch sont courbées en sens inverses : celle d'Allan est droite ; elle est suspendue à l'arbre de relevage (fig. 161) par son milieu, mais l'appareil comprend, comme celui de Gooch, une bielle qui porte le coulisseau et qui s'articule sur la tige du tiroir : cette bielle est également suspendue à l'arbre de relevage. Ces deux suspensions sont disposées de telle sorte que l'une s'élève quand l'autre descend.

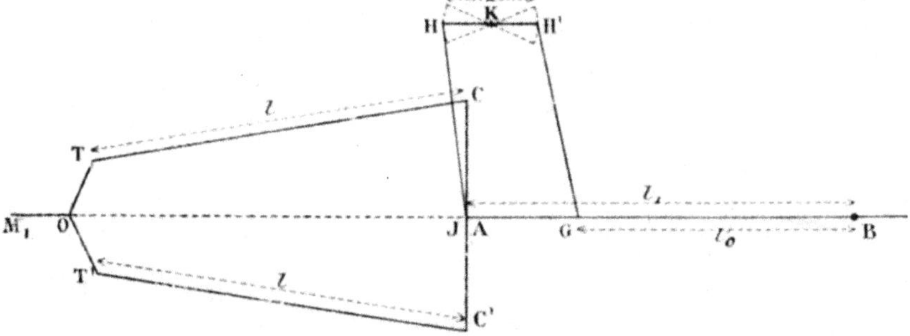

Fig. 161. — Schéma de la distribution par coulisse droite d'Allan.

Par ce double mouvement, le coulisseau se promène tout le long de la coulisse ; on l'arrête dans telle position qu'on juge convenable. Les centres des excentriques fictifs, qui pourraient remplacer une coulisse d'Allan, forment un arc de cercle, voisin de la ligne droite qui joint les centres des excentriques. Les avances linéaires aux divers crans de marche, varient comme avec la coulisse de Stephenson, mais la variation est moindre. Ce mécanisme est porté par un arbre de relevage unique, et les poids des pièces suspendues s'équilibrent à peu près.

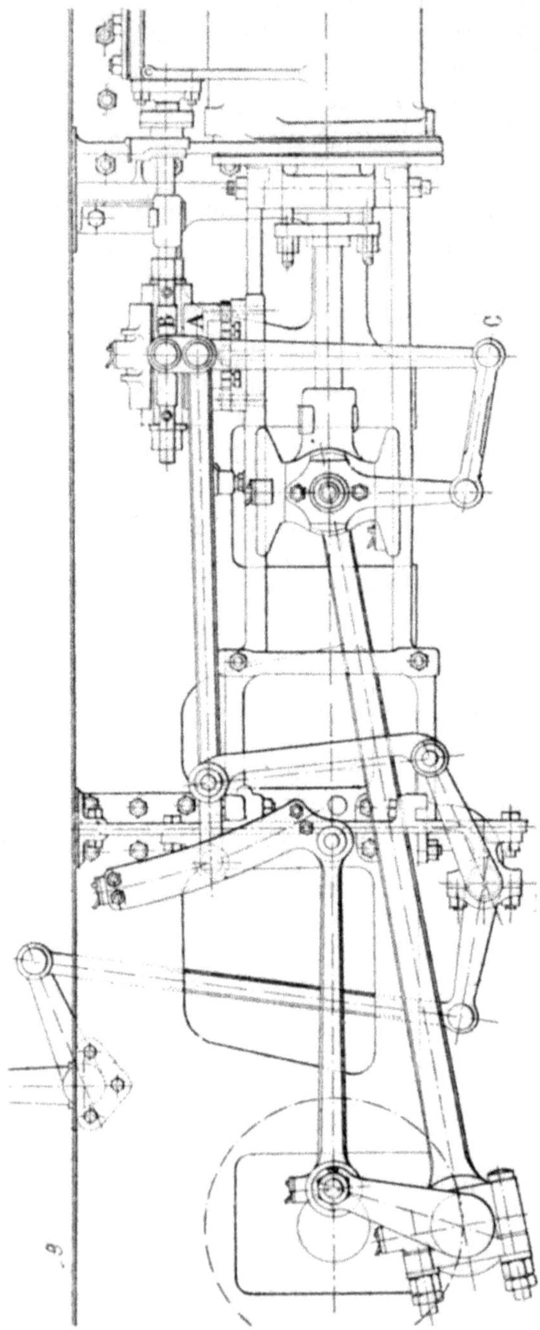

Fig. 162. – Distribution Walschaerts de locomotives-tenders du Nord.

82 Distribution Walschaerts.

Le mécanisme de distribution de Walschaerts (fig. 162) est commode lorsque les tiroirs sont placés au-dessus de cylindres extérieurs ou même intérieurs. Ce mécanisme n'a qu'un excentrique réduit à un simple bouton sur une contre-manivelle, quand il est à l'extérieur de la machine. Cet excentrique unique est calé à angle droit sur la manivelle motrice; il fait osciller une coulisse autour de tourillons fixés en son milieu. Une bielle, analogue à celle de la coulisse de Gooch, se termine par un coulisseau qui se déplace dans la coulisse quand on manœuvre l'arbre de relevage. L'autre extrémité de cette bielle est articulée en A, non sur la tige du tiroir, mais sur un levier, dit levier d'avance, dont une extrémité C, suit le mouvement de la tête du piston, et dont l'autre extrémité B, entraîne la tige du tiroir, guidée en ligne droite.

Le rayon de la coulisse est égal à la longueur de la bielle; quand la manivelle motrice est à un point mort, le centre de la coulisse se trouve précisément au point A, extrémité de la bielle, de sorte que les avances linéaires sont constantes, comme avec la coulisse de Gooch.

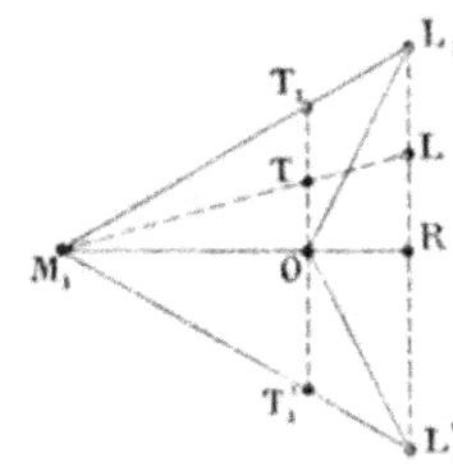

Fig. 163. – Excentriques fictifs de la distribution Walschaerts.

Les centres des excentriques fictifs qui peuvent se substituer approximativement à la coulisse Walschaerts, se placent sur une droite $L_1L'_1$, (fig. 163), construite en prenant OM_1 égal à la manivelle motrice, OT_1 et OT'_1 perpendiculaires à OM_1 égaux à la demi-course des extrémités de la coulisse (demi-course souvent moindre que le rayon de l'excentrique) ; on joint M_1T_1 et on construit le point L_1 de telle sorte que les longueurs L_1 T_1 et L_1 M_1 soient proportionnelles à BA et BC sur le levier d'avance.

Sur la fig. 162, la bielle de suspension saisit la bielle du tiroir entre le coulisseau et l'extrémité A; la bielle de suspension peut aussi s'articuler sur un prolongement de la bielle du tiroir au-delà de la coulisse. En retournant sens dessus dessous le mécanisme de Walschaerts, on lui fait commander des tiroirs placés sous les cylindres.

83. Systèmes divers de distribution.

Certains systèmes de distribution, employés sur des locomotives, n'ont pas d'excentrique, et comportent une prise de mouvement sur le corps de la bielle motrice. Par exemple, des locomotives de l'Ouest ont un mécanisme analogue à celui de Walschaerts (fig. 164), où l'excentrique qui fait osciller la coulisse est remplacé par un système articulé qui utilise le mouvement transversal de la bielle motrice.

Dans la distribution de Joy, la bielle motrice commande de même un coulisseau qui glisse dans une coulisse immobile, déplacée seulement par la manoeuvre du changement de marche.

La hauteur des boîtes motrices dans leurs glissières doit être soigneusement réglée sur les machines munies de distributions de ce genre, parce que les déplacements de ces boîtes par rapport au châssis, changeant l'inclinaison de la bielle motrice, influent sur la position

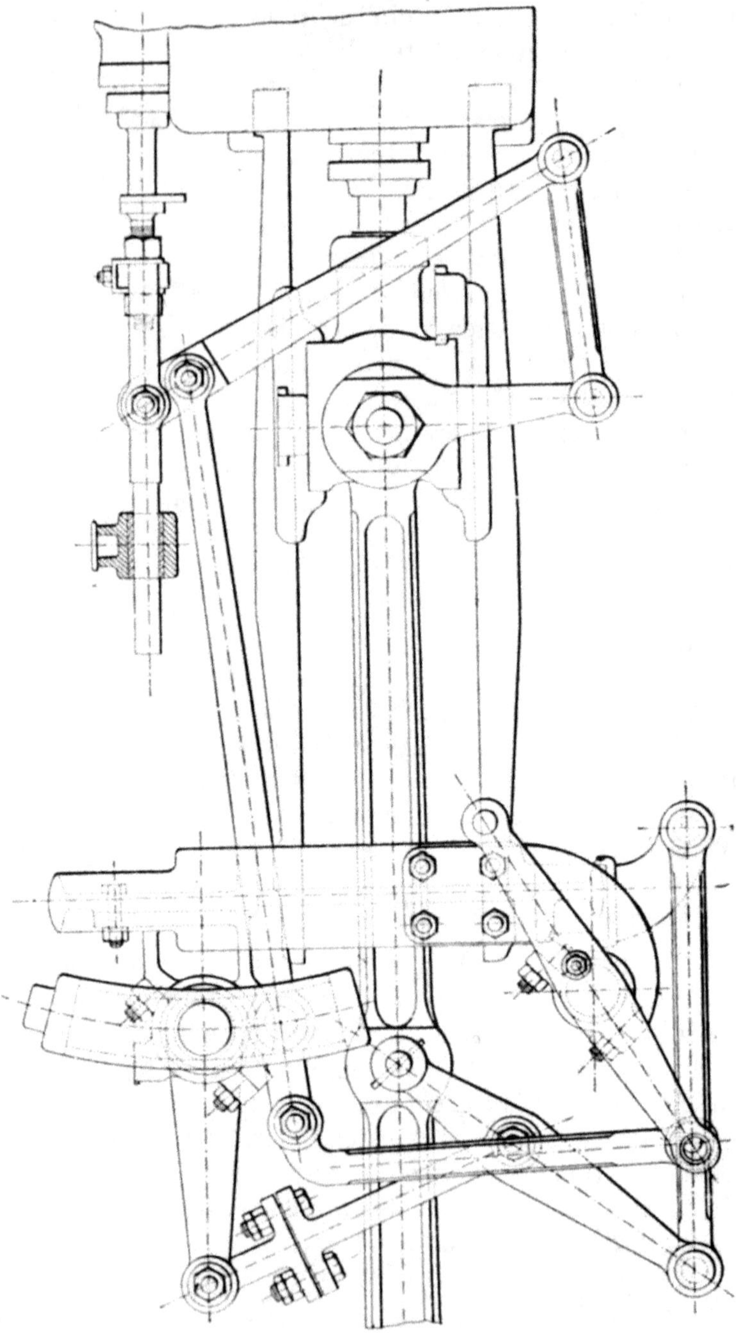

Fig. 164. — Distribution sans excentrique de locomotives à grande vitesse de l'Ouest (nos 953 à 998, et 939 à 950). L'oscillation de la coulisse résulte de l'inclinaison de la bielle motrice sur l'axe du cylindre.

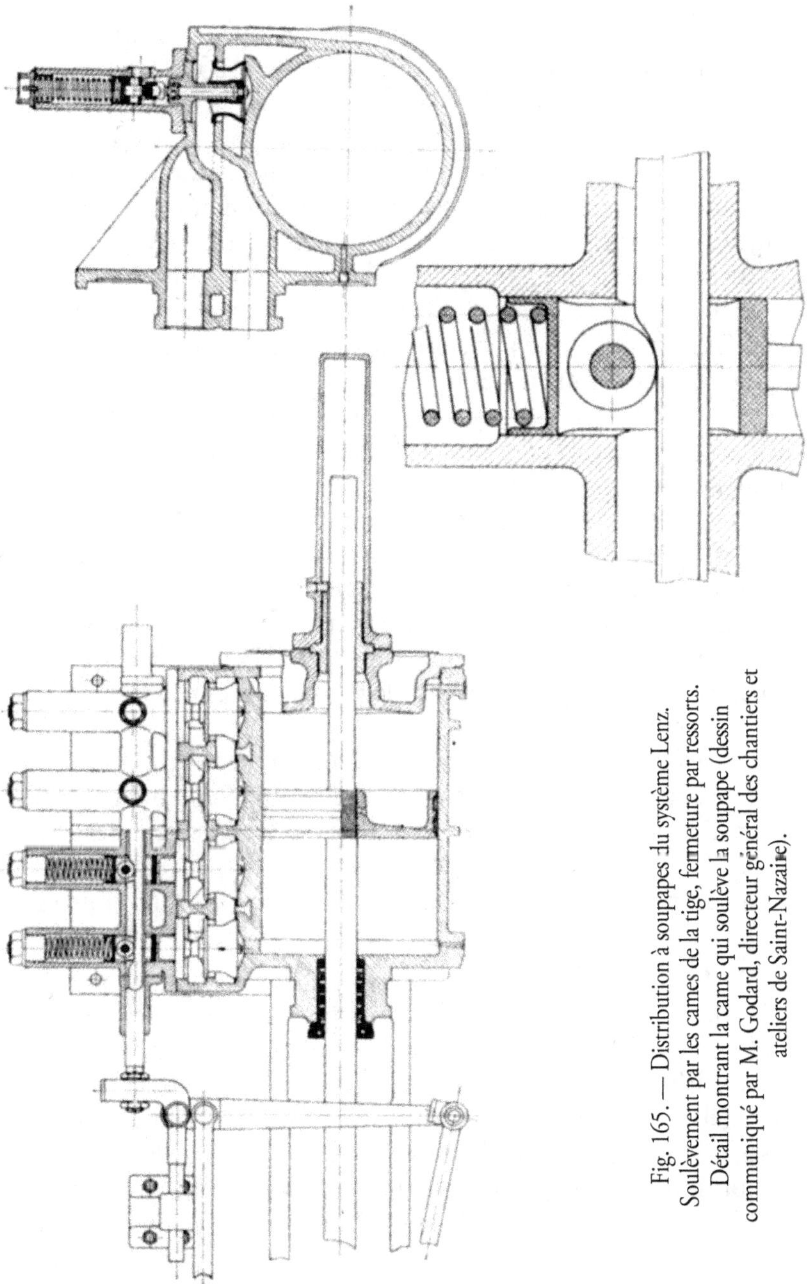

Fig. 165. — Distribution à soupapes du système Lenz. Soulèvement par les cames de la tige, fermeture par ressorts. Détail montrant la came qui soulève la soupape (dessin communiqué par M. Godard, directeur général des chantiers et ateliers de Saint-Nazaire).

du tiroir. Pour la même raison, il convient que les oscillations des ressorts, qui chargent ces boîtes, n'aient habituellement qu'une faible amplitude.

Sur quelques locomotives à vapeur surchauffée, on fait usage d'une distribution à soupapes, du système Lenz (fig. 165). Ces soupapes, en fonte, équilibrées du type à double siège, sont au nombre de quatre par cylindre, une pour l'admission et une pour l'échappement sur chaque face du piston. Elles sont soulevées par des cames ou saillies que porte une tige substituée à celle du tiroir, et commandée de même par coulisse: des ressorts produisent la fermeture. Les tiges des soupapes passent sans garniture à travers des douilles ; elles portent des rainures circulaires, qui se remplissent d'eau ou d'huile et assurent l'étanchéité. Le graissage est effectué par des godets placés à la partie supérieure des douilles qui enveloppent les ressorts.

Un dispositif spécial permet au mécanicien de maintenir soulevées les deux soupapes d'admission quand le régulateur est fermé, pour rendre la marche plus douce.

On aurait sans doute jugé téméraire l'emploi d'une distribution à soupapes sur une locomotive, il y a une dizaine d'années. Mais la bonne marche des moteurs à essence d'automobiles, qui sont munis de soupapes et qui tournent beaucoup plus vite, encourage à faire cette application. Il est vrai que, dans les moteurs d'automobiles, les soupapes sont plus petites et plus légères, ce qui est une condition de bonne marche.

Le système Durant et Lencauchez comporte quatre obturateurs oscillants par cylindre. Bonnefond a même imité la fermeture brusque, par déclic, des obturateurs d'admission, caractéristique des machines Corliss.

La complication de ces systèmes en a empêché l'extension.

84. Tiroir à canal.

Le tiroir à canal ou tiroir de Trick présente un canal qui va d'une bande à l'autre (fig. 166), et dont les bords *c, c'*, sont parallèles aux bords E,E'; en même temps, la table est limitée par des bords C,C', convenablement placés. Cette disposition augmente la section de passage de la vapeur pour l'admission, sans modifier le mécanisme de distribution. Il faut qu'au moment où le bord *e* atteint le bord E de la table, c'est-à-dire au moment où la lumière va s'ouvrir, le bord *c'* du canal vienne toucher le bord C' de la table. Quand le tiroir aura légèrement dépassé cette position, la vapeur s'introduira non seulement entre *e* et E, mais aussi, entre *c'* et C', par le canal.

Le canal fonctionne de même pour l'admission dans l'autre lumière. En déterminant la position du canal, on a soin que jamais il ne puisse venir déboucher dans la lumière d'échappement, parce que la vapeur fuirait par cette communication intempestive ; il faut que, dans la plus grande course du tiroir, le bord *b* n'atteigne pas le bord de la lumière d'échappement.

Cette disposition ingénieuse du tiroir diminue le laminage de vapeur : elle rend le tiroir un peu plus lourd et plus difficile à exécuter, mais ne complique ni la conduite ni l'entretien de la machine. Elle ne modifie en rien les conditions d'échappement.

En l'appliquant, il convient de diminuer l'avance linéaire du tiroir.

85. Frottement des tiroirs.

Le tiroir supporte la pression de la vapeur, qui l'appuie sur la table des lumières ; une pression beaucoup moindre s'exerce par-dessous, car cette pression est à peu près celle de l'atmosphère dans toute la cavité intérieure, qui communique constamment avec le conduit d'échappement.

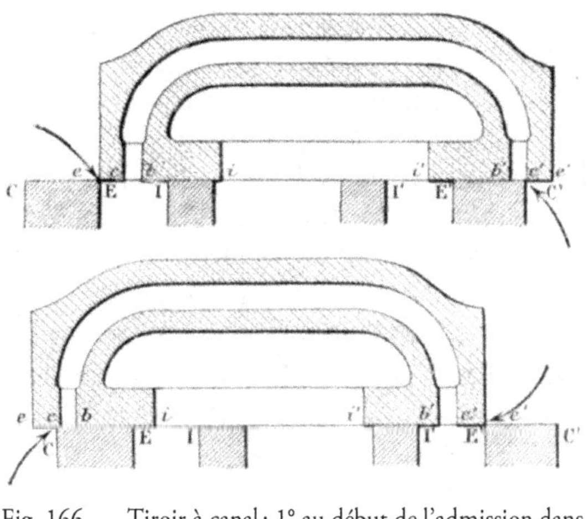

Fig. 166. — Tiroir à canal : 1° au début de l'admission dans la lumière de gauche ; 2° au début de l'admission dans la lumière de droite.

Il est nécessaire qu'une certaine force maintienne ainsi le tiroir sur la table, pour empêcher les fuites de vapeur par l'échappement ; mais cette force est beaucoup plus grande qu'il ne serait utile : il en résulte un frottement important, qui absorbe du travail et use les surfaces frottantes.

Avec une pression de 12 kg par cm^2, la force qui appuie ainsi contre sa table un tiroir de 350 mm sur 250 est d'environ 9000 kg : l'effort nécessaire pour le faire glisser, malgré cette pression, dépend du poli des surfaces et du graissage : on peut l'estimer, en moyenne, à 400 kg. La course du tiroir varie avec le cran de marche : elle sera par exemple de 100 mm. Par tour de roue, le tiroir fait une excursion aller et retour, longue de 0,2 m. Le travail ainsi consommé est, en kilogrammètres, le produit de la force en kilogrammes par le chemin en mètres, c'est-à-dire 400 x 0,2 ou 80 kgm. Si les roues font trois tours par seconde, le frottement des deux tiroirs absorbe 480 kgm par seconde, c'est-à-dire 6 à 7 chevaux.

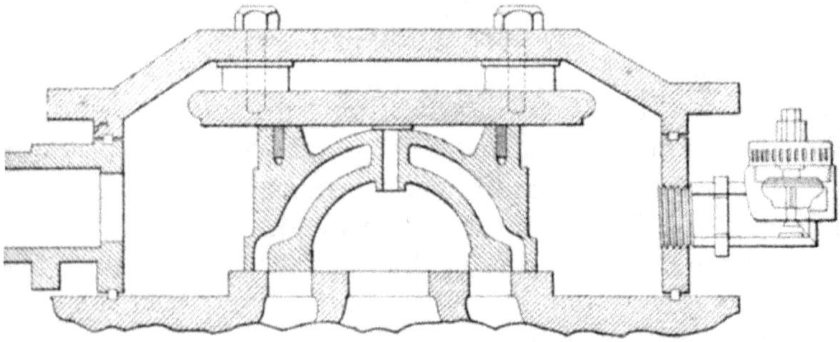

Fig. 167. — Tiroir équilibré à canal Richardson-Allen de locomotives américaines, avec soupape de rentrée d'air dans la boîte à vapeur.

Quand la machine roule avec régulateur fermé, le tiroir est moins fortement appuyé sur la table ; il peut même se soulever à certains moments ; mais la présence de gaz chauds, qui nuisent au graissage et, en outre, entraînent des cendres de la boîte à fumée, fait que l'usure est toujours à craindre. Le graissage des tiroirs réduit ces effets pernicieux. Les meilleurs appareils donnent l'huile en petite quantité à la fois et d'une manière continue, que le régulateur soit ouvert ou fermé (§65).

On peut s'attaquer à la cause même du frottement et réduire la charge sur la table en équilibrant le tiroir. Une portion de la face supérieure du tiroir est soustraite à la pression de la vapeur : c'est ainsi que dans le tiroir Richardson (fig. 167), usité aux États-Unis, des barrettes rectilignes, portées par le tiroir et frottant sur une plaque fixe, isolent une chambre rectangulaire, mise en communication constante avec l'échappement, de sorte que la pression de la boîte à vapeur ne peut s'y établir. Il faut que la partie ainsi soustraite a la pression de la vapeur ne dépasse pas beaucoup la moitié de la surface totale du tiroir ; autrement il aurait tendance à se soulever en marche.

Cette disposition réduit le frottement, au prix d'une petite fuite de vapeur. Il importe d'ailleurs que le graissage de la partie qui frotte sur le plateau soit assuré. Si on tient compte en outre des dépenses d'installation et d'entretien du système, on trouve que l'avantage n'en est pas bien certain.

86. Tiroirs cylindriques.

Depuis quelques années, on munit souvent les locomotives, en Europe et en Amérique, de tiroirs cylindriques, formés de deux pistons conjugués sur une tige unique. Ils ont l'avantage de consommer moins de travail en frottements que les tiroirs plans ordinaires, et par suite de s'user moins vite et de ménager les mécanismes de distribution : en outre, ils permettent d'obtenir facilement de plus grandes sections de passage pour la vapeur. De plus, ils conviennent mieux pour la vapeur surchauffée. Par contre, ils paraissent laisser fuir la vapeur un peu plus que les tiroirs ordinaires, du moins s'ils ne sont pas parfaitement ajustés ; ils sont plus compliqués, et entraînent des complications accessoires, soupapes de rentrée d'air, et même soupapes de sûreté sur les cylindres. Toutefois les avantages priment les inconvénients, et l'emploi des tiroirs cylindriques est pleinement justifié sur les puissantes locomotives actuelles.

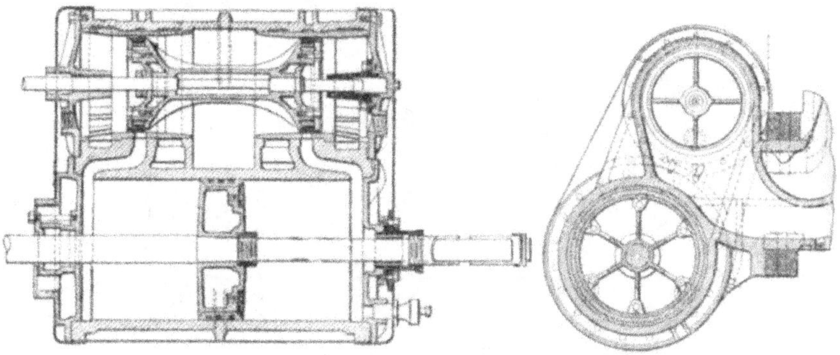

Fig. 168. — Tiroir cylindrique de locomotive américaine, avec admission par les bords extérieurs.

Le tiroir cylindrique (fig. 168) est formé de deux pistons conjugués, qui se meuvent dans un cylindre entouré de deux lumières annulaires : il remplace le tiroir plan ordinaire sans modifier la distribution.

C'est le passage des arêtes rectilignes du tiroir plan sur les arêtes parallèles des lumières qui distribue la vapeur : le passage des arêtes circulaires du tiroir cylindrique sur les arêtes également circulaires des lumières produit les mêmes effets.

Toutefois ces lumières ne peuvent être ouvertes sur leur circonférence entière, parce que les arêtes du piston pourraient heurter celles des lumières : on les interrompt par une série de barrettes pleines qui prolongent la surface cylindrique et supportent le tiroir-piston en une série de points suffisamment rapprochés. Ces barrettes pleines enlèvent environ un tiers de la section de passage : par exemple, avec un diamètre de 300 mm, la longueur utile développée de la lumière sera de 640 mm, tandis que la circonférence entière a 942 mm. Malgré cette réduction, on obtient facilement des sections de passage plus grandes qu'avec des tiroirs plans. Ces lumières sont ménagées dans des chemises en fonte rapportées et remplaçables, bien visibles sur la figure 170.

Le tiroir cylindrique entraîne la suppression de la lumière centrale d'échappement, assez compliquée, nécessaire avec les tiroirs plans ordinaires ; il suffit de brancher le tuyau d'échappement vers le milieu du cylindre où joue le tiroir cylindrique. La vapeur de la chaudière doit être amenée aux deux extrémités, sur les faces extérieures des deux pistons conjugués.

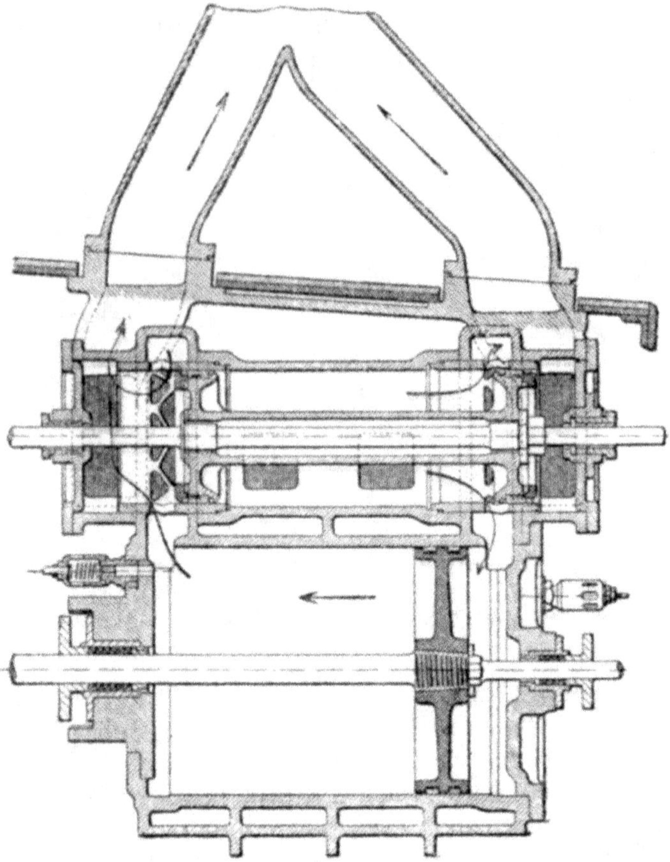

Fig. 169. — Cylindre à basse pression des locomotives 3501-3520 de l'Est, à tiroir cylindrique admettant par les bords intérieurs.

On peut d'ailleurs disposer le tiroir cylindrique de manière à intervertir les passages de vapeur, la vapeur arrivant entre les pistons et s'échappant aux deux extrémités (fig. 169 et 170).

Il faut, pour cette interversion, que les recouvrements, dits encore *extérieurs*, soient placés du côté intérieur des pistons, c'est-à-dire toujours du côté d'arrivée de la vapeur, tandis que les recouvrements intérieurs passent au-dehors, du côté de l'échappement.

Les excentriques de distribution des coulisses Stephenson, Gooch, Allan doivent alors être calés à 180° ou diamétralement à l'opposé de leur position normale. Avec la distribution Walschaerts, le point B (fig. 162) du levier d'avance qui mène le tiroir, au lieu d'être placé au-dessus du point A commandé par la coulisse, doit se trouver entre A et C, toujours voisin de A. L'excentrique peut conserver son calage, mais alors les zones de marche avant et arrière de la coulisse s'échangent.

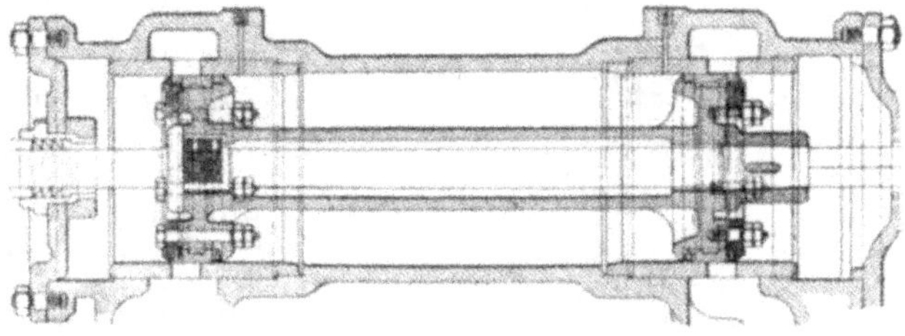

Fig. 170. — Tiroir cylindrique des cylindres à haute pression des locomotives 3501-3520 de l'Est, avec admission par les bords intérieurs. Le tiroir frotte sur des chemises rapportées.

Cette interversion des côtés d'admission et d'échappement du tiroir facilite, dans certains cas, l'installation des tuyaux et des passages de vapeur; en outre, la garniture de la tige du tiroir, ne séparant plus que l'atmosphère et la vapeur d'échappement, dont la pression n'est guère plus élevée (sauf dans les cylindres à haute pression des compound), n'a plus besoin d'être très serrée, et peut même, à la rigueur, être remplacée par une simple bague.

Les pressions sur les faces des deux pistons conjugués d'un tiroir cylindrique s'équilibrent[14].

Mais la pression de la vapeur s'exerce sur les bagues, qu'elle applique contre la surface cylindrique. En effet, on ne peut guère obtenir une étanchéité suffisante par l'emploi de bagues non fendues jouant à frottement doux dans le logement cylindrique, bien que cela ait été fait pour quelques locomotives à vapeur surchauffée. L'objection la plus sérieuse à ce mode de construction tient à ce que la plus légère différence de dilatation entre le piston et son cylindre, si l'ajustage est bien fait, peut produire un coincement.

En principe le problème est le même que pour le piston moteur, et il est résolu de même, par l'emploi de bagues élastiques ; mais la nature spéciale du service impose des conditions nouvelles. D'abord les arêtes extrêmes des bagues doivent correspondre à des cotes rigoureuses, ce qui n'est pas difficile à réaliser; puis les bagues doivent être appliquées

14 Dans les grandes machines verticales pilon, on équilibre souvent le poids des tiroirs cylindriques, en donnant des diamètres différents aux deux pistons conjugués qui les composent.

contre la surface cylindrique des lumières assez fortement pour ne pas se soulever quand elles obturent une lumière, en se resserrant sous la pression de la vapeur enfermée dans le cylindre moteur et dans cette lumière. Il est bon toutefois que la bague cède à une pression excessive résultant de la présence de l'eau dans le cylindre.

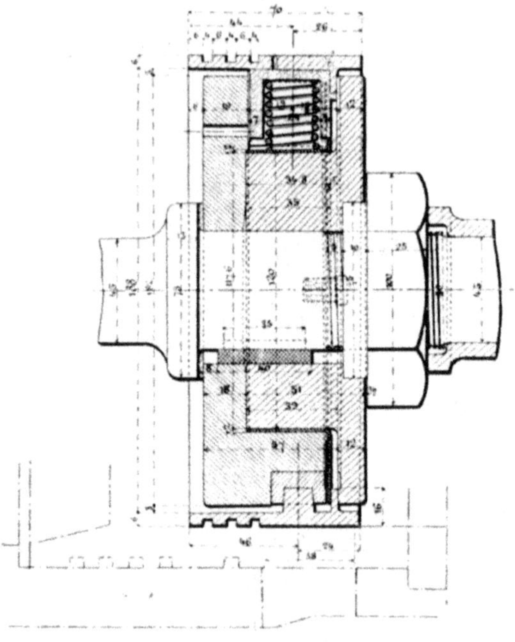

Fig. 171. — Coupe d'un des pistons formant les tiroirs cylindriques de locomotives de l'État français (d'après M. Demoulin).

Pour plus de sécurité, il est utile de munir les fonds du cylindre moteur de soupapes de sûreté (fig. 169). Les tiroirs cylindriques ont été appliqués en France par M. Ricour aux locomotives de l'État vers 1880. Chaque piston (fig. 171) porte une large bague élastique munie d'une nervure qui l'entraîne et qui empêche la vapeur de passer d'un côté à l'autre. Un couvre-joint ferme le vide de la partie fendue. La pression de la vapeur applique la bague contre la paroi; lorsque le régulateur est fermé, elle s'en écarte légèrement.

Les tiroirs cylindriques de l'Est (fig. 170) ont sur chaque piston deux petites bagues fendues élastiques, séparées par une bague en fonte non fendue, tournée avec un diamètre inférieur de 0,5 mm à celui du logement cylindrique. C'est sur cette bague centrale que repose le tiroir cylindrique, qui est seulement entraîné mais non porté par sa tige. Aucune disposition spéciale n'est prévue pour assurer à l'intérieur des deux bagues élastiques une pression déterminée.

Les tiroirs cylindriques rendent indispensables, sur les boîtes à vapeur, les soupapes de rentrée d'air dont il est question plus loin (§ 90).

87. Marche au point mort de la distribution.

Quand on place le mécanisme de changement de marche avec l'index au zéro de la réglette, le milieu de la coulisse conduit le

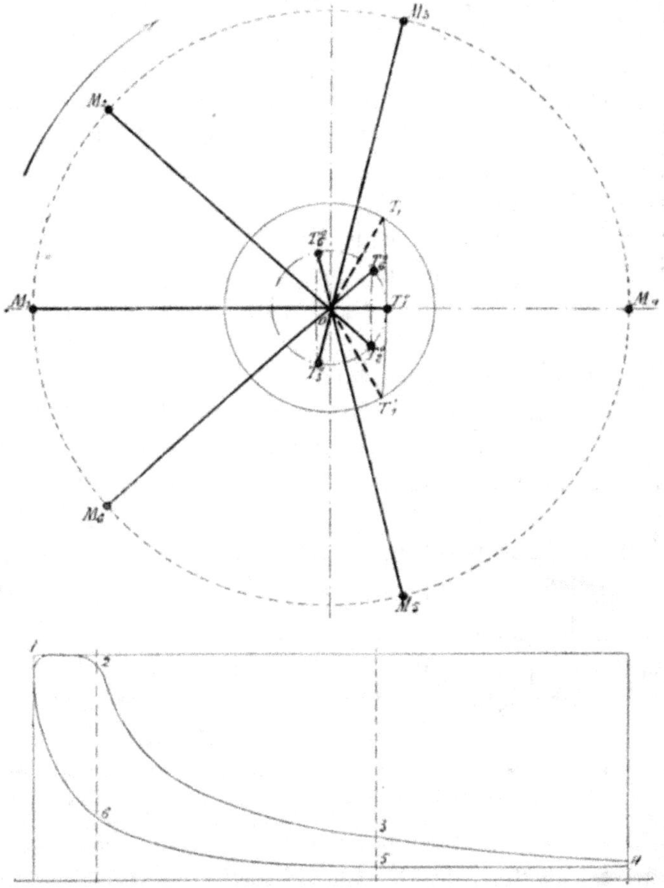

Fig. 172. — Distribution au point mort du changement de marche, et diagramme correspondant du travail de la vapeur sur une des faces du piston.

coulisseau, et le mouvement du tiroir est à peu prés celui que donnerait un excentrique du rayon OT°, calé à l'opposé de la manivelle motrice (fig. 172), c'est-à-dire avec une avance angulaire de 90°. Pour qu'il y ait travail moteur, il faut que le tiroir présente alors des avances linéaires un peu grandes. Dans la marche avant (sens de la flèche de la figure 172), la détente commence, pour l'arrière du piston, quand le rayon de l'excentrique est en OT°_2, et la manivelle à l'opposé ; l'échappement anticipé commence lors du passage en OT°_3 et OM_3 ; la compression, en OT°_5 et OM_5 ; l'admission anticipée, en OT°_6 et OM_6. Le piston fait, en sens contraires, les mêmes parcours pendant l'admission anticipée et pendant l'admission, pendant la compression et pendant la détente ; mais le travail résistant et le travail moteur de la vapeur ne se compensent pas, la pression moyenne de la vapeur étant plus élevée pendant la détente que pendant la compression. La rapidité de la marche et la faible ouverture des lumières réduisent beaucoup l'entrée de vapeur pendant l'admission anticipée; c'est surtout pendant la période d'admission que s'exerce la pression, alors motrice; puis la vapeur ne sort pas instantanément du cylindre au début de l'échappement anticipé et continue à pousser le piston; c'est ce que montrent les diagrammes.

Si le tiroir ne présentait pas d'avances linéaires pour cette position moyenne du relevage, ce qui peut arriver avec la coulisse de Stephenson à barres croisées, il n'y aurait pas d'admission de vapeur et par suite pas de travail moteur.

La distribution est exactement la même pour la marche arrière, fait qui a beaucoup surpris certains praticiens. Mais si la marche au point mort de la distribution est possible, on ne saurait en conseiller l'emploi, parce qu'elle n'utilise pas bien la vapeur.

88. Action du régulateur et du changement de marche.

Comme le montre l'étude de la distribution, lorsqu'on rapproche l'appareil de changement de marche de son point mort, la période d'admission de vapeur diminue. Si le changement de marche dans sa position extrême donne une admission d'environ 80 p. 100 (pendant les 80 centièmes du parcours du piston), on réduit cette admission à 70, 60, 50, 40... p. 100, en ramenant le changement de marche jusqu'à son point mort, où elle conserve encore une certaine valeur, 10 p. 100 par exemple. Mais la variation de la période d'admission n'est pas le seul effet de cette manoeuvre: les périodes d'échappement anticipé, vers la fin de la course aller, et de compression vers la fin de la course de retour du piston, augmentent à mesure que la période d'admission diminue.

Lorsque le changement de marche se rapproche ainsi de son point mort, la diminution de l'admission d'une part, l'accroissement de la compression d'autre part, réduisent le travail de la vapeur par coup de piston.

Au lieu de toucher au changement de marche, on peut manœuvrer le régulateur: en n'ouvrant qu'une étroite issue à la vapeur de la chaudière, on la lamine: la pression est plus faible dans les boîtes à vapeur que dans la chaudière; plus on referme le régulateur, plus on fait baisser la pression de la vapeur employée dans les cylindres, et plus on réduit le travail moteur par coup de piston. Mais on n'agit plus sur l'échappement anticipé, ni sur la compression pendant le retour du piston. Ainsi, pour réduire l'effort moteur, le mécanicien peut, soit rapprocher le changement de marche du point mort sans toucher au

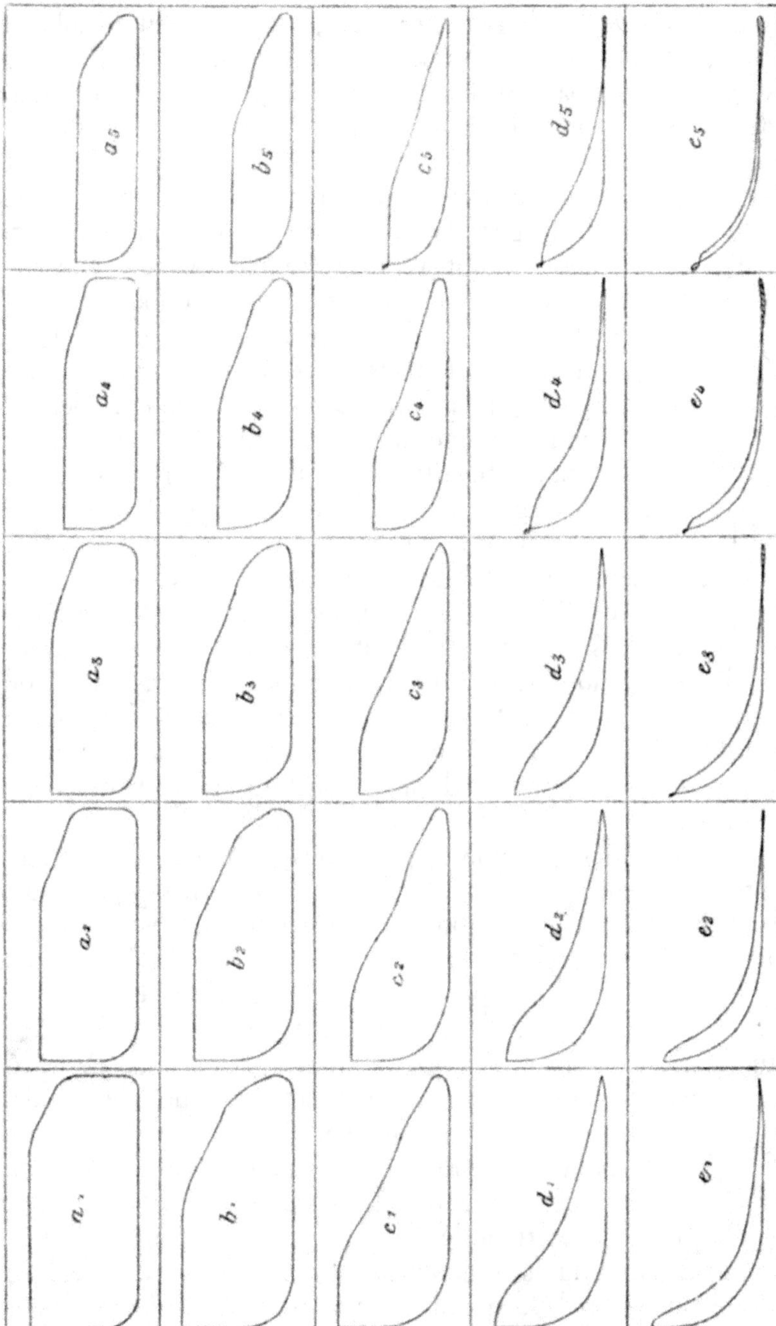

Fig. 173. – Diagrammes du travail de la vapeur pour les diverses positions du régulateur et du changement de marche.

régulateur, soit refermer le régulateur sans toucher au changement de marche, soit combiner les deux manoeuvres.

Les diagrammes d'indicateur figurent les variations du travail de la vapeur, qui résultent de ces diverses manoeuvres; le travail d'un coup de piston est mesuré par la surface de ce diagramme; comme il y a deux cylindres à double effet, il y a par tour de roues quatre diagrammes pareils, si la distribution est bonne.

Qu'on suppose d'abord la machine marchant à une certaine vitesse moyenne invariable; la figure 173 montre les diagrammes pour une série de positions des deux organes de manœuvre; ceux qui sont marqués de la même lettre (*a, b, c, d, e*) , et qui sont groupés en rangées horizontales, correspondent aux admissions moyennes p. 100 de 80, 60, 40, 20 et 10 (point mort), données par le changement de marche; tous les diagrammes d'une rangée verticale, ayant même numéro (1, 2, 3, 4, 5), correspondent à une même ouverture du régulateur, les numéros 1 à la plus grande ouverture, les numéros 5 à la plus faible.

Le plus grand des diagrammes, celui qui correspond au travail le plus fort, *a*-1, est obtenu avec le changement de marche à fond de course et le régulateur ouvert en grand. Le plus petit est *e*-5.

Parmi les autres diagrammes, on peut en trouver des séries qui ont même surface, si l'on suppose le tableau complété par le tracé des intermédiaires, en nombre aussi grand qu'on le désire. C'est ainsi que le diagramme a même surface qu'un diagramme placé entre *b*-2 et *c*-2 et que les diagrammes *b*-3 et *a*-4 ont, à peu de chose près, même surface. Tous les diagrammes de même surface indiquent un même travail sur les pistons.

Quels motifs feront choisir, pour chaque valeur du travail à produire, le régime qui donne un de ces diagrammes plutôt qu'un autre équivalent ? C'est d'abord la recherche de l'économie: le diagramme qui produit le travail demandé avec le moindre poids de vapeur offre un avantage important; mais des expériences longues et délicates sont nécessaires pour déterminer exactement ce poids, et on ne peut le déduire du simple relevé à l'indicateur, à cause des fortes condensations qui se produisent pendant l'admission dans le cylindre: ces condensations ne sont pas directement visibles sur le diagramme. À défaut de ces expériences, le mécanicien habile déduit d'une longue pratique et d'une grande attention à la marche de sa machine les conditions qui lui permettent de réduire le plus sa consommation.

La considération du poids de vapeur dépensé n'est cependant pas la seule importante: tous les diagrammes portant le n° 1, qui correspondent au régulateur ouvert en grand, donnent à certains moments sur le piston la pleine pression de la vapeur dans la chaudière; d'autre part, les diagrammes marqués *e*, avec le changement de marche au point mort, indiquent aussi de fortes pressions sur le piston, à cause de la longue compression. Or, ces fortes pressions augmentent la fatigue du mécanisme et les frottements ; à ce point de vue, les diagrammes qui, pour un même travail, ne les atteignent pas, sont avantageux : ce sont ceux qui correspondent à des admissions de 20 p. 400 au moins et à une ouverture incomplète du régulateur.

Les diagrammes *c*-5, *d*-4, *d*-5, *e*-4 et *e*-5 ont, dans le coin gauche supérieur, une boucle couverte de hachures, peu visibles vu la petite échelle des dessins, qui montre que le piston comprime la vapeur jusqu'à une pression supérieure à celle de la boîte à tiroir. L'ouverture anticipée de l'admission limite cette compression, en laissant la vapeur refoulée sortir du cylindre et retourner dans la boîte à tiroir, mais non sans causer des pertes de travail : les boucles hachurées représentent un travail résistant ou négatif, et leur surface doit être déduite du reste du diagramme.

Les diagrammes *d*-5, *e*-2, *e*-3, *e*-4, *e*-5 montrent encore une boucle couverte de hachures, sur la droite : c'est encore un travail résistant à déduire ; cette boucle tient à ce que la pression de la vapeur, à la fin de la détente ou au commencement de l'échappement anticipé, ne dépasse pas beaucoup celle de l'atmosphère. Le piston continuant son mouvement pendant l'échappement anticipé, il arrive que le cylindre, au lieu de renfermer un excès de vapeur, aspire dans la colonne d'échappement ; comme cette aspiration se fait par des ouvertures étroites, il y a laminage, et la pression dans le cylindre s'abaisse au-dessous de la pression atmosphérique ; c'est ce qu'on voit clairement sur le diagramme *d*-5, donné à plus grande échelle (fig. 174).

D'ailleurs la pression n'a pas la même valeur dans toutes les chaudières de locomotive. D'environ 8 kg par cm^2 dans les machines anciennes, elle est de 10 et de 12 kg dans les chaudières récentes (il n'est pas question ici des locomotives compound examinées plus loin).

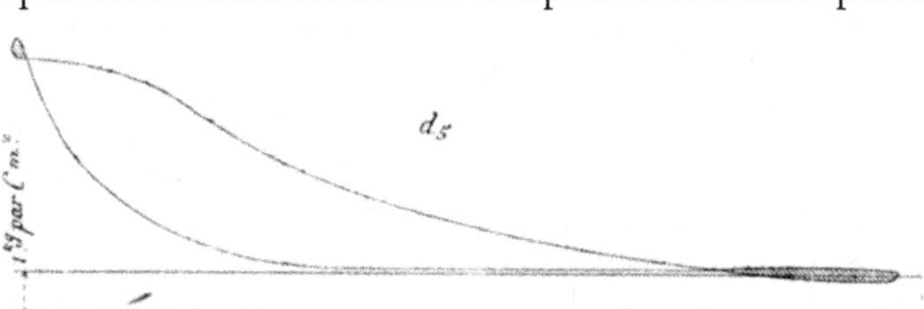

Fig. 174. — Diagramme avec travail résistant aux deux extrémités.

Or, si les diagrammes de la fig. 173 sont établis pour une pression de 9 kg, il faudra supprimer la première colonne (n°s 1) pour les machines timbrées à 8 kg, sur lesquelles les diagrammes portant les n°s 2 correspondront au régulateur ouvert en grand. Si avec cette ancienne machine timbrée à 8 kg on marchait le régulateur ouvert en grand et la distribution à 20 p. 100 d'admission, le jour où on remplace la chaudière par une autre timbrée à 10 kg, on ne retrouve plus les mêmes conditions de marche en ouvrant le régulateur à fond. Avec une chaudière timbrée à 12 kg, l'effet sera plus sensible encore, et on pourra être conduit à laminer davantage la vapeur à l'aide du régulateur.

En outre, la vitesse des locomotives varie beaucoup, et cette variation modifie encore le travail de la vapeur.

Qu'on laisse le régulateur et le changement de marche dans une position déterminée sans y toucher; quand la vitesse s'accroît, la vapeur traverse de plus en plus rapidement les divers passages étroits placés sur sa route; les laminages ou chutes de pression augmentent.

Ces laminages se produisent d'abord à la sortie de la chaudière par le régulateur, puis à l'admission dans le cylindre, par la fente qu'ouvre le tiroir, enfin à l'échappement. La pression s'abaisse dans la boîte à vapeur, puis elle tombe de plus en plus vers la fin de l'admission dans le cylindre. Par contre, l'effet de l'échappement anticipé diminue mais la contre-pression augmente pendant l'échappement et pendant la compression. Toutes ces actions, sauf celle de l'échappement anticipé, réduisent le travail de la vapeur par coup de piston, en diminuant l'effort moteur à l'aller et en augmentant la résistance au retour: la surface du diagramme se contracte de plus en plus. La fig. 175 représente deux diagrammes (correspondant aux numéros *b*-1 et *d*-2 de la fig. 173), pour une série de vitesses croissantes.

Ainsi, à des vitesses différentes, les mêmes positions du régulateur et du changement de marche ne donnent pas le même travail par coup de piston; certaines positions de ces organes, qui conviennent à une vitesse, peuvent donner une mauvaise utilisation de la vapeur avec d'autres vitesses.

En résumé, l'une des positions les plus convenables du changement de marche, sur les locomotives ordinaires (non compound) est celle qui donne l'admission d'environ 20 p. 100; avec une plus forte admission, la vapeur, n'étant pas assez détendue dans le cylindre, est mal utilisée ; une admission plus faible fait commencer trop tôt l'échappement anticipé et produit une forte compression.

Quand le changement de marche donne l'admission de 20 p. 100, pour réduire le travail moteur, on refermera un peu le régulateur; mais il ne faut pas laminer ainsi par trop la vapeur, qui doit toujours arriver dans la boîte à tiroir avec une pression au moins égale à celle que donne la compression dans le cylindre. S'il faut réduire beaucoup

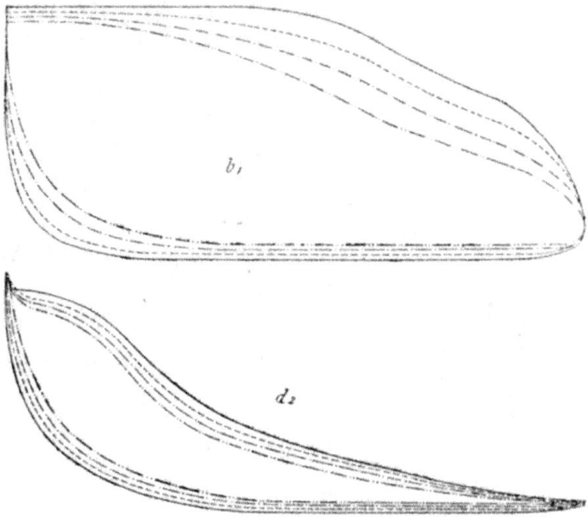

Fig. 175. — Diagrammes à diverses vitesses.

le travail moteur, on devra en outre diminuer un peu l'admission avec le changement de marche.

Si l'on a besoin, au contraire, de plus de travail que n'en donne, avec l'admission de 20 p. 100, le régulateur ouvert en grand, on augmentera l'admission à l'aide du changement de marche.

Toutefois, avec les chaudières à très haute pression (12 kg par cm^2), une petite chute de pression au régulateur paraît toujours désirable, pour ne pas trop fatiguer les mécanismes et aussi pour diminuer les entraînements d'eau.

Aux grandes vitesses, les admissions réelles que donne le changement de marche au même cran diminuent beaucoup, tandis que les compressions augmentent. Le changement de marche trop près du point mort empêche la machine de courir ; on ne devra pas craindre de s'en éloigner, quitte à refermer un peu le régulateur, qui d'ailleurs produit aussi, dans la même position, un laminage de plus en plus fort.

89. Mise en marche.

Pour qu'une locomotive se mette en marche, il ne suffit pas que la vapeur accède aux pistons, quand on ouvre le régulateur ; il faut que la force, qui tend à faire tourner l'essieu, surmonte les résistances qui s'opposent au mouvement. En considérant d'abord un seul des cylindres, on voit que la machine peut être arrêtée dans une position où le tiroir ouvre une des lumières de ce cylindre ; au contraire, les deux lumières d'admission peuvent en être masquées. Si OM_6(fig. 176) et

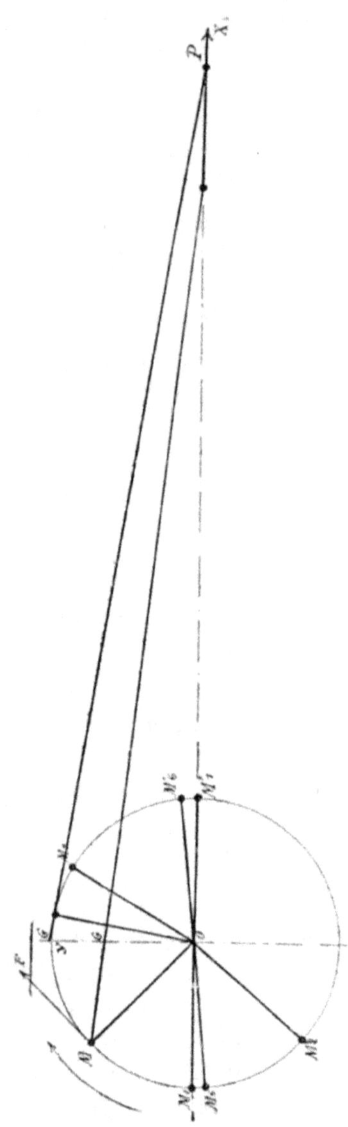

Fig. 176. – Étude du démarrage ; effort tangentiel produit par un piston.

OM_2, OM'_6 et OM'_2 sont les positions de la manivelle motrice lorsque le tiroir commence à ouvrir ou achève de fermer une lumière d'admission, la vapeur n'entre pas dans le cylindre quand la manivelle est arrêtée entre OM_2 et OM'_6 ou entre OM'_2 et OM_6 ; quand elle se trouve arrêtée entre en OM'_6 et OM'_1, ou entre OM_6 et OM_1, c'est-à-dire dans les positions d'admission anticipée, la vapeur vient bien presser le piston ; mais elle tendrait à donner à l'essieu une rotation contraire à celle qu'on veut produire ; l'effort produit est très faible, il est vrai, la manivelle étant voisine du point mort.

Si la manivelle est arrêtée dans une position telle que OM, le piston est pressé par la vapeur avec une force égale au produit de la pression effective, en kg par cm^2, par la surface du piston en cm^2 ; s'il a 45 cm de diamètre, cette surface couvre 1590 cm^2, et la force est de 15 900 kg, avec une pression effective de 10 kg par cm^2. Pour connaître la force correspondante, représentée sur la figure par le vecteur MF, à l'extrémité de la manivelle, on mesure OG et OM, G étant le point où l'axe de la bielle motrice coupe la perpendiculaire OY à l'axe du cylindre OX ; on multiplie la force sur le piston (15 900 kg dans l'exemple) par le rapport de la longueur OG à OM.

Quand la manivelle est voisine du point mort, OG est petit et la force MF est faible. Elle grandit à mesure que la manivelle est plus éloignée du point mort ; elle prend sa plus grande valeur quand la manivelle est perpendiculaire à la bielle, alors tangente au cercle décrit par le centre de la manivelle ; puis elle diminue, pour s'annuler quand le piston n'est plus pressé par la vapeur. On détermine de même l'effort moteur produit quand la manivelle est arrêtée entre OM'_1 et OM'_2 : la vapeur presse l'autre face du piston, la face avant. En appelant *r* le rayon OM de la manivelle, et R le rayon de la roue motrice, l'effort de traction exercé par la machine, qui résulte de l'action du piston considéré, est égal à la force MF multipliée par le quotient de *r* par R[15].

Cette étude montre avec précision pourquoi il est nécessaire que la locomotive ait au moins deux cylindres, puisqu'avec un seul cylindre elle serait souvent arrêtée dans une position où elle ne pourrait démarrer. Le second cylindre attaque une manivelle perpendiculaire à la première : au démarrage, ou les deux cylindres reçoivent de la vapeur, et les efforts qu'ils produisent s'ajoutent ; ou bien un seul cylindre agit ; cela dépend des positions où se trouve arrêtée la machine.

L'effort total prend sa plus petite valeur lorsqu'une des manivelles a légèrement dépassé la position où le tiroir interrompt l'admission, OM_2 ou OM'_2 : un seul cylindre est moteur et sa manivelle n'est pas encore fort éloignée du point mort. Dans ces positions, les machines, si elles ont une charge un peu forte à mettre en mouvement, ne démarrent pas. On change le sens de la marche : le cylindre qui commande la manivelle en OM_2 ou OM'_2 reçoit de la vapeur pour la marche arrière, et il est possible que le cylindre de l'autre manivelle en reçoive de même. Toutefois, il peut arriver qu'il n'en soit pas ainsi, de sorte qu'on n'est pas mieux placé pour la marche arrière que pour la marche avant : il est vrai que si l'effort de traction à produire est considérable, la poussée, qui n'agit pas simultanément sur tout le train, exige une force moindre.

Pour que ces difficultés se produisent rarement, il faut que les zones telles que OM_2— OM'_1, et OM'_2— OM_1, soient restreintes, c'est-à-dire que les périodes d'admission, correspondant aux arcs OM_1—OM_2, OM'_1—OM'_2 soient longues : c'est pourquoi on met le changement de marche à fond de course pour le démarrage. Les meilleures distributions de locomotives, à ce point de vue, sont celles qui donnent alors les plus grandes périodes d'admission.

90. Marche à régulateur fermé.

Quand on ferme le régulateur, on met le changement de marche à fond de course pour éviter une résistance excessive et l'usure des tiroirs et des cylindres. Que le régulateur soit ouvert ou fermé, quand la machine tourne le tiroir se meut de la même manière, ouvrant

15 Cette règle permet de calculer l'effort de traction pour chaque position de la machine, tandis que la règle indiquée au 61 donne seulement la valeur moyenne de cet effort pendant un tour de roues.

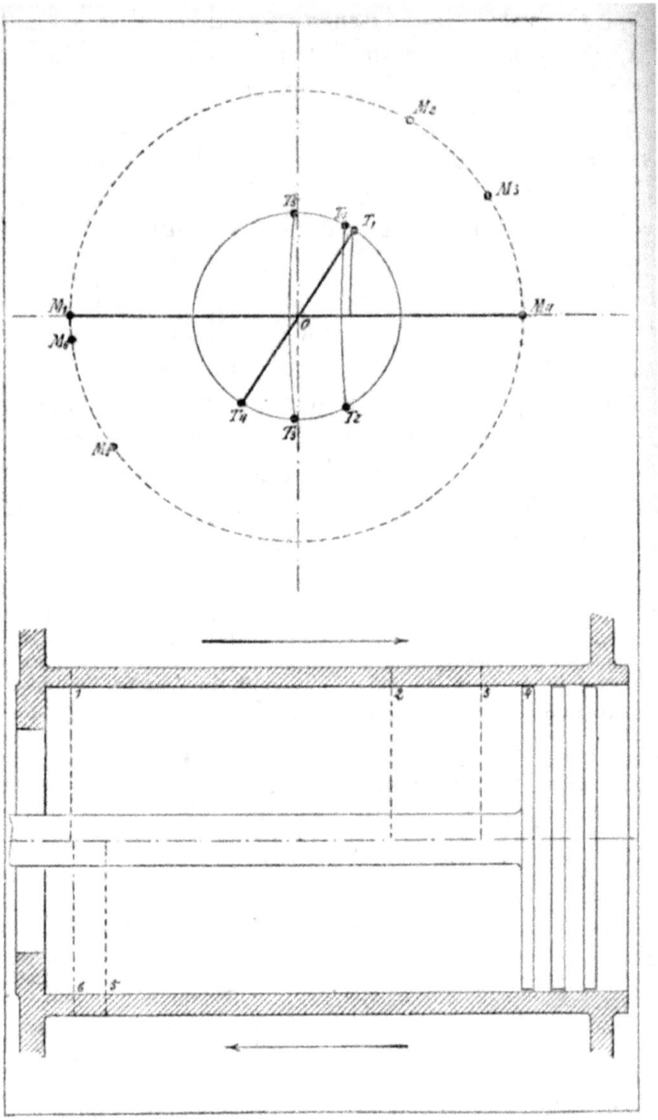

Fig. 177. — Positions corrélatives du centre de l'excentrique, de la manivelle motrice et du piston, pour l'étude de la marche à régulateur fermé.

et fermant les lumières du côté de la boîte à vapeur et du côté de l'échappement aux mêmes instants, c'est-à-dire quand le piston passe par les mêmes positions. Soient T_1, T_2, T_3, T_4, T_5, T_6 (fig. 177), les positions du centre de l'excentrique, au commencement des six phases de la distribution sur la face arrière du piston ; soient OM_1, OM_2, OM_3, OM_4, OM_5 OM_6 les positions correspondantes de la manivelle motrice, et 1, 2, 3. 4, 5, 6, celles du piston.

Pendant le parcours 1 — 2 du piston, l'arrière du cylindre communique avec la boîte à vapeur et le piston exerce une aspiration dans cette boîte, où la vapeur n'arrive plus, le régulateur étant fermé. Le tiroir, se soulevant un peu, peut laisser alors pénétrer dans le cylindre des gaz pris, par l'échappement, dans la boîte à fumée.

Pendant le parcours 2 — 3, l'arrière du cylindre ne communique ni avec la boîte à vapeur ni avec l'échappement ; les gaz qu'il renferme se dilatent, par suite de l'accroissement du volume qu'ils occupent.

Quand le piston arrive en 3, la communication avec l'échappement s'ouvre : c'est alors surtout que peuvent entrer dans le cylindre la fumée et les gaz chauds venus du foyer.

Pendant le retour du piston de 4 à 5, il refoule par l'échappement l'air et les gaz. Puis, pendant le trajet 5 — 6, il comprime les gaz qu'il contient encore et, enfin, ces gaz comprimés s'échappent dans la boîte à vapeur, dès que la lumière s'ouvre, en 6.

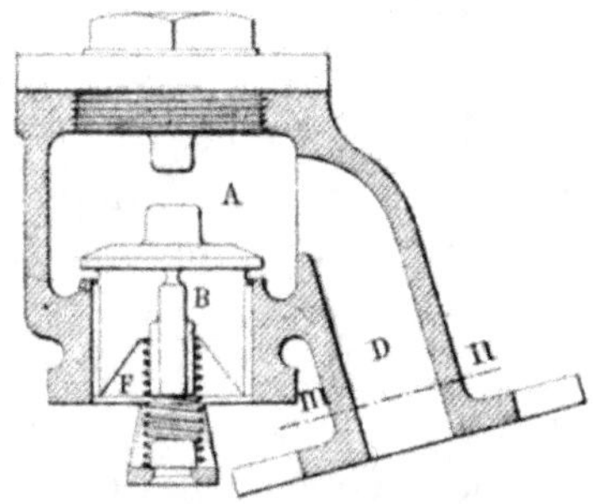

Fig. 178. — Soupape de rentrée d'air, pour la boîte a vapeur d'un cylindre de locomotive.

Quand on comprime des gaz, ils s'échauffent : ici les gaz sont déjà chauds, puisqu'ils sont pris dans la boîte à fumée ; la compression en élèvera encore la température. Ces gaz très chauds brûlent les matières de graissage et risquent de détériorer les surfaces polies du cylindre. En outre, d'une part la raréfaction des gaz, d'autre part leur compression, exercent une résistance qui ralentit ou même arrête la machine.

Les mêmes effets se produisent sur la face avant du piston. Ils sont d'autant moins énergiques que les périodes de détente et de compression sont plus courtes, ce qui a lieu quand le changement de marche est à fond de course. L'aspiration de gaz chauds dans la boîte à fumée, fâcheuse pour la conservation des cylindres, et les résistances à la marche de la machine sont alors aussi réduites que possible.

C'est surtout pendant la marche prolongée à régulateur fermé, sur les longues pentes, qu'il est utile de graisser le tiroir et les pistons. On réduit l'usure de ces organes en ouvrant alors légèrement le robinet d'injection d'eau et de vapeur dans l'échappement, disposé pour la marche à contre-vapeur : les gaz de la boîte à fumée n'entrent plus dans le cylindre ; ils sont remplacés par la vapeur humide.

On munit parfois la boîte à vapeur d'une soupape de rentrée d'air (fig. 178), qui s'ouvre du dehors au dedans lorsque le piston aspire, pendant la période d'admission.

Cette soupape empêche la raréfaction de l'air et la résistance qui en résulte ; l'air, ainsi aspiré, est refoulé par la tuyère d'échappement pendant le retour du piston ; le cylindre est préservé du contact des gaz chauds de la boîte à fumée. Avec les tiroirs cylindriques, la soupape de rentrée d'air devient beaucoup plus utile, parce que les pistons, qui composent le tiroir cylindrique, ne laissent plus passer les gaz comme un tiroir plan en se soulevant. Il en résulte pour la locomotive à tiroirs cylindriques, non munie de ces soupapes, une grande résistance quand le régulateur est fermé, par suite de la raréfaction, puis de la compression de l'air dans le cylindre.

91. Machines à vapeur compound.

Dans les machines à un seul cylindre ou à plusieurs cylindres travaillant de même, la vapeur passe de la chaudière dans le cylindre, puis s'échappe dans l'atmosphère (ou dans un condenseur).

La machine compound, au contraire, a deux cylindres parcourus successivement par la vapeur et séparés par un réservoir intermédiaire : un cylindre à haute pression (dit souvent petit cylindre), et un cylindre à basse pression (dit grand cylindre). La vapeur de la chaudière entre dans le premier cylindre et y travaille à pleine admission, puis par détente ; elle s'échappe ensuite au réservoir intermédiaire, d'où elle pénètre dans le second cylindre pour y travailler à pleine pression et par détente, et enfin s'échappe dans l'atmosphère ou dans un condenseur.

La compound se compose ainsi de deux machines : la seconde, formée par le cylindre à basse pression, diffère d'une machine à un cylindre seulement en ce que la vapeur, au lieu d'être fournie directement par une chaudière, sort d'un réservoir où sa pression est moindre. Quant à la première machine, elle diffère d'une machine à un seul cylindre par la pression du réservoir où se fait l'échappement. Ces deux parties de la machine compound ont entre elles certaines relations nécessaires, puisque c'est la même vapeur qui les traverse successivement : pendant le même temps, elles reçoivent chacune le même poids de vapeur, avec l'eau condensée qu'elle peut renfermer.

Si les deux cylindres, comme d'habitude, attaquent le même arbre, et si la marche est uniforme, cette égalité des poids de vapeur reçus par chacun des deux cylindres existe pour chaque tour de l'arbre. Le poids de vapeur admis dans le petit cylindre sur chacun des côtés du piston égal au poids qui s'échappe de ce cylindre, pendant une course aller et retour, est le même que le poids entrant dans le grand cylindre pendant une course aller et retour de son piston. Si la distribution est identique pour les deux côtés des pistons, et pourvu que la capacité du réservoir ne soit pas trop petite, il y a égalité entre les admissions sur les côtés avant et arrière, et, par suite, entre les quatre poids admis dans les deux cylindres pour un tour.

La pression de la vapeur dans le réservoir intermédiaire doit toujours être un peu plus petite que dans le petit cylindre; elle est toujours un peu plus forte que dans le grand cylindre, puisque la vapeur doit s'écouler du petit cylindre dans le réservoir et du réservoir dans le grand cylindre. Cette remarque permet de se rendre compte de la durée que doit avoir la période d'admission dans le grand cylindre, et montre pourquoi il y a un petit et un grand cylindre. La vapeur sort du premier cylindre et sa pression s'abaisse un peu. Le même poids de vapeur sort du réservoir pour entrer dans le second cylindre: si aucune condensation ne se produit, le volume de cette vapeur augmente quand la pression baisse.

Dans un réservoir bien installé, la vapeur ne se condense pas; il n'en est pas de même dans les cylindres. Une certaine condensation se produit à l'admission dans le grand cylindre, ce qui diminue le volume apparent de la vapeur admise; mais une condensation s'est produite de même à l'admission dans le petit cylindre, et l'eau condensée s'est vaporisée de nouveau pendant l'échappement de ce cylindre, ce qui augmente le volume de la vapeur. Les deux effets se compensent à peu prés. Aussi le volume ouvert à l'admission dans le grand cylindre doit toujours être un peu plus grand que le volume ouvert à l'échappement dans le petit cylindre. Comme l'échappement se ferme un peu avant la fin de la course du piston, qui produit une certaine compression, ce volume d'échappement est un peu moindre que celui du petit cylindre, d'où la règle fort simple: le volume d'admission dans le grand cylindre sera le volume du petit cylindre.

Une fois admise dans le grand cylindre, la vapeur doit s'y détendre, de manière à doubler ou tripler le volume admis, ce qui donne au grand cylindre deux ou trois fois le volume du petit. En augmentant la période d'admission dans le grand cylindre, on abaisse la pression dans le réservoir intermédiaire, et on diminue le travail de la vapeur sur le grand piston; le travail sur le petit piston augmente, au contraire, par suite de l'abaissement de la pression résistante du réservoir. Les diagrammes montrent que le travail total sur les deux pistons se trouve réduit.

Pour comparer une compound à une machine ayant un seul cylindre, il suffit de remarquer que la compound, à chaque demi-tour, prend un certain volume de vapeur à la pression de la chaudière, et laisse échapper au dehors un volume de vapeur détendue jusqu'à remplir à peu prés la capacité totale du grand cylindre. Qu'on introduise directement le même volume de vapeur prise à la chaudière dans une machine ayant pour cylindre unique le cylindre à basse pression de la compound; au moment de l'échappement, la vapeur se sera détendue dans ce cylindre unique, autant que dans la compound. Par la même détente du même volume de vapeur, on recueillera à peu près le même travail: on peut dire qu'une compound équivaut à une machine réduite au seul cylindre à basse pression, alimentée par la même chaudière.

On voit même que les petites chutes de pression inévitables, qui se produisent lors des deux transvasements successifs de la vapeur, diminuent un peu le travail de la compound; cependant la consommation de vapeur y est le plus souvent moindre.

Les machines compound ont en effet plusieurs avantages spéciaux. Il est difficile d'obtenir, dans un cylindre unique, une détente un peu grande de la vapeur (6 à 8 fois le volume pris dans la chaudière), sans faire usage de certains mécanismes de distribution, moins simples que la commande ordinaire du tiroir, tels que ceux des machines Corliss: avec la coulisse et le tiroir, les grandes détentes ne s'obtiennent qu'en augmentant outre mesure les périodes d'échappement anticipé et de compression, et en laminant la vapeur pendant l'admission, par suite de la faible ouverture des lumières. Or, pour tirer bon parti des pressions élevées de vapeur, cette forte détente est nécessaire.

En outre, les espaces libres des cylindres doivent être à chaque course remplis de vapeur à la pression d'admission, que cette vapeur soit prise à la chaudière ou qu'elle provienne de la compression de la vapeur détendue. Quand la pression à l'admission est élevée, on dépense ainsi beaucoup de vapeur, ou on prend beaucoup de travail au piston. Dans la compound, l'espace libre, en relation avec la chaudière lors de l'admission au petit cylindre, est plus petit que dans la machine équivalente, qui aurait pour cylindre unique le grand cylindre de la compound; une compression modérée remplit assez facilement les espaces libres des deux cylindres de vapeur à la pression d'admission. Pendant l'admission dans le cylindre d'une machine, une partie de la vapeur se condense; l'eau ainsi formée se revaporise pendant l'échappement. Il en résulte une dépense inutile de vapeur. Une machine à un cylindre, sans condensation, recevra par exemple la vapeur à la pression de 10 kg par cm^2 ou à la température de 183°; à l'échappement, la pression est celle de l'atmosphère et la température de la vapeur est 100°. Les parois du cylindre sont donc baignées par un fluide qui passe alternativement de 183° à 100°; par suite, elles s'échauffent et se refroidissent, ce qui produit les condensations et les vaporisations.

Dans la compound équivalente, la vapeur entre à 183° dans le petit cylindre, mais elle en sort à une pression de 3 ou 4 kg par cm^2, c'est-à-dire à la température d'environ 140°. Dans le grand cylindre, la température varie de 140 à 100°. Les écarts de température dans chaque cylindre sont donc réduits, ce qui parait de nature à diminuer la quantité de vapeur condensée sur les parois à l'admission.

Les fortes pressions causent un frottement considérable des tiroirs et parfois des usures rapides. Cet inconvénient est moindre dans les machines compound, car la force qui appuie sur sa table le tiroir du petit cylindre n'est due qu'à la différence de la pression dans la chaudière et dans le réservoir ; sur le tiroir du grand cylindre on a seulement la pression du réservoir. Les tiroirs se trouvent ainsi moins fatigués.

Les fuites de vapeur autour des pistons et tiroirs, qui existent sans qu'on les remarque, à moins qu'elles ne deviennent importantes, se réduisent dans les compound, puisque la fuite à travers les mêmes passages est d'autant moindre que la différence de pression d'un côté à l'autre est plus faible.

Enfin, dans chacun des cylindres de la compound, la détente étant moins prolongée que dans une machine équivalente à deux cylindres séparés la variation de la pression et, par suite, de la force qui pousse le piston, est moindre du commencement à la fin de la course : les pièces de la machine sont moins fatiguées et l'effort moteur peut être plus régulier.

92. Locomotives compound.

L'emploi du système compound pour les machines marines, qui a commencé vers 1862, a donné de grandes économies de combustible ; M.Mallet a pensé qu'il pouvait être appliqué aux locomotives, et il a fait construire en 1876 les premières machines de ce genre. Depuis cette époque, le système compound a été employé pour un grand nombre de locomotives, application d'autant mieux justifiée que la pression dans la chaudière est plus élevée.

La locomotive compound peut n'avoir que deux cylindres : le cylindre à haute pression conserve à peu près les dimensions du cylindre d'une locomotive ordinaire ; le volume du cylindre à basse pression est deux à deux fois et demie plus grand. Les deux manivelles de l'essieu restent calées à angle droit.

Pour éviter un trop gros cylindre, souvent difficile à placer sur la locomotive, on divise en deux le cylindre à basse pression. Le réservoir intermédiaire alimente alors deux cylindres ayant chacun la moitié de la capacité du cylindre unique. Souvent on divise aussi en deux le petit cylindre : on forme deux groupes de deux cylindres, un groupe à haute pression, l'autre à basse pression ; cette division réduit notablement les efforts sur les mécanismes, permet de mieux équilibrer les pièces en mouvement, et se prête à des combinaisons commodes.

Les quatre cylindres sont aussi employés d'une manière différente, en formant un groupe unique d'un petit et d'un grand cylindre, avec un seul tiroir, plan ou cylindrique, qui transvase directement la vapeur du petit dans le grand : cette disposition spéciale est désignée sous le nom de système Woolf.

Le réservoir intermédiaire se compose du conduit d'échappement du petit cylindre, de la boîte à vapeur du grand, parfois de diverses capacités fondues avec les cylindres : on y ajoute souvent un tuyau qui fait le tour de la boîte à fumée, ou il est soustrait à tout refroidissement, et même chauffé par les gaz, qui se rendent à la cheminée. Une soupape de sûreté limite la pression dans le réservoir.

La distribution usuelle par tiroir convient aux locomotives compound, où la détente dans chaque cylindre est assez faible. Dans le cylindre à basse pression, l'admission ne doit guère descendre au-dessous de 45 à 50 p. 100 : dans le cylindre à haute pression, une admission de 30 p. 100 donne déjà par tour de roues, un travail fort réduit. Cependant, malgré ces grandes admissions, auxquelles correspondent des périodes de compression relativement courtes, la compression dans les cylindres est souvent trop forte, parce que la vapeur comprimée dans le petit cylindre est celle du réservoir intermédiaire, qui a déjà une pression élevée, tandis que la pression finale dans le grand cylindre doit être limitée à cette même valeur, au lieu de pouvoir atteindre la pression de la chaudière. Les laminages de vapeur exagèrent encore ces compressions aux grandes vitesses. Pour éviter les compressions excessives, qui absorbent inutilement du travail et qui fatiguent les mécanismes, on emploie des tiroirs sans recouvrements intérieurs ou même avec découverts. En outre, on a dû souvent agrandir les espaces libres, par exemple en montant des pistons évidés sur les deux faces dans des cylindres munis de fonds plats. L'emploi des tiroirs cylindriques, qui permettent de donner des sections de passage plus grandes que les tiroirs plans, ce qui diminue le laminage, est avantageux à ce point de vue.

En principe, il convient que les distributions des cylindres à haute et à basse pression d'une locomotive soient commandées par des mécanismes de relevage différents, car l'admission ne doit pas varier beaucoup dans les cylindres à basse pression : on l'augmente seulement à grande vitesse pour compenser l'effet des laminages. Aussi dispose-t-on souvent les machines pour que les deux relevages puissent être manœuvrés indépendamment. Comme il est important que le sens de la marche puisse être rapidement changé pour les deux groupes, on combine ces mécanismes de manière à rendre la manoeuvre à volonté simultanée ou indépendante.

Le désir de simplifier la construction et la manoeuvre de la machine a fait conserver un arbre de relevage unique sur beaucoup de locomotives compound à deux cylindres ; la distribution est la même dans les deux cylindres, ce qui n'est pas sans inconvénients. On ne peut guère descendre à de faibles admissions, 40, 30 p. 100 dans le petit cylindre, parce que ces admissions sont insuffisantes dans le grand, qui doit toujours offrir à la vapeur un volume égal au moins à celui du petit cylindre. Certaines dispositions atténuent ce défaut de l'arbre de relevage unique. Dans les machines à quatre cylindres avec détente de Woolf, le relevage est unique, puisqu'un même tiroir distribue la vapeur dans les deux cylindres successifs.

Comparées aux locomotives à simple expansion équivalentes, les compound donnent en général, pour le même service, une économie de combustible, souvent comprise entre les 10 et les 15 centièmes de la consommation ; ou bien, avec la même consommation, elles sont plus puissantes. L'entretien et la réparation coûtent peut-être un peu plus cher que pour les machines à simple expansion toutefois, l'emploi de quatre cylindres a beaucoup réduit la fatigue et l'usure des mécanismes, de sorte que les frais d'entretien ne croissent pas comme on pourrait le supposer à première vue. Il n'y a d'ailleurs aucune difficulté spéciale à conduire les locomotives compound.

93. Locomotives compound à deux cylindres.

Certaines dispositions spéciales sont nécessaires pour le démarrage des locomotives compound à deux cylindres, car les conditions de mise en marche ne restent plus les mêmes qu'avec deux cylindres indépendants. Il peut arriver que le cylindre à haute pression ne reçoive pas de vapeur ou n'exerce qu'un effort insuffisant : il faut alors introduire directement la vapeur dans le réservoir intermédiaire, le plus souvent à une tension réduite, pour alimenter le cylindre à basse pression. Ce cylindre se trouve placé, pour le démarrage, comme le serait celui d'une machine à deux cylindres simples. Mais l'introduction de vapeur dans le réservoir réagit sur le premier piston ; elle pénètre par

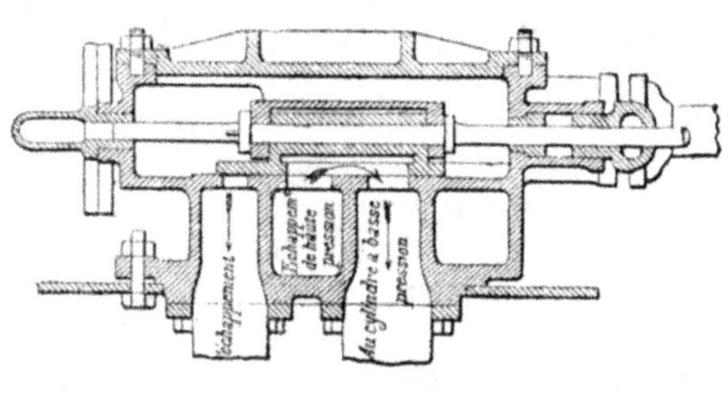

Fig. 179. — Tiroir de démarrage de la locomotive Mallet à deux cylindres, disposé pour la marche en compound : l'échappement du petit cylindre est dirigé dans le réservoir intermédiaire. En déplaçant ce tiroir vers la gauche, on dirige au dehors l'échappement du petit cylindre, et le réservoir intermédiaire reçoit directement la vapeur venant de la chaudière.

l'échappement du petit cylindre et y augmente la contre-pression. Si le petit piston est arrêté dans la zone de détente, non seulement il ne reçoit pas l'action motrice de la vapeur de la chaudière, mais encore il est poussé à contre-sens par la vapeur du réservoir. Cette action affaiblit beaucoup l'effort de démarrage.

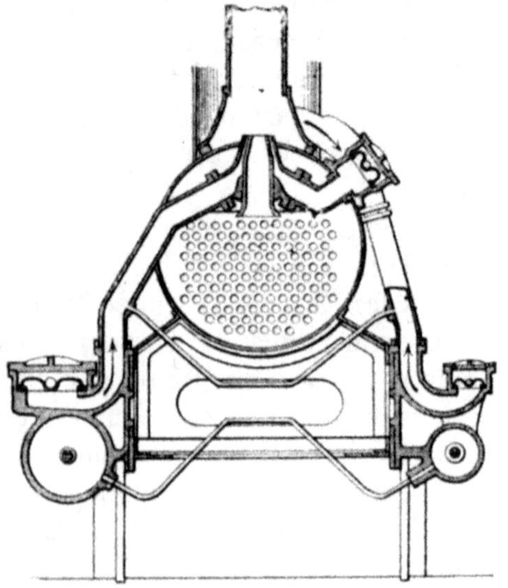

Fig. 180. — Locomotive compound à deux cylindres du chemin de fer de Bayonne à Biarritz, du système Mallet, avec tiroir de démarrage ; coupe transversale.

On obvie à cet inconvénient de diverses manières. M. Mallet a séparé complètement les deux cylindres, en ouvrant un échappement auxiliaire au petit cylindre (fig. 179 et 180). Le grand cylindre reçoit alors directement la vapeur de la chaudière, convenablement détendue, par le laminage à travers un orifice étroit ou dans un détendeur,qui limite la pression.

L'échappement direct du petit cylindre n'est pas indispensable: on s'est contenté d'un simple clapet, ou valve d'interception, entre le conduit d'échappement du petit cylindre et le réservoir (fig. 181 et 182), clapet qui empêche le retour contre le petit piston de la vapeur admise directement au réservoir ; dès que les roues commencent à tourner et que l'échappement du petit cylindre se produit, ce clapet doit être rouvert ou se rouvrir spontanément. Cette disposition, due aux ingénieurs von Borries et Worsdell, a été appliquée sur un grand nombre de locomotives en Allemagne.

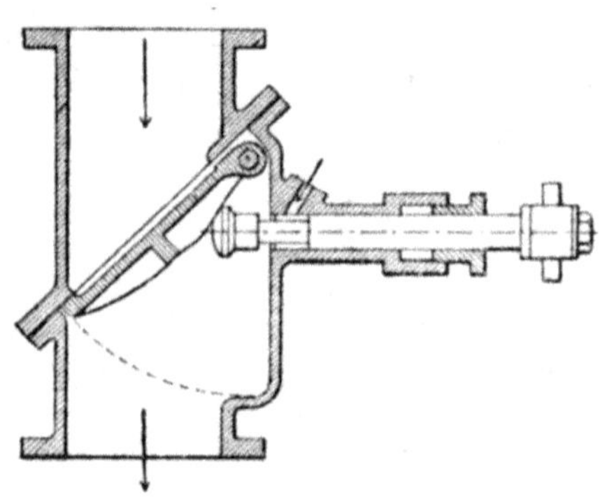

Fig. 181 — Clapet de démarrage ou valve d'interception, avec soupape d'admission directe au réservoir.

On supprime même parfois les valves d'interception, en se contentant de l'admission directe au grand cylindre. Dans ce cas, un moyen d'annuler l'action défavorable, avec certaines positions du petit piston, de la vapeur admise directement au réservoir, consiste à faire communiquer les deux côtés du petit cylindre. C'est ce qu'a obtenu M. Lindner, sur les locomotives de l'État saxon, en perçant de petits trous

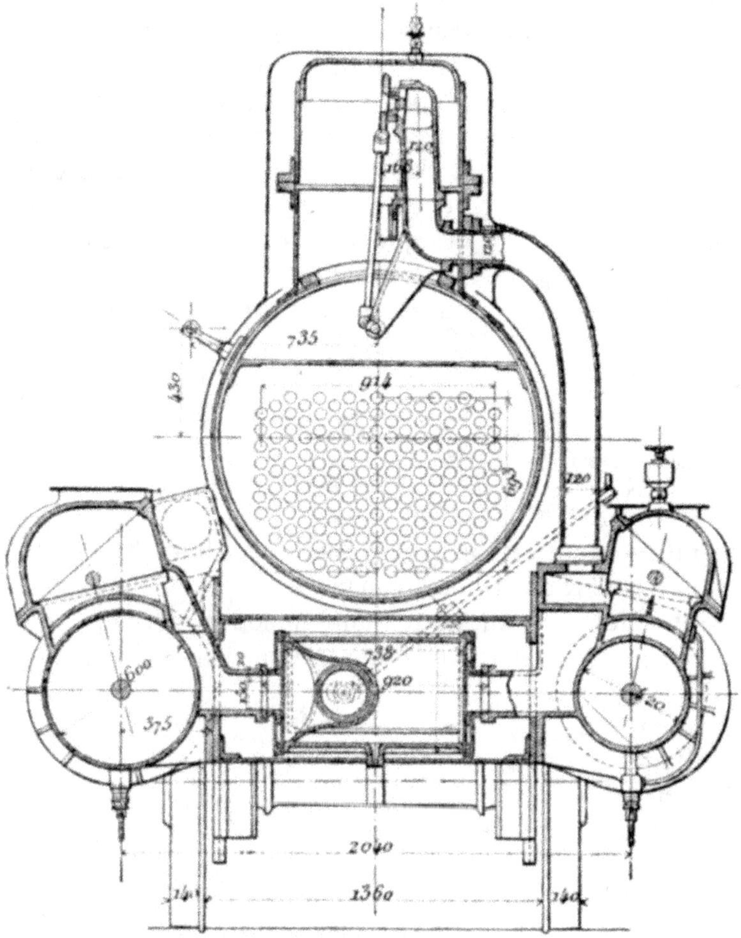

Fig. 182. — Locomotive compound express de l'État prussien, avec valve d'interception ; coupe transversale par les cylindres.

p et *q* (fig. 183) dans les bandes intérieures du tiroir à haute pression ; la vapeur admise directement au réservoir pénètre alors par la cavité intérieure du tiroir, sur les deux faces du petit piston, lorsque le tiroir n'est pas placé dans la position d'admission sur une face. Les trous sont assez petits pour n'exercer qu'une action insignifiante dans la marche normale de la machine.

Le robinet d'admission directe est commandé par le mécanisme de relevage, de manière à laisser passer la vapeur lorsque le levier de changement de marche est à l'un de ses fonds de course.

Sur des compound à deux cylindres du Midi, provenant de la transformation d'anciennes locomotives[16] pour le démarrage (et surtout pour limiter les efforts que supporte le mécanisme à haute pression), une soupape spéciale laisse écouler la vapeur de la boîte à vapeur du cylindre à haute pression dans le réservoir intermédiaire, dès que la différence de pression dans ces deux enceintes dépasse 12 kg par cm². En outre, un petit tiroir, manœuvré à la main (fig. 184), permet d'envoyer la vapeur au milieu du cylindre à haute pression et dans le réservoir intermédiaire. Ce petit tiroir se meut dans une boîte qui communique librement avec la boîte à vapeur du petit cylindre.

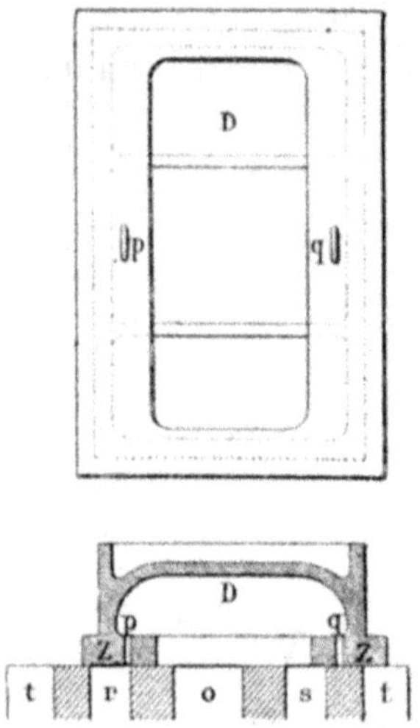

Fig. 183. — Tiroir du cylindre à haute pression des locomotives Lindner.

Quand on le pousse vers la droite, il découvre à la fois une ouverture de 30 mm de diamètre qui débouche au milieu du petit cylindre (ouverture visible sur le dessin) et une autre (non visible sur le dessin), de 10 mm de diamètre, aboutissant au réservoir intermédiaire. Cet appareil peut annihiler à peu près l'action du petit cylindre, la vapeur pénétrant sur les deux faces de son piston. Il convient donc de ne s'en servir que lorsque le grand piston est bien placé pour le démarrage, le petit étant, par suite, insuffisant.

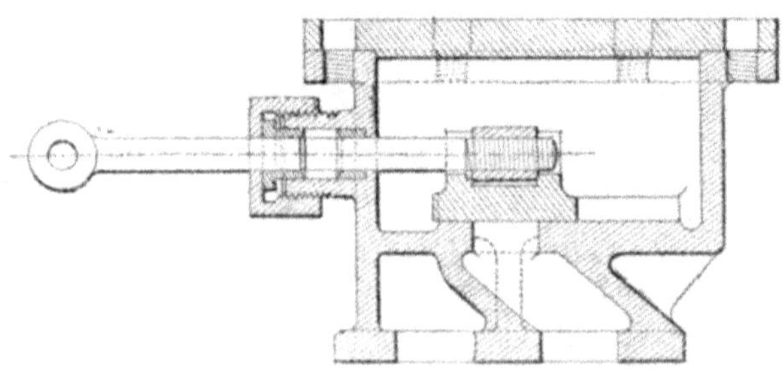
Fig. 184. — Tiroir de démarrage des locomotives du Midi.

La distribution ne comporte qu'un seul arbre de relevage ; mais les excentriques sont calés de manière à toujours donner des admissions plus fortes dans le grand cylindre que dans le petit.

16 Notamment des locomotives à trois essieux couplés, auxquelles un essieu Bissel a été ajouté à l'avant. Les cylindres ont 450 et 680 mm de diamètre, avec course de 650 mm. Les roues motrices ont 1,610 m. La chaudière est timbrée à 15 kg.

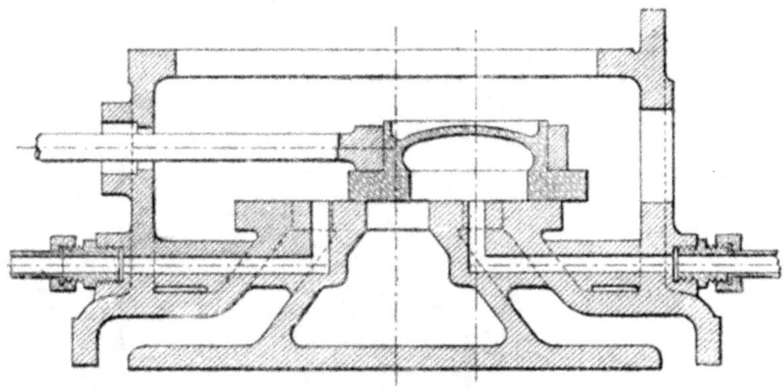

Fig. 185. — Tiroir du cylindre à basse pression des locomotives Goelsdorf ; les deux petits tuyaux amorcés à droite et à gauche de la figure amènent la vapeur, prise sur l'arrivée de vapeur au cylindre à haute pression. La cavité intérieure du tiroir porte une cloison médiane (dans le plan de la coupe) qui recouvre l'orifice débouchant à l'intérieur de ce tiroir et empêche une fuite dans l'échappement.

Avec une distribution dont la période d'admission peut atteindre les 90 centièmes de la course du piston, le simple envoi direct de vapeur dans le réservoir intermédiaire est suffisant, parce que l'action défavorable sur le petit piston, correspondant à la période de détente, devient insignifiante. C'est ce qu'a réalisé en Autriche M. Gœlsdorf, en employant la distribution Walschaerts. Le robinet d'admission directe est même supprimé, l'entrée de vapeur dans le réservoir se produisant par de petites ouvertures spéciales ménagées sur la table des lumières du cylindre à basse pression (fig. 185). Ces ouvertures ne sont démasquées que lorsque la course du tiroir de ce cylindre dépasse celle qui correspond à l'admission de 50 à 55 p. 100.

94. Locomotives compound à trois cylindres.

Les types de locomotives compound à trois cylindres ne se sont pas beaucoup répandus. La disposition qui s'offre le plus naturellement à l'esprit consiste à placer au milieu un cylindre à haute pression et, à l'extérieur, deux cylindres à basse pression, d'un diamètre égal ou un peu supérieur au diamètre du premier. Quelques machines ont été construites suivant ce système, notamment pour le chemin de fer Jura-Simplon en Suisse et, récemment, pour le Midland railway, en Angleterre.

Il y a longtemps que Webb, en Angleterre, a réalisé la disposition inverse, consistant à placer deux petits cylindres à haute pression à l'extérieur, attaquant l'essieu d'arrière de la locomotive, et un gros cylindre médian à basse pression, commandant à lui seul l'essieu du milieu, muni d'un coude unique, les deux essieux moteurs n'étant pas

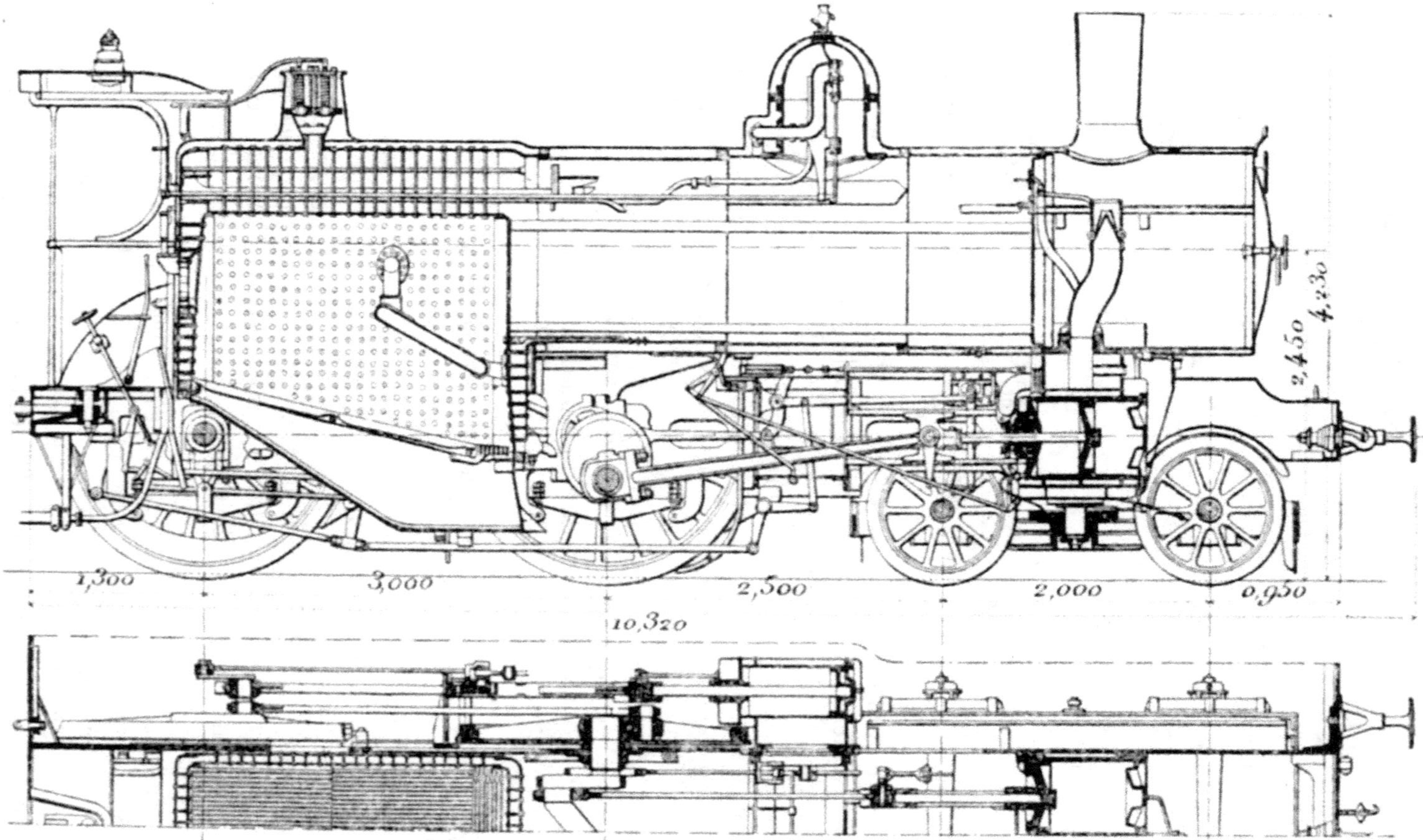

Fig. 186. – Compound à quatre cylindres du Midi, à deux essieux couplés, avec cylindres à haute pression extérieurs, le bouilleur Tenbrinck, visible dans le foyer, est généralement remplacé par une voûte en briques.

accouplés. Cette disposition donne de grandes inégalités de l'effort moteur et rend les démarrages pénibles.

95. Locomotives compound à quatre cylindres.

Les locomotives compound à quatre cylindres, avec mécanisme de distribution pour chacun des cylindres, se sont beaucoup multipliées, surtout en France. Cette disposition se prête à un groupement très heureux des organes de la machine, qui compense largement la multiplicité des pièces.

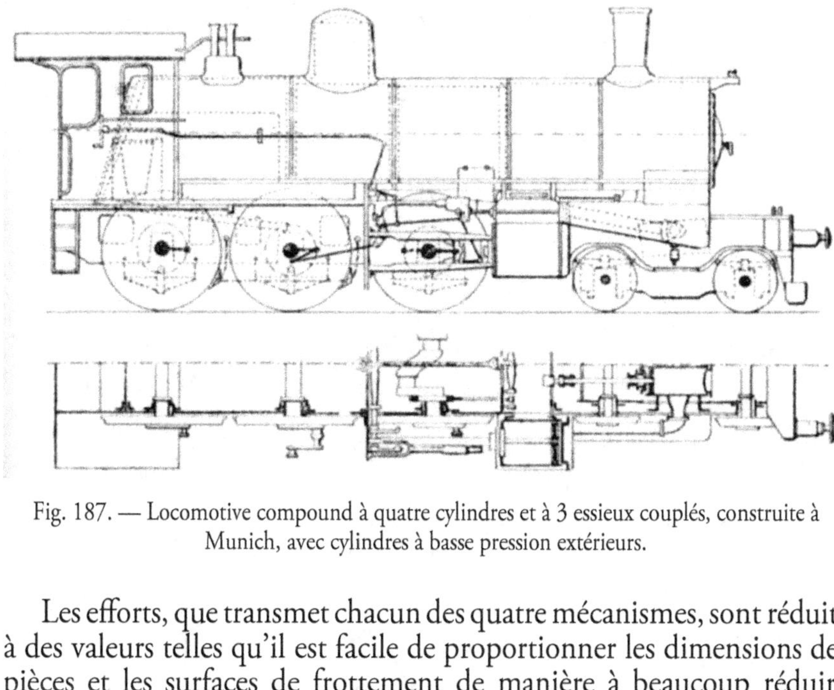

Fig. 187. — Locomotive compound à quatre cylindres et à 3 essieux couplés, construite à Munich, avec cylindres à basse pression extérieurs.

Les efforts, que transmet chacun des quatre mécanismes, sont réduits à des valeurs telles qu'il est facile de proportionner les dimensions des pièces et les surfaces de frottement de manière à beaucoup réduire l'usure, malgré l'élévation de la pression dans la chaudière ; cela est au contraire difficile à réaliser dans une locomotive très puissante à deux cylindres. Par un calage convenable des manivelles, on peut donner aux deux pistons placés du même côté de la locomotive des mouvements directement opposés, de sorte qu'on équilibre en grande partie les pièces à mouvement rectiligne alternatif.

Dans la disposition adoptée par les chemins de fer français, deux des cylindres, généralement ceux à haute pression, attaquent le second essieu moteur de la locomotive, les deux autres cylindres attaquant le premier essieu (fig. 186). Sur la première locomotive de ce genre construite pour le Nord (n° 701), ces deux essieux étaient indépendants. Mais on a vite reconnu que cette disposition favorisait le patinage ; dés

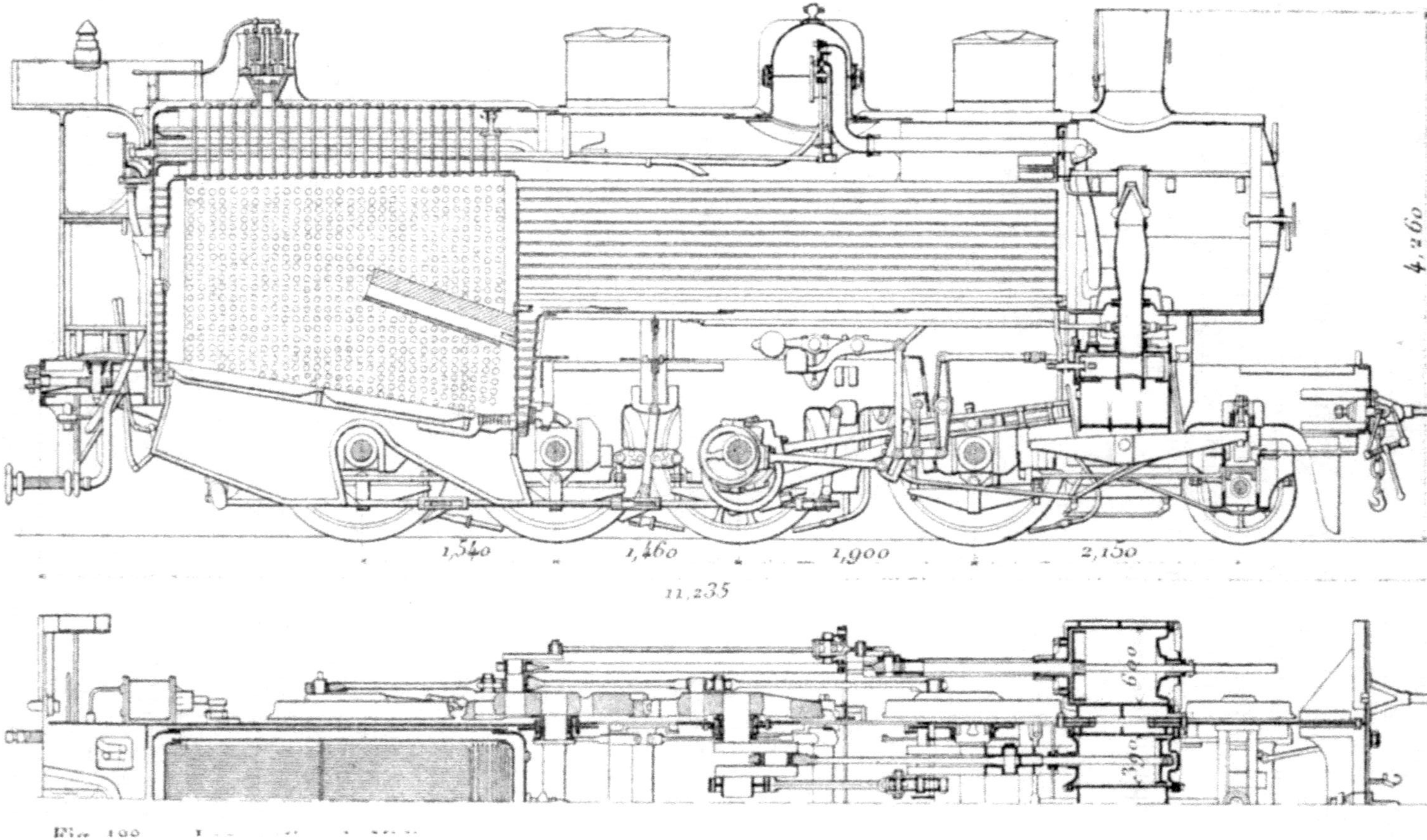

Fig. 188. – Locomotive du Midi à quatre cylindres en ligne et à quatre essieux couplés (cylindres de 390 et 600 mm sur 650 mm).

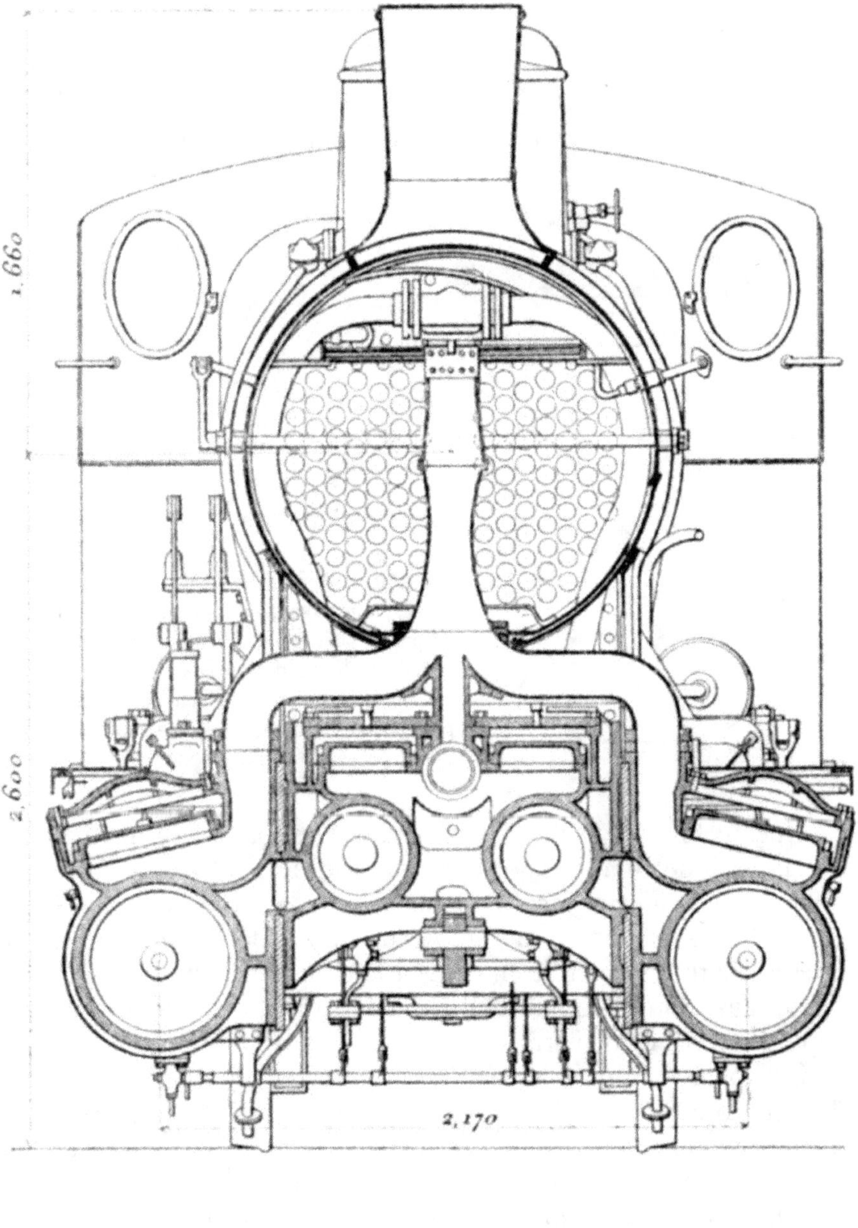

Fig. 189. — Locomotive à quatre cylindres et à quatre essieux couplés du Midi ; coupe transversale.

qu'un essieu patinait, l'autre avait tendance à le suivre; en outre, elle n'équilibrait pas les masses à mouvement rectiligne.

Parfois ce sont les cylindres à basse pression qu'on monte à l'extérieur (fig. 187 et 188), quand la place manque à l'intérieur, à cause de leur grand diamètre.

D'autres fois les quatre cylindres sont en ligne, sous la boîte à fumée (fig. 188 et 189), tout en attaquant deux essieux différents. Dans d'autres cas enfin, les quatre cylindres commandent le même essieu.

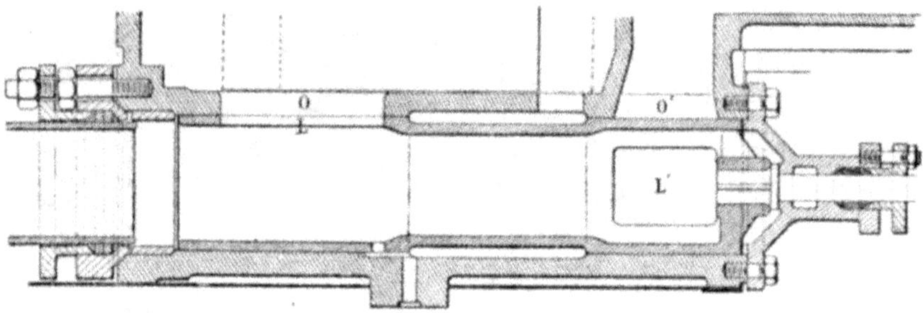

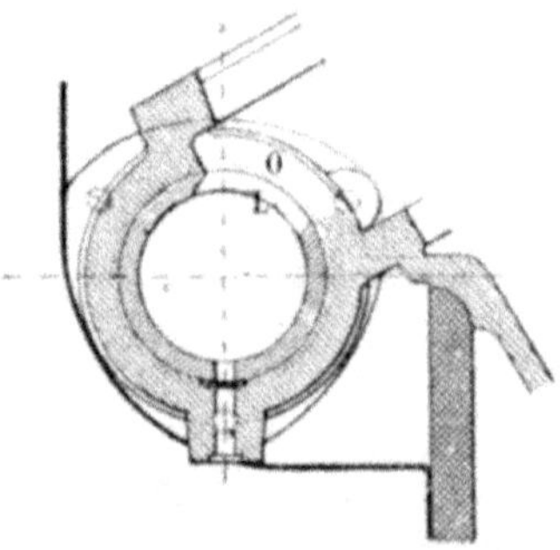

Fig. 190. — Appareil de démarrage à lanterne tournante, pour locomotives compound : la vapeur, qui s'échappe du petit cylindre, pénètre dans le réservoir intermédiaire du grand par la fenêtre L et l'orifice O. Dans une autre position de la lanterne, la fenêtre L' se place devant l'orifice O' et ouvre un échappement direct au petit cylindre.

Quelquefois on a calé les deux manivelles, placées du même côté de la machine, non pas à l'opposé l'une de l'autre, mais un peu différemment, afin de faciliter le démarrage dans toutes les positions, sans autre disposition qu'une admission directe de vapeur au réservoir intermédiaire. On préfère en général le calage en opposition directe, avantageux pour l'équilibre des mécanismes, avec addition d'un appareil spécial de démarrage.

Cet appareil est ordinairement établi suivant le principe de Manet : il sépare complètement les deux groupes, à haute et à basse pression, et donne une admission directe aux cylindres à basse pression. On emploie souvent un obturateur tournant (fig. 190) ; dans la position figurée, l'obturateur dirige la vapeur d'échappement du petit cylindre dans la boîte à tiroir du grand, en O ; une rotation d'un quart de tour ferme l'ouverture O et dirige la vapeur en O' vers la tuyère d'échappement. La manoeuvre se fait à l'aide d'un petit piston actionné par la vapeur ou par l'air comprimé. On emploie deux obturateurs pareils, montés de chaque côté de la locomotive. Un robinet d'admission directe de vapeur aux grands cylindres est, en outre, nécessaire ; une soupape de sûreté limite à 5 ou 6 kg par cm² la pression de cette vapeur.

Pour remédier au défaut d'étanchéité que peut présenter la lanterne tournante, on l'a remplacée sur l'Ouest par un axe tournant, à deux obturateurs mobiles, qui fonctionnent de même mais sont appliqués contre leur logement par la pression (fig. 191).

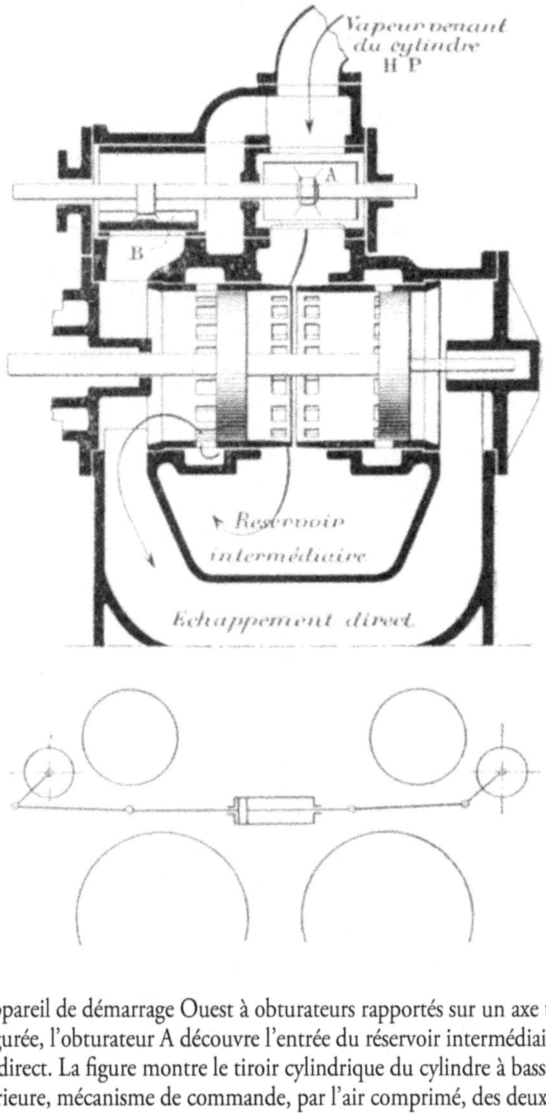

Fig. 191. — Appareil de démarrage Ouest à obturateurs rapportés sur un axe tournant. Dans la position figurée, l'obturateur A découvre l'entrée du réservoir intermédiaire et B ferme l'échappement direct. La figure montre le tiroir cylindrique du cylindre à basse pression. À la partie inférieure, mécanisme de commande, par l'air comprimé, des deux appareils.

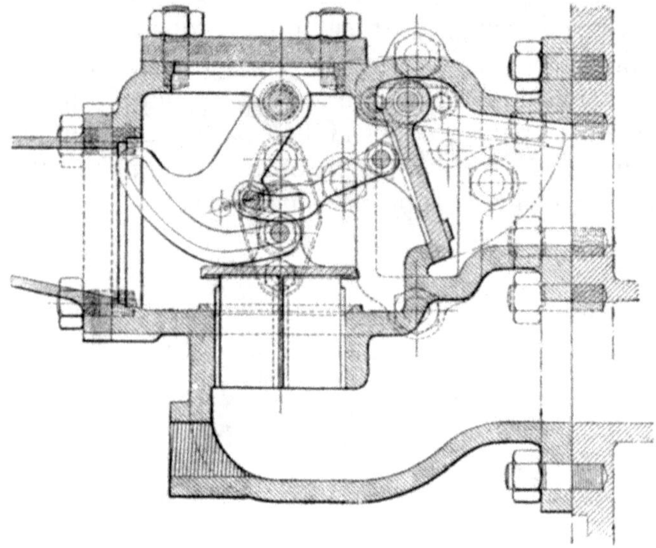

Fig. 192 — Clapet de locomotives compound de l'Est, disposé pour séparer les deux groupes de cylindres et ouvrir un échappement direct aux petits cylindres.

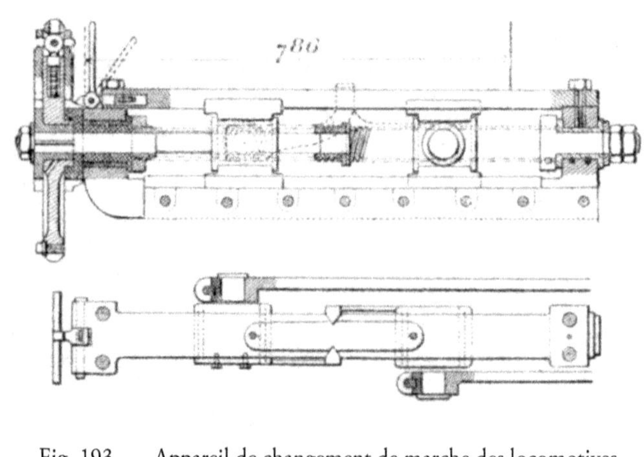

Fig. 193. — Appareil de changement de marche des locomotives compound à quatre cylindres et à trois essieux couplés du Midi : les deux vis commandent chacune un arbre de relevage ; un volant unique permet de les faire tourner ensemble ou séparément.

Dans certaines locomotives de l'Est, l'échappement des deux cylindres à haute pression est dirigé dans une boîte commune, placée au milieu de la machine (fig. 192) cette boîte est munie d'un clapet et d'une soupape, que manoeuvre un arbre unique; la soupape ouvre un échappement direct à l'extérieur, tandis que le clapet (à droite de la figure) donne la communication normale avec la boîte à vapeur des grands cylindres. Lorsqu'on veut faire fonctionner séparément les deux groupes de cylindres, on ouvre une prise de vapeur spéciale sur la chaudière pour alimenter les grands cylindres.

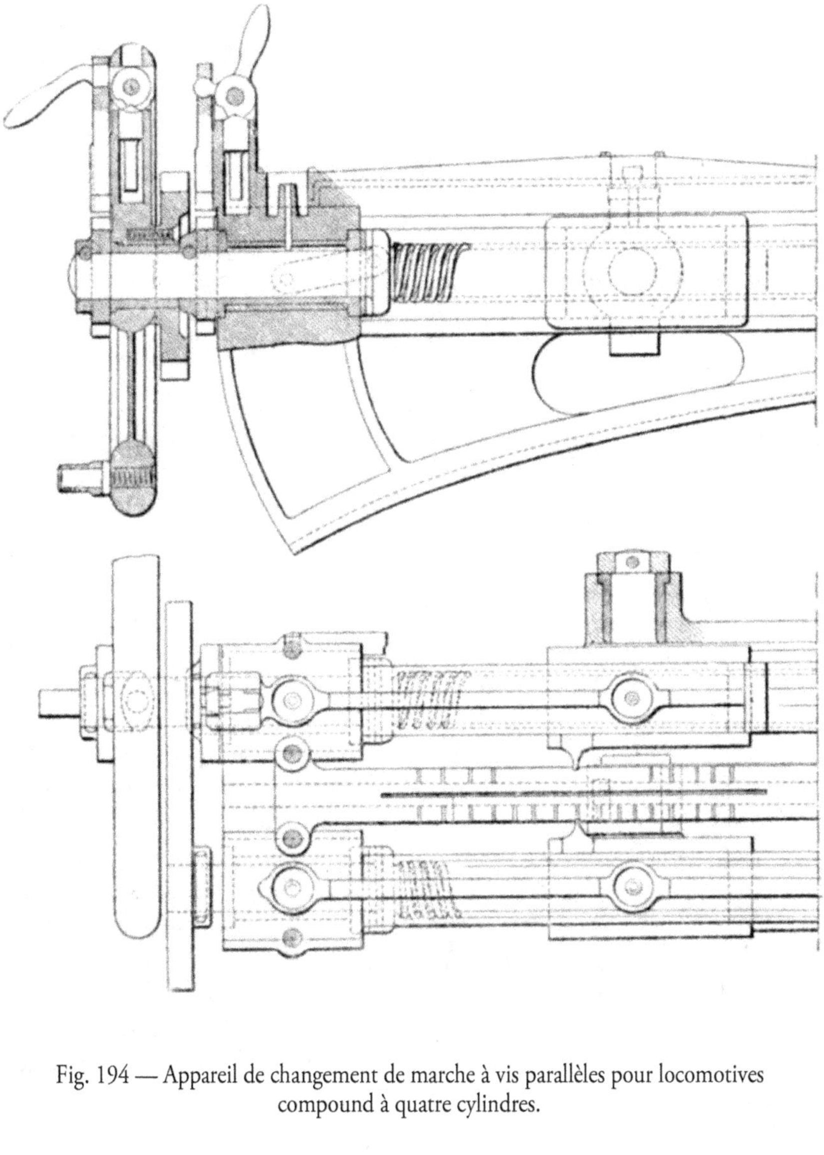

Fig. 194 — Appareil de changement de marche à vis parallèles pour locomotives compound à quatre cylindres.

Les distributions des groupes à haute et à basse pression comportent deux arbres de relevage, manœuvrés à volonté ensemble ou séparément, à l'aide de deux vis placées dans le prolongement l'une de l'autre (fig. 193) ou à côté l'une de l'autre (fig. 194).

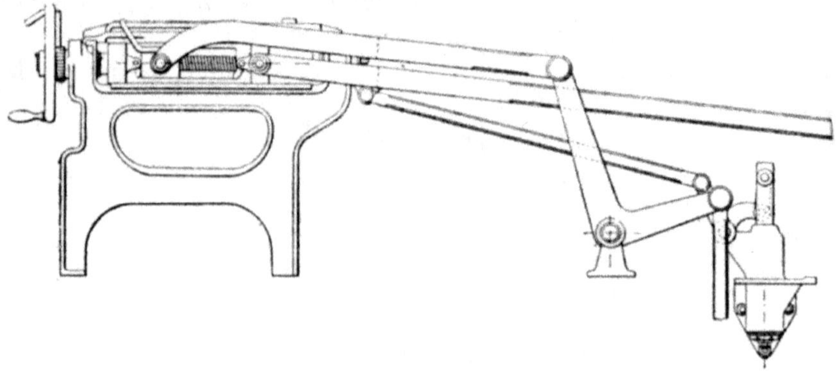

Fig. 195. — Appareil de changement de marche P.L.M. maintenant constamment à fond de course le relevage des cylindres à basse pression : pour le changement de marche, l'écrou du relevage haute pression déplace d'une extrémité à l'autre de sa course un cadre commandant le relevage basse pression. À droite de la figure, frein à huile empêchant les mouvements brusques du cadre pendant la manœuvre.

Dans la disposition adoptée par le P. L. M. (fig. 195), le changement de marche basse pression est maintenu constamment à fond de course pour chacun des deux sens de rotation. À cet effet, l'arbre de relevage pour la basse pression est relié à un cadre dans lequel passe la vis de changement de marche.

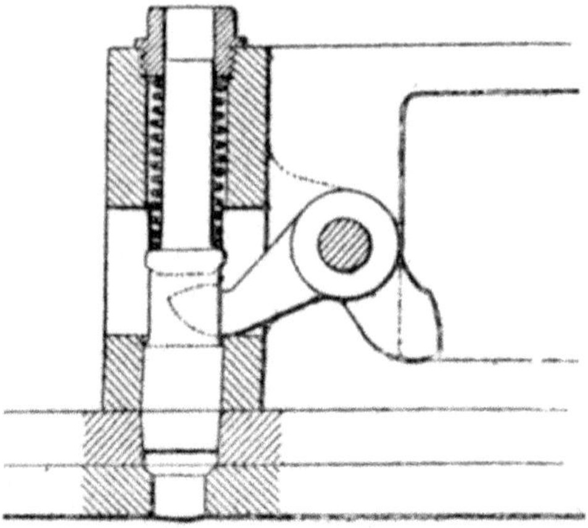

Fig. 196.— Verrou de calage du cadre commandant le relevage basse pression de la fig. 195.

Cette vis porte un écrou qui commande, à la manière ordinaire, le relevage haute pression : cet écrou joue dans l'intérieur du cadre, avec un jeu égal à la moitié de sa course totale. Le cadre est immobilisé, dans ses positions extrêmes, par des verrous qui pénètrent dans des encoches situées vers le milieu de la vis (fig. 196).

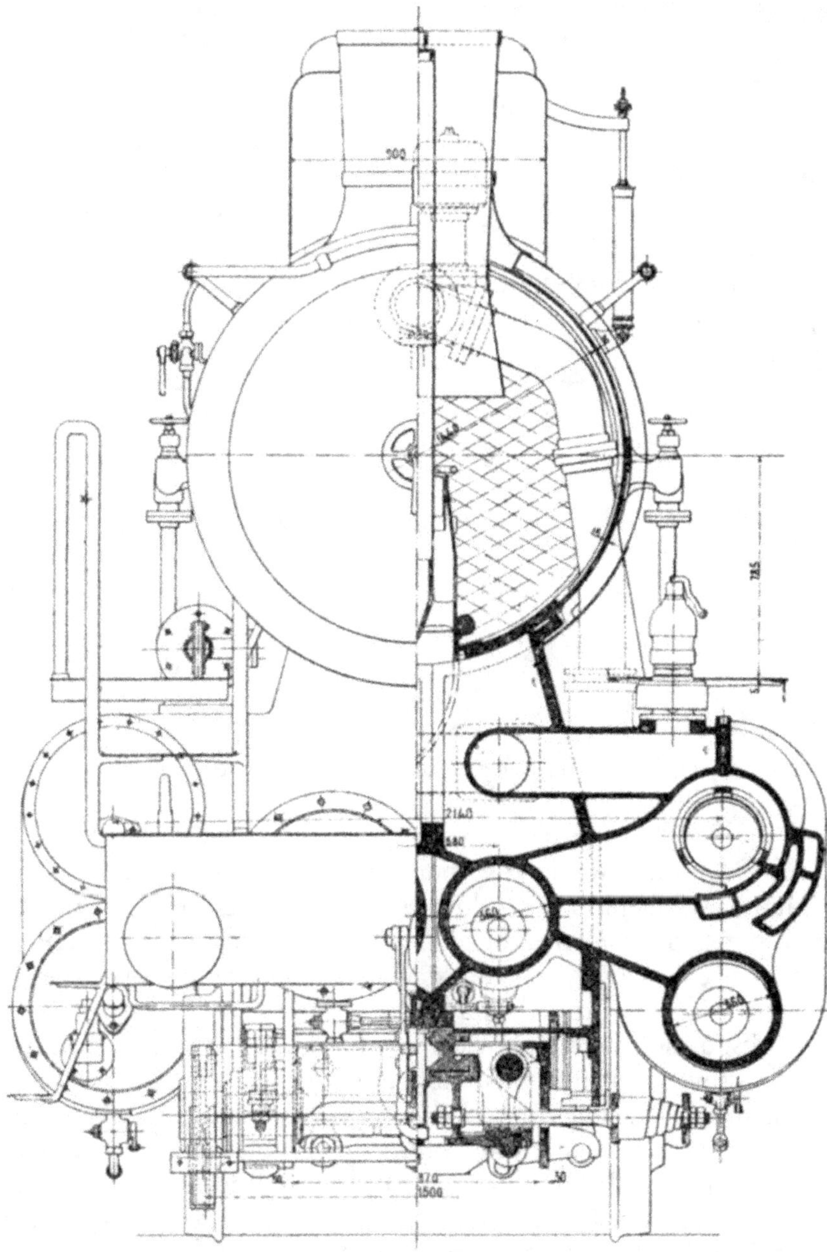

Fig. 197. — Locomotive à quatre essieux couplés du réseau Adriatique d'Italie, avec paires de cylindres à haute et basse pression, desservies chacune par un tiroir unique. Les pistons de chaque paire ont des mouvements opposés.

Quand on change le sens de marche, l'écrou du relevage haute pression, en passant au point mort de la réglette, appuie sur des taquets qui soulèvent les verrous, puis pousse le cadre jusqu'à fond de course. Alors les verrous situés à l'autre extrémité du cadre l'immobilisent à leur tour, et on peut ramener vers le centre de la réglette l'écrou du relevage haute pression. Pour éviter les mouvements irréguliers que pourrait prendre, pendant la manœuvre, le cadre entraîné par le mécanisme de distribution sans être maintenu dans les deux sens, on le relie à un frein, formé d'un piston non jointif dans un cylindre plein d'huile, qui permet les mouvements lents, mais s'oppose aux brusques déplacements.

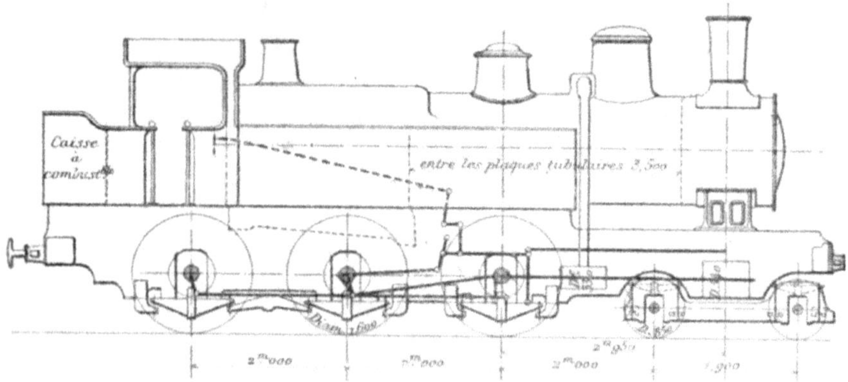

Fig. 198. — Locomotive compound à cylindres en tandem (330 et 540 sur 500 mm.) de la Ceinture.

Afin de simplifier la distribution, on a disposé, sur certaines locomotives italiennes à 4 cylindres (fig. 197), les deux cylindres à haute pression du même côté, un à l'intérieur, l'autre à l'extérieur, avec manivelles à 180°, et les deux cylindres à basse pression de même, de l'autre côté. Un tiroir cylindrique dessert chacun des deux groupes. Cette disposition dérive d'un compound à deux cylindres, dont les cylindres sont simplement dédoublés.

On monte quelquefois les cylindres en tandem, c'est-à-dire l'un derrière l'autre avec une tige commune. Le mécanisme reste alors le même que celui d'une locomotive simple à deux cylindres, sauf l'emploi de deux pistons sur la tige. Les deux tiroirs sont aussi montés sur une tige unique. On voit cette disposition notamment sur certaines locomotives russes et sur de récentes locomotives-tenders de la Ceinture (fig. 198). Par cette dernière application, on a voulu avoir des machines démarrant facilement, sans dépenser trop de vapeur pendant les parcours effectués avec le changement de marche à fond de course, qui sont très fréquents dans le service de la Ceinture. Même à pleine admission dans les deux cylindres, la vapeur subit toujours une certaine détente, qui est une cause d'économie et qui rend l'échappement moins violent. La tige des tiroirs présente un certain jeu entre les deux cylindres, de sorte que le tiroir à basse pression a toujours du retard sur le tiroir à haute pression : il en résulte une admission plus longue et une compression plus courte dans le cylindre à basse pression.

La disposition en tandem ne convient guère pour les locomotives à grande vitesse, à cause de l'importance des masses à mouvement alternatif.

Le système compound à quatre cylindres se prête à la commande séparée de deux groupes d'essieux formant deux trains qui supportent la locomotive et qui présentent une grande flexibilité dans les courbes. Cette disposition est examinée au § 113.

96. Locomotives à quatre cylindres, du genre Woolf.

La détente de Woolf, à transvasement direct de la vapeur d'un cylindre dans l'autre, sans réservoir, a été appliquée de diverses manières aux locomotives. Sur des locomotives à quatre essieux couplés du Nord, les cylindres ont été fondus en tandem, avec trois tiges de piston, pour éviter une garniture intérieure sur une tige unique. On a essayé au Mexique des cylindres concentriques, ce qui est bien compliqué.

Dans la disposition américaine de Vauclain (à laquelle on semble avoir renoncé en principe), les cylindres sont superposés et la crosse du piston reçoit leurs deux tiges. Un tiroir cylindrique unique dessert ces deux cylindres.

On préfère aujourd'hui aux États-Unis la disposition à pistons équilibrés ; les quatre cylindres sont en ligne transversale sous la boîte à fumée : de chaque côté de la machine, le petit cylindre, intérieur, et le grand cylindre, extérieur, commandent deux manivelles opposées à 180° ; un tiroir cylindrique unique (fig. 199) dessert ces deux cylindres.

La détente commence dans le petit cylindre, puis la vapeur se transvase dans le grand, de l'avant à l'avant, et de l'arrière à l'arrière. Pour le démarrage, un robinet établit une communication des deux côtés du petit cylindre, ce qui permet à la vapeur d'accéder au grand cylindre.

97. Locomotives à vapeur surchauffée.

L'emploi de la vapeur surchauffée présente des avantages théoriques qui l'ont fait employer anciennement ; certaines difficultés pratiques ont empêché cet emploi de s'étendre.

Toutefois, depuis quelques années, on a surmonté en partie ces difficultés, et de nombreuses machines fixes, et même des locomotives, fonctionnent avec la vapeur surchauffée. L'économie de la surchauffe tient surtout à ce qu'elle atténue l'action nuisible des parois du cylindre.

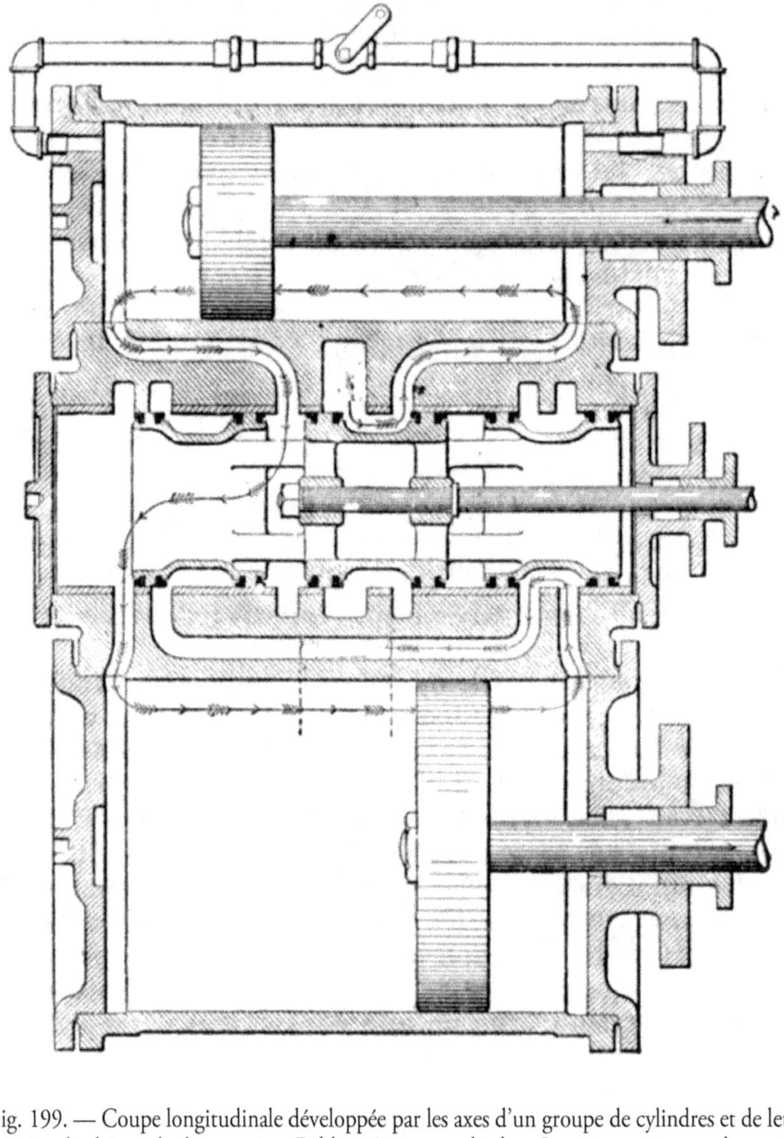

Fig. 199. — Coupe longitudinale développée par les axes d'un groupe de cylindres et de leur tiroir cylindrique des locomotives Baldwin à quatre cylindres. La vapeur arrive par la partie centrale annulaire autour du tiroir : l'échappement du petit cylindre se fait, suivant les flèches par la coupure du tiroir, l'admission dans le grand cylindre, par les bords extérieurs ; enfin les zones annulaires extérieures, vers l'extrémité du tiroir, servent à l'échappement du grand cylindre.

Avec la vapeur saturée, les parois relativement froides en condensent un poids notable pendant l'admission; avec la vapeur surchauffée, bien que la température en soit plus élevée, la perte par l'action des parois est moindre. Au contact de la paroi, la vapeur surchauffée se refroidit, mais sans se condenser, au moins au début de l'admission. Or c'est surtout la condensation de la vapeur qui fait passer rapidement la chaleur de la vapeur dans le métal: tant que la vapeur reste sèche, le réchauffement des parois est moins actif.

Il arrivera souvent qu'à la fin de l'admission, la vapeur surchauffée aura perdu à peu près sa chaleur de surchauffe; ce fait élimine un avantage apparent de la vapeur surchauffée, résultant de sa moindre densité: un kilogramme de vapeur saturée, à la pression effective de 12 kg par cm^2, est à la température de 191°, et occupe un volume de 153 litres. Surchauffé jusqu'à 300°, le volume devient 195 l; il est de 216 l à 350°. Il semble donc qu'un moindre poids de vapeur suffise à fournir un même volume admis dans le cylindre. En réalité, la vapeur est souvent à peu près saturée à la fin de l'admission, mais on économise la quantité supplémentaire qui se serait condensée sur les parois.

Pour ces motifs, une machine dépense par cheval-heure un poids moindre de vapeur quand elle est surchauffée. Mais la dépense de charbon ne diminue pas dans la même proportion, car la surchauffe de la vapeur exige une quantité supplémentaire de chaleur. Pour que la surchauffe soit avantageuse, il faut qu'elle soit énergique. En Allemagne, où les applications de la surchauffe sont nombreuses, la température moyenne est de 320° et peut même atteindre 350°.

Comme pour la locomotive on recherche surtout l'augmentation de puissance ; on donne, avec la vapeur surchauffée, un plus grand diamètre aux cylindres qu'avec la vapeur saturée, la chaudière conservant les mêmes dimensions. Avec la même dépense de vapeur, on obtient une puissance plus grande.

Certaines dispositions spéciales sont nécessaires. Les tiroirs doivent être cylindriques, car il est trop difficile d'assurer un bon graissage des tiroirs plans. La forme du cylindre et de la boîte à vapeur est étudiée pour éviter les déformations et les ruptures dues aux dilatations inégales. La boîte à vapeur, cylindrique, est même parfois complètement séparée du corps du cylindre, si ce n'est aux deux extrémités, pour le passage des lumières. Le graissage des tiroirs et pistons exige une huile minérale de qualité spéciale, distribuée en trois points de chaque cylindre, au milieu du corps principal et sur les deux pistons conjugués du tiroir, par un appareil graisseur d'une efficacité certaine.

Un pyromètre fonctionnant à distance fait connaître au mécanicien la température de la vapeur. Cet appareil, assez délicat, doit être l'objet, de vérifications convenables, sinon des indications fortement erronées sont à craindre. Du reste, avec un surchauffeur bien proportionné et une tuyère d'échappement placée à la hauteur convenable, la température de la vapeur atteint, sans la dépasser, la valeur limite de 350° environ, la dépense de vapeur et l'activité du feu variant en proportion. Une chute brusque de la température indique un entraînement d'eau dans le surchauffeur. Pour éviter cet entraînement, on doit toujours produire un petit laminage par le régulateur. Un manomètre monté sur la boîte à vapeur permet au mécanicien de contrôler ce laminage.

Les pistons des locomotives de l'État prussien, à vapeur surchauffée, ont trois bagues, et le corps de piston ne porte pas sur le cylindre : il est supporté, d'une part par la crosse guidée par les glissières, d'autre part par une bague que traverse la contre-tige. Les garnitures sont du type à déplacement transversal et ne servent qu'à assurer l'étanchéité (fig. 113).

La conduite des locomotives à vapeur surchauffée exige des précautions spéciales. Pendant la marche, il ne faut manœuvrer le changement de marche dans le sens qui augmente l'admission, c'est-à-dire la course du tiroir, qu'avec une extrême précaution ; notamment en fermant le régulateur, on évite de placer le changement de marche à fond de course, comme d'habitude, car on risquerait de voir gripper les tiroirs. Quand on augmente la course du tiroir, il vient frotter sur des parois relativement froides, dont le diamètre est sans doute trop petit. Pour éviter la grande résistance qui résulterait du non-relevage de la marche, avec le régulateur fermé, un tuyau spécial muni d'un robinet met en communication les deux extrémités du cylindre pendant la marche sans vapeur. Cette communication permet de supprimer les soupapes de rentrée d'air. Le changement de marche n'est mis à fond de course qu'après l'arrêt, pour le démarrage subséquent. On le ramène ensuite progressivement à l'admission moyenne de 20 p. 100 environ, puis on n'y touche plus, toutes les variations de puissance étant obtenues avec le régulateur, qui lamine plus ou moins la vapeur. L'augmentation du diamètre des cylindres, recommandable avec la surchauffe, rend d'ailleurs moins utiles les grandes admissions.

Sur les compound à vapeur surchauffée, on évite de même la manœuvre du relevage ; mais comme les admissions sont toujours longues, la marche à régulateur fermé, sans la communication directe des deux extrémités des cylindres, n'a pas trop d'inconvénients.

Quand le régulateur est fermé, il faut avoir soin de mettre en action le souffleur avant d'ouvrir la porte du foyer, car les retours de flamme sont à craindre, parce que la section de passage des gaz chauds dans les tubes est alors fortement réduite, le clapet du surchauffeur étant fermé.

La surchauffe augmente la puissance des machines sans en modifier le poids et sans exagérer la consommation de combustible. On peut craindre que les surchauffeurs ne donnent lieu à de grandes dépenses d'entretien et à des avaries de route. Il est possible aussi que l'usure des pistons et tiroirs soit plus rapide avec la vapeur surchauffée. Toutefois, avec des appareils bien construits et conduits avec soin, la surchauffe paraît pouvoir entrer dans la pratique courante. Une expérience prolongée est nécessaire pour une appréciation plus précise.

La distribution Lenz par soupapes, étudiée pour la vapeur surchauffée, a été mentionnée p. 168.

Les applications de la surchauffe, soit définitives, soit à titre d'essai, sont nombreuses : outre l'Allemagne, on en trouve dans la plupart du pays où l'on s'intéresse aux perfectionnements de la locomotive, et notamment en France.

98. Contrepoids des roues de locomotives.

Pour qu'un train de roues porteuses de locomotive, de roues de tender ou de wagon, roule aussi doucement que possible, il faut qu'il soit parfaitement équilibré. Monté sur les pointes d'un tour, il doit rester arrêté dans une position quelconque, sans qu'aucune partie lourde ramène toujours à la même place un même côté des roues. Qu'on ajoute, à une roue bien équilibrée, un poids libre de coulisser suivant un rayon (fig. 200), mais qu'un ressort repousse vers le centre de la roue (cette disposition existe sur certaines machines fixes à grande vitesse, où ce poids et ce ressort constituent un régulateur) ; le ressort se tend de plus en plus à mesure que la vitesse de rotation augmente. Soient P, en kilogrammes, le poids ainsi fixé à la roue, R, en mètres, la distance du centre de gravité de ce poids au centre de la roue, v la *vitesse angulaire* de la roue, exprimée par le nombre de mètres parcourus pendant une seconde, en tournant en rond, par un point situé à un mètre du centre. La force qui tend le ressort est donnée par la formule :

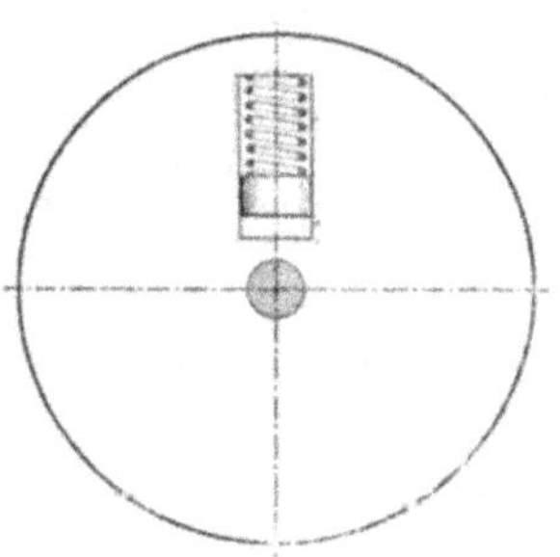

Fig. 200. — Tension d'un ressort par un poids rapporté sur une roue.

$(P / 9{,}81) \times R \times v^2$, où v^2 est le carré de v, c'est-à-dire le produit de v par v.

Par exemple, avec un poids de 50 kg à une distance de 0,750 m du centre, et une vitesse angulaire de 20 (ce qui fait un peu plus de 3 tours par seconde). la force cherchée est environ 1 500 kg. Le ressort

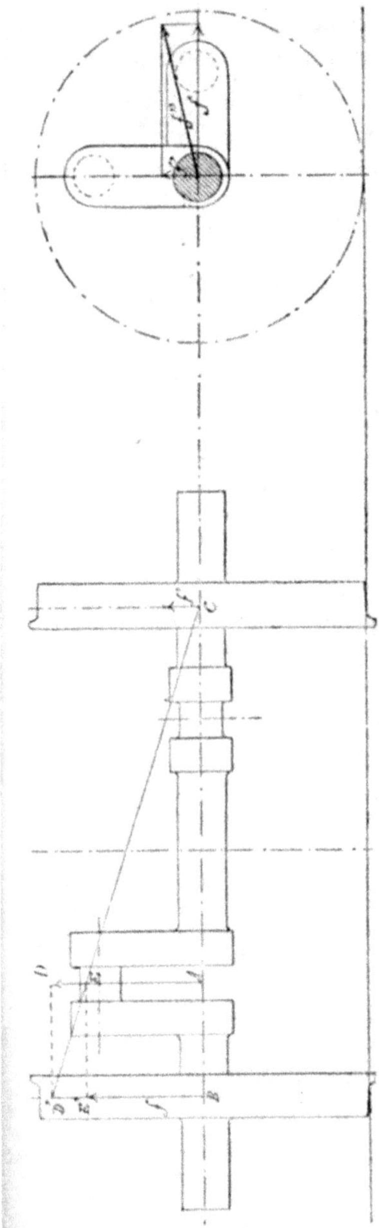

Fig. 201. – Détermination des contrepoids équilibrant des masses tournantes comprises entre les roues.

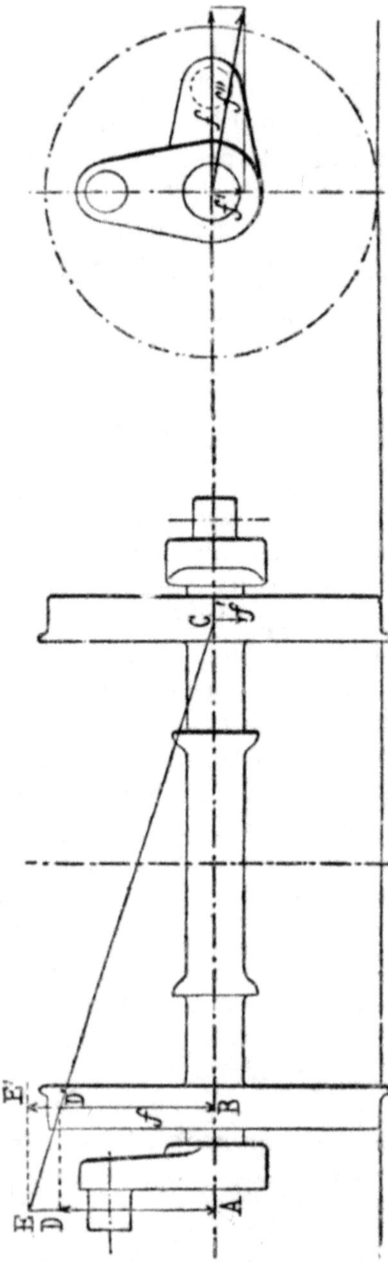

Fig. 202. – Détermination des contrepoids équilibrant des masses tournantes placées à l'extérieur des roues.

ainsi tendu exerce sur la roue une réaction égale, et en définitive tire le centre de la roue. Quand il n'y a pas de ressort, et quand le poids est fixé à la roue, le centre de la roue continue à être tiré, par cette même force, dans la direction de la masse non équilibrée.

Si une roue de véhicule de chemin de fer porte ainsi cette masse et roule avec une vitesse uniforme, au moment où la masse est vers le bas de la roue, cette force de 1 500 kg (ou autre calculée de même), tirant le centre de la roue, fait qu'elle exerce sur le rail une pression de 1 500 kg en plus du poids normal; quand la masse est en haut, c'est une diminution de 1 500 kg du poids sur le rail; quand elle est d'un côté ou de l'autre du centre, sur l'horizontale, c'est une poussée de 1 500 kg vers l'une ou l'autre glissière des boîtes. Cette force, qui varie rapidement, agit ainsi sur le rail et sur les glissières: il en résulte des usures inégales du bandage (qui s'use ou s'écrase au moment de la plus forte pression), et des vibrations qui se transmettent au véhicule.

On fait disparaître cet effet fâcheux, en ajoutant une masse égale à la même distance du centre, symétriquement placée, c'est-à-dire à l'autre extrémité du diamètre. Il n'est pas indispensable que ces deux masses opposées soient égales; il suffit que le produit du poids par le rayon du centre de gravité, P x R, soit le même. Une lourde masse voisine du centre est compensée par une masse opposée plus légère, fixée près de la jante.

C'est ainsi qu'on équilibre, dans les locomotives, au moyen de contrepoids, les pièces tournantes, boutons de manivelle, coudes d'essieux, têtes de bielles motrices, articulées sur le bouton de manivelle, bielles d'accouplement.

On trouve une petite complication dans le calcul de ces contrepoids, parce que les masses qu'il s'agit d'équilibrer ne sont pas toujours sur chacune des roues mêmes, notamment les coudes d'essieu. Il faut commencer par décomposer les forces entre les roues: sur un des coudes (fig. 201) une force F, en kilogrammes, est représentée par la longueur AD; l'effet est le même que celui des deux forces *f* et *f*, représentées par les longueurs AE et ED, parallèles à la première et placées chacune dans le plan moyen d'une des roues, E étant obtenu en prenant BD' égal à AD et en joignant D' à C.

On décompose de même l'autre force F, provenant du second coude, en deux autres composantes *f'* et *f*.

Dans chacune des roues on a ainsi deux forces perpendiculaires *f* et *f'* , qu'on peut enfin remplacer par une force *f''*, que la diagonale du rectangle ayant *f* et *f'* pour côtés représente en grandeur et direction.

Quand la force F, égale à AD, est à l'extérieur des roues (fig. 202), une construction analogue donne dans la roue la plus voisine une force *f*, égale à AE, plus grande que F, et dans l'autre roue une force *f'* égale à ED, dirigée en sens contraire : on a de même la composante *f''* dans chaque roue. Pour ce calcul, on suppose la masse des bielles d'accouplement concentrée sur les boutons de manivelle.

99. Équilibre des pièces à mouvement alternatif.

L'application de contrepoids, pour équilibrer les pièces tournantes, est simple et naturelle ; mais on leur a demandé davantage. Outre les pièces qui tournent, les pistons, avec leur tige et leur tête, ont un mouvement rectiligne alternatif, ou mouvement de va-et-vient sur une ligne droite. Les bielles motrices se meuvent d'une façon moins simple, puisque la grosse tête tourne avec le bouton de manivelle, tandis que la petite tête se déplace comme le piston ; on peut supposer que le poids du corps de la bielle se partage entre ses deux extrémités.

Ces pièces, qui se déplacent en ligne droite, tendent à faire osciller la locomotive en long, parallèlement aux rails, oscillation qu'on appelle mouvement de recul. Au recul s'ajoute une autre oscillation qu'on remarque plus souvent, le lacet, ou pivotement de la machine autour d'un axe vertical. Ce pivotement porte les roues des essieux extrêmes alternativement contre les rails de droite et de gauche. S'il n'y avait qu'un seul mécanisme au milieu de la machine, il ne produirait que le recul, sans lacet. Il en serait de même si les deux mécanismes attaquaient deux manivelles parallèles ; le lacet a pour cause l'inégalité au même instant de l'action des deux mécanismes latéraux.

On atténue les mouvements de recul et de lacet en faisant les pistons avec leurs têtes aussi légers que possible. Tout étant égal d'ailleurs, le lacet sera d'autant moindre que les axes des cylindres seront plus rapprochés, ce qui est un avantage des locomotives à mécanisme intérieur. Enfin ces mouvements diminuent quand le poids de la locomotive augmente ; ils se réduisent encore si les attelages la serrent contre le tender.

Avec un nouveau contrepoids, placé sur la roue motrice à l'opposé de la manivelle, on peut créer des efforts horizontaux, détruisant ceux qui résultent du mouvement du piston. Mais rien ne compense les efforts verticaux donnés par ce nouveau contrepoids, efforts qui, à chaque tour de roue, produisent alternativement un accroissement et une diminution de la charge sur le rail, de sorte que l'équilibre horizontal entraîne un défaut plus grave que celui qu'on a corrigé.

On peut toutefois, sans grand inconvénient, forcer un peu les contrepoids de manière à équilibrer une petite fraction des perturbations horizontales.

Dans les locomotives à quatre cylindres, on équilibre les masses à mouvement rectiligne placées d'un même côté de la locomotive, en les rattachant à deux manivelles opposées à 180°. Cet équilibre serait complet si les deux masses étaient égales et si elles étaient placées dans le même plan vertical. En général le piston à basse pression des compound est plus lourd que le piston à haute pression, plus petit ; en outre, un des mécanismes est à l'intérieur, et l'autre à l'extérieur. Il en résulte que les perturbations horizontales ne sont pas complètement supprimées. Il est préférable que la masse la plus éloignée de l'axe de la locomotive soit la plus légère, ce qui a lieu quand les cylindres à haute pression sont extérieurs.

100. Perturbations dues à l'inclinaison des cylindres et à la pression sur les glissières.

La vapeur presse alternativement l'un et l'autre fonds des cylindres. Avec un diamètre de 450 mm et une pression de 40 kg par cm^2, l'effort sur chaque fond atteint environ 16 000 kg. Quand l'axe des cylindres est incliné, cet effort tend à soulever la machine vers l'avant en s'exerçant sur le fond avant, et à l'abaisser en pressant le fond arrière. Une décomposition de forces fait connaître l'effort vertical qui tend ainsi à soulever et à abaisser la machine. L'inclinaison étant de 10 cm par mètre, l'effort sera de 1 600 kg dans l'exemple choisi. Cette cause produit un mouvement de galop. Une même force verticale, dirigée en sens contraire, tend alternativement à appuyer davantage sur le rail et à soulever l'essieu moteur.

Quand l'inclinaison des cylindres est faible, cette action n'est pas trop sensible : avec les cylindres fort inclinés, anciennement adoptés sur quelques locomotives, elle était intolérable.

Les glissières, qui guident la tête du piston, sont pressées par une force, dirigée toujours dans le même sens, qui s'annule quand la manivelle passe par ses points morts, et prend sa plus grande valeur vers le milieu de la course du piston. Elle tend à soulever l'avant de la machine par saccades répétées, dans la marche avant, où la glissière supérieure travaille seule.

CHAPITRE IV

CHÂSSIS, SUSPENSION, ROUES

101. Châssis des locomotives.

Le châssis porte la chaudière et les cylindres, et repose sur les boîtes des essieux. Il doit résister aux effets de la pression sur les fonds des cylindres et à la poussée transmise par les boîtes. Les attaches des cylindres au châssis, soumises à de grands efforts, qui changent périodiquement de sens, doivent être très solides.

En Europe, le châssis se compose de deux longerons en tôle découpée, réunis par une série de pièces transversales ou entretoises: on dit qu'il est intérieur lorsque les longerons sont placés entre les roues, extérieur lorsque les roues sont entre les longerons. Quelquefois le châssis est double, avec boîtes intérieures et extérieures; mais on a renoncé généralement à cette disposition, qui complique la machine sans grand avantage.

Les longerons extérieurs laissent un peu plus de largeur disponible pour le foyer, qui n'est alors limité que par les roues; mais ils s'entretoisent moins facilement que les longerons intérieurs, surtout lorsque les roues ont un grand diamètre.

Les longerons s'attachent, aux deux bouts, sur les traverses d'avant et d'arrière: les cylindres intérieurs les relient solidement ; une forte liaison transversale est nécessaire entre des cylindres extérieurs. En outre, les longerons sont entretoisés à l'endroit du support des glissières, ainsi qu'à l'avant et à l'arrière de la boîte à feu, qui empêche de les relier entre eux sur une longueur souvent assez grande. Les entretoises sont formées de tôle et de cornières rivées, ou de pièces fondues en acier.

On ne saurait prendre trop de soins, en faisant l'étude des locomotives et en les construisant, pour assurer la solidité du châssis, sans en exagérer le poids. L'insuffisance du châssis entraîne une dislocation rapide. Les longerons sont affaiblis par les grandes découpures nécessaires pour recevoir les boîtes, et des cassures prennent parfois naissance dans les angles de ces découpures. En Amérique, le châssis est formé de grosses barres de fer à section carrée, forgées et soudées ou coulées en acier. Ce système a été quelquefois imité en Europe.

102. Suspension.

Des ressorts séparent le châssis et les boîtes, qui sont guidées entre des glissières verticales. Sans ces ressorts, la locomotive et les rails recevraient des chocs violents et destructeurs. En outre, par suite des flexions et inégalités de la voie, certaines roues toucheraient pas le rail, et tout 1e poids reporterait sur les autres. Les ressorts des voitures à voyageurs peuvent être flexibles et permettre de grands déplacements de la caisse sur les essieux. Il n'en est pas de même pour locomotive, dont les bielles motrices les barres d'excentriques rattachent l'essieu moteur à des pièces du mécanisme invariablement liées châssis. Par suite du mouvement des ressorts, l'axe du cylindre ne rencontre toujours l'axe de l'essieu moteur.

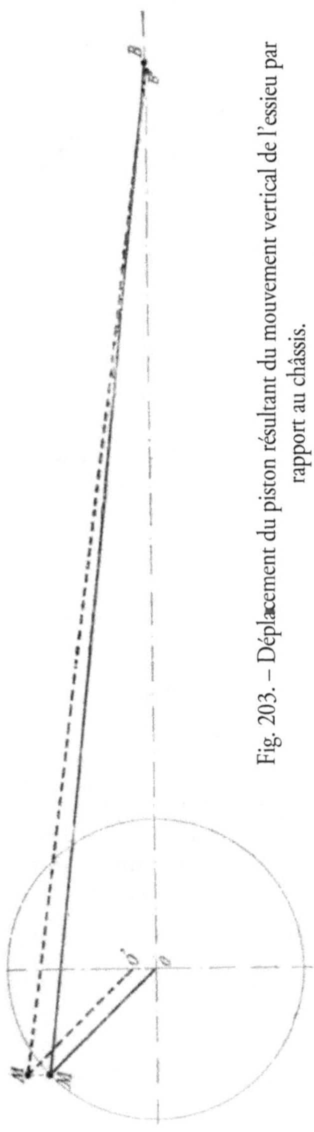

Fig. 203. – Déplacement du piston résultant du mouvement vertical de l'essieu par rapport au châssis.

Quand le centre de l'essieu moteur passe de O en O' (fig. 203) par rapport châssis, la manivelle va de OM en O'M', la tête du piston, au lieu d'être en B, trouve en en B'. Cette différence n'a grande importance pour le piston, car devient insignifiante quand la manivelle approche de ses points morts, et le piston de ses fonds de course, si l'axe du cylindre est horizontal. Mais le même effet sur le tiroir trouble la distribution quand le déplacement est trop grand. Avec des barres longues de 1 180 mm et un rayon d'excentricité de 70 mm, un déplacement de 3 cm de l'essieu moteur correspond pour le tiroir à un écart de 2 mm environ.

Lorsque l'axe du cylindre est incliné, le relèvement ou l'abaissement de l'essieu moteur influe sur la position du piston aux fonds de course : avec une inclinaison de l'axe du cylindre de 12 cm par une bielle motrice longue de 1 500 mm, une course de 600 mm, le piston à fond de course peut être déplacé d'environ un centimètre, si le jeu des ressorts permet une oscillation de 4 cm en dessus et en dessous de la position normale de l'essieu.

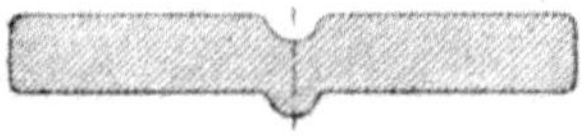

Fig. 204. — Acier rainé pour ressorts.

Lorsque deux essieux sont accouplés, si l'un d'eux se soulève, ce mouvement exige un peu de jeu sur le tourillon de la bielle d'accouplement, qui ne peut pas s'allonger. Avec une bielle longue de 1 200 mm, la distance d'axe en axe des tourillons augmente de 0,4 mm quand un essieu est soulevé ou abaissé de 31 mm.

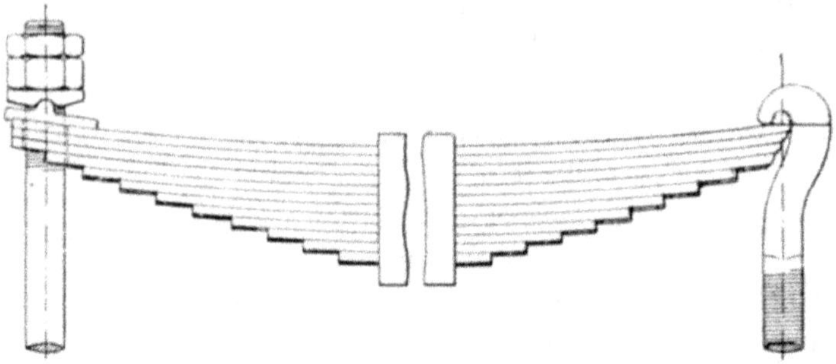

Fig. 205. — Attache des tiges de suspension par écrous (à gauche), et par crochet (à droite).

Les ressorts de suspension sont habituellement formés de lames d'acier serrées par une bride ; la lame supérieure, ou *maîtresse feuille*, est rattachée aux tiges de suspension. Les ressorts de locomotives ont plusieurs feuilles de même longueur que la première.

Les feuilles d'acier sont souvent laminées avec une petite nervure sur une face et une gorge correspondante sur l'autre (fig. 204), de sorte que les lames du ressort ne peuvent se déplacer transversalement. Elles glissent quelquefois dans le sens de la longueur, si la bride ne les serre pas bien.

La figure 205 représente deux types d'attache des tiges de suspension à la maîtresse feuille, l'une avec écrous sur la tige traversant un oeil ovalisé dans les lames, l'autre avec un crochet qui n'entaille pas les lames.

Le ressort est au-dessus de la boîte de l'essieu (fig. 206), sur laquelle il oscille librement ; ou bien il est placé sous la boîte, à laquelle il est rattaché par une pièce articulée (fig. 207). Les tiges de suspension agissent alors par pression ; le châssis repose sur les tiges, et les conditions d'équilibre sont moins bonnes.

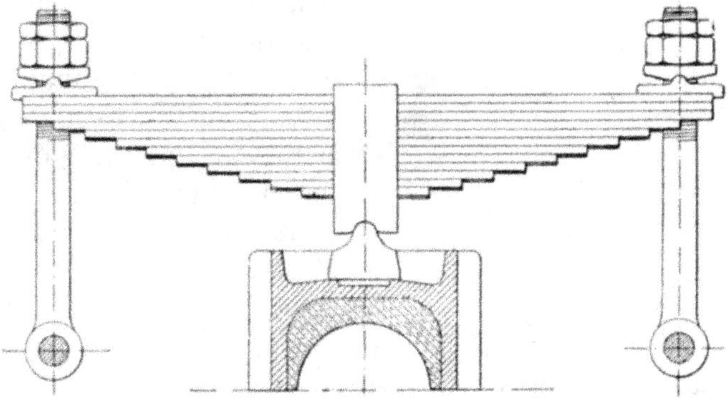

Fig. 206. — Ressort en dessus de la boîte.

Un ressort non monté présente une certaine flèche de fabrication ; quand on le charge, la flèche diminue. Le poids peut être assez grand pour aplatir complètement le ressort, et même lui faire dépasser l'aplatissement, en le courbant en sens inverse.

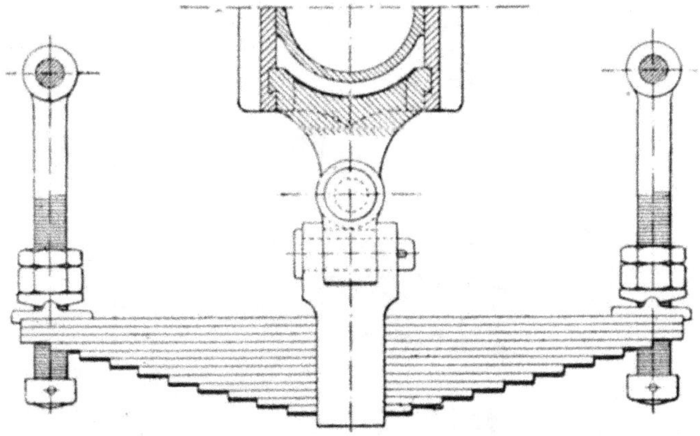

Fig. 207. — Ressort sous la boîte.

La diminution de la flèche est à peu près proportionnelle à la charge : la flexibilité par tonne est souvent de 5 mm, pour les ressorts de locomotives. Une flèche de fabrication de 40 mm se réduit à 35

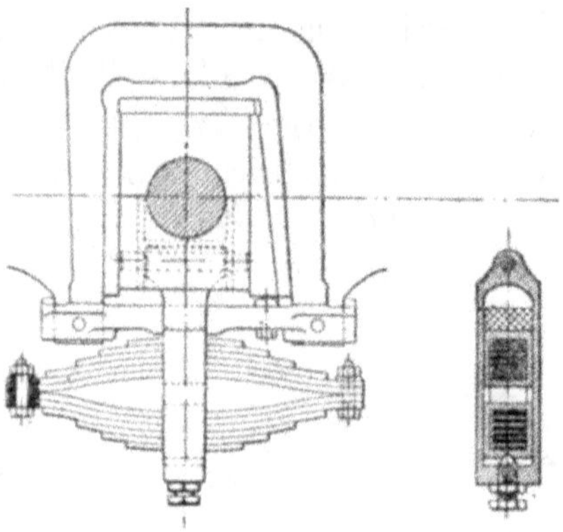

Fig. 208. — Ressort à pincette (*Lancashire and Yorkshire Ry*).

mm sous une charge de 1000 kg, à 30 mm pour 2 000 kg, etc.; 8 000 kg aplatiront complètement le ressort.

Les ressorts à lames de Belpaire, en Belgique, n'ont pas de flèche de fabrication : non chargés, ils sont droits, et ils se courbent de plus en plus à mesure que le poids qu'ils portent augmente.

Les ressorts à pincette (fig. 208). parfois employés pour la suspension des locomotives, se composent de deux ressorts symétriques articulés à leurs extrémités : le poids suspendu porte au milieu de la partie supérieure, la partie inférieure charge la boîte. La flexion par tonne est le total des flexions des deux parties, c'est-à-dire le double de la flexion d'une moitié : chacune de ces moitiés porte tout le poids suspendu.

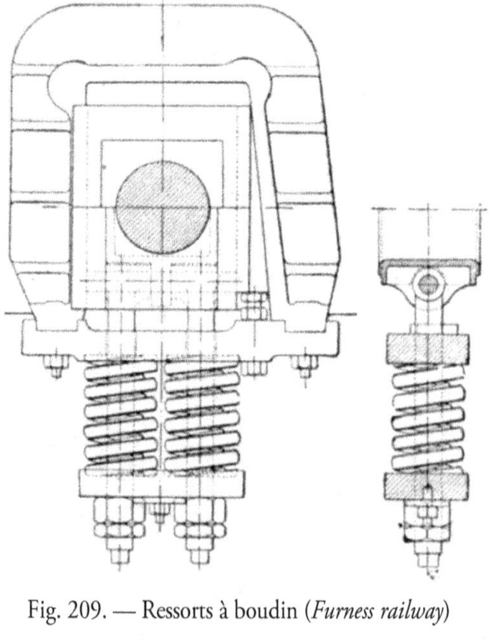

Fig. 209. — Ressorts à boudin (*Furness railway*)

Quelquefois on emploie les ressorts à boudin (fig. 209) ou en volute (fig. 210) pour suspendre les locomotives ; en plaçant côte à côte deux de ces ressorts, chacun porte la moitié de la charge totale. La flexion par tonne est alors égale à celle d'un seul ressort sous la charge d'une demi-tonne.

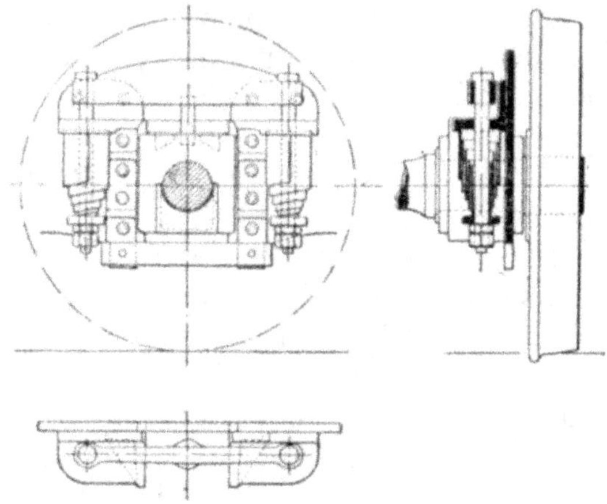

Fig. 210. — Ressorts en volute (*Lancashire and Yorkshire Ry*).

103. Répartition du poids suspendu.

Si on enlevait l'essieu du milieu d'une locomotive à trois essieux, les deux essieux extrêmes en supporteraient tout le poids. Après avoir remonté l'essieu du milieu, on pourrait, sans que la machine basculât, enlever un des deux essieux extrêmes, celui d'avant ou celui d'arrière : l'essieu du milieu porterait le poids presque entier de la machine ; l'autre essieu ne serait que légèrement chargé.

Sans enlever un essieu, en desserrant les écrous des tiges de suspension qui en chargent les ressorts, on diminue la tension de ces ressorts et on réduit la charge sur l'essieu. Celle des deux autres essieux en est modifiée ; on fait ainsi varier, entre des limites éloignées, le poids que supporte chacun des essieux.

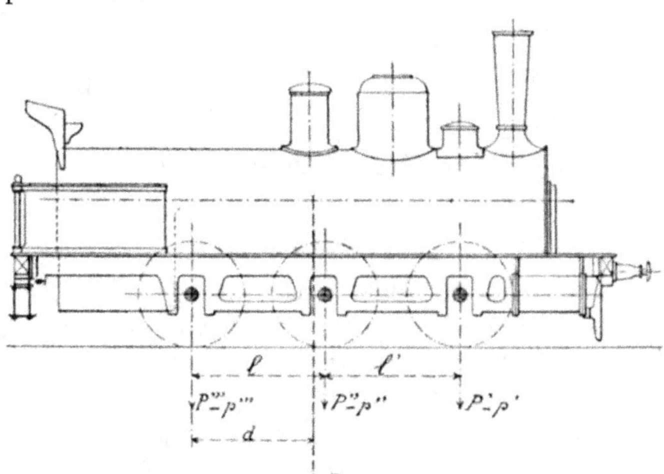

Fig. 211. — Détermination du poids sur les essieux d'une locomotive à trois essieux.

On peut se fixer à volonté, entre certaines limites, la charge sur l'un des essieux, celui du milieu par exemple, et des formules simples permettent de calculer la charge de chacun des deux autres. Il faut commencer par peser chacun des trois essieux avec ses boîtes, ressorts, colliers d'excentrique, et avec la portion des bielles qu'il porte (suivant une estimation approximative) : c'est le poids non suspendu de la machine, le poids qui ne porte pas sur les ressorts. Soient p', p'' et p''' les poids ainsi trouvés pour les trois essieux (p', p'' et p''' étant des nombres de kilogrammes).

On remet la machine sur roues et on la place sur les trois plateaux d'une bascule. On trouve des poids P', P'' et P''' (en kilogrammes) sur chaque plateau. En déduisant les poids des essieux, on calcule les poids suspendus sur les trois essieux, $P' - p'$, $P'' - p''$, $P''' - p'''$. La détermination de ces trois poids permet de connaître la position du centre de gravité de la masse suspendue, c'est-à-dire le point sur lequel on pourrait faire poser en équilibre toute cette masse. Soit P le poids total suspendu : si l et l' (fig. 211) sont les distances, en mètres, des essieux entre eux, et si d est la distance cherchée du centre de gravité à l'essieu d'arrière, on a la relation :

$$d \times P = l \times (P'' - p'') + (l + l') \times P' - p').$$

Par exemple, avec les valeurs :

p'	=	1 500 kg.	P'	=	10 500 kg.	l	=	2 m.
p''	=	2 000 kg.	P''	=	15 000 kg.	l'	=	1,800 m.
p'''	=	1 500 kg.	P'''	=	13 000 kg.			

le poids total suspendu, P, est de 33 500 kg, et

$$d \times 33\,500 = 2 \times 13\,000 + 3{,}8 \times 9\,000 = 60\,200$$
$$\text{ou } d = 1{,}795 \text{ m.}$$

Si on veut que la charge suspendue sur l'essieu du milieu ait une autre valeur, $P_1'' - p''$, on a toujours la relation :

$$d \times P = l \times (P_1'' - p'') + (l + l') \times (P'_1 - p')$$

entre les nouvelles charges suspendues $P_1'' - p''$ et $P_1' - p'$: cette relation permet de calculer P_1' puis P_1''' sur le troisième essieu.

Dans l'exemple choisi, si on veut que la charge sous l'essieu du milieu devienne 13 500 kg, on a :

$$60\,200 = 2 \times 11\,500 + (3{,}8 \times P_1' - 1\,500)$$

d'où on tire $P_1' = 11\,300$ kg et $P_1''' = 13\,700$ kg.

C'est une meilleure répartition que la première.

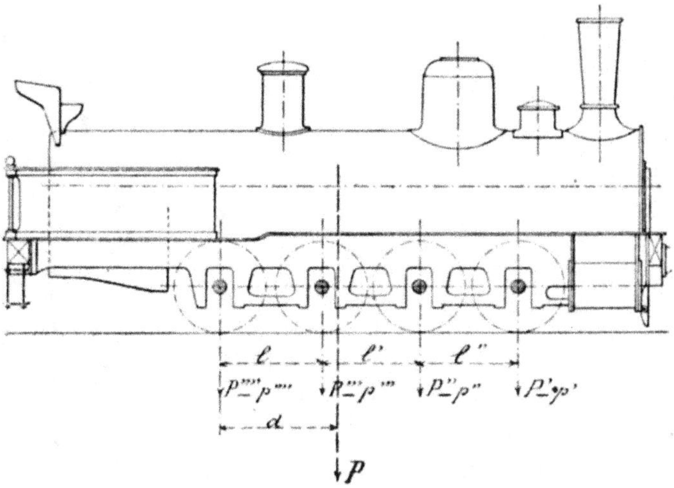

Fig. 212. — Poids sur les essieux d'une locomotive à quatre essieux.

On suppose que la charge est la même sur les deux roues d'un essieu : c'est une condition facile à réaliser, vu la symétrie de la locomotive par rapport au plan vertical qui passe par l'axe de la voie, mais qui n'est pas nécessairement satisfaite. On pourrait, au contraire, arriver à faire porter presque tout le poids de la locomotive en biais sur deux roues seulement, par exemple sur la roue gauche avant et sur la roue droite arrière ; bien entendu, il faut obtenir à peu près l'égalité de poids sur les deux roues d'un essieu.

Avec quatre essieux, on peut se donner, entre certaines limites, les charges sur deux des essieux. En appelant de même p', p'', p''' et p'''' les poids des quatre essieux, P', P'', P''', P'''' les poids sur les quatre plateaux de la bascule, l, l', l'' les distances des essieux, d celle du centre de gravité à l'essieu d'arrière (fig. 212), on a la formule, où P est le poids total suspendu :

$$d \times P = l \times (P''' - p''') + (l + l') \times (P'' - p'') \; (l + l' + l'') \times (P' - p')$$

Cette formule permet de calculer d avec les résultats d'une première pesée, puis P'', si l'on se fixe P' et P'''. On en déduit enfin P''''.

104. Balanciers.

La répartition du poids suspendu d'une machine ne se conserve que sur une voie parfaitement dressée ; les inégalités de pose et les flexions des rails font jouer les ressorts et modifient cette répartition pendant la marche. En outre, il est toujours à craindre que la répartition ne soit gravement altérée par une manoeuvre maladroite des écrous de réglage.

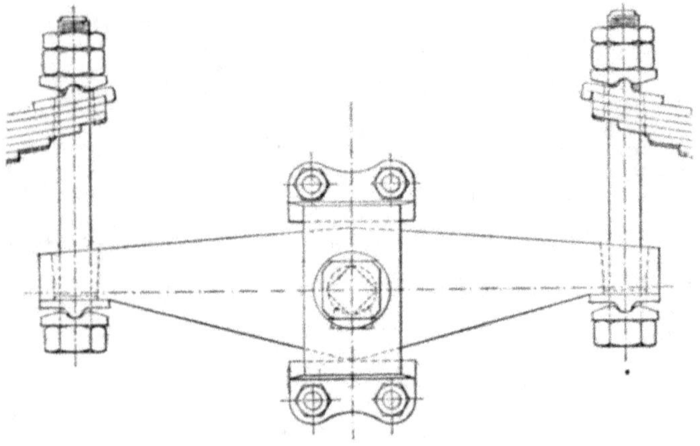

Fig. 213. — Balancier de suspension à bras égaux.

En attachant aux extrémités des deux bras égaux d'un balancier, articulé sur un support, deux tiges de suspension voisines (fig. 213), au lieu de les fixer au longeron, on force les ressorts à avoir toujours la même tension. Si les longueurs des deux bras sont inégales, dans le rapport de 4 à 5 par exemple (fig. 214), les charges supportées par les deux bras seront dans le rapport inverse, de 5 à 4 : le bras le plus court porte la plus lourde charge.

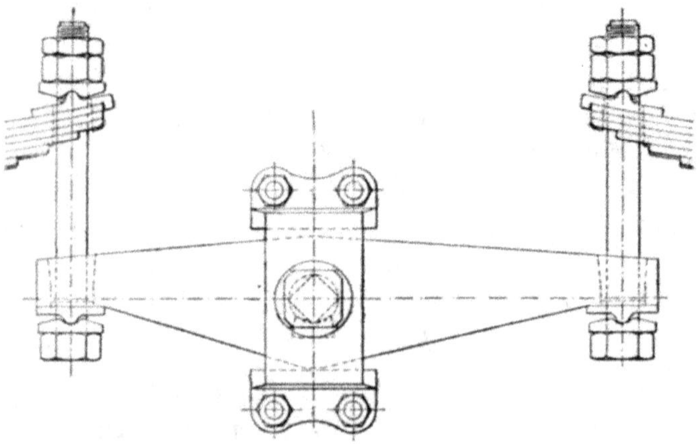

Fig. 214. — Balancier de suspension à bras inégaux.

L'autre tige de suspension, pour chacun des deux ressorts, reste articulée directement sur le longeron ; mais cette circonstance ne trouble pas le rapport invariable des charges établi par le balancier, parce que chacune des deux tiges de suspension d'un ressort, libre d'osciller autour de sa partie centrale, porte toujours la moitié du poids total suspendu; le balancier forçant ces deux moitiés à être égales (ou dans un rapport donné), il en est de même des charges entières.

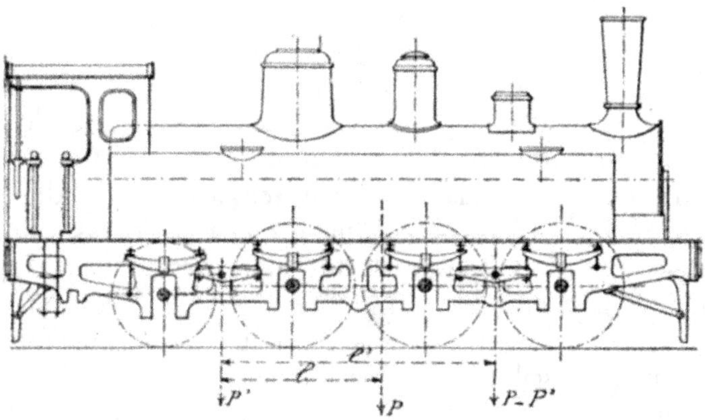

Fig. 215. — Répartition d'une charge entre deux points d'appui, pour une locomotive à quatre essieux, à l'aide de balanciers.

Sur une machine à six roues, lorsque les ressorts de deux des essieux sont réunis par des balanciers, on ne peut plus faire varier la répartition à volonté, à condition que les deux boîtes de chaque essieu portent la même charge. Chaque côté de la machine peut être considéré comme posant seulement sur deux points, sur l'axe d'articulation du balancier et sur le troisième essieu. Quand un corps repose sur deux points seulement, la charge sur chacun des deux appuis est absolument déterminée.

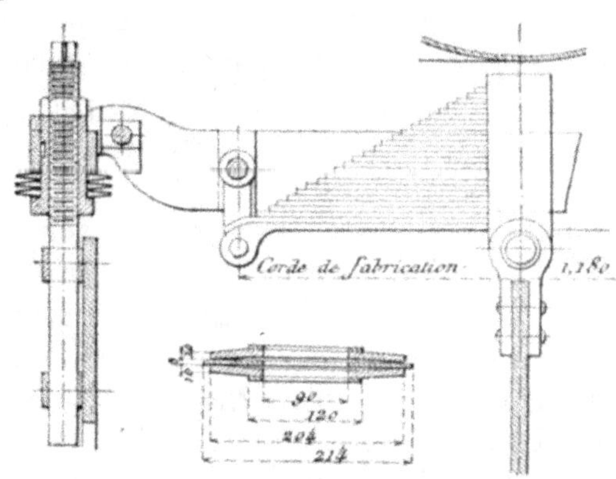

Fig. 216. — Suspension, par ressort transversal, de l'essieu avant de locomotives de l'Ouest ; détail des rondelles Belleville.

S'il y a quatre essieux, on peut relier les ressorts de deux premiers et ceux des derniers essieux par des balanciers (fig. 215), qui assurent de même une répartition invariable. Soit l la distance de l'axe d'un des balanciers à la verticale du centre de gravité (déterminée comme il est dit plus haut), l' la distance des axes des deux balanciers, P le poids total suspendu, P' la charge portée par les deux essieux d'arrière; les deux essieux d'avant porteront P — P' ; on a la relation simple $P' \times l' = P \times (l' - l)$, d'où on déduit P'; P' et P — P', ainsi calculés, se répartissent entre les deux essieux correspondants dans le rapport inverse des bras du balancier.

Pour que la répartition s'effectue exactement suivant les valeurs calculées, il faut que les articulations des balanciers, des tiges de suspension, des ressorts, soient parfaitement libres. Si ces articulations ne sont pas graissées, ou bien sont grippées, le balancier ne remplit pas convenablement son office; il peut même être plus nuisible qu'utile, et troubler la répartition plus qu'il ne la régularise. C'est pourquoi on articule souvent le balancier sur un couteau, c'est-à-dire sur une arête d'acier (fig. 213 et 214). Quand on emploie des tourillons, il faut assurer, par une disposition convenable des canaux de graissage, l'arrivée de l'huile entre les tourillons et leur appui ; cette articulation doit être fréquemment nettoyée et toujours bien lubrifiée. La charge doit se partager également entre les deux côtés de chaque essieu quelquefois des balanciers transversaux assurent cette égalité. Ces balanciers s'articulent sur le milieu du châssis, à égale distance des roues d'un même essieu; chaque extrémité porte une tige de suspension des ressorts qu'ils conjuguent.

Un ressort unique, chargeant les deux boîtes d'un essieu, remplace le balancier transversal. Sur la fig. 216, qui représente la disposition adoptée pour l'essieu avant, à boîtes extérieures, de certaines locomotives de l'Ouest, les deux extrémités du ressort, ne pouvant atteindre les boîtes, les chargent par l'intermédiaire d'une traverse à deux flasques. Des rondelles élastiques Belleville sont interposées entre la boîte et cette traverse. L'égale répartition de la charge entre les deux boîtes de l'essieu avant d'une locomotive est particulièrement importante; avec les boîtes extérieures, cette répartition est exposée à de fortes variations si aucune disposition spéciale ne la règle.

Les balanciers longitudinaux peuvent être remplacés par un ressort unique chargeant les deux boîtes voisines (fig. 232 et 234).

Si l'on place sur la bascule une machine avec balanciers, disposés comme il vient d'être dit et parfaitement libres de jouer, on ne modifie pas la répartition en tournant les écrous de réglage, pourvu que les deux côtés de la machine soient également chargés. Le réglage consiste simplement à mettre les boîtes à la hauteur convenable dans les glissières, et pourrait à la rigueur être fait sans bascule. Mais la pesée vaut toujours mieux, parce qu'elle montre si les articulations de la suspension fonctionnent bien.

105. Roues et bandages.

Les roues de locomotives étaient autrefois formées d'une série de barres de fer soudées à la forge. On exécute ces roues en une seule pièce, d'un fort bel aspect, en fer matricé ou en acier coulé. La roue est emmanchée sur la portée de calage de l'essieu par l'effort d'une presse hydraulique, qui atteint parfois 80 tonnes : la clavette est complètement inutile pour les roues porteuses.

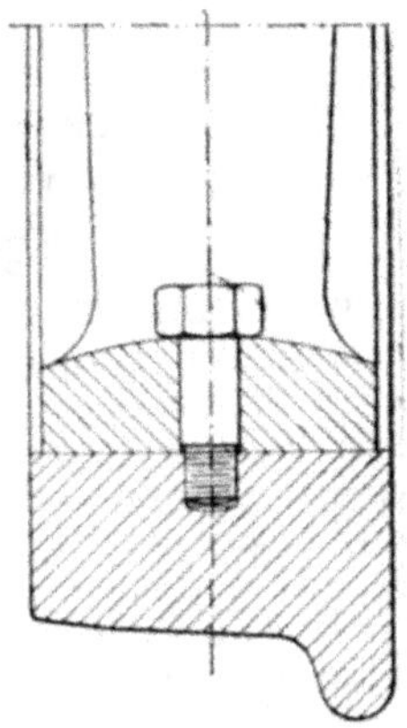

Fig. 217. Bandage fixé par des vis.

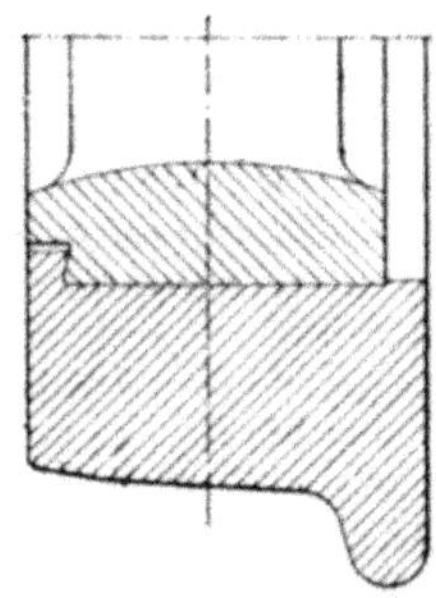

Fig. 218. — Bandage à talon.

Le bandage, formé d'un anneau d'acier laminé, est dilaté par la chaleur avant d'être posé sur la roue ; en se refroidissant, il se resserre ; le diamètre intérieur du bandage froid est à peu près égal aux 999 millièmes du diamètre extérieur du corps de roue.

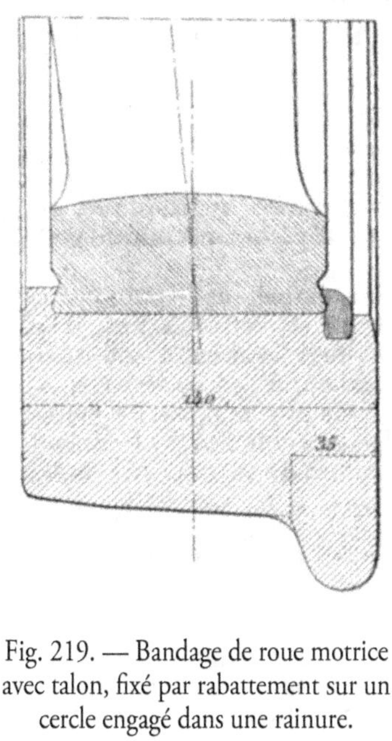

Fig. 219. — Bandage de roue motrice avec talon, fixé par rabattement sur un cercle engagé dans une rainure.

La fixation ancienne du bandage par vis (fig. 217) est de moins en moins employée. Souvent le bandage est muni d'un épaulement ou talon, qui porte contre la face extérieure de la roue (fig. 218) ; les chocs du boudin contre le rail tendant à chasser le bandage vers l'intérieur de la roue, cet épaulement est très efficace. Pour prévenir un glissement en sens inverse, on réduit de 1 à 2 mm le diamètre d'alésage à l'entrée du bandage vers l'intérieur ; il reste ainsi sur le bandage un cordon en légère saillie contre la face intérieure de la roue. On obtient une fixation très solide des bandages à talon extérieur (fig. 219) en pratiquant vers l'intérieur une rainure, dans laquelle on engage un cercle d'acier, fendu, qui dépasse le

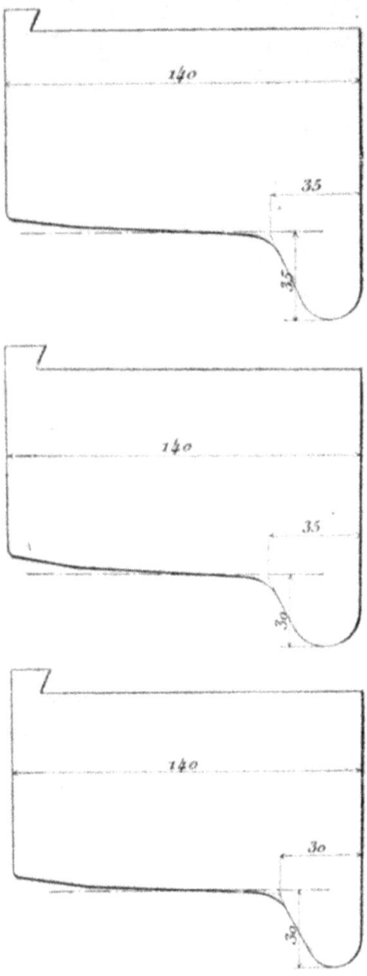

Fig. 220. — Profils des bandages de locomotives de l'Est : type normal pour grande vitesse ; type normal pour moyenne vitesse et tenders ; type à boudin mince pour roues intermédiaires.

bandage et porte contre le corps de roue. Une fois ce cercle en place, on l'emprisonne en rabattant le bord du bandage. Lorsque les bandages sont ainsi munis de talons, on voit moins facilement en service quelle épaisseur ils ont : il ne faut pas oublier cette circonstance en les examinant.

Le profil du bandage (fig. 220) comprend le boudin ou mentonnet, qui empêche les roues de quitter les rails, et la surface conique de roulement. Le rayon du congé qui raccorde le boudin et la surface de roulement doit être supérieur au rayon de la partie correspondante du rail.

L'inclinaison du profil du bandage ou la conicité de la surface de roulement est faite pour ramener toujours le train de roues vers le milieu de la voie et, dans les courbes, pour augmenter le diamètre de roulement sur le rail extérieur, qui a un plus grand développement. Le profil se termine, du côté opposé au boudin, par une partie plus inclinée, afin que la roue ne porte pas sur le bord extérieur du rail, surtout quand la surface habituelle de roulement est creusée par l'usure.

On appelle *diamètre moyen au roulement* ou *au contact* le diamètre de la circonférence qui est censée poser sur le rail quand les profils ont toute leur rigueur géométrique. On compte ce diamètre à 750 mm du milieu de l'essieu. L'écartement interne des faces des bandages, sur les chemins de fer d'Europe, dont les rails sont distants de 1,435 m à 1,450 m, est normalement de 1,360 m[17].

17 Plusieurs chemins de fer ont été construits avec des voies de largeur supérieure à la normale. La plus large (2,13 m) a été établie par l'ingénieur Brunel sur le Great Western Railway en Angleterre ; elle a servi pendant longtemps, avant d'être définitivement supprimée, le 1er mai 1892. Certains États ont adopté pour leurs chemins de fer, des

Le jeu qui existe entre les rails et les boudins des bandages permet le mouvement de lacet des véhicules; il importe donc que ce jeu ne soit pas trop fort. Avec des rails distants de 1,435 m et des boudins épais de 30 mm, la cote d'écartement des bandages étant 1,360 m, ce jeu est en moyenne de 7,5 mm de chaque côté. Avec des rails distants de 1,450 m et des boudins amincis par l'usure à 22 mm, ce jeu atteint 23 mm. On a tendance aujourd'hui à rapprocher autant que possible les rails, pour éviter l'exagération de ce jeu. Toutefois, dans les courbes raides, il est utile d'augmenter un peu la cote d'écartement des rails. Eu outre, afin de faciliter le passage dans les courbes et dans les croisements, souvent on amincit les boudins des roues du milieu des locomotives (fig. 220) et on augmente l'écartement des bandages; parfois même on supprime complètement le boudin sur certaines roues des machines à quatre ou cinq essieux.

L'usure altère les bandages de deux manières, en creusant la surface de roulement et en amincissant les boudins.

106. Essieux.

L'*essieu droit* est une pièce simple, dont la fabrication est facile. On ne peut en dire autant de l'*essieu coudé*, commandé par les cylindres intérieurs. Chaque tourillon sur lequel s'articule la grosse tête de bielle

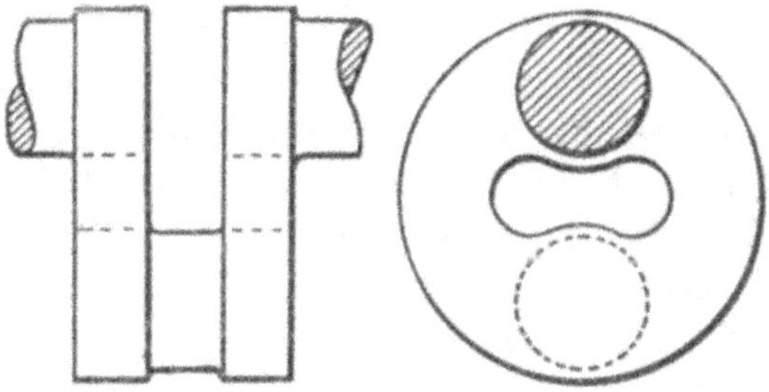

Fig. 221. — Essieu coudé à coudes évidés du système Frémont. Cette disposition donne une élasticité générale à la pièce, en supprimant les parties qui se fissurent sous l'action d'efforts excessifs.

motrice, relie deux coudes: le tout est venu de forge avec le corps de l'essieu. Outre le poids qu'il supporte, l'essieu coudé reçoit la poussée et la traction des bielles motrices, et le contre-coup des chocs des roues contre les rails. La fatigue de la pièce se manifeste par des fissures qui se développent au raccordement des coudes avec le corps et avec les

largeurs qui dépassent un peu la normale; c'est une grande gêne pour le trafic international, sans constituer une garantie sérieuse contre l'invasion en temps de guerre, car il ne serait pas difficile de ramener ces voies à la largeur normale, en moins de temps qu'il n'en faudrait pour rétablir de grands ponts ou des tunnels détruits.

tourillons. Ces fissures augmentent petit à petit et finissent par amener la rupture de l'essieu, si on ne le réforme pas à temps. Elles sont peu apparentes à la surface du métal ; mais si on frappe fortement l'essieu, par exemple en lançant le train de roues contre un autre, l'huile sort de la fente et en dessine l'affleurement extérieur. Cette épreuve se fait lorsqu'on démonte les trains de roues pour en rafraîchir les bandages.

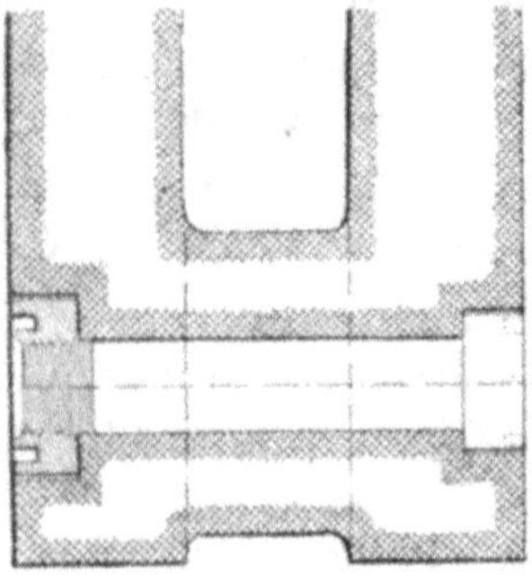

Fig. 222. — Boulon de consolidation de tourillon d'essieu coudé : coupe par l'axe du tourillon (l'essieu et l'écrou sont figurés en coupe).

Pour éviter cette fissuration dans les congés. M. Frémont enlève le métal au milieu du coude (fig. 221), aux endroits mêmes où elle se produit. Le coude prend ainsi une légère flexibilité bien répartie, qui évite les efforts excessifs en certains endroits, causes de la fissuration. La forme circulaire extérieure du coude est celle des essieux de l'ingénieur anglais Wordsdell.

Pour se mettre en garde contre la rupture du tourillon de l'essieu, on peut le consolider par un boulon, qui traverse un trou percé à travers le tourillon (fig. 222) ; la tête du boulon et son écrou peuvent être noyés dans l'épaisseur des coudes, comme le montre la figure. Les fentes ne se propagent pas à travers le boulon ; si une cassure se produit, le boulon maintient les parties rompues en place jusqu'à ce que l'on puisse gagner un garage. Toutefois l'essieu se déforme quelque peu et le fonctionnement de la machine est troublé, ce qui avertit immédiatement le mécanicien. On sait d'ailleurs qu'en perçant un trou dans l'axe des pièces de machines, on ne les affaiblit pas notablement, le métal qui est au centre ne travaillant guère.

Souvent on entoure le coude d'une frette en fer posée à chaud, pour le maintenir s'il vient à se rompre en travers, mais cette rupture transversale du coude est rare.

107. Boîtes.

Les essieux tournent dans des boîtes quelquefois encore dites à graisse par tradition, bien que depuis longtemps l'huile y soit employée, sur les locomotives et tenders. La boîte porte un coussinet en bronze, souvent garni de métal blanc, qui appuie sur la fusée de l'essieu. Le coussinet des essieux porteurs n'a guère à transmettre qu'une charge verticale, sauf pendant l'action des freins ; les fusées des essieux moteurs (directement ou par accouplement) poussent en outre horizontalement le coussinet : la combinaison de cette poussée horizontale et, de la

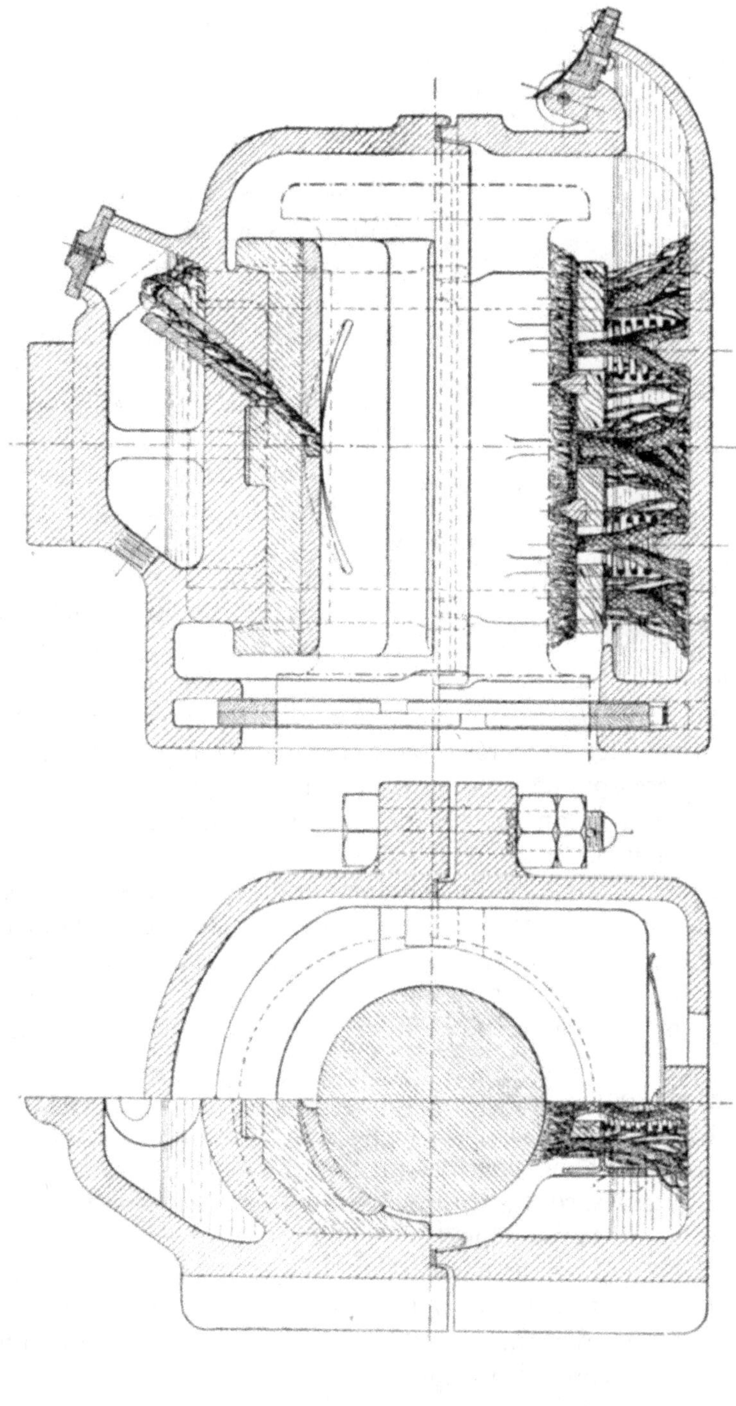

Fig. 223 — Boîte extérieure d'essieu porteur de locomotive, avec double graissage (par réservoir supérieur et mèche ; par réservoir inférieur et tampon). L'obturateur, qui entoure l'essieu, empêche la fuite d'huile vers l'intérieur.

charge verticale produit une force inclinée. Pour ces essieux moteurs, un contre-coussinet, en fonte, empêche la séparation accidentelle du coussinet et de la fusée.

Les boîtes sont intérieures ou extérieures (fig. 223), suivant la disposition des châssis; les boîtes extérieures sont ouvertes aux deux bouts comme les boîtes intérieures, quand une manivelle est rapportée au-delà de la fusée.

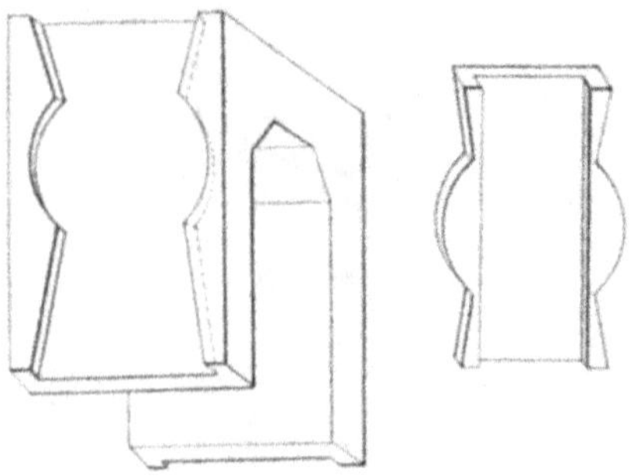

Fig. 224. — Boîte à graisse Zara, avec rappliques articulées. Lorsque l'essieu se place obliquement par rapport à sa position normale, les joues des boîtes n'exercent plus d'effort excessif sur les glissières.

Les boîtes sont comprises entre deux glissières verticales ; une entretoise réunit les parties inférieures des glissières, une fois la boîte en place. Les boîtes doivent jouer librement entre leurs glissières, mais presque sans jeu. Les joues latérales des boîtes s'opposent au déplacement transversal de l'essieu; quand on veut permettre ce déplacement, qui est souvent utile, on leur donne un jeu de quelques millimètres, auquel s'ajoute le jeu du coussinet le long de la fusée.

Les boîtes intérieures sont habituellement en fer cémenté et trempé; celles du type de la fig. 223, plus compliquées, sont coulées en fonte et quelquefois en bronze.

Les boîtes des locomotives sont guidées verticalement par les glissières des longerons, les joues des boîtes s'opposant au déplacement transversal. Ce mode de guidage est fort simple, mais n'est pas sans défaut: pour qu'il fonctionne bien, il faut que les deux boîtes de l'essieu s'élèvent et s'abaissent en même temps. Or il arrive constamment qu'une seule des boîtes s'élève, l'autre restant à sa place ou même s'abaissant: l'essieu s'incline par rapport à sa position normale, perpendiculaire aux longerons.

Les joues des boîtes à graisse, ajustées sur les glissières, s'opposent à cette inclinaison de l'essieu, qui ne peut se produire que grâce aux jeux des boîtes et des coussinets, et à la flexion de pièces. Ces actions, souvent très intenses, sont une cause d'usure et même de rupture des pièces, de résistances et de gène dans le mouvement de la locomotive. Ces actions fâcheuses prennent une intensité croissante sur les machines très puissantes, dont les boîtes ont une plus grande dimension que sur les locomotives anciennes. Le renforcement des pièces n'est qu'un palliatif insuffisant contre leur rupture.

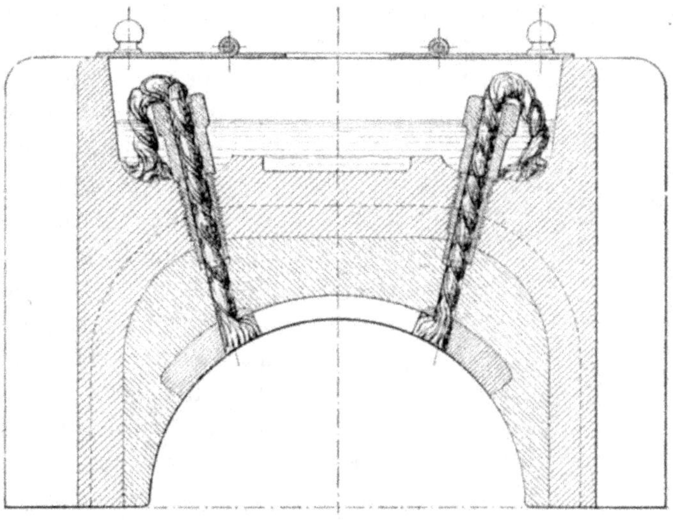

Fig. 225. — Graissage par mèches du coussinet d'une boîte de locomotive.

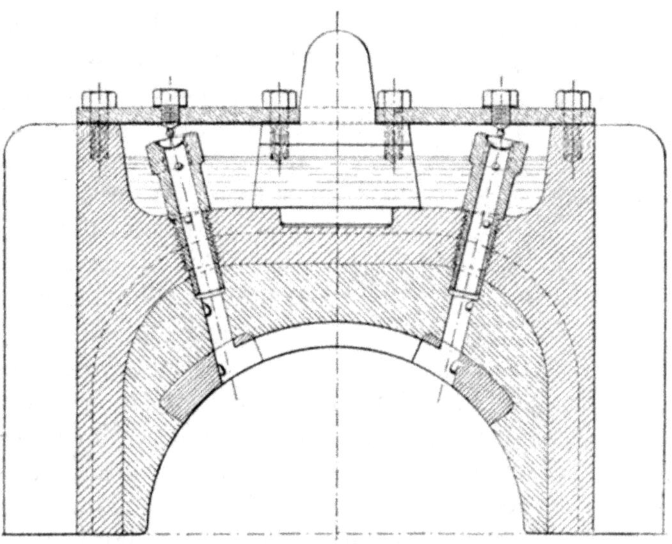

Fig. 226. — Graissage sans mèches d'une boîte de locomotive.

Une disposition ingénieuse, due à M. Zara, fait disparaître ce défaut. La boîte à graisse est munie de rappliques articulées (fig. 224), qui peuvent pivoter autour d'un centre. Ces rappliques portent les joues guidées par les glissières. Non seulement la boîte est guidée verticalement, mais elle peut s'incliner de manière à suivre l'inclinaison de l'essieu. Au point de vue purement théorique, on pourrait dire que la solution n'est pas encore parfaite, parce que, lorsque l'essieu se place obliquement, la distance entre les centres des rappliques des deux boîtes devrait augmenter un peu ; mais cette augmentation est en réalité insignifiante et reste inférieure aux jeux normaux des pièces. Cette disposition est conforme à un principe général de construction, qui consiste à interposer des articulations convenables sur les pièces soumises à des efforts de flexion ou de torsion excessifs.

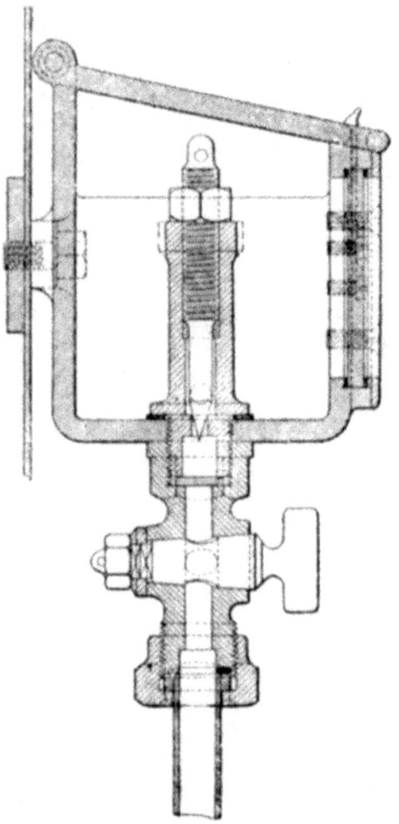

Fig. 227. — Réservoir à huile pour graissage des boîtes d'essieu locomotives Est nos 3101-3102).

Le coussinet doit être exactement ajusté sur la fusée. Le graissage a une importance capitale : l'huile est contenue dans un réservoir ménagé à la partie supérieure de la boîte ; des mèches, placées dans des tubes (fig. 225) et formant siphon, conduisent l'huile dans les pattes d'araignée du coussinet.

Le réglage des mèches est assez délicat : trop serrées, elles ne débitent pas assez d'huile ; trop lâches, elles exagèrent la dépense. En outre, elles ont l'inconvénient de débiter inutilement l'huile pendant les arrêts, si on n'a pas la précaution de les retirer. On fait des graisseurs sans mèches (fig. 226), en perçant un petit trou en haut du tube en saillie dans le réservoir d'huile, qui doit être bien clos.

Les fusées des essieux de locomotives peuvent être lubrifiées, comme celles des essieux de wagons au moyen d'un tampon graisseur plongeant dans l'huile, en dessous de la fusée (fig. 223). Les boîtes intérieures peuvent aussi recevoir, dans le vide du contre-coussinet, sous la fusée, un tampon qui recueille l'huile et peut suppléer pendant quelque temps au graissage normal.

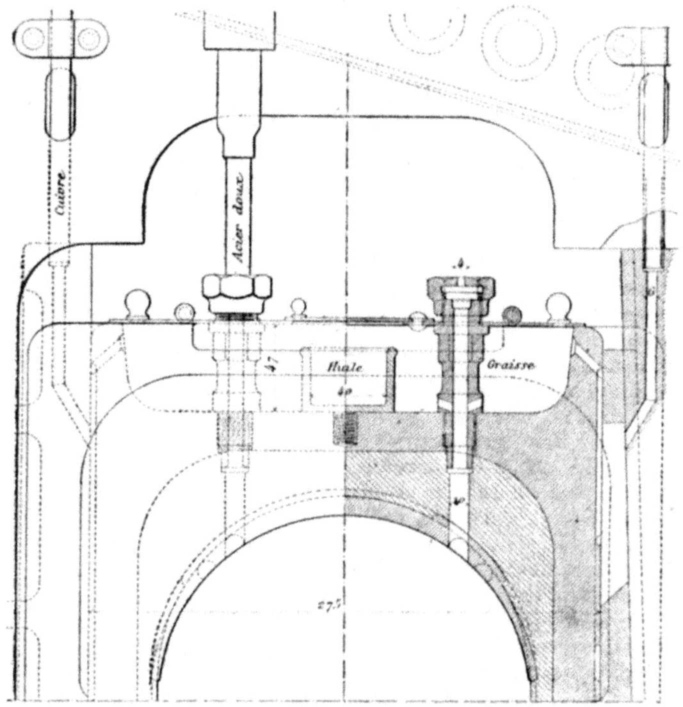

Fig. 228. — Boîtes des locomotives Est nos 3101-3102.

Le réservoir avec vis à pointeau, indiqué au § 70 pour le graissage des mécanismes, s'applique aussi aux boîtes (locomotives de l'Est). Divisé en trois compartiments et fermé par une glace qui laisse voir l'huile (fig. 227), il est monté en une place apparente au-dessus de la boîte. Trois tuyaux, partant des trois compartiments, aboutissent respectivement aux glissières et au coussinet (fig. 228). La cavité ménagée au-dessus de la boîte reçoit de la graisse, destinée à lubrifier abondamment la fusée en cas de chauffage.

Le petit réservoir (central placé dans cette cavité est rempli d'huile, pompée par deux mèches (non visibles sur la figure), qui l'amènent aux deux bouts de la fusée, sur les congés, qui se trouvent ainsi bien lubrifiés, surtout au début, l'huile ne pouvant guère rester longtemps dans ce petit réservoir. Une articulation télescopique est ménagée sur le tuyau entre la boîte, qui a un mouvement d'oscillation verticale, et le réservoir d'huile, relativement fixe.

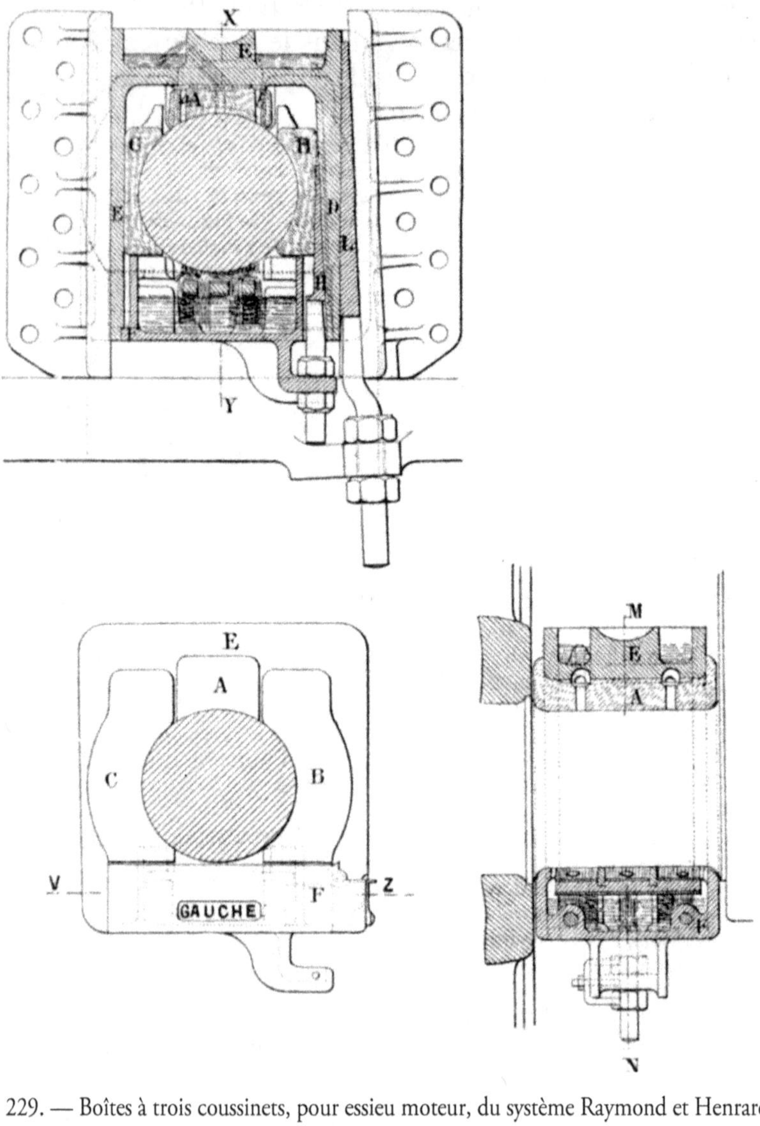

Fig. 229. — Boîtes à trois coussinets, pour essieu moteur, du système Raymond et Henrard.

Les boîtes Raymond et Henrard (fig. 229), usitées pour les essieux moteurs de certaines locomotives anciennes du P. L. M., ont trois coussinets, afin de bien résister aux poussées horizontales ; le graissage se fait par un réservoir supérieur avec mèches et par un réservoir inférieur avec un tampon graisseur. Le coussinet supérieur, qui appuie constamment sur la fusée, est muni de pattes d'araignée ; les coussinets latéraux, ayant un jeu d'environ un quart de millimètre, ont une surface unie. Ce jeu est obtenu en les serrant à bloc à l'aide du coin intérieur, puis en le faisant descendre de 5 mm.

L'essieu est bien monté, quand les glissières arrière de ses deux boîtes sont exactement dans le même plan vertical, perpendiculaire à l'axe de la machine, et quand l'épaisseur du coussinet arrière, plus celle de la paroi de la boîte, est bien la même des deux côtés : l'essieu est alors perpendiculaire à l'axe de la machine.

Quand un essieu coudé est muni de boîtes extérieures, on ajoute parfois une boîte médiane, chargée par un ressort spécial et montée dans un longeron et fixé au châssis. Cette boîte médiane supporte une portion des poussées horizontales qui proviennent des pistons. Elle doit être réglée avec soin.

108. Chasse-pierres.

Le chasse-pierres, placé à l'avant des roues pour écarter les obstacles qui peuvent se trouver sur la voie, doit être assez rapproché du rail pour être efficace ; mais on aura soin qu'il ne puisse jamais le toucher si, par suite d'une forte oscillation ou d'une rupture de ressort, les boîtes d'avant de la machine viennent porter contre le fond de l'entaille des longerons. On doit même tenir compte de l'inclinaison vers l'avant que peut prendre, en pareil cas, tout le châssis. Lorsque les coussinets, les fusées et les bandages s'usent, la distance des chasse-pierres au rail diminue ; cet effet de l'usure peut obliger à les raccourcir.

Les chasse-pierres doivent être aussi voisins que possible des roues d'avant, pour ne pas trop s'écarter de l'axe des rails dans les courbes. L'attache sur le châssis doit en être très solide. Les locomotives américaines sont munies à l'avant d'un appendice destiné à rejeter de côté les obstacles, et surtout les animaux qu'on peut rencontrer sur la voie. Cet appendice, dit *chasse-bestiaux* (*cowcatcher*, littéralement *attrape-vache*), est construit à claire-voie avec des tiges en fer (fig. 7).

À une époque où on repoussait les projets de chemin de fer avec plus d'ardeur peut-être qu'on n'en met à les demander aujourd'hui, on accumulait les objections de toutes sortes :

> « Qu'une vache échappée d'un pâturage, dit-on un jour à l'un des plus ardents promoteurs des chemins de fer, Stephenson, vienne se mettre devant un convoi lancé à grande vitesse, quel affreux malheur !
> — Oui, répliqua Stephenson, pour la vache. »

La réponse était spirituelle, mais l'expérience a maintes fois prouvé que le danger existe aussi pour la locomotive.

109. Dispositions pour faciliter la circulation en courbes.

Toute ligne de chemin de fer a des courbes, rares ou fréquentes, raides ou de grand rayon. Même lorsque le tracé est peu sinueux, les changements de voie et les raccordements des gares présentent de faibles rayons. Les trois ou quatre essieux d'une locomotive, invariablement liés au châssis, se placent difficilement sur une courbe raide, surtout si leur écartement est un peu fort; pour faciliter l'inscription dans la courbe, on amincit ou même on supprime les boudins des bandages d'un des essieux intermédiaires. Le jeu transversal d'un essieu augmente encore la facilité d'inscription. Lorsque tout le poids de la locomotive n'est pas indispensable pour l'adhérence, il y a grand avantage à en faire porter une partie sur un bogie ou sur un train articulé d'un seul essieu. Ces dispositions, anciennes et générales en Amérique, sont maintenant très appréciées en Europe: elles sont fort utiles, non seulement pour la circulation dans les courbes, mais sur toutes les lignes, parce qu'elles permettent à la locomotive de se prêter sans peine aux petites sinuosités et aux inflexions que peuvent présenter toutes les voies.

Quand on veut concilier l'adhérence totale et une grande flexibilité de la machine, on divise les essieux, tous moteurs, en deux groupes articulés (§ 113).

110. Jeu transversal des essieux.

Le jeu transversal se donne à l'essieu d'avant et parfois à l'essieu d'arrière. Souvent on se contente de faire le coussinet un peu plus court que la fusée, ou bien on laisse un peu de vide entre les joues des

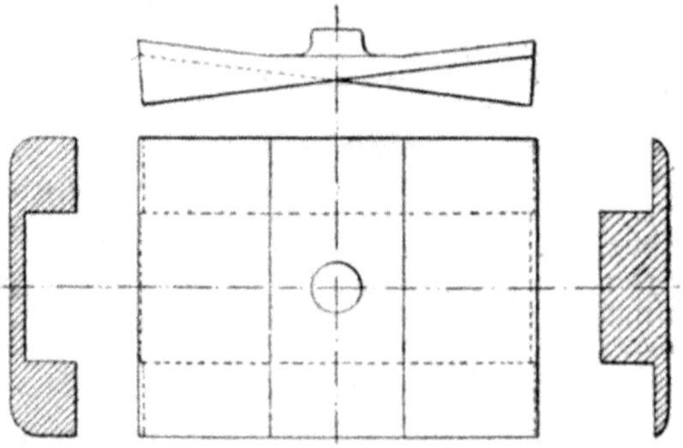

Fig. 230. — Plans inclinés, pour régler le déplacement transversal d'un essieu: pièce intermédiaire, placée entre le ressort et le dessus de la boîte. Pour la symétrie, une des faces planes est divisée en deux.

boîtes et les glissières. Mais dès que le jeu dépasse quelques millimètres, il est bon de le régler, pour éviter un mouvement trop facile de l'essieu. En ménageant à la partie supérieure de la boîte deux plans inclinés, formant comme un V très ouvert, et en plaçant entre le ressort et la boîte une pièce intermédiaire (fig. 230), qui présente des plans correspondants, cette pièce tend toujours à rester au fond du V; elle ne peut se mouvoir latéralement qu'en se soulevant et en augmentant un peu la tension des ressorts de suspension. Dans une courbe, quand le boudin d'une roue vient porter contre un rail, l'essieu se déplace transversalement, en faisant glisser les plans inclinés l'un sur l'autre; mais ils empêchent une mobilité excessive de l'essieu. Ces plans inclinés doivent être bien graissés. Si l'essieu mobile est commandé par une bielle d'accouplement, elle doit présenter une articulation sphérique qui lui permette de suivre le déplacement de l'essieu (fig. 126).

111. Bogies.

Le bogie est un petit véhicule à deux essieux[18] rapprochés qui, dans certaines applications anciennes, était simplement articulé autour d'un pivot central ou cheville ouvrière; le poids de la machine porte soit sur le milieu, soit sur les deux côtés. Cette articulation ne laisse pas au bogie toute la liberté désirable pour qu'il s'inscrive bien en courbe et se prête à toutes les inégalités de la voie. Aussi préfère-t-on donner en outre au bogie un déplacement transversal par rapport au châssis de la locomotive, en le rappelant toujours vers la position centrale. Les essieux des bogies de locomotives ont pour la plupart des fusées intérieures, mais elles peuvent être extérieures. Le système comprend: un pivot fixé au châssis de la locomotive, des glissières transversales portées par le bogie, une pièce intermédiaire, engagée sur le pivot et dans les glissières.

Le type de la fig. 231 a un bâti formé de deux longerons intérieurs entretoisés par une pièce coulée en acier. Le jeu latéral est contrôlé par deux ressorts à lames conjugués, portés par le bogie. La bride de chaque ressort porte une traverse dont les extrémités appuient sur des butées, qui l'empêchent de se déplacer vers le centre du bogie, en le laissant libre vers l'extérieur. À cause de la liaison, chaque ressort supporte la même charge, réglée dans la position initiale à 1 500 kg, et les flexions des deux ressorts s'ajoutent. La résistance au déplacement, qui est au début de 1 500 kg, augmente avec la flexion. L'axe du pivot est un peu en arrière du centre du bogie, ce qui paraît faciliter l'inscription de la machine dans les courbes. Le poids de la locomotive porte sur le pivot; dans les machines à deux essieux couplés, les ressorts de ces deux essieux étant conjugués par des balanciers, on réalise la répartition de la charge sur trois points seulement, répartition qui est alors invariable, quels que soient les dénivellements des rails.

La suspension par menottes (fig. 232) est souvent préférée aujourd'hui à l'emploi des ressorts transversaux. Ces menottes

18 Pour les très lourdes voitures, et quelquefois pour des locomotives, on emploie aussi des bogies à trois essieux.

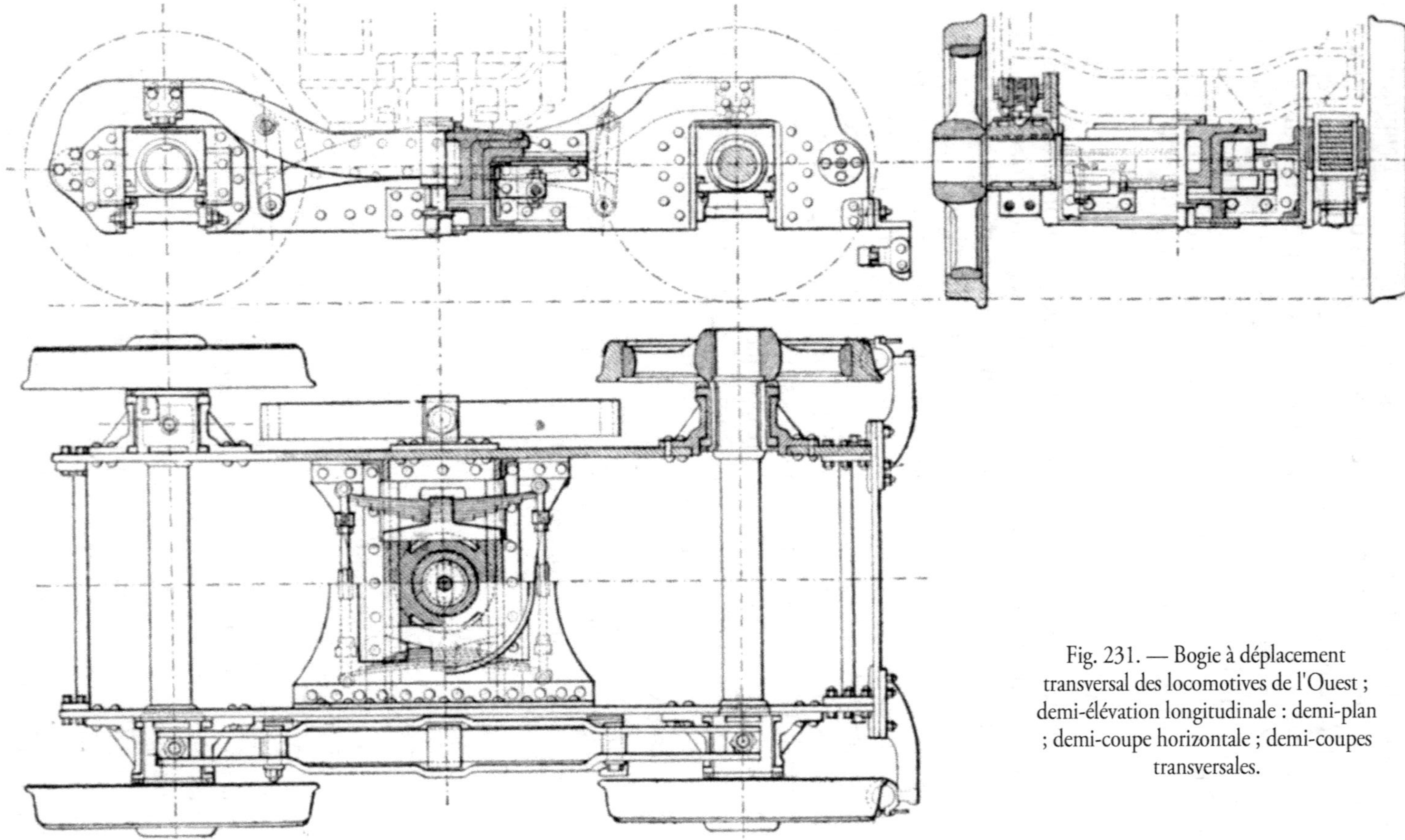

Fig. 231. — Bogie à déplacement transversal des locomotives de l'Ouest ; demi-élévation longitudinale : demi-plan ; demi-coupe horizontale ; demi-coupes transversales.

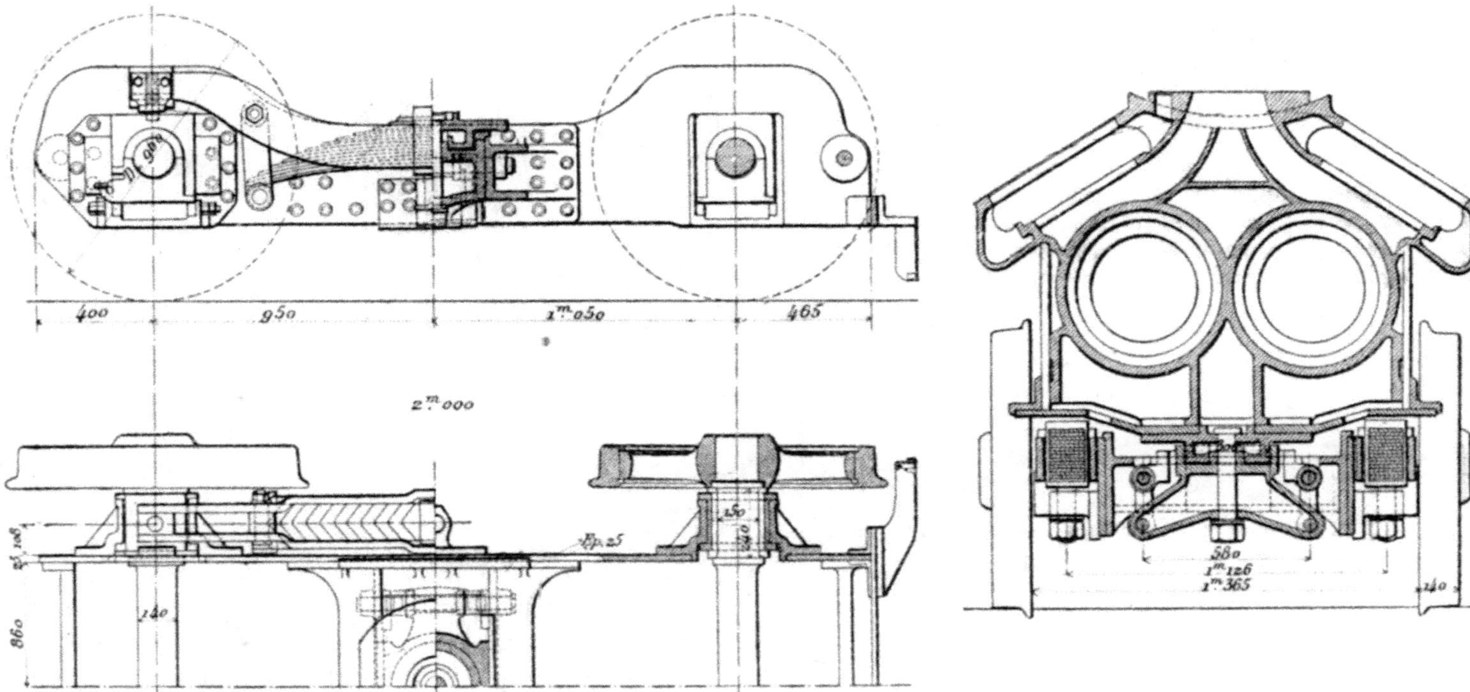

Fig. 232. – Bogie à menottes verticales de l'Ouest.

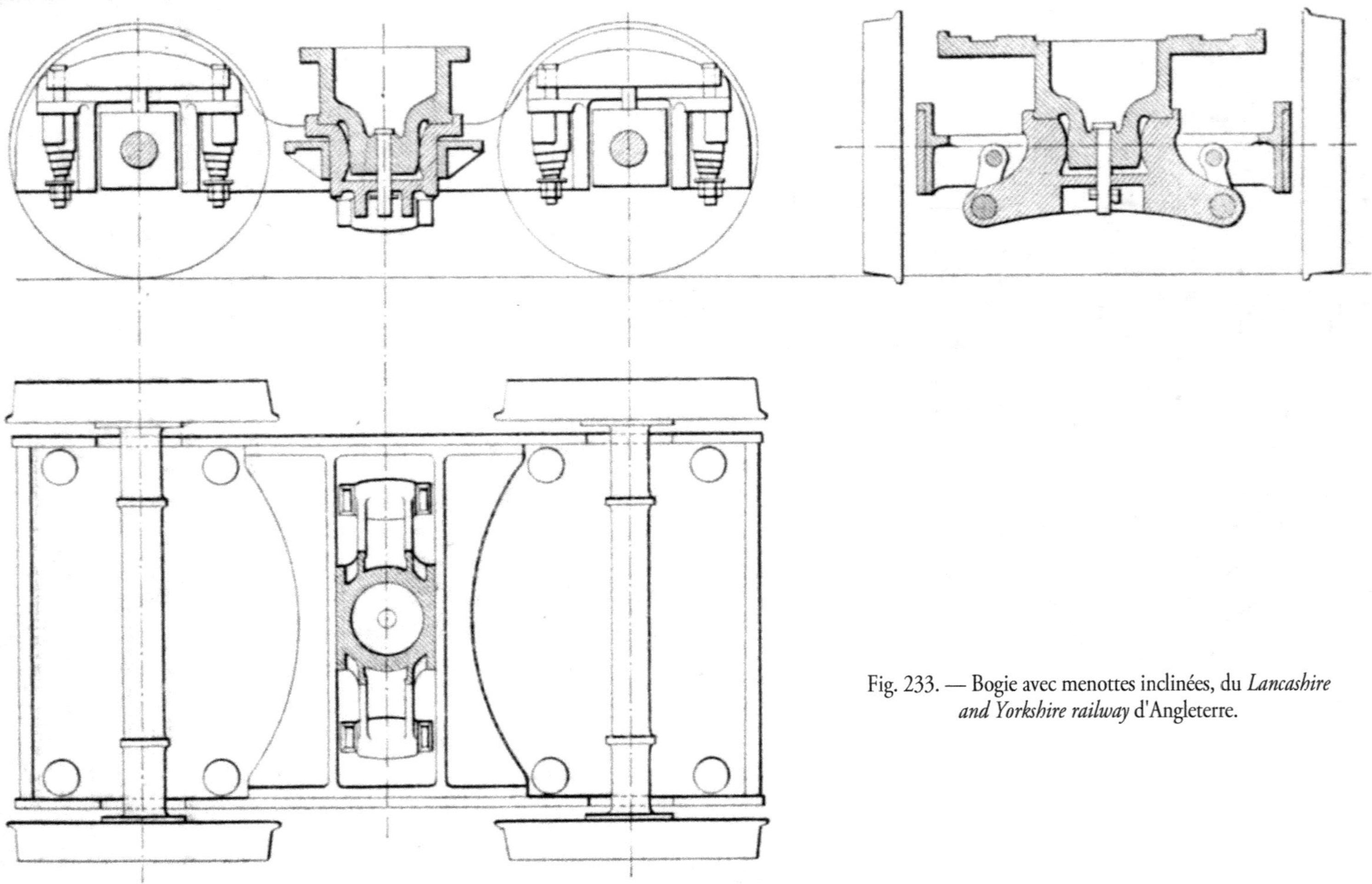

Fig. 233. — Bogie avec menottes inclinées, du *Lancashire and Yorkshire railway* d'Angleterre.

permettent au bogie de se déplacer transversalement par rapport à la machine, sans gêner le mouvement de rotation autour de la cheville. On remarquera, sur la figure 232, que les menottes sont verticales dans la position moyenne, de sorte qu'elles n'opposent alors aucune résistance à un déplacement transversal : cette résistance se produit et augmente avec le déplacement. Sur d'autres machines, les menottes sont inclinées (fig. 233), pour mieux ramener le bogie vers sa position moyenne.

Le bogie des locomotives P.L.M. (fig. 234) est chargé en son milieu par un pivot sphérique, qui le laisse libre de s'incliner à droite et à gauche quand les rails ne restent pas de niveau, ce qui a lieu au raccordement des courbes avec les alignements. Quand la crapaudine

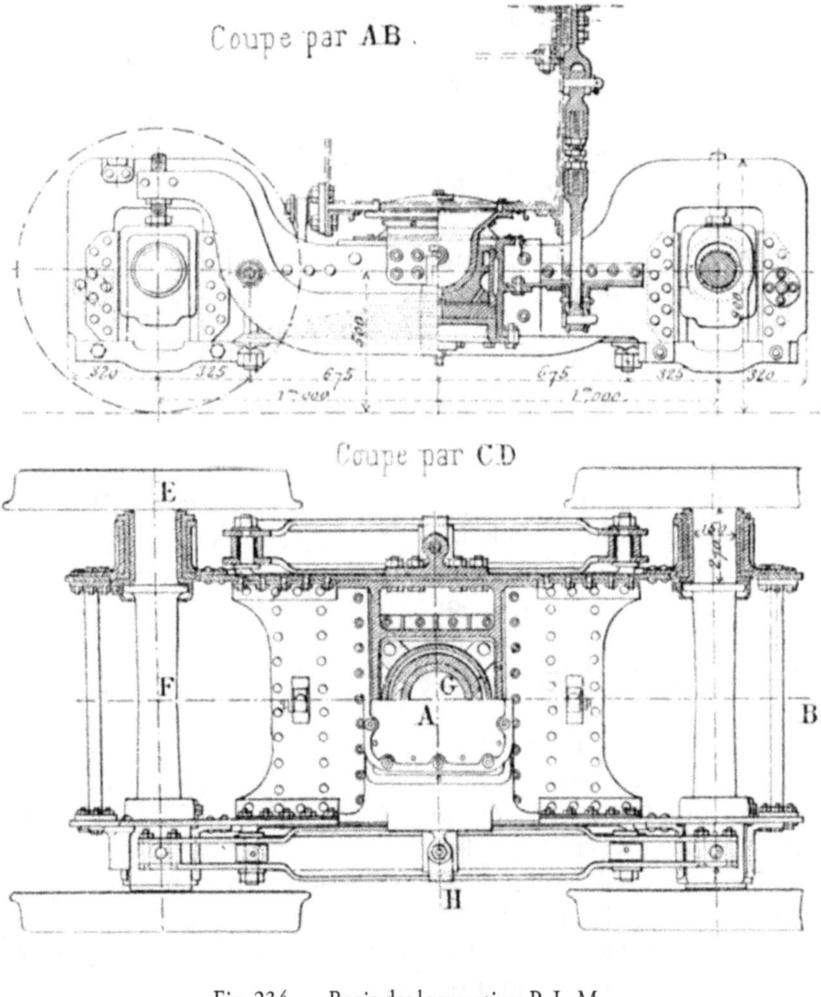

Fig. 234. — Bogie des locomotives P. L. M.

tourne autour du pivot, par suite du déplacement du bogie, elle s'élève sur des surfaces de vis, agissant comme des plans inclinés pour soulever la locomotive : cette action tend toujours à ramener le bogie dans sa position normale, où ses essieux sont parallèles à l'essieu moteur.

En outre, de véritables plans inclinés permettent le déplacement transversal du bogie, en le ramenant de même à la position moyenne. Les ressorts, qui chargent chacun les deux boîtes du même côté, assurent la répartition égale des charges.

Ce mode de suspension permettrait au bogie de s'incliner de l'avant à l'arrière, et les longerons pourraient appuyer sur les boîtes ; pour éviter cet inconvénient, une bielle verticale, visible sur les dessins, le rattache au châssis de la locomotive ; cette bielle est assez longue pour ne pas gêner les mouvements transversaux du bogie. Une autre bielle plus courte, mais dont les articulations ont beaucoup de jeu, rattache de même le bogie au châssis pour le cas où, par accident, le pivot quitterait sa crapaudine.

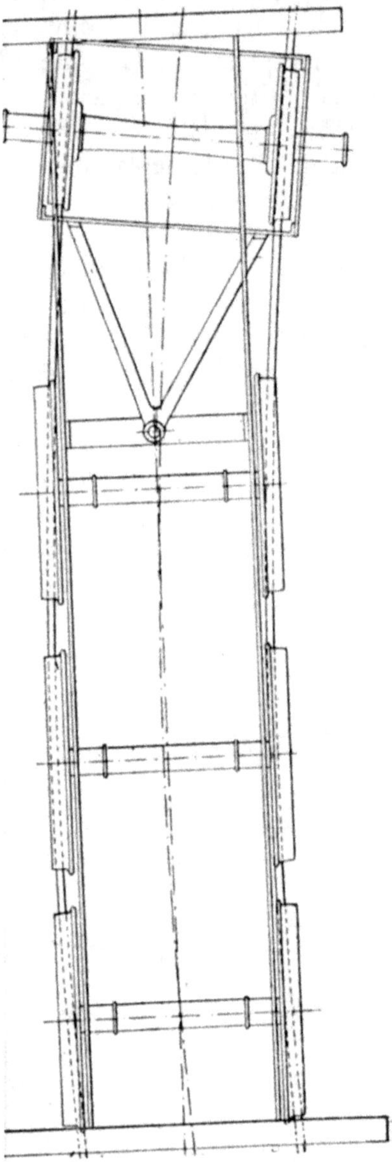

Fig. 235. – Articulation de l'essieu d'avant d'une locomotive à trois essieux couplés.

Les bogies doivent être souvent nettoyés et débarrassés du sable et des escarbilles ; les surfaces frottantes et tous les axes d'articulation doivent être bien graissés, sinon les diverses parties mobiles ne se déplacent pas librement et les surfaces de frottement sont exposées au grippement. Faute de place entre le bogie et les cylindres de la locomotive, les dispositions prévues pour le graissage sont parfois défectueuses.

112. Trains articulés d'un seul essieu.

Au lieu du bogie, souvent on monte, à l'avant des locomotives, un petit truck à un seul essieu, articulé autour d'un axe vertical placé en arrière de l'essieu (fig. 235); la figure montre comment la rotation autour de cet axe permet l'inscription en courbe; les essieux couplés, qui restent forcément parallèles, doivent être assez rapprochés pour se placer dans la courbe grâce au jeu qui existe entre les boudins et les rails, jeu souvent augmenté pour les roues du milieu.

La fig. 236 montre la disposition de ces trucks à un essieu connue sous le nom de Bissel.

Le système comprend un châssis articulé autour d'une cheville, placée un peu en avant du premier essieu couplé, et une liaison transmettant à ce châssis la charge de la locomotive, tout en lui laissant une liberté convenable. Cette liaison comprend un balancier longitudinal, placé dans l'axe de la machine, dont les tourillons reçoivent le poids de la locomotive. À l'arrière, l'extrémité de ce balancier s'articule au milieu d'un balancier transversal, qui conjugue les deux ressorts de l'essieu couplé; à l'avant, il appuie sur un support qui transmet la charge au châssis du bissel par des biellettes obliques. Cette disposition laisse toute liberté de déplacement, et répartit convenablement la charge entre les différents ressorts.

Le système Zara (fig. 237) est une combinaison du bissel et de l'essieu couplé d'avant, constituant une sorte de bogie. Le pivot de ce bogie est à déplacement latéral, contrôlé par biellettes de suspension ou ressorts (ou par les deux ensemble).

La charge de la locomotive repose sur le pivot; elle est transmise à l'essieu porteur d'avant par des ressorts ordinaires, à l'essieu arrière du bogie par un ressort transversal.

Cet essieu arrière du bogie, étant en même temps essieu couplé de la locomotive, ne doit prendre qu'un déplacement transversal des bielles d'accouplement étant à portée sphérique) ; à cet effet, ses boîtes peuvent glisser librement dans des glissières portées par le châssis principal de la locomotive; en outre, il peut pivoter par rapport au châssis du bogie autour d'un axe géométrique vertical passant en son milieu.

Le bogie Krauss, plus ancien, présente une disposition analogue, mais avec pivot du bogie fixe, sans déplacement transversal.

De même que le bissel, les boîtes radiales obligent l'essieu, quand il se déplace, à tourner autour d'un axe vertical, en le guidant sur des glissières cylindriques, dont le centre est placé au point d'articulation du truck que remplacent ces boîtes. Des plans inclinés ou des ressorts de rappel ramènent l'essieu vers sa position moyenne. Un peu de jeu est nécessaire entre les boîtes et les glissières courbes, pour qu'il ne puisse

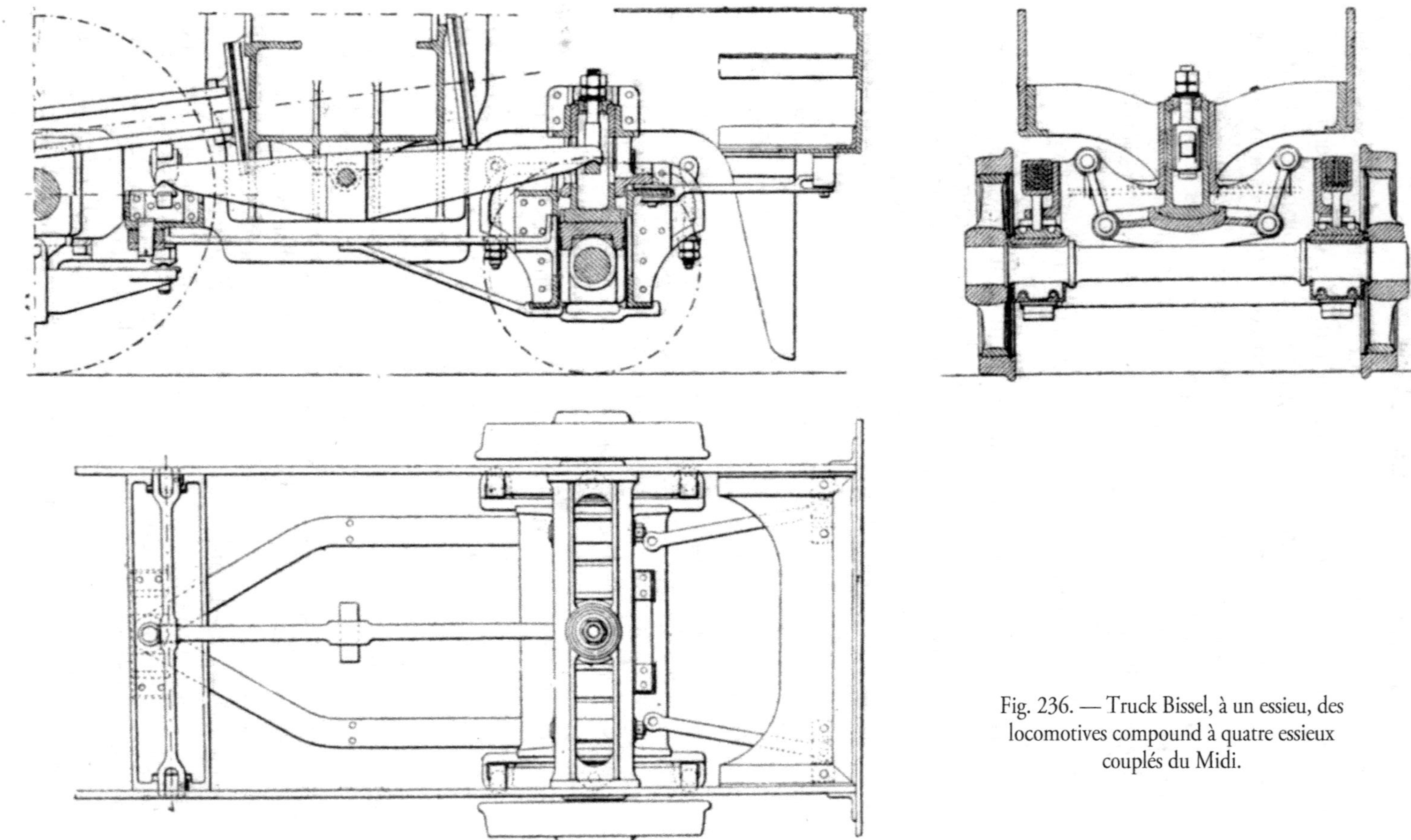

Fig. 236. — Truck Bissel, à un essieu, des locomotives compound à quatre essieux couplés du Midi.

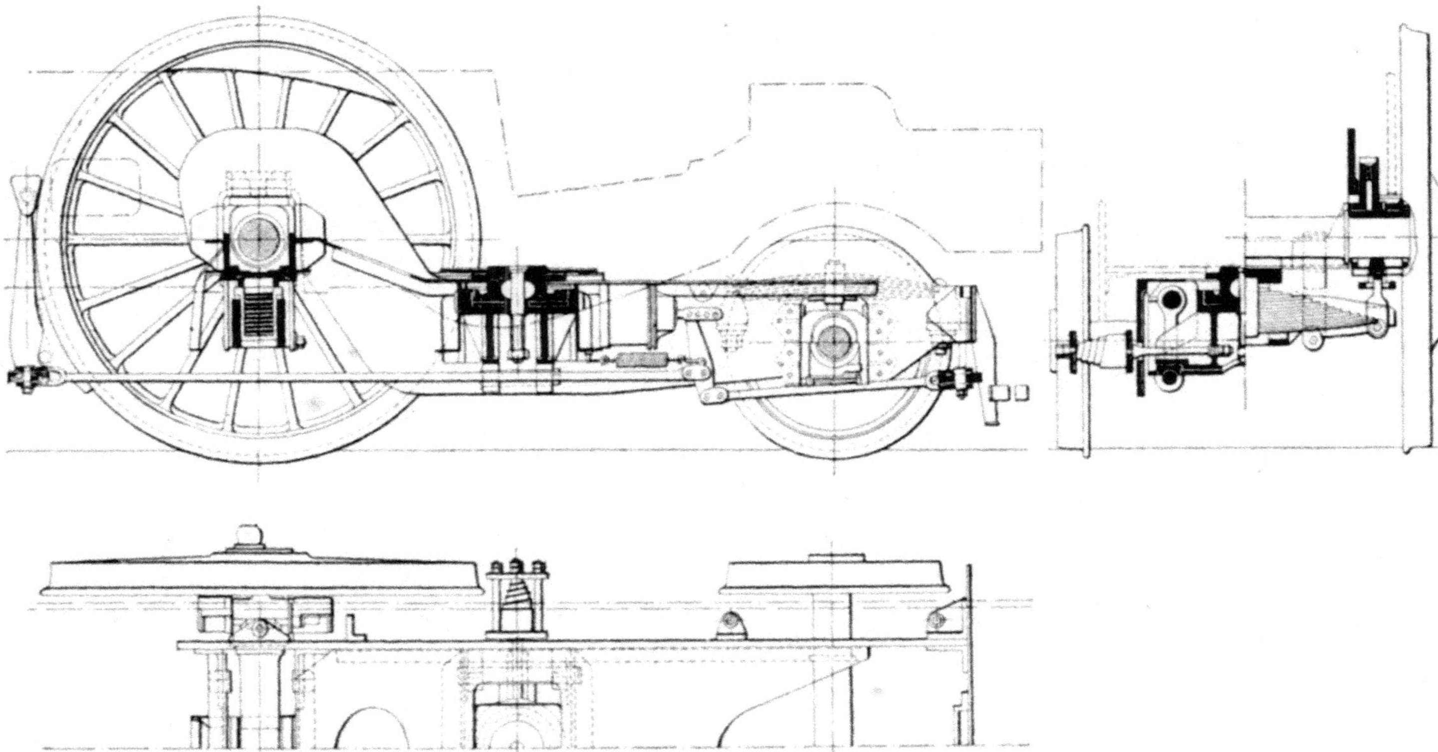

Fig. 237. – Avant-train Zara ; l’essieu couplé avant est l’essieu arrière de cet avant-train ; il peut se déplacer transversalement dans le châssis principal.

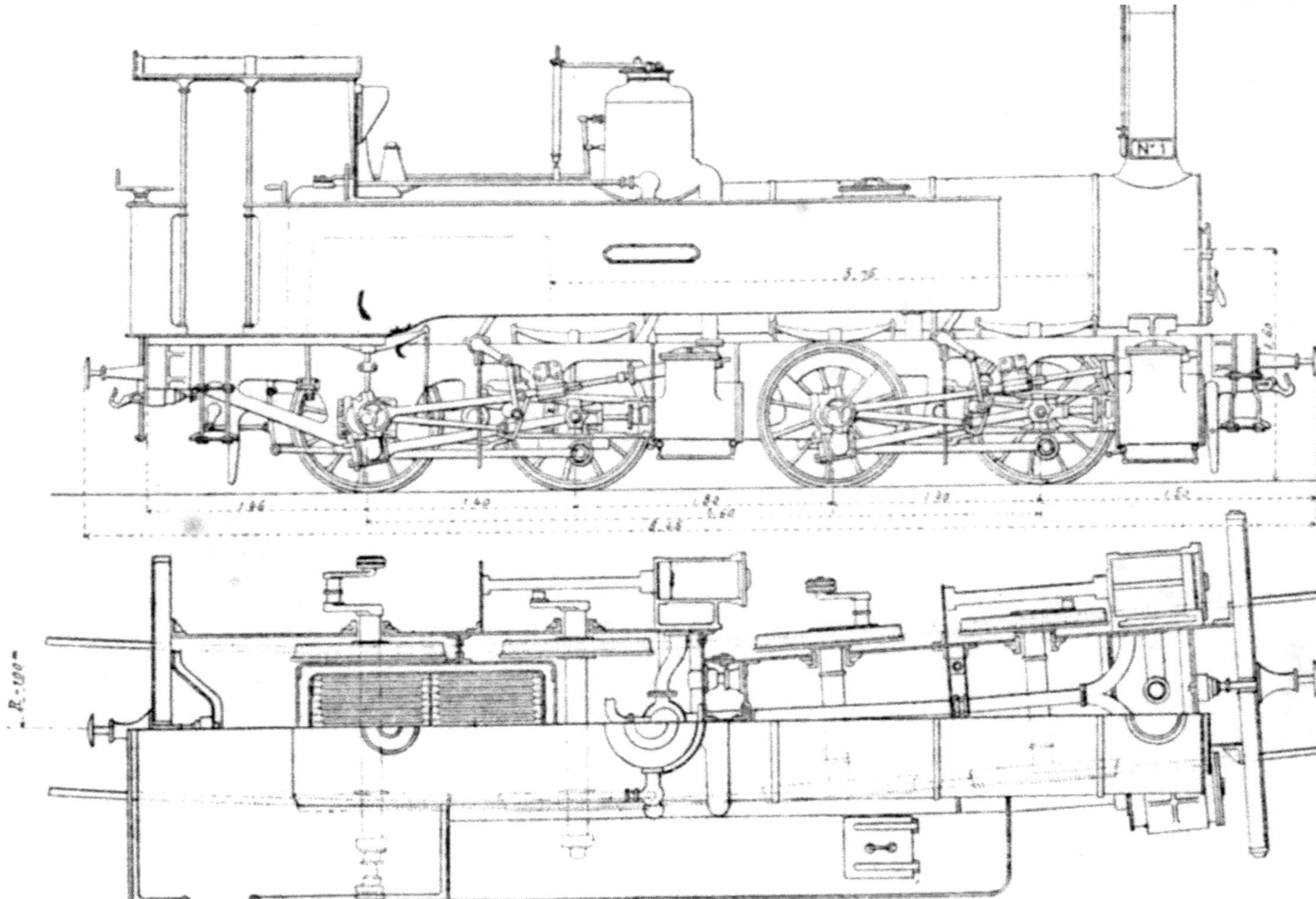

Fig. 238. – Locomotive compound Mallet, articulée, à quatre cylindres, pour les chemins de fer de Corse, à voie d'un mètre.

s'y produire de coincement quand l'essieu s'incline transversalement. Toutefois l'essieu n'est jamais aussi libre qu'avec le bissel.

113. Articulation de deux groupes d'essieux.

Pour concilier une grande adhérence, totale ou presque totale, avec une flexibilité suffisante, on divise les essieux en deux groupes, qui s'inscrivent chacun séparément dans les courbes.

Si la locomotive n'a que deux cylindres, des mécanismes assez compliqués sont nécessaires pour transmettre le mouvement d'un groupe à l'autre : les divers systèmes de ce genre ne se sont guère maintenus en pratique. Il est préférable de commander les deux groupes d'essieux chacun par un mécanisme complet à deux cylindres, et cette disposition se prête à l'application du système compound.

Les deux groupes moteurs peuvent être articulés chacun autour d'une cheville, comme des bogies sans déplacement transversal : il faut alors des tuyaux articulés pour y amener la vapeur, venant de la chaudière.

Telle est la disposition Fairlie, et celles des récentes locomotives à marchandises du Nord. Ces dernières machines sont compound : un des groupes d'essieux est commandé par deux cylindres à haute pression, et l'autre par deux cylindres à basse pression.

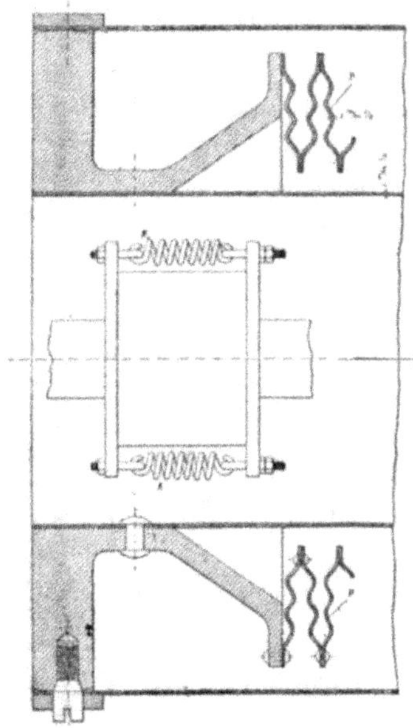

Fig. 239. — Articulation à soufflet métallique de Maffei pour locomotives Mallet : *p*, soufflet en tôles ondulées ; R, ressorts d'accouplement.

La vapeur passe par des tuyaux articulés de la chaudière au premier groupe, puis du premier au second groupe.

L'échappement final exige aussi une articulation mais plus simple, vu la faible pression de la vapeur.

Dans le système Mallet (fig. 238), le groupe à haute pression fait corps avec le châssis de la locomotive, à la manière ordinaire, de sorte qu'aucune articulation spéciale des tuyaux de vapeur n'y est nécessaire. Le groupe à basse pression pivote autour du centre de la machine, de manière à pouvoir prendre un déplacement transversal ; il n'y a de tuyaux articulés que pour le passage du premier groupe au second, tuyaux soumis à la pression du réservoir intermédiaire seulement, et pour l'échappement. La fig. 239 représente un type de tuyau à soufflet métallique flexible.

Le système Mallet est employé surtout pour des locomotives tenders, souvent à voie étroite. Il s'applique également à la voie normale, et on construit de très grandes locomotives Mallet, avec tender séparé. Le § 118 cite un exemple de ce type avec des dimensions colossales.

CHAPITRE V

TYPES DIVERS DE LOCOMOTIVES

114. Appréciation des types.

Pour apprécier d'une manière générale les différents types, si nombreux, de locomotives, il est bon de se rappeler les principales qualités qu'on recherche dans ces machines.

De la chaudière dépend la quantité de vapeur qui peut être produite et, par suite, la puissance que développera la locomotive, munie d'un mécanisme approprié. Dans la chaudière, c'est d'abord l'appareil de combustion qu'il faut bien proportionner, pour obtenir une quantité de chaleur suffisante: avec les dispositions usuelles des foyers, cet appareil est surtout caractérisé par la surface de la grille. Les sections de passage de l'air et des gaz chauds, la disposition de l'échappement, ont aussi une grande importance.

Une fois la chaleur produite, il faut employer la vaporisation de l'eau, ce qui exige une surface de chauffe suffisante, soit environ 75 fois la surface de grille. Mais les limites étroites de poids et de dimensions imposées aux locomotives empêchent souvent de réaliser cette proportion.

Les cylindres sont calculés en relation avec le diamètre des roues motrices, pour que l'effort moteur puisse atteindre une valeur déterminée. La chaudière doit facilement les alimenter : mieux valent des cylindres un peu trop petits pour la chaudière que trop grands, quitte à détendre un peu moins la vapeur; quand les cylindres ont des dimensions exagérées, la pression est difficile à tenir dans la chaudière, et la machine consomme toujours beaucoup de combustible.

Le poids adhérent doit être en relation avec l'effort moteur que peut développer le mécanisme. La charge admissible par essieu dépend de la résistance des voies; toutefois la fixation de la charge maxima sur une voie comporte un certain arbitraire, et on constate des limites différentes sur des voies équivalentes. Partout, d'ailleurs, ces limites ont été en croissant avec le renforcement des voies. Sur les voies principales des réseaux français, on admet en général 18 t par essieu : en Angleterre la charge est parfois de 20 t; elle atteint et dépasse 25 t sur les lignes des États-Unis.

Ces limites de charge ne dépendent pas seulement de la résistance des voies, mais aussi de celle des ouvrages d'art; il arrive souvent que d'anciens ponts, de petite portée, ne permettent pas le relèvement de la limite du poids par essieu. Le rapprochement plus ou moins grand des essieux lourdement chargés est aussi à considérer en ce qui concerne ces ouvrages. Dans cet ordre d'idée, on tient compte du poids moyen de la machine par mètre de longueur.

La bonne allure de la machine, la facilité de circulation dans les courbes et sur les voies médiocres, le peu d'importance des mouvements parasites, tel que lacet, galop, sont des qualités d'un tout autre ordre, qui prennent une extrême importance pour les locomotives destinées à une marche rapide : ce sont ces qualités qui assurent la sécurité, et qui exigent, pour être développées autant que possible, le plus d'habileté de la part des constructeurs. Certaines machines, parmi les types anciens, pèchent quelque peu sous ce rapport : une attention toute spéciale à ne pas dépasser les vitesses convenables est alors nécessaire.

Une fois remplies les conditions capitales de production et d'emploi de la vapeur et de stabilité, le constructeur de la locomotive doit la faire simple, robuste et commode. Il ne perdra jamais de vue les conditions du service demandé à ce genre de machines. En proportionnant les différentes parties qui la composent, en évitant toute complication, en sacrifiant tout organe qui n'est pas indispensable, on réduit les chances d'avaries, on facilite l'entretien et la conduite de la machine. Il convient que la visite, le graissage, le nettoyage soient aisés; les organes de manoeuvre doivent être habilement groupés, afin que les agents les trouvent toujours sous la main. Un bon abri pour le personnel, d'où il puisse surveiller la voie sans que rien gène la vue, est un complément de la locomotive, dont on a cessé de discuter l'utilité. Les tuyaux, exposés à la gelée, et enlaidissant les machines, ne doivent pas être inutilement multipliés; le soin dans l'étude permet de réduire beaucoup ces accessoires encombrants.

Sur les locomotives ainsi construites, le personnel est à l'aise, le service est facile, les avaries sont rares ; elles se présentent avec l'élégance et la simplicité de formes qui conviennent à l'un des chefs-d'oeuvre de la mécanique.

Mais en ne perdant pas de vue ces qualités dans la comparaison des machines et surtout dans la construction de nouvelles locomotives, il faut tirer bon parti de toutes celles dont on peut disposer, et ne pas dédaigner les vieux engins, qui ont rendu tant de services, quand on en voit d'autres plus puissants, plus beaux et plus commodes.

On classe les locomotives d'après le nombre des essieux couplés et la disposition de tous les essieux, en mettant à part les machines-tenders.

115. Locomotives à essieux indépendants.

On n'emploie plus guère les locomotives à un seul essieu moteur, sans accouplement, dites à essieux indépendants. En France, sur le Nord, l'Est et le P. L. M., les machines Crampton (fig. 8) ont fait longtemps un bon service, mais elles sont devenues tout à fait insuffisantes. La position de l'essieu moteur, avec roues de grand diamètre, à l'arrière du foyer, avait permis de placer très bas la chaudière, disposition à laquelle on a complètement renoncé.

On voit encore en service, sur des embranchements de l'Ouest, quelques petites locomotives du type Buddicom, dont l'essieu du milieu est moteur. Le service si prolongé d'anciennes locomotives fait honneur à ceux qui les ont étudiées et construites. C'est en Angleterre qu'on a le plus employé les locomotives à essieux indépendants; on en a même encore construit récemment. Mais, malgré des charges de 18 ou 20 t sur l'essieu moteur, l'adhérence est souvent insuffisante, avec les grands cylindres et les hautes pressions aujourd'hui nécessaires.

116. Locomotives à deux essieux couplés.

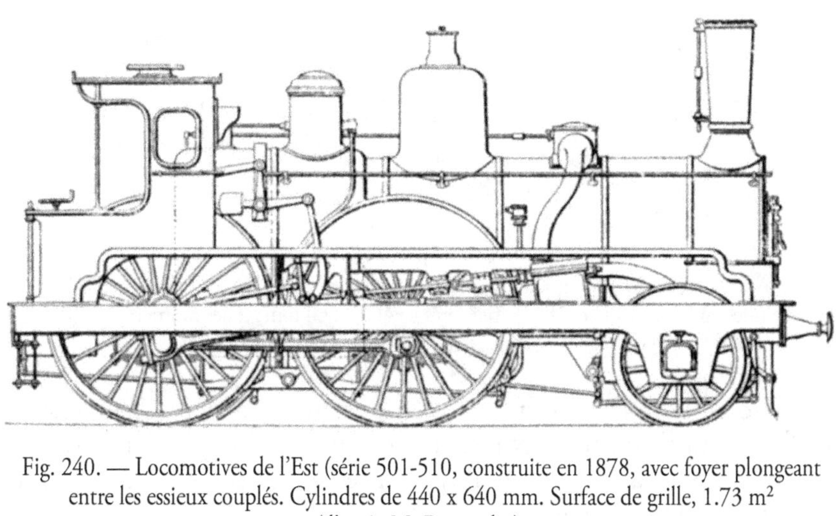

Fig. 240. — Locomotives de l'Est (série 501-510, construite en 1878, avec foyer plongeant entre les essieux couplés. Cylindres de 440 x 640 mm. Surface de grille, 1.73 m^2 (d'après M. Demoulin).

L'accouplement de deux essieux est très fréquent pour les locomotives destinées au service des trains de voyageurs. Le diamètre des quatre roues couplées est habituellement compris entre 1,70 m et 2,10 m ; il ne descend qu'exceptionnellement au-dessous de 1,50 m,

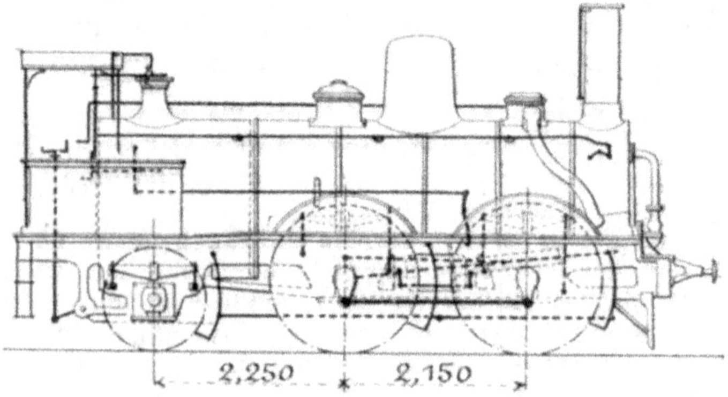

Fig. 241. — Locomotives avec essieux d'avant couplés, du Nord, construites de 1867 à 1882 avec modifications légères (d'après Demoulin).

parce qu'avec de petites roues l'adhérence de deux essieux seulement ne suffit plus pour l'effort de traction.

On peut avoir : deux essieux couplés seulement, disposition exceptionnelle qui ne sert que pour des manoeuvres ou des services secondaires ; deux essieux couplés et un essieu porteur à l'avant ; deux

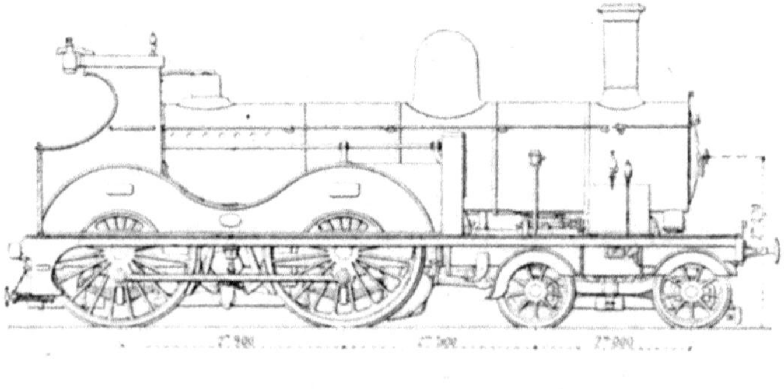

Fig. 242. — Locomotives à grande vitesse avec bogie de l'Ouest (séries 963-998, 939-950, construites en 1892, 1893 et 1896) ; cylindres de 460 x 660 mm ; roues motrices de 2,01 m ; surface de grille, 2 m².

essieux couplés à l'avant et un essieu porteur à l'arrière ; deux essieux couplés compris entre deux essieux porteurs ; un bogie à l'avant, deux essieux couplés, auxquels on ajoute un essieu porteur à l'arrière dans des constructions récentes.

Fig. 243. — Locomotive à quatre cylindres de l'Est, type de 1900. Grille de 2,52 m² : surface de chauffe, 207,5 m² cylindres de 350 x 640 et 550 x 660 mm ; diamètre des roues motrices, 2,050 m ; poids en service 58 t.

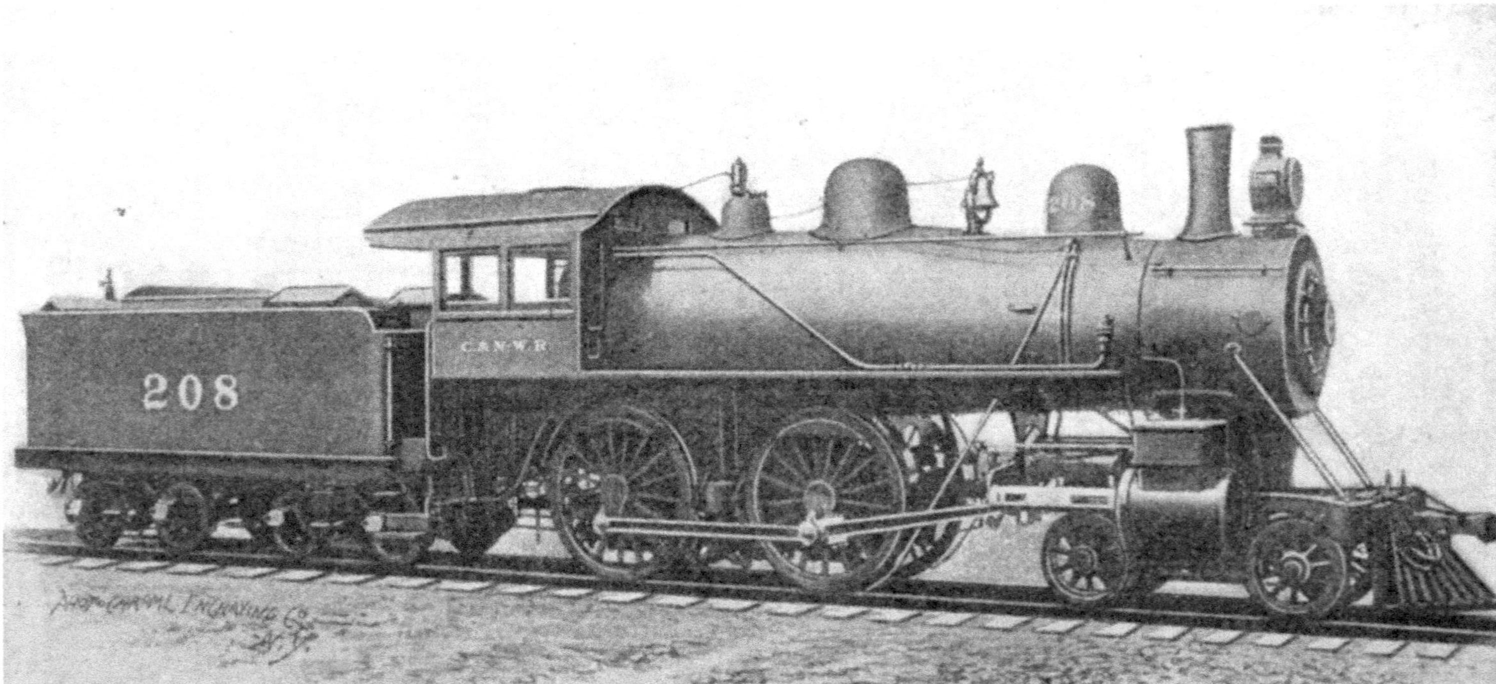

Fig. 244. – Locomotive du type dit *Américain*.

On a construit, en très grand nombre, les locomotives de la seconde catégorie, avec essieu porteur à l'avant. Les cylindres sont extérieurs ou intérieurs ; tantôt le foyer est en porte-à-faux derrière le dernier essieu, tantôt il descend entre les deux essieux couplés, dispositions anciennes qu'on ne reproduit plus.

L'ancienne locomotive de l'Est (fig. 240) a un foyer descendant entre les essieux d'arrière ; les cylindres extérieurs commandent l'essieu d'arrière : la bielle d'accouplement est, par suite, placée entre la bielle motrice et les roues.

Lorsque les deux essieux d'avant sont couplés, ils sont placés sous le corps cylindrique et commandés par des cylindres intérieurs inclinés (fig. 241) : un essieu porteur passe sous le foyer ou derrière le foyer. La construction de ce type est simple, et les essieux à grandes roues s'y montent plus facilement qu'à l'arrière ; mais cette disposition ne convient que pour des machines légères, à vitesse modérée ; c'est un type auquel on a renoncé en principe.

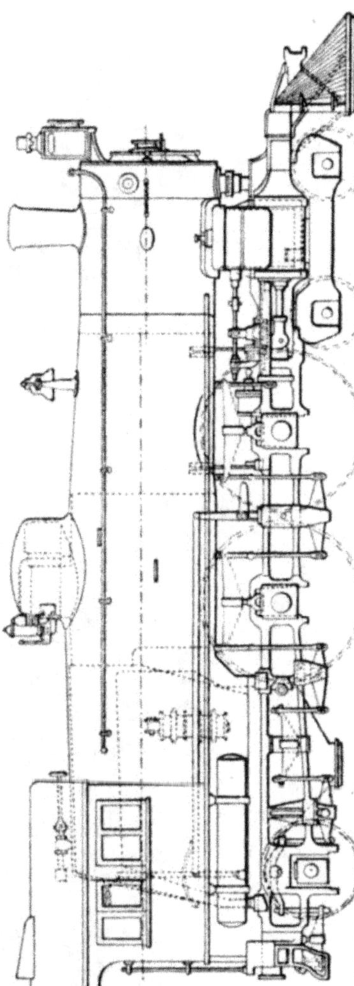

Fig. 245. — Locomotive américaine à deux essieux couplés, avec bogie à l'avant et essieu porteur sous le foyer (type Atlantic), construite par les ateliers Baldwin à Philadelphie, vers 1898.

Les locomotives avec deux essieux couplés, compris entre deux essieux porteurs, ont été employées en France, surtout sur les chemins de fer d'Orléans, de P.-L.-M., et de l'État (fig. 10) : les cylindres, extérieurs, sont en porte-à-faux à l'avant. Ce type n'est plus en grande faveur aujourd'hui ; certaines locomotives de ce genre, du P. L. M., ont été transformées en machines à bogie.

On préfère en effet aujourd'hui le bogie au simple essieu porteur d'avant. Les figures 242, 243, 244 représentent des locomotives à deux

Fig. 246.— Locomotive type Atlantic de l'Orléans ; grille de 3,1 m^2 ; surface de chauffe, 239,4 m^2 ; timbre, 16 kg ; cylindres de 360 et 600 x 640 mn ; roues motrices de 2 m. Poids en service 73 t. Tender avec 20 m^3 d'eau et 6000 kg de houille.

Fig. 247. — Locomotive type Atlantic du *Great Northern railway* d'Angleterre, compound à quatre cylindres de 330 x 508 et 460 x 660 mm ; roues de 2,020 m et foyer débordant. Surface de grille, 2,9 m² ; surface de chauffe 230 m².

essieux couplés et bogie, une machine un peu ancienne de l'Ouest, à cylindres intérieurs, une compound à quatre cylindres de l'Est et une machine américaine. Pendant longtemps cette disposition d'essieux a caractérisé la locomotive à grande vitesse usuelle.

L'addition d'un essieu porteur à l'arrière permet d'augmenter les dimensions de la chaudière, et par suite la puissance de la machine : tel est le type Atlantic des Américains (fig. 245), dont la disposition a été fréquemment imitée en Europe. Le foyer est disposé de deux manières différentes : ou bien il est compris entre les longerons, à la manière ordinaire, comme le montrent les figures 18, 19 et 246 : ou bien il déborde au-dessus des roues porteuses d'arrière (fig. 245 et 247), ce qui permet d'augmenter la largeur de la grille. Dans ce cas, la boîte à feu doit être entièrement à l'arrière des grandes roues motrices.

Sur des locomotives du Nord et de l'État bavarois, l'essieu porteur d'arrière a même été remplacé par un second bogie.

Aux États-Unis, où l'on admet des charges de 25 t par essieu, le poids adhérent des locomotives de ce type atteint 50 t ; mais en France, où l'on ne dépasse guère 17 à 18 t, la limite du poids adhérent, 35 t environ, est un peu faible pour une machine très puissante ; c'est pourquoi on donne en général la préférence aux locomotives à trois essieux couplés.

117. Locomotives à trois essieux couplés.

L'accouplement de trois essieux est des plus fréquents ; on a construit en très grand nombre de machines qui n'ont pas d'autres essieux ; les cylindres sont extérieurs (fig. 248) ou intérieurs ; dans le premier cas, ils sont nécessairement en avant des roues du premier essieu ; dans le second cas, il suffit qu'ils soient en avant de l'essieu, ce qui diminue le porte-à-faux ; l'axe en est incliné. D'anciennes machines à trois essieux couplés ont un foyer en porte-à-faux, à l'arrière du dernier essieu, mais il est préférable de faire passer le foyer au-dessus de cet essieu. En Angleterre, il plonge souvent entre les deux derniers essieux.

Quand la machine est trop lourde pour être portée par trois essieux, sans que l'adhérence totale soit indispensable, on ajoute un essieu porteur, quelquefois à l'arrière (machines n°s 3001-3140 du P. L. M., fig. 249), mais de préférence à l'avant (fig. 250), ou mieux encore un bogie, pour rendre la machine à trois essieux couplés plus stable, et pour éviter qu'elle ne fatigue les voies, à grande vitesse.

Ce type de locomotive (fig. 251, 252, 253, 254, 255, 256) s'est beaucoup répandu depuis quelques années. Il convient également à la traction des trains de marchandises et des trains de voyageurs. En augmentant le diamètre des roues motrices, on le rend propre aux grandes vitesses, et on obtient ainsi des machines qui remorquent les express les plus lourds.

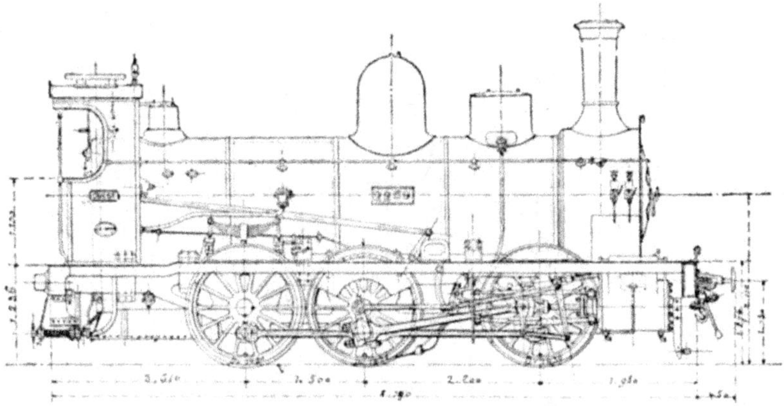

Fig. 248. — Locomotive à trois essieux couplés de l'Ouest (série 2245-2259, construite en 1891-1892), avec cylindres extérieurs, distribution Walschaerts et foyer en porte-à-faux.

Il est intéressant de noter qu'au début on s'est contenté d'essieux indépendants pour la grande vitesse; ce n'est pas sans quelque hésitation qu'on a employé pour ce service l'accouplement de deux essieux; aujourd'hui on ne craint pas d'en accoupler trois.

Ces transformations ont été rendues nécessaires par l'augmentation continue de la charge et de la vitesse des trains.

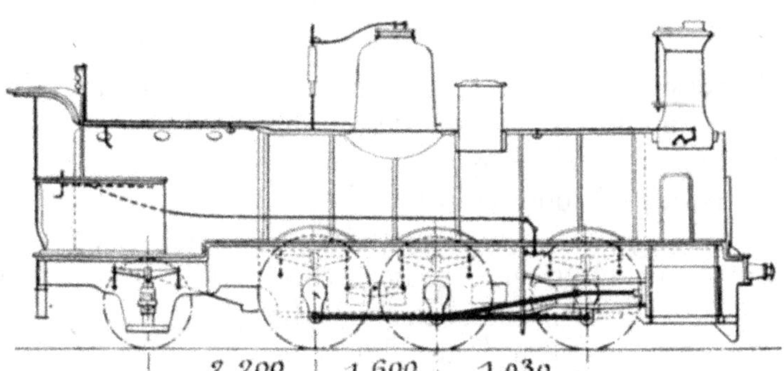

Fig. 249. — Locomotive du P. L. M. à trois essieux couplés, avec essieu porteur sous le foyer (série 3001-3146) (d'après M. Demoulin).

Les locomotives de ce type sont souvent compound à quatre cylindres. La locomotive anglaise de la fig. 256 est également à quatre cylindres, mais non compound: on obtient ainsi les avantages de

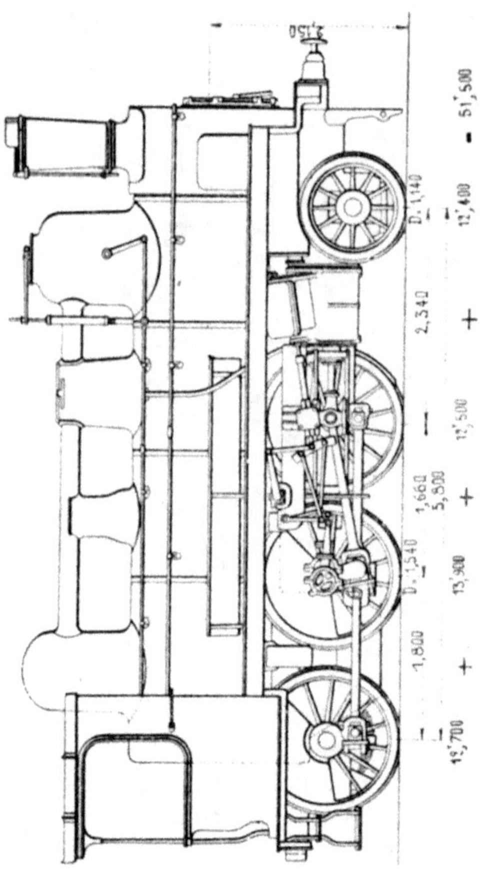

Fig. 250. — Locomotive à trois essieux couplés, avec essieu porteur à l'avant, muni de boîtes à plans inclinés, de l'Orléans (d'après M. Demoulin).

l'équilibre des pistons et de la division des efforts, mais sans avoir ceux qui résultent du système compound.

Pour donner plus de largeur au foyer, on l'a placé au-dessus du bogie, en retournant bout pour bout la chaudière, dans la locomotive italienne de la figure 257. Le bogie restant à l'avant dans le sens normal de marche, il a fallu placer les soutes à combustible sur la locomotive, auprès de la plate-forme du personnel. Le tender, attelé derrière la cheminée, est un réservoir d'eau cylindrique.

Cette machine, compound à quatre cylindres, a les deux cylindres à haute pression jumelés d'un côté de la machine et ceux à basse pression de l'autre côté, suivant la disposition de la fig. 197.

Pour augmenter les dimensions de la chaudière, on fait subir à la machine à trois essieux couplés une modification analogue à celle qui a donné, avec deux essieux couplés, le type *Atlantic* : on ajoute à l'arrière un essieu porteur. C'est le type *Pacific* des Américains, qui commence à se répandre en Europe. Le foyer peut rester compris entre les roues

Fig. 251. — Locomotives à trois essieux couplés de l'Ouest, à roues de 1,940 m ; tiroirs cylindriques.

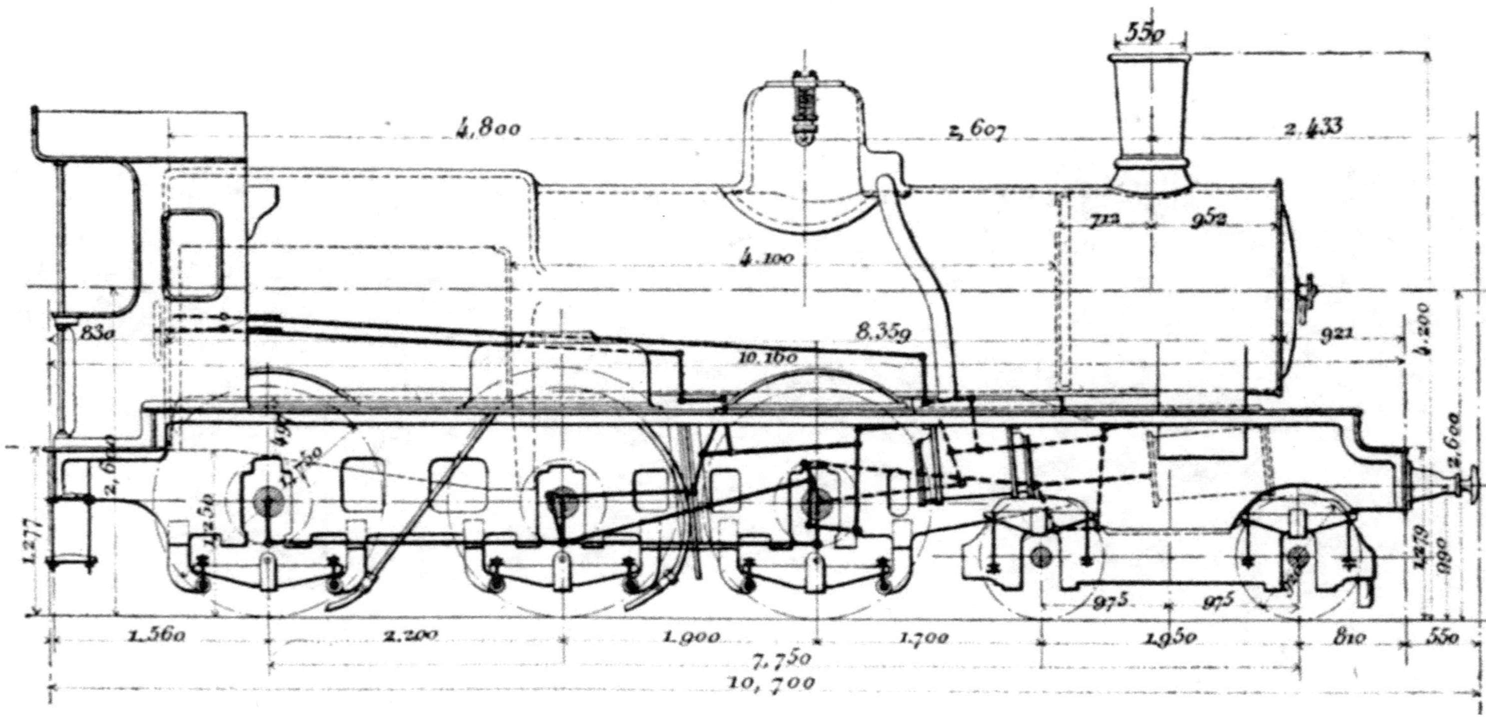

Fig. 252. — Locomotives compound à quatre cylindres, nos 3401 à 3415 de l'Est : poids en service, 63 900 kg ; poids adhérent, 46 500 kg ; nombre de tubes, à ailettes, 130 ; diamètre extérieur des tubes, 70 mm ; longueur des tubes entre plaques, 4,160 m ; timbre, 16 kg ; surface de grille, 2,51 m^2 ; surface de chauffe, 205 m^2 ; cylindres de 350 et 550 x 640 mm ; roues motrices de 1,750.

Fig. 253. — Locomotive à quatre cylindres et à trois essieux couplés de l'Est, avec roues de 2,090 m.

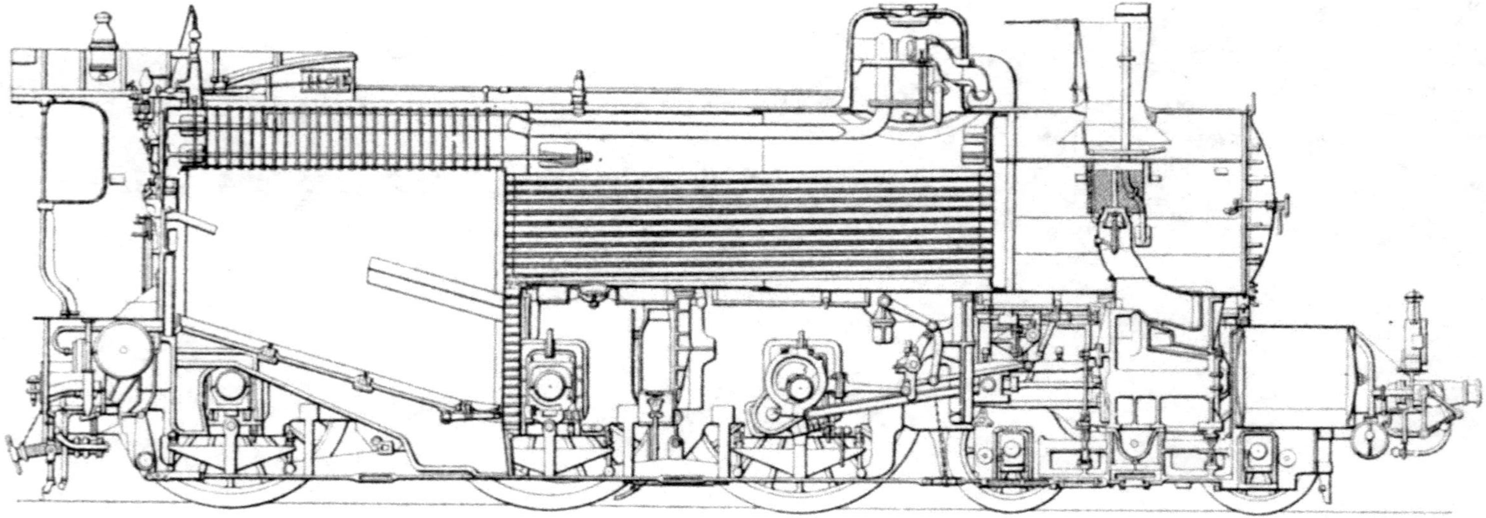

Fig. 254. — Locomotive à quatre cylindres et à trois essieux couplés, série 2621-2660 du P. L. M.
roues de 2 m ; coupe longitudinale.

Surface de grille	3,10 m².	Diamètre moyen de la chaudière	1,513 m.	Diamètre des roues motrices	1,700 m.
Surface de chauffe	249,10 m².	Cylindres : diamètres	360 et 600 mm.	Poids total en service	73,8 t.
Timbre	16 kg.	— course	640 mm.	Poids adhérent	53,4 t.

Fig. 255. — Locomotive à quatre cylindres et à trois essieux couplés de l'Orléans.

Fig. 256. — Locomotive à quatre cylindres, non compound, du *Great Western railway* d'Angleterre. Chaudière sans dôme à virole arrière conique (*wagon top*).

Fig. 257. — Locomotive compound à quatre cylindres du réseau Adriatique d'Italie. Le foyer est au-dessus du bogie ; en marche normale la cheminée est à l'arrière. La locomotive porte son combustible ; le tender est un simple réservoir d'eau.

Cylindres de	390 et 640 × 650 mm.	Surface de chauffe en contact avec les gaz	257,25 m².	Poids en service	91 t.
Roues de	1,850 m.	Timbre	16 kg.	Tender à 20 m³ et 6 t, avec attelage à amortisseur Westinghouse.	
Surface de grille	4,27 m².				

Fig. 258. – Locomotive type Pacific de l'Orléans, compound à quatre cylindres.

Surface de grille	4 m²	Cylindres de	400 et 660 × 640 mm.
Surface de chauffe	283 m²	Diamètre des roues motrices	1,940 m.
Timbre	16 kg.	Hauteur de l'axe de la chaudière	2,900 m.
Nombre de tubes	283	Poids en service	91 t.
Longueur entre plaques	6 m.	Poids adhérent	54 t.

Fig. 258 b.s. — Locomotive type Pacific de l'Ouest, construite en 1908.

Fig. 259. — Locomotive type Pacific construite par l'*American locomotive company* pour le *Baltimore and Ohio railroad*. Foyer débordant avec grille de 5,25 m². Cylindres de 558 x 710 mm ; roues de 1.880 m. Poids total en service, 108 t ; poids adhérent. 68 t. Tender contenant 26,5 m³ d'eau et 11 t de houille.

ou bien déborder au-dessus des roues porteuses d'arrière (fig. 258 bis et 259). On remarquera l'énorme poids de cette dernière machine, où la charge moyenne par essieu moteur approche de 23 t.

Sur la locomotive de l'Orléans (fig. 258), on a adopté pour le foyer une disposition intermédiaire : en plan, il s'élargit vers l'arrière, de sorte qu'à l'avant il est compris entre les grandes roues couplées, tandis qu'il déborde au-dessus de l'essieu d'arrière.

On emploie aussi en Amérique le type *Prairie* (fig. 260) qui n'a que deux essieux porteurs, placés de part et d'autre du groupe des trois essieux couplés. Cette disposition allège un peu la machine, mais à l'avant le bogie est préférable au simple essieu porteur, pour la grande vitesse. Cette disposition a reçu quelques applications en Europe, notamment en Autriche et en Italie.

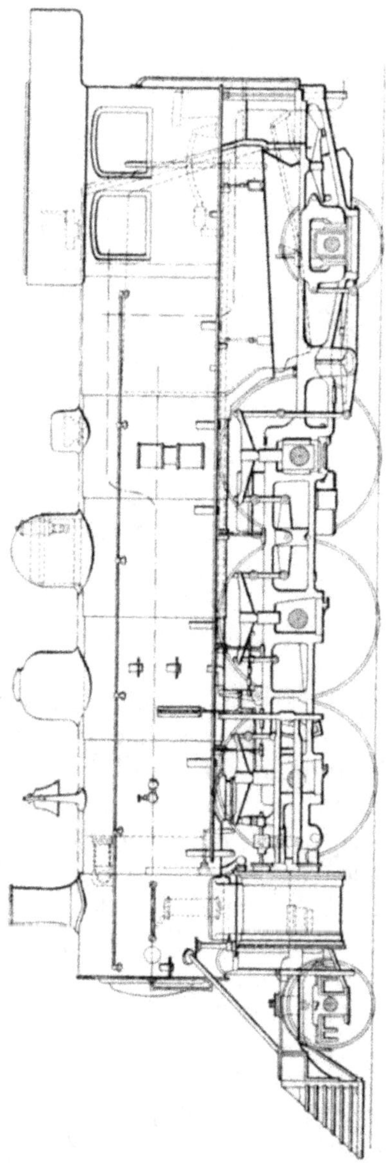

Fig. 260. – Locomotive américaine de l'*Atchison Topeka* R.R., type *Prairie*.

118. Locomotives à plus de trois essieux couplés.

Pour le service des fortes rampes, ou pour la remorque des grands trains de marchandises en plaine, les machines doivent exercer un effort de traction considérable, qui exige une forte adhérence : on est alors conduit à les faire porter sur quatre essieux, avec roues généralement de petit diamètre (1,200 m à 1,400 m), toutes accouplées (fig. 261). Ces machines à adhérence totale ont été construites en grand nombre et sont encore fréquemment en usage.

On a cherché à employer pour l'adhérence, dans ces machines où elle est souvent insuffisante, le poids du tender, qu'on est obligé de remorquer: notamment, dans la machine primitive d'Engerth, des engrenages reliaient les essieux du tender à ceux de la locomotive; mais

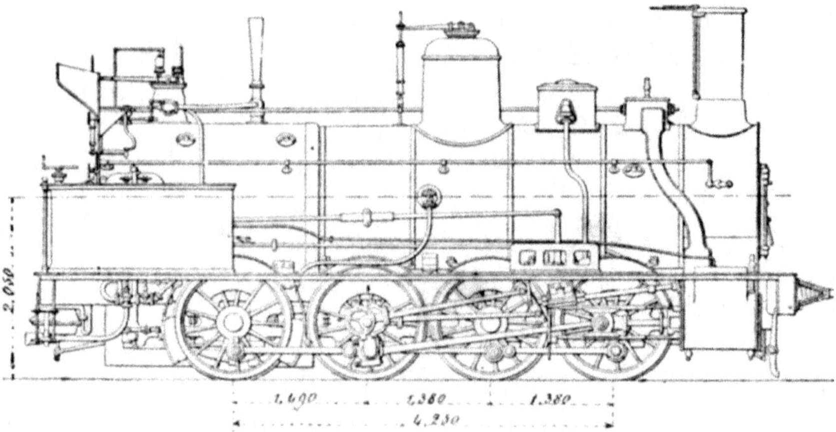

Fig. 261. — Locomotive à quatre essieux couplés du Nord.

la complication qu'entraîne la réalisation de cette idée logique, les difficultés et les dépenses d'entretien qui en résultent, ont fait renoncer aux dispositions d'Engerth. Avant tout, il faut que la locomotive fonctionne bien, et tout ce qui est cause d'avaries et de détresses, sans être indispensable ou nettement utile, finit par disparaître.

On peut en dire autant des locomotives à tender moteur, quelquefois essayées: le tender portait deux cylindres avec mécanisme complet, alimentés par la chaudière de la locomotive, chaudière qui risquait fort d'être insuffisante.

Les avantages de l'essieu mobile ou du bogie à l'avant, même pour ces locomotives à marchandises, font renoncer au bénéfice de l'adhérence totale. Un essieu porteur du système bissel existe à l'avant des machines du Midi (fig. 188 et 189), de l'Est (fig. 262), du *Great Western railway* d'Angleterre (fig. 263). Le bogie est employé par le P.L. M. (fig. 264), et sur certaines locomotives américaines (fig. 265).

On construit même des locomotives à cinq essieux couplés auxquels on peut ajouter un essieu porteur (fig. 266).

L'accouplement de cinq essieux rend la machine peu flexible; l'emploi de deux groupes d'essieux articulés (§ 113) n'a pas cet inconvénient, et permet même d'augmenter encore le nombre des essieux moteurs. On a construit aux États-Unis, pour des services spéciaux de renfort, des locomotives Mallet développant d'énormes efforts de traction:

Fig. 262. — Locomotive à quatre essieux couplés et à quatre cylindres de l'Est. Cette machine est, à quelques détails près, pareille à celle du Midi, représentée figures 188 et 189. Surface de grille, 2,707 m² ; surface de chauffe, 248,15 m² ; timbre 16 kg ; hauteur de l'axe du corps cylindrique au-dessus du rail, 2,600 m ; cylindres de 390 et 660 x 650 mm ; roues motrices de 1,400 m ; poids en service, 72,5 t : poids adhérent, 65,3 t.

Fig. 263. — Locomotive à quatre essieux couplés et bissel du *Great Western railway* d'Angleterre.

notamment la locomotive de l'*Erie railroad* pèse 185 t en service, et repose sur huit essieux, en deux groupes de quatre essieux couplés (soit en moyenne 23 t environ par essieu); elle a en outre un tender séparé. Les cylindres à haute pression ont 636 mm de diamètre, ceux à basse pression 992 mm, la course étant de 712 mm ; les roues ont 1,350 m. La surface de grille est de 9,35 m², la surface de chauffe, de 570 m², le timbre, de 15 kg.

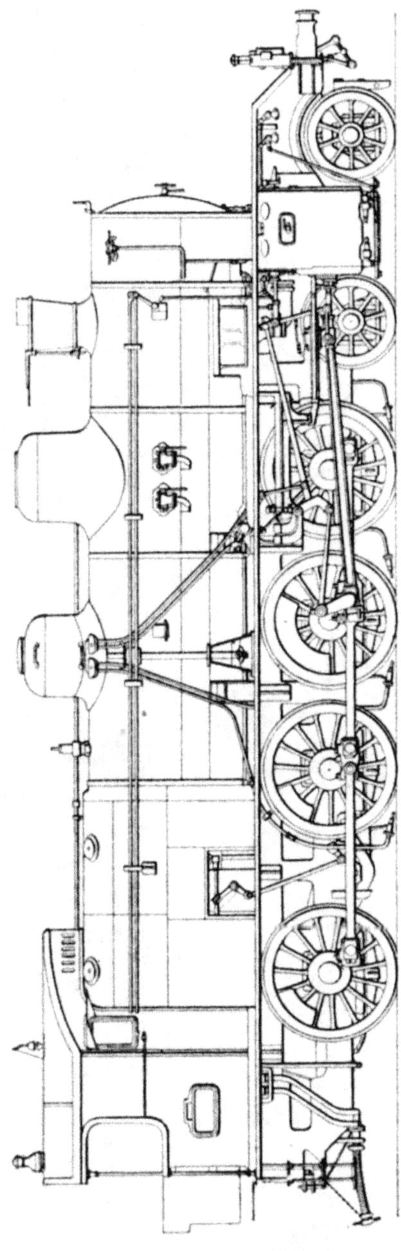

Fig. 264. — Locomotives compound à quatre cylindres, à quatre essieux couplés et à bogie, nos 4701-4862 du P. L. M.

119. Locomotives-tenders.

En faisant porter à la locomotive ses approvisionnements d'eau et de combustible, on supprime le tender ; débarrassée de ce véhicule supplémentaire, la machine est plus courte, plus compacte, plus commode pour les manoeuvres dans les gares ; elle peut être disposée de manière circuler aussi bien dans un sens que dans l'autre, ce qui est précieux pour les services d'embranchement et de banlieue : ou bien, si l'on ne profite pas de cette facilité, la machine, grâce à son peu de longueur trouve plus facilement des plaques qui peuvent la tourner ; le poids total est réduit par suite de la suppression du tender, réduction importante sur les fortes rampes; de plus, ce poids total est utilisable pour l'adhérence, qui toutefois diminue quand les approvisionnements s'épuisent.

Fig. 265. – Locomotive américaine, à quatre essieux couplés et bogie, des anciens ateliers Brooks ; poids en service, 96 t ; poids adhérent 78 t.

Par contre, quand on veut construire une locomotive très puissante, on atteint facilement les limites les plus élevées admissibles pour le poids de la machine seule : il ne peut donc plus être question de lui

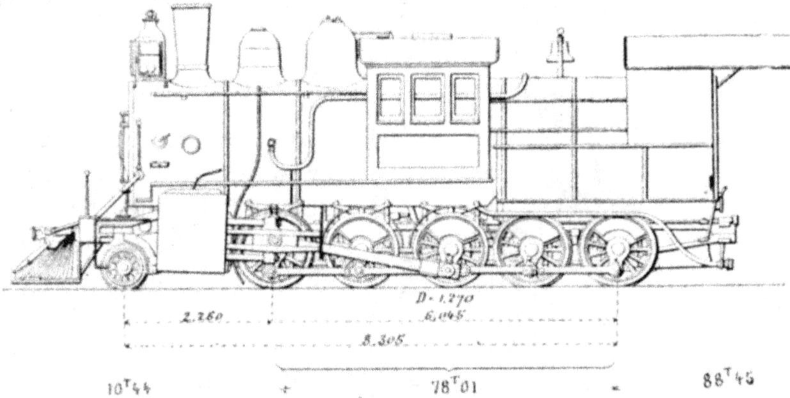

Fig. 266. — Locomotive américaine à cylindres superposés, système Vauclain, avec cinq essieux couplés et un essieu porteur, de l'*Erie railroad* : large foyer Wootten isurface de grille, 8,31 m²) ; poids total en ordre de marche, 88,5 t (d'après M. Demoulin).

ajouter le poids des approvisionnements, qui sont forcément très lourds pour une grande production. En outre, même avec des puissances moyennes, la difficulté de faire porter par les machines-tenders des quantités suffisantes d'eau et de combustible empêche souvent de les employer.

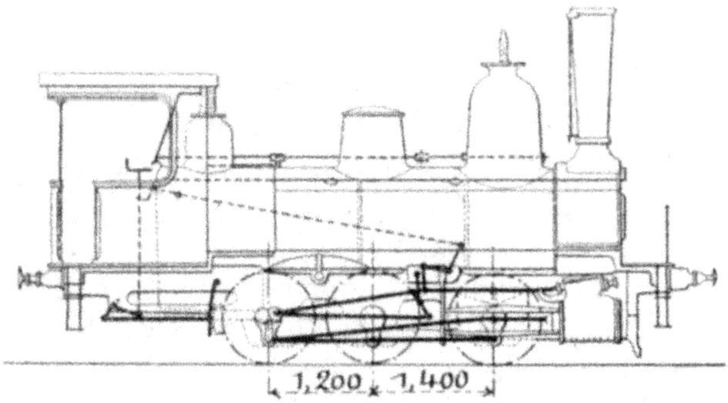

Fig. 267. — Locomotive de gare à trois essieux couplés de l'Orléans, série 1031-1074 (d'après M. Demoulin).

La machine de gare qui peut facilement renouveler ses approvisionnements, est généralement sans tender. Elle a de petites roues, car on lui demande un grand effort de traction, sans vitesse. Ces machines ont trois ou quatre essieux couplés (fig. 267).

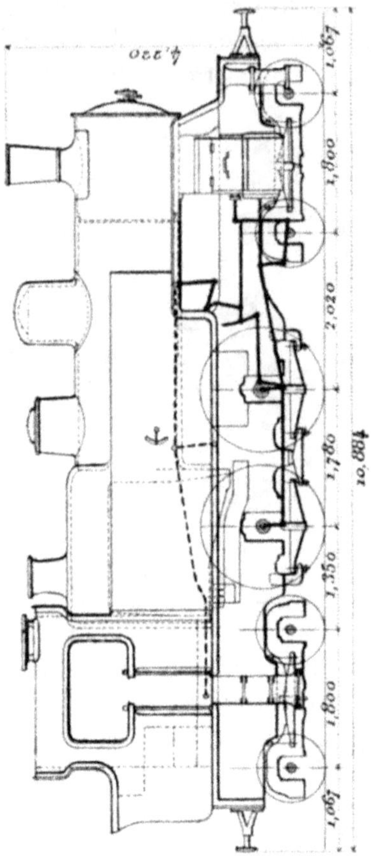

Fig. 268. — Locomotive-tender du Nord. Cylindres extérieurs de 430 x 600 mm ; roues motrices de 1,664 m. Poids adhérent, 32 t.

Les machines-tenders, destinées à la remorque des trains, ont souvent des essieux porteurs. Comme exemple de locomotives à deux essieux couplés, on peut citer : les anciennes machines de banlieue de l'Ouest, avec un essieu porteur à l'avant, et le foyer en porte-à-faux, qui font encore un bon service ; les petites machines à un bogie du Nord ; les locomotives anglaises avec essieu porteur à chaque bout ou avec bogie remplaçant un des deux essieux porteurs ; les récentes locomotives du Nord, à deux bogies (fig. 268). Sur ces dernières machines, les appareils de manoeuvre sont doubles, afin de donner au mécanicien toute facilité pour surveiller la voie dans les deux sens de marche. Comme détail de construction intéressant à signaler, les caisses à eau latérales sont articulées sur des charnières placées vers l'avant, de sorte qu'on les soulève facilement avec un palan, de manière à dégager la boîte à feu pour remplacer une entretoise.

Les locomotives de l'Ouest (fig. 269) à adhérence totale, ont trois essieux couplés : ces locomotives sont compactes et puissantes pour leur poids modéré. Les machines de l'Est, plus lourdes, ont en outre un essieu porteur sous le foyer. Certaines de ces machines ont été modifiées par l'addition d'un bogie (fig. 270).

Des locomotives-tenders de l'Ouest (construites en 1897) ont trois essieux couplés et un bogie (fig. 271) ; une de ces locomotives, essayée sur l'Est, a atteint la vitesse de 118 km à l'heure, qui est grande pour une machine à roues de 1,540 m.

Quelquefois le bogie est placé à l'arrière, ou les trois essieux couplés sont encadrés entre deux essieux porteurs (fig. 271 bis), type Prairie, ou entre deux bogies (locomotive de l'Est, fig. 272).

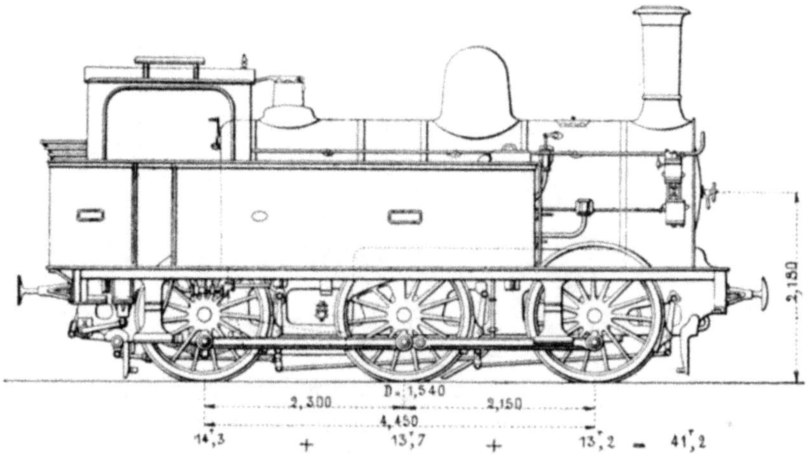

Fig. 269. — Locomotive-tender à trois essieux couplés (séries 3531-3572) de l'Ouest; cylindres intérieurs; capacité de la soute à eau, 4 m³. D'autres séries ne diffèrent de ces locomotives que par des détails secondaires (d'après M. Demoulin).

Les locomotives-tenders peuvent avoir quatre (fig. 273) et même cinq essieux couplés (fig. 274). La disposition des locomotives articulées, généralement sans tender, a été indiquée au § 113.

120. Voitures automotrices.

Depuis quelques années, les essais de voitures automotrices se sont multipliés à l'étranger comme en France. On conçoit qu'elles puissent être utiles, soit sur des embranchements secondaires à faible trafic, soit dans le voisinage des centres importants, en s'intercalant entre les trains

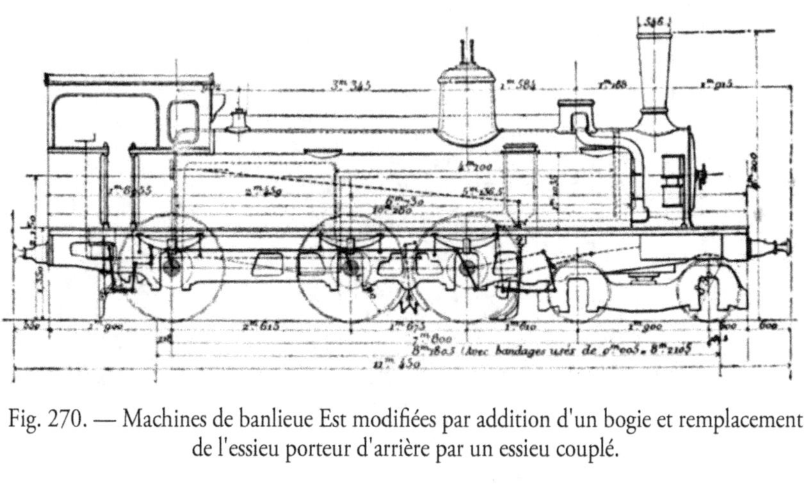

Fig. 270. — Machines de banlieue Est modifiées par addition d'un bogie et remplacement de l'essieu porteur d'arrière par un essieu couplé.

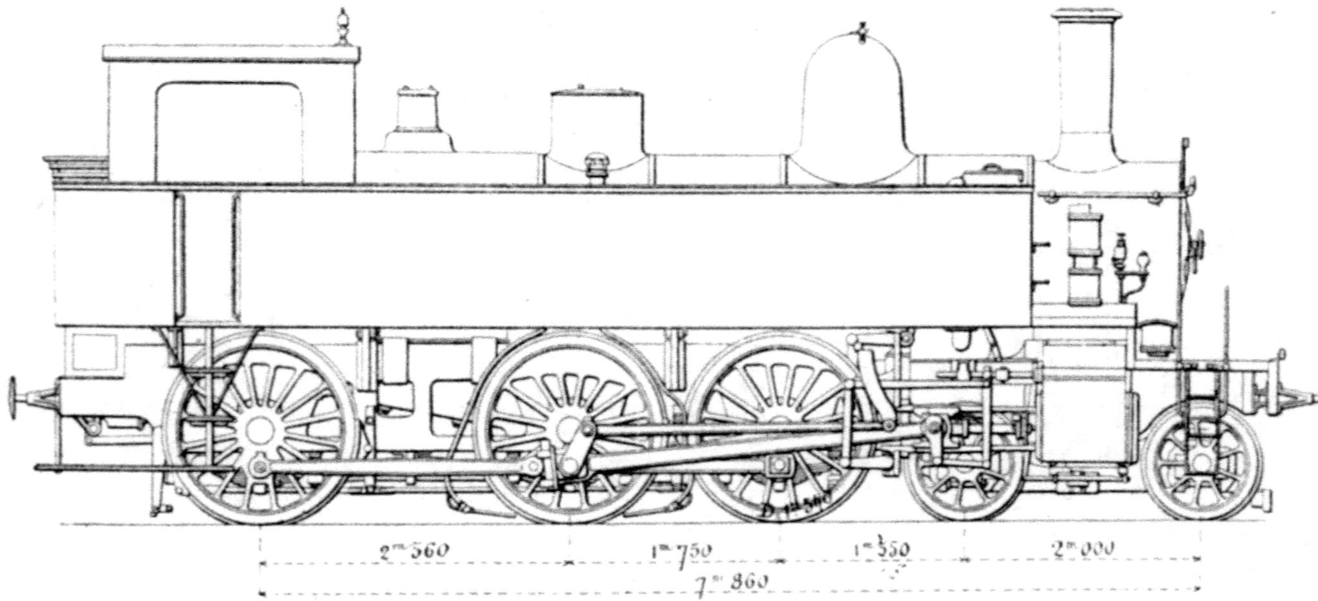

Capacité des soutes à eau	7 m³	Diamètre des cylindres et course	460 et 600 mm.
Capacité de la soute à combustible	2,500 kg ;	Diamètre des roues motrices	1,540 m.
Surface de grille	1,80 m² ;	Poids à vide	46,5 t ;
Surface de chauffe	144 m² ;	Poids en ordre de marche	59,9 t ;
Timbre	12 kg;	Poids adhérent maximum	44,7 t.

Fig. 271. – Locomotive-tender à trois essieux couplés et bogie de l'Ouest (d'après M. Dumoulin).

Capacité des soutes à eau	7 m³	Cylindres de	340 et 530 × 500 mm.
Capacité de la soute à combustible	2,5 t.	Diamètre des roues motrices	1,540 m.
Surface de grille	2,52 m²	Poids à vide	60 t.
Surface de chauffe	179,1 m²	Poids en ordre de marche	73,1 t.
Timbre	15 kg.	Poids adhérent maximum	51 t.

Fig. 271 bis. – Locomotive tender compound de l'Ouest, à quatre cylindres et deux bissels.

Surface de grille	2,57 m²	Caisses à eau	8,6 m³
Surface de chauffe	148,66 m²	Soutes à combustible	3 t
Cylindres de	350 et 550 × 640 mm	Poids total en service	90 t
Diamètre des roues motrices	1,580 m	Poids adhérent maximum	47 t

Fig. 272. – Locomotive-tender compound de l'Est, à quatre cylindres et deux bogies.

Fig. 273. — Locomotive-tender du *Great Northern railway* d'Angleterre, construite en 1913 ; cylindres de 508 x 660 mm ; roues de 1,425 m ; grille de 1,65 m^2. Appareil pour condenser la vapeur.

Fig. 274. – Locomotive-tender à cinq essieux couplés, de l'État prussien, fonctionnant à la vapeur surchauffée.

ordinaires. Mais pour être avantageuses, il faut non seulement qu'elles fournissent un service régulier, mais qu'elles le fassent avec économie.

Le plus souvent, la puissance de ces voitures est suffisante pour qu'elles remorquent un véhicule ordinaire, au moins sur un profil facile.

Le moteur de ces voitures est généralement à vapeur. Un type assez répandu, notamment en Angleterre, comprend une véritable petite locomotive à deux essieux formant un des deux bogies sur lequel s'appuie le véhicule (fig. 275). En cas de réparations, à cette locomotive on peut facilement en substituer une autre. Comme le véhicule est destiné à marcher dans les deux sens, on installe, à l'extrémité opposée à la locomotive, un poste de manoeuvre, avec appareils de commande du régulateur, du frein, du sifflet, et même du changement de marche. Cette disposition exige qu'un chauffeur reste auprès de la locomotive; il peut à la rigueur manœuvrer le changement de marche, d'après les instructions du mécanicien.

Fig. 275. – Voiture automotrice du *Lancashire and Yorkshire railway* d'Angleterre.

Les automotrices de l'Orléans et du P. L. M. ont des chaudières Purrey, formées de deux collecteurs réunis par des tubes en serpentin. Ces chaudières ont aussi un faisceau de tubes surchauffeurs de vapeur. Le timbre est de 20 kg. Le combustible est du coke, emmagasiné dans une trémie qui alimente la grille. Il n'y a pas d'appareil indicateur du niveau de l'eau; l'alimentation est réglée automatiquement d'après les variations de ce niveau; une pompe de secours est aussi à la disposition du conducteur.

Le moteur est compound à cylindres en tandem, agissant sur deux manivelles à angle droit; il marche à grande vitesse (500 tours environ par minute), et commande par chaînes les roues motrices. Il est enfermé dans un carter avec bain d'huile, projetée constamment sur toutes les

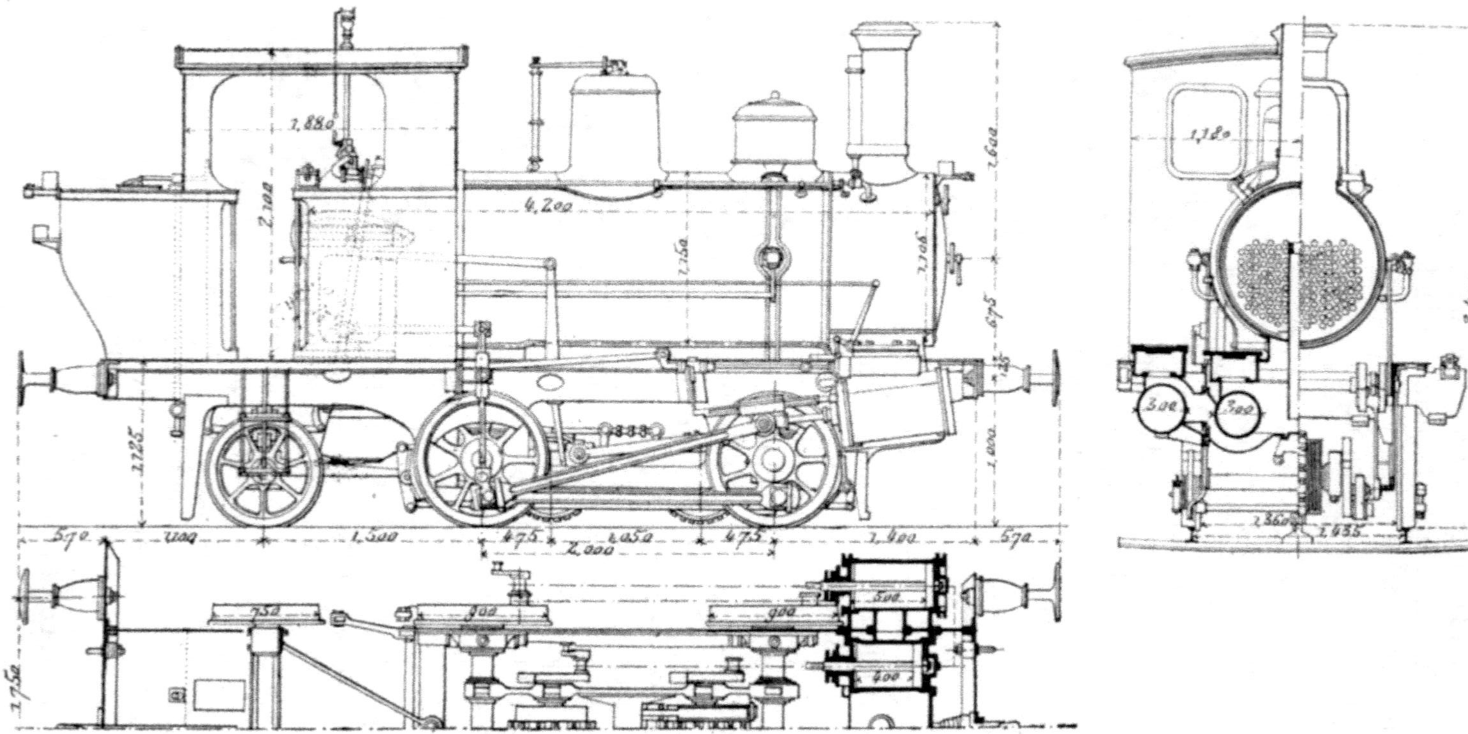

Fig. 276. – Locomotive à crémaillère, avec mécanismes séparés pour les roues couplées et pour les roues dentées engrenant sur la crémaillère.

articulations. Cette disposition fait du moteur un tout facile à rapporter sous le véhicule.

La voiture doit être tournée en fin de course, afin que le poste du mécanicien soit toujours à l'avant. La partie mécanique est facilement séparée du reste du véhicule en cas de réparation.

Dans certains essais sur l'Orléans avec voitures de remorque, la vaporisation a été de 4 à 5 kg d'eau par kilogramme de coke et on a brûlé 3 à 4,5 kg de coke par kilomètre. D'autres voitures automotrices sont munies de chaudières Serpollet, à tubes d'eau et à très petit volume d'eau. La distribution se fait par soupapes. On a aussi quelquefois employé les moteurs à pétrole, du genre de ceux des automobiles sur routes.

121. Locomotives pour voie étroite.

La voie qu'on appelle normale a une largeur de 1,435 m à 1,450 m, comptée entre les bords intérieurs des rails. Mais on construit beaucoup de chemins de fer à voie plus étroite ; souvent la largeur est d'un mètre ; elle descend même à 60 cm, comme dans le chemin de fer Decauville à l'Exposition universelle de 1889. Les locomotives pour lignes à voie étroite ne diffèrent pas essentiellement de celles qui circulent sur les voies normales ; mais presque toujours les cylindres en sont extérieurs, à cause du peu de largeur disponible entre les longerons. Ce sont aussi généralement des machines tenders, qui se prêtent bien à l'exploitation de ces lignes, où l'on ne fait guère de grands parcours sans arrêt. Le système articulé Mallet a été souvent appliqué pour la voie étroite.

122. Locomotives à crémaillère.

Les locomotives ordinaires fonctionnant par simple adhérence de leurs roues sur les rails peuvent remonter des rampes très raides. De grandes lignes ont des inclinaisons de 30, 35, 40 mm par mètre ; certains chemins de fer atteignent même 60, 10, 80 mm par mètre (par exemple celui qui conduit de Zurich à l'Uetliberg). Il est facile de comprendre qu'une locomotive puisse gravir des rampes aussi fortes. L'effort nécessaire pour élever sur une rampe de 60 mm une locomotive seule, à adhérence totale, se calcule d'après la règle indiquée p. 13 : pour surmonter la pesanteur, il faut un effort de 60 kg par tonne du poids ; les autres résistances consomment en plus quelques kilogrammes, soit en tout 65 kg par tonne. Si la machine pèse 40 t, il faudra un effort de traction total de 65 x 40 ou 2 600 kg : une machine de ce poids, à petites roues, peut généralement produire un effort bien plus considérable. Quant à l'adhérence, si le rail est sec, elle est du sixième ou du septième du poids, c'est-à-dire de 6 600 à 5 700 kg ; elle est donc largement suffisante, et peut s'abaisser presque au quinzième du poids sans faire défaut. Mais la locomotive est destinée à remorquer un train : il faudra beaucoup réduire le poids de ce train, et c'est le grave inconvénient de la traction en forte rampe par les locomotives ordinaires. Dans l'exemple choisi, si le train pèse également 40 t, la résistance totale sera doublée et atteindra 5 200 kg : ce sera à peu près le plus grand effort que pourra produire la machine, et il faudra une bonne adhérence pour utiliser cet effort.

La crémaillère permet d'employer la puissance d'une locomotive, indépendamment de l'adhérence, à remorquer des charges sur des rampes fort raides, mais avec une faible vitesse ; car la crémaillère n'augmente pas la puissance de la machine. Elle est installée dans l'axe de la voie : une roue dentée, montée sur un arbre commandé par les pistons de la locomotive (fig. 276), engrène sur cette crémaillère. Le diamètre de cette roue dentée est généralement plus petit que celui des roues qui portent la locomotive ; on peut aussi la commander par l'intermédiaire d'un harnais d'engrenages, qui augmentent la force en réduisant la vitesse. On accouple souvent deux roues dentées.

On gravit ainsi des inclinaisons de 200, 300, 400 mm par m. Parfois la ligne entière est à crémaillère ; d'autres fois, elle a des parties peu inclinées avec voie ordinaire seule. Dans ce cas, les locomotives sont disposées pour fonctionner à volonté par adhérence ou avec la crémaillère : un mécanisme ordinaire fait tourner les roues pour la marche par adhérence ; un second mécanisme commande les roues dentées pour la marche sur la crémaillère.

On a aussi construit des locomotives où un seul mécanisme, à deux cylindres, fait tourner à la fois la roue dentée et les roues ordinaires ; cette disposition a un défaut : le diamètre des roues ordinaires diminue par l'usure, tandis que celui de la roue dentée est invariable : cette diminution du diamètre produit forcément un glissement sur les rails. En outre, elle ne ralentit pas assez la vitesse pour permettre de développer sur la crémaillère un effort de traction suffisant.

À la descente, plusieurs systèmes de freins modèrent la vitesse : c'est d'abord la compression de l'air dans les cylindres qui commandent la roue dentée, puis des sabots, agissant par frottement sur des arbres portant des roues dentées, qui engrènent avec la crémaillère.

CHAPITRE VI

TENDERS

123. Remarques générales.

Le tender est souvent fatigué par les fortes charges qu'il porte, et par l'action fréquente et énergique des freins, au moins avec les locomotives à marchandises. Il est nécessaire d'en monter avec soin les roues et d'en bien régler la suspension : les essieux doivent être parallèles, et les roues d'un même essieu exactement tournées au même diamètre ; la charge doit être régulièrement répartie entre les diverses roues. Ces détails sont parfois négligés, l'attention se portant surtout sur l'entretien de la locomotive : il en résulte que certains tenders roulent mal et fatiguent la voie. On doit éviter aussi les chargements excessifs de combustible sur les tenders.

En Europe, les tenders ont habituellement deux ou trois essieux : en Amérique et quelquefois en Europe, ils sont portés par deux bogies à deux essieux (fig. 259). La capacité ordinaire des tenders est de 8 à 12 m^3 d'eau et d'environ 3 t de houille. Les grands tenders, nécessaires pour les longs parcours des machines puissantes, tiennent jusqu'à 25 m^3 d'eau avec 5 ou 6 t de houille ; en Amérique, la capacité s'élève à 34 m^3 et 12 t de houille. On ne renouvelle guère l'approvisionnement de combustible que dans les dépôts : c'est pourquoi il est proportionnellement plus fort que la provision d'eau, un kilogramme de houille pouvant vaporiser 7 à 8 kg d'eau. La provision d'eau nécessaire se calcule d'après la longueur des parcours et la dépense kilométrique, qui dépasse souvent 100 litres sur les machines puissantes.

En marche, il est dangereux de se tenir debout sur les soutes pour faire descendre le combustible, parce qu'on risque de sortir du gabarit et d'être atteint par un pont.

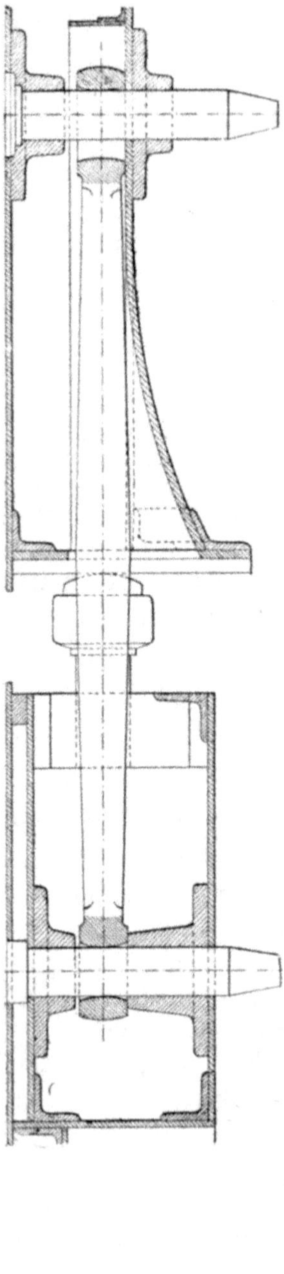

Fig. 277. – Attelage de tender à barre rigide.

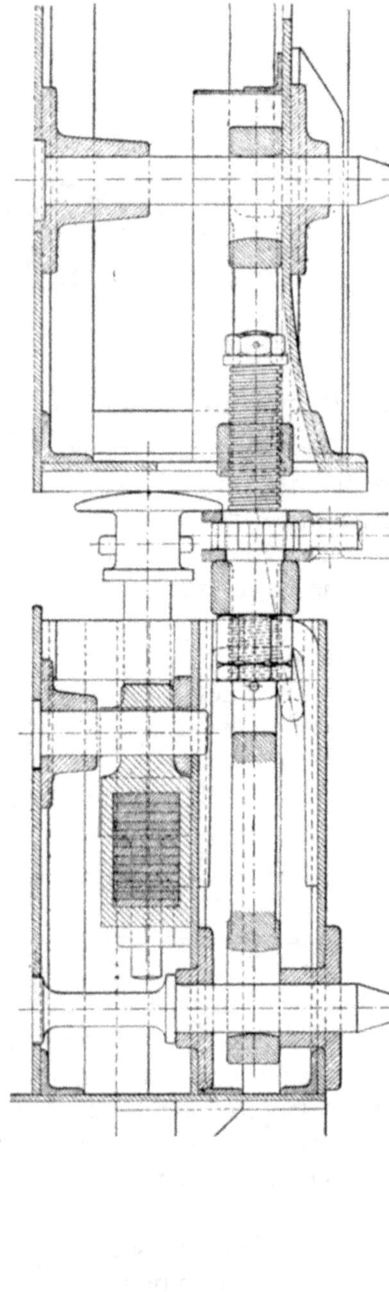

Fig. 278. – Attelage de tender à tendeur rigide. Diamètre des chevilles d'attelage, sur les dernières locomotives de l'Est, 85 mm.

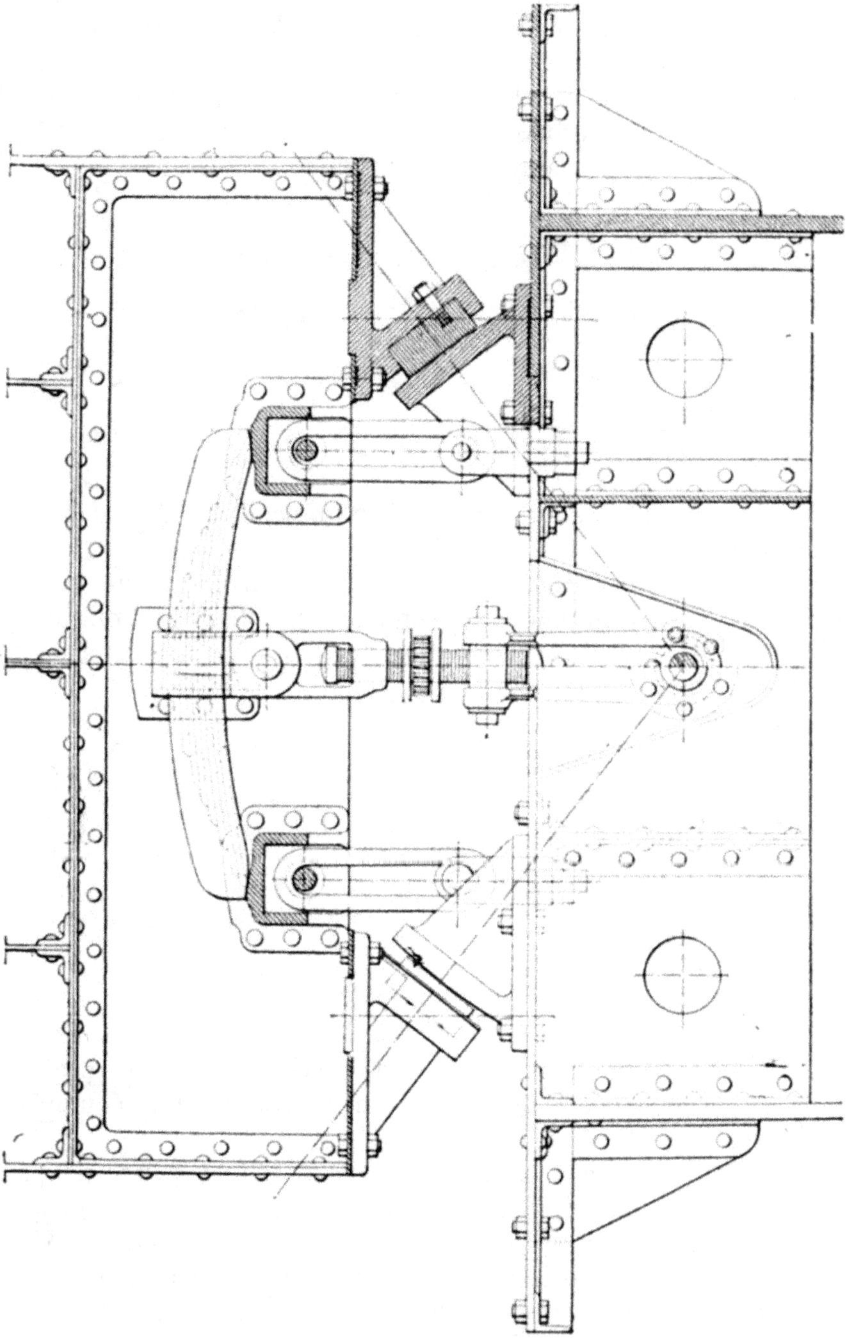

Fig. 279. – Attelage du système Roy entre locomotives et tenders de l'Ouest (le ressort tracé en ponctué a été supprimé, mais des rondelles Belleville sont placées contre les tampons).

124. Attelages des tenders aux locomotives.

L'attelage de la locomotive à son tender doit satisfaire à deux conditions opposées : il faut que les deux véhicules soient étroitement attachés l'un à l'autre, afin de réduire les mouvements de lacet, de galop et autres, sans gêner le déplacement relatif de ces deux véhicules lors du passage dans les courbes. Une extrême solidité est indispensable, car la rupture de cet attelage est fort dangereuse pour le personnel de

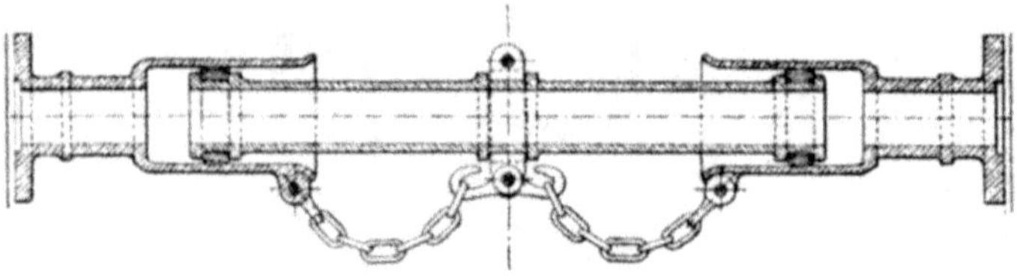

Fig. 280. — Rotule métallique pour communication entre tender et locomotive.

la machine. La prudence commande de l'examiner fréquemment, en le nettoyant avec soin.

Il existe plusieurs systèmes d'attelage. Souvent on emploie une barre rigide (fig. 277) ou un tendeur également rigide (fig. 278), qui relie deux chevilles d'attelage ; l'un des oeils est ovalisé, et le refoulement se

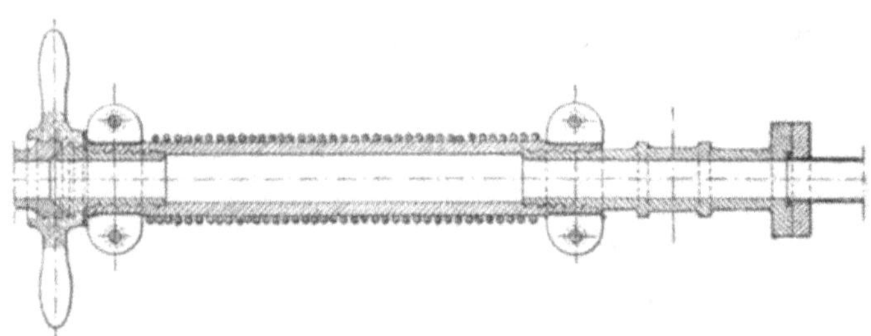

Fig. 281. — Tuyau flexible pour communication entre tender et locomotive.

fait par deux tampons élastiques : l'élasticité des tampons permet au groupe des deux véhicules de se plier dans les courbes. On ajoute de courtes chaînes de sûreté.

Sur l'Ouest, l'attelage entre locomotive et tender comporte des tampons obliques du système Edmond Roy (fig. 279) ; des rondelles Belleville, placées sous les tampons du tender, leur donnent un peu d'élasticité. Ces tampons sont en fonte ; ceux de la machine ont une surface sphérique, dont le centre est sur l'axe de la cheville d'attelage ; ceux du tender ont une surface plane. Cette disposition s'oppose au mouvement de lacet en ligne droite sans gêner les déplacements relatifs en courbe. Elle soumet les châssis du tender et de machine à de grands efforts, de nature à les disloquer s'ils ne sont pas extrêmement solides.

L'eau est amenée à la locomotive par des accouplements flexibles qui sont soit des rotules métalliques (fig. 280) avec deux petites bagues en caoutchouc, soit des tuyaux en toile et caoutchouc (fig. 281) armés par un fil de fer en hélice. Une fuite à cet accouplement peut vider le tender, surtout si on ne renferme pas la prise d'eau sur le tender chaque fois qu'on arrête l'injecteur.

125. Attelage des tenders aux trains.

Les tenders portent l'arrière la disposition usuelle d'attelage, composé, en Europe, d'un crochet, de deux tampons, d'un tendeur à vis et de deux chaînes de sûreté (fig. 282). Ces pièces existent à l'avant de la locomotive.

D'après les conventions internationales, les cotes normales des attelages, pour le matériel des chemins de fer, à voie normale, du continent européen, sont les suivantes:

	Millimètres.
Hauteur la plus grande de l'axe des tampons au-dessus du rail, à vide	1 065
Hauteur la plus faible, en charge	940
Écartement des tampons, d'axe en axe	1 740 à 1 760
Saillie des tampons serrés à fond sur la traverse, au moins	340
Saillie des tampons non serrés sur l'intérieur du crochet tendu	300 à 400
Longueur des attelages, mesurée du front du tampon jusqu'à l'intérieur de l'étrier extrême du tendeur desserré	450 à 550

Le tampon de choc placé à la droite d'une personne regardant la face transversale du véhicule a un plateau plat; le plateau du tampon de gauche est bombé. Cette différence n'existe pas sur le matériel de tous les chemins de fer: les deux tampons sont alors légèrement bombés.

Les appareils de traction et de choc agissent d'habitude par l'intermédiaire de ressorts. Souvent on fait usage d'un ressort à lames, tiré en son milieu par le crochet d'attelage, et poussé aux deux bouts par les tampons. On se sert aussi, pour la traction et pour chaque tampon, de ressorts séparés, en volute. Dans les trains de voyageurs, on serre fortement les tampons l'un contre l'autre, à l'aide du tendeur à vis, afin de réduire les mouvements de lacet et les oscillations des véhicules: dans les trains de marchandises, les attelages lâches facilitent le démarrage, mais il ne faut pas qu'ils le soient trop, car il se produit alors des chocs violents, qui risquent de rompre les tendeurs, les crochets ou leurs tiges, qui parfois même arrachent les traverses des wagons.

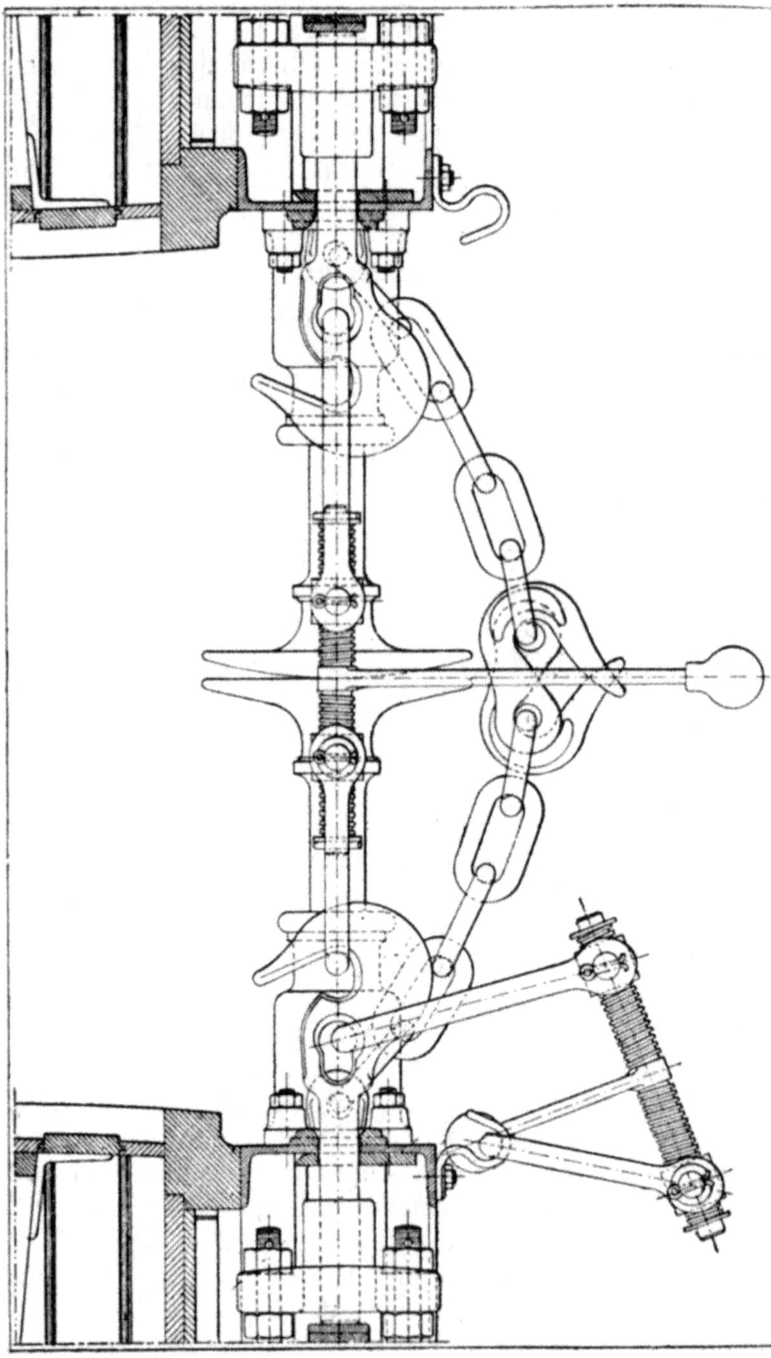

Fig. 282. – Attelage des véhicules (type de l'Est).

La disposition usuelle des tampons n'est guère satisfaisante en courbe, puisqu'ils doivent se comprimer plus fortement du côté du centre de la courbe: pour éviter une compression excessive, avec les très longs véhicules, on fait porter les tiges des tampons sur les deux bouts d'un balancier: la sortie d'un des tampons compense la rentrée de l'autre. Le tamponnement central, usité en Amérique, et en France, sur beaucoup de lignes à voie d'un mètre, n'a pas en courbe le défaut du double tampon.

On a imaginé de réunir par une barre rigide les deux crochets d'un même véhicule, que cette barre tire par l'intermédiaire d'un léger ressort. Ce ressort n'a plus en effet qu'un seul véhicule à entraîner, et non tous ceux qui le suivent, comme avec la disposition usuelle. C'est ce qu'on appelle la barre de traction continue. Le châssis de véhicule n'a plus alors à transmettre l'effort de traction à ceux qui le suivent.

Fig. 283. Attelage automatique américain.

Lorsqu'un train est arrêté par le serrage des freins de tête, les tampons se compriment pendant le ralentissement; à l'arrêt, ils repoussent la queue du train vers l'arrière; les choses se passaient presque toujours de la sorte avant l'introduction des freins continus. La barre continue limite le mouvement de recul, mais elle reçoit un choc au moment où elle entre en tension, et il peut en résulter des ruptures si ce choc est violent: or la violence du choc sera d'autant plus grande que les ressorts des tampons seront plus puissants. Avec les freins continus, les barres continues ont les mêmes inconvénients, à cause du serrage inégal et successif des freins sur les divers véhicules: ces causes agissent énergiquement dans les arrêts rapides et sur les trains de grande longueur. Un attelage avec traction élastique, mais dont les ressorts sont peu flexibles, paraît préférable, pour ces motifs, à la traction continue.

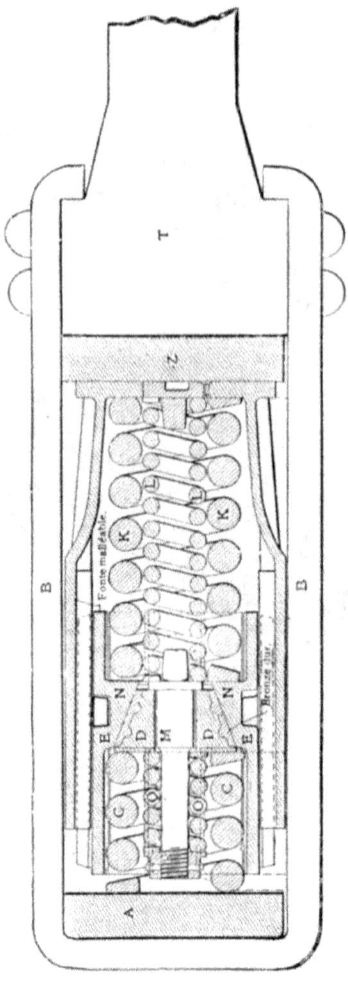

Fig. 284. — Amortisseur à friction Westinghouse.

La plaque A reçoit, par l'étrier B. la traction exercée en T ; l'autre plaque de butée. Z, transmet cette traction (de gauche à droite) au véhicule et reçoit la poussée des tampons (de droite à gauche). Une traction modérée comprime simplement le ressort C ; mais une forte traction, après avoir aplati ce ressort, pousse vers la droite le coin octogonal D, ce qui écarte les 8 supports E. portant des pièces qui frottent dans les rainures du cylindre B : c'est le glissement de ces pièces dans les rainures de B qui amortit le choc. Quand la traction cesse, le ressort auxiliaire L repousse le coin octogonal D, et le ressort K ramène à la position initiale les supports E avec leurs pièces frottantes. Le ressort O, qui n'est pas indispensable, augmente un peu la poussée sur le coin. Une poussée des tampons sur la plaque de butée Z fait fonctionner de même l'appareil.

Les chemins de fer des États-Unis ont un attelage central (fig. 283), servant au choc et à la traction, et composé d'une sorte de mâchoire articulée. Une clavette verticale, rattachée par une chaîne à un levier qu'on manœuvre de l'extérieur, sans pénétrer entre les véhicules, immobilise la mâchoire dans la position d'attelage : la mâchoire devient mobile quand on soulève cette clavette, de sorte que le découplement est facile. L'accouplement se fait même automatiquement au seul contact des véhicules.

Des systèmes analogues ont été l'objet de quelques essais en Europe, mais il est plus difficile de les disposer pour qu'ils s'attellent avec l'attelage européen actuel qu'avec l'ancien attelage américain, à maille et cheville. De plus, même aux États-Unis, leur adoption n'a pas été sans entraîner des difficultés assez graves, dépassant ce qu'on avait prévu. Par suite d'avaries, et aussi de défauts de construction, le fonctionnement est parfois défectueux, de sorte que les agents doivent pénétrer entre les véhicules, dans des conditions plus dangereuses qu'autrefois ;

surtout pendant la période de transition de l'ancien attelage au nouveau, nécessairement longue, les accidents de personnes ont été nombreux. Enfin le découplement spontané en marche de certains attelages automatiques paraît être assez fréquent.

Lorsqu'un train lourd est arrêté par le serrage des freins de tête, les tampons à ressorts amortissent difficilement la poussée des véhicules de queue, car les ressorts sont généralement beaucoup trop faibles. Dès qu'ils sont complètement aplatis, les véhicules reçoivent un choc qu'aucun intermédiaire élastique n'amortit plus. D'autre part, après s'être comprimés, les ressorts se détendent, en écartant les véhicules; cette action produit un choc sur les tiges de traction, d'autant plus violent que les ressorts sont plus puissants, de sorte que l'augmentation de la force du ressort, avantageuse au début, devient ensuite nuisible.

Dans les grands trains remorqués par de puissantes locomotives, les tiges de traction sont parfois soumises à des efforts violents et brusques qui peuvent en provoquer la rupture, ou parfois l'arrachement des traverses des véhicules. Ces chocs se produisent notamment au démarrage des trains avec attelages non tendus et aussi par la réaction qui suit la compression des ressorts de tampons lors des arrêts.

L'amortisseur à friction Westinghouse (fig. 284) a pour objet de remédier à ces inconvénients. Il comporte des surfaces métalliques qui peuvent frotter énergiquement l'une contre l'autre. Ce frottement absorbe graduellement la force vive des véhicules, sans la restituer ensuite, comme font les ressorts par leur détente. L'appareil comporte des ressorts, qui se compriment et travaillent comme dans les attelages ordinaires, tant que l'effort ne dépasse pas certaine limite; mais quand l'effort dépasse la valeur qui aplatit complètement le ressort, le glissement se produit en créant une résistance très énergique, qui atteint au total 64 000 kg (34 000 kg dans un autre type plus petit). Les ressorts sont disposés pour ramener en sens inverse les pièces frottantes dans leur position initiale, quand l'effort anormal de traction a cessé.

Cet appareil, étudié pour l'attelage central américain, a été appliqué en Europe à des tenders, notamment à ceux des machines à marchandises Est de type récent.

126. Réchauffage de l'eau du tender.

Au lieu de laisser perdre la vapeur par les soupapes de sûreté, on s'en sert pour chauffer l'eau du tender; il ne faut pas dépasser la température qui arrête le fonctionnement des injecteurs. Un kilogramme de vapeur sèche, sortant de la chaudière à la pression effective de 10 kg par cm^2, peut porter à 35° la température de 25 kg d'eau, prise à 10°. En envoyant ainsi 200 kg de vapeur dans un tender contenant 5 m^3, on évite la perte d'une trentaine de kg de houille, qui ont été brûlés pour vaporiser ces 200 kg, sans compter l'avantage d'une production plus abondante quand on alimente à l'eau tiède.

Sur les machines munies de pompes, un robinet spécial, dit robinet réchauffeur, servait à envoyer la vapeur dans le tuyau d'aspiration, qui la conduisait aux soutes du Linder. Le trop-plein de la plupart des injecteurs peut se fermer, et leur soupape de prise permet alors l'envoi de vapeur au tender.

127. Condensation de la vapeur d'échappement.

On a quelquefois envoyé dans les soutes du tender une partie de la valeur d'échappement. Le cinquième de la vapeur d'échappement suffit pour chauffer l'eau d'alimentation jusqu'à la température d'ébullition, 100°. Cette méthode, malgré un avantage évident, n'est guère en usage parce qu'elle supprime l'emploi de l'injecteur et qu'elle exige une tuyauterie assez compliquée.

Certaines dispositions permettent de condenser toute la vapeur d'échappement, pour des trajets souterrains; ces dispositions sont appliquées à des machines tenders.

Des tiroirs ou des clapets, manœuvrés par le mécanicien, permettent d'envoyer à volonté la vapeur dans la cheminée, à la manière ordinaire, ou dans les soutes à eau pour la condenser. Le feu languit alors, et c'est la réserve d'eau chaude contenue dans la chaudière qui fournit la vapeur: on veut en effet vicier le moins possible, par la fumée et la vapeur, l'atmosphère de tunnels, parcourus par des trains nombreux.

Dans les locomotives de ce genre employées en Angleterre, la vapeur débouche dans la soute au-dessus de l'eau: un tuyau de dégagement laisse sortir la portion non condensée et empêche toute élévation de pression dans les soutes; avec cette disposition, il n'est pas à craindre que l'eau puisse être aspirée dans les cylindres. Mais la surface de l'eau doit être constamment renouvelée. À cet effet, un tuyau plonge jusqu'au fond de la soute en regard de l'arrivée de la vapeur d'échappement: une partie de la vapeur est chassée dans ce tuyau et vient agiter l'eau (fig. 273).

Sur les locomotives-tenders de l'Orléans, la vapeur commence par circuler dans un long tuyau plongé dans la soute; elle s'y condense en partie avant d'arriver au-dessus de l'eau.

Au bout de quelques kilomètres, l'eau devient très chaude et la vapeur ne se condense plus: il faut vider les soutes et les remplir d'eau froide. En outre, la pression baisse dans la chaudière: on doit pouvoir la relever, avec l'échappement ou le souffleur, dans des sections à ciel ouvert.

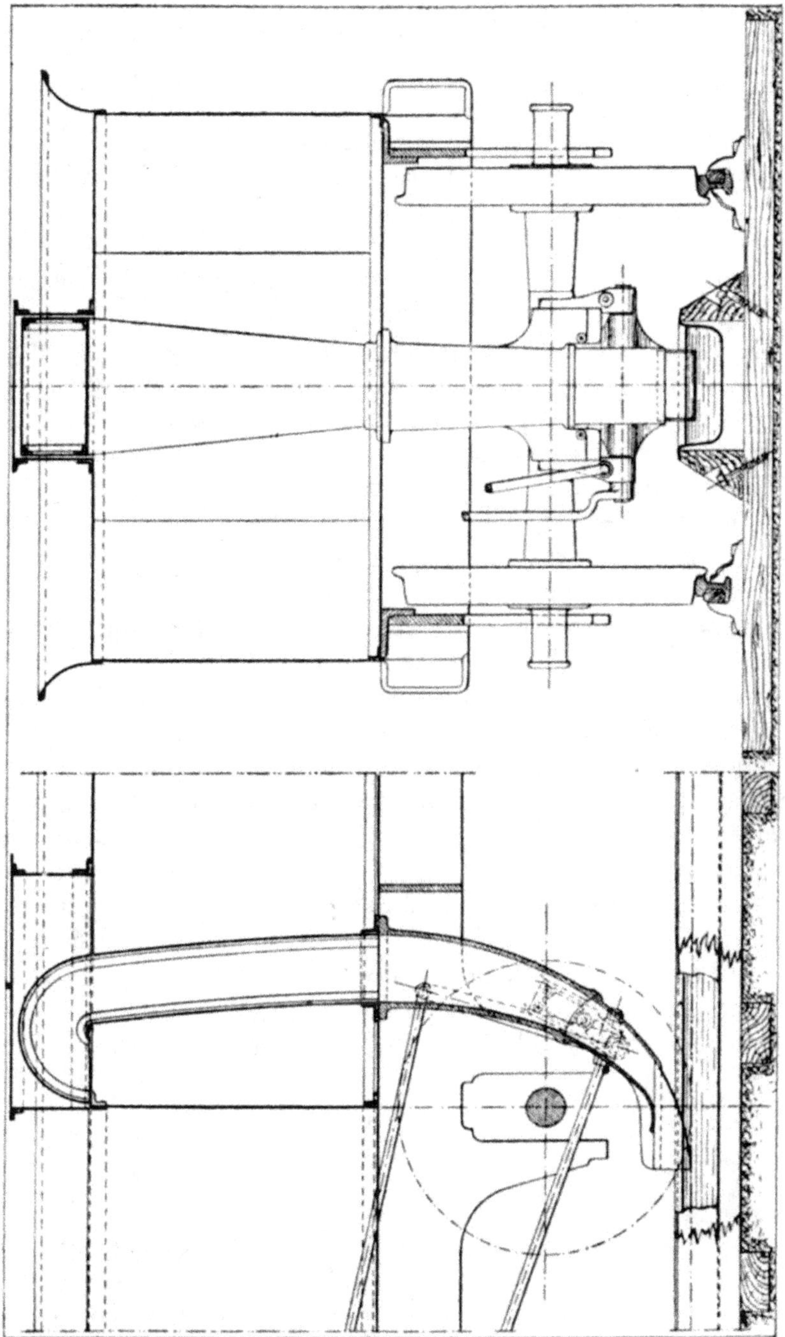

Fig. 285. — Appareil Ramsbotom pour prendre l'eau dans un tender, sans arrêt ; le bec mobile est représenté, sur la figure, abaissé dans la rigole.

L'application croissante de la traction électrique sur les lignes urbaines en souterrain fait successivement disparaître ces dispositions onéreuses, dont l'efficacité était loin d'être complète.

128. Prise d'eau sans arrêt.

Le remplissage des tenders aux grues d'alimentation ne va pas sans quelques inconvénients: la machine doit stationner à une place exactement déterminée; la durée de l'opération est souvent de plusieurs minutes et surtout, pour les longs parcours sans arrêt, il faut traîner un énorme tender. Une curieuse disposition, imaginée par l'ingénieur anglais Ramsbottom, permet de prendre l'eau en marche (fig. 285).

Dans une section de voie en palier, on installe sur les traverses, entre les rails, une rigole, en fonte ou en tôle, longue de plusieurs centaines de mètres; un réservoir, placé au milieu de la section, tient la rigole constamment pleine d'eau. Le tender porte un tuyau, terminé par un bec rectangulaire mobile, qui peut venir plonger dans la rigole: on le relève lorsque l'appareil ne fonctionne pas. Afin d'éviter que ce bec ne puisse frapper les extrémités de la rigole, les rails s'élèvent en pente douce vers ces extrémités.

Le tuyau est formé d'une partie évasée, qui fait suite au bec plongeant dans la rigole; en même temps il se relève et se recourbe, de manière à déverser l'eau dans les caisses du tender. Pourvu que la vitesse soit suffisante, environ 40 km à l'heure avec les hauteurs usuelles des tenders, l'eau pénètre dans le tuyau et remplit les caisses. Le volume ainsi embarqué à la course est à peu près égal au produit de la section immergée du bec du tuyau par la longueur parcourue pendant qu'il plonge dans l'eau: si cette section est de 20 cm sur 5, ou 1 dm^2, on embarque 1 000 litres ou l mètre cube dans un parcours de 100 mètres.

À grande vitesse, l'entrée de l'eau est extrêmement rapide: si on n'a pas soin de relever le bec mobile dès que le tender est plein, l'eau déborde et inonde la plate-forme de la machine. On facilite la manœuvre en commandant le bec mobile par un cylindre à air comprimé.

CHAPITRE VII

MOYENS D'ARRÊT DES TRAINS

129. Freins à sabots.

Le moyen usuel pour ralentir ou arrêter les trains consiste à serrer des sabots de frein contre les bandages des roues. Un seul sabot, agissant sur une des deux roues d'un essieu, ne peut convenir que pour des serrages modérés (dans les manoeuvres de gare). Pour l'usage général, il en faut au moins deux, un sur chaque roue. En serrant chaque roue entre deux sabots, on soustrait la fusée de l'essieu aux poussées résultant du serrage.

Au lieu de sabots sur les bandages, on a quelquefois employé des patins frottant sur le rail, et portant le poids de la locomotive; mais ce système est à la fois compliqué et peu efficace, parce qu'on ne peut pas soulever assez la locomotive pour qu'une partie du poids suspendu ne porte pas toujours sur les ressorts; les roues, d'ailleurs, restent toujours sur le rail, de sorte qu'on ne freine qu'une fraction du poids total.

La résistance, qui résulte de l'application des freins, est d'autant plus grande que les sabots sont plus fortement appuyés contre les bandages, mais à condition que les roues ne cessent pas de tourner: dès que le calage des roues se produit, cette résistance diminue. En serrant les freins, on doit donc tâcher de ne jamais caler les roues, ce qui, d'ailleurs, détériore les bandages. La grandeur de la résistance produite par l'application des freins, lorsque les sabots sont serrés autant qu'il est possible sans que les roues cessent de tourner, dépend de la valeur de l'adhérence. Avec la valeur du cinquième, cette résistance atteindrait le cinquième du poids sous les roues freinées, soit 4 000 kg pour un véhicule pesant 20 t, entièrement freiné. Avec une adhérence d'un dixième, on ne pourrait plus avoir qu'une résistance égale au dixième du poids, soit 2 000 kg pour 20 t. Cette résistance est égale à celle qu'offrirait une rampe de 20 cm par mètre dans le premier cas, de 10 cm par mètre dans le second, rampe que le véhicule lancé aurait à remonter. Ceci suppose le serrage fait avec la force la plus grande admissible d'après la valeur de l'adhérence.

L'expérience a mis en lumière un fait remarquable : pour produire, par le frottement des sabots sur les bandages, cette force résistante, limitée par la valeur de l'adhérence, il faut appuyer les sabots d'autant plus fort que les roues tournent plus vite, parce que le coefficient de frottement des sabots sur les bandages augmente quand la vitesse diminue, et que, par suite, une même force de serrage produit un effet plus grand. À grande vitesse on peut serrer fortement les sabots sans produire le calage ; mais, le serrage restant le même, le calage risque de se produire, avant l'arrêt, quand la vitesse diminue.

On pourrait aussi produire le frottement contre une poulie calée sur l'essieu ; mais cela n'a d'intérêt que dans des cas très spéciaux, par exemple pour agir sur l'axe de la roue dentée d'une locomotive à crémaillère.

Les sabots sont en bois ou en fonte, préférable au bois, parce qu'elle s'use moins vite. Le remplacement des sabots en métal n'offre d'ailleurs aucune difficulté, si porte-sabots et sabots sont convenablement calibrés. On a quelquefois employé des sabots qui frottent contre le boudin du bandage et le bord extérieur de la surface du roulement, de manière à faire porter sur ces parties l'usure qui ne se produit pas dans le roulement ordinaire. Mais ces sabots sont lourds et compliqués.

Les porte-sabots étant habituellement attachés au châssis du véhicule, le serrage du sabot rattache en quelque sorte la roue au châssis, et gêne le fonctionnement des ressorts de suspension.

Le frottement des sabots contre les bandages développe de la chaleur. Quand le serrage est prolongé, par exemple dans la descente de longues pentes, ou si un frein est resté serré dans un train en marche, l'échauffement excessif des pièces peut amener des accidents, tels que le desserrage du bandage.

130. Freins manœuvrés à la main.

La manœuvre des freins se fait, souvent à la main, par vis ou autre mécanisme, amplifiant la force appliquée à la manivelle ou au volant de commande. Ces freins n'agissent le plus souvent que sur les roues d'un seul véhicule ; quelquefois des transmissions permettent à un seul homme de commander à la fois les freins de deux ou trois wagons. Il en est de même, mais avec serrages successifs, si l'homme peut passer d'un véhicule sur l'autre, et quand deux guérites de wagons sont placées côte à côte. Avec ce système, le personnel de la machine n'a d'action directe que sur les freins du tender et de la locomotive : il demande, au moyen du sifflet, le serrage sur les wagons : il n'est jamais sûr que cet appel soit partout entendu et que la manoeuvre soit exécutée immédiatement.

Les freins à levier ne se manœuvrent facilement que quand on est à terre près du wagon : ils sont utiles surtout pour les manoeuvres de gare.

Il est facile de se faire une idée de la force avec laquelle les sabots pressent les roues, en mesurant le déplacement d'un sabot pour un tour du volant de commande, par exemple 6 mm (ou 0,006 m). Sans les frottements, le produit de la force par le chemin parcouru resterait constant : dans l'espèce, le produit par 0,006 de la force cherchée serait égal au produit de la force exercée par les mains de l'opérateur (soit 40 kg au total) par le chemin parcouru en un tour (soit 0,94 m, avec un volant de 300 mm de diamètre). Le nombre cherché serait 40 x 0.98 : 0,006, ou 6 270 kg. En réalité, les frottements peuvent réduire à moitié cette force. Elle se partage entre les divers sabots, dont les déplacements sont à peu près les mêmes.

Les mécanismes des freins à main doivent être bien surveillés, puisqu'on compte absolument sur eux pour assurer les arrêts. Une usure excessive de la vis de commande et de son écrou empêche les filets de s'engager l'un dans l'autre.

131. Freins des locomotives.

Les anciennes locomotives n'avaient pas de frein, le tender seul étant muni d'un frein à main. L'addition d'un frein à vis sur la locomotive a été un perfectionnement notable.

Quelquefois on a employé des freins à vapeur, qui sont des appareils d'une grande simplicité : la vapeur presse un piston quand on ouvre un robinet ou une soupape, et ce piston applique les sabots de frein contre les roues (fig. 286). En cessant d'envoyer la vapeur et en la laissant échapper au dehors, on supprime la pression : le poids des pièces ou l'action d'un ressort desserre les sabots.

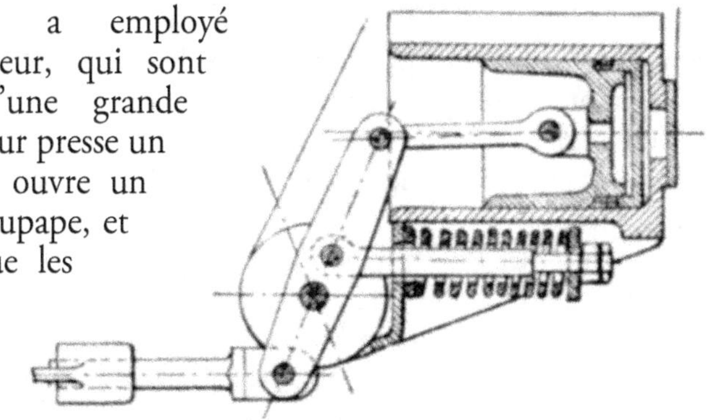

Fig. 286. — Frein à vapeur de locomotive, avec ressort de rappel.

Ces freins sont commodes sur les machines de gare, qui font de fréquents arrêts; toutefois on préfère généralement les munir du frein continu adopté pour l'ensemble du matériel. Les tuyaux de vapeur doivent avoir un petit diamètre (20 mm à l'intérieur), afin que l'action du frein ne soit pas trop brusque. Certains robinets de manoeuvre sont munis d'un détendeur, qui réduit à volonté la pression de la vapeur admise dans le cylindre du frein.

Dans un groupe de roues couplées, il n'est pas indispensable de munir chacune d'elles d'un sabot, le serrage total calculé pour l'ensemble de ces roues pouvant s'exercer sur un nombre restreint de sabots; mais au point de vue de l'usure, il vaut mieux agir séparément sur chaque roue. Les roues porteuses sont également freinées; toutefois, pendant longtemps, celles du bogie des locomotives ne l'ont pas été. Cependant le freinage du bogie, au moins s'il n'est pas trop énergique, ne paraît avoir aucun inconvénient, et on l'applique de plus en plus (fig. 287). Il est intéressant de ne pas perdre, sans l'utiliser pour les arrêts, une partie du poids de la machine qui parfois dépasse 20 t.

132. Freins continus.

Les freins continus, montés sur tous les véhicules d'un train, sont à la disposition du mécanicien. Un frein continu est automatique quand il s'applique spontanément en cas de rupture d'attelage: si la rupture se produit sur une rampe, l'automaticité prévient la dérive du coupon rompu en queue. Il est modérable quand le mécanicien peut facilement faire varier la pression sur les sabots, de manière à bien régler les arrêts et à produire un serrage léger et permanent pour la descente des pentes.

Les qualités théoriques à rechercher dans un système de freins continus sont les suivantes: pour les arrêts d'urgence, l'action doit être immédiate et simultanée sur tous les véhicules, avec toute l'énergie possible, c'est-à-dire à chaque instant avec le serrage qui serait sur le point de caler les roues; la

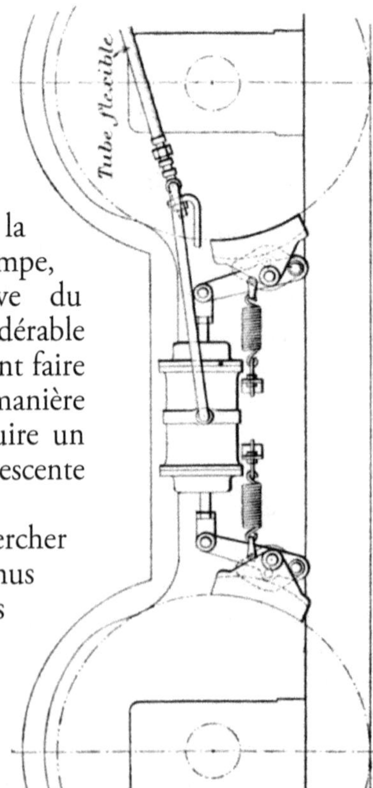

Fig. 287. – Frein de bogie de locomotive, commandé par l'air comprimé.

simultanéité d'action évite les réactions entre les véhicules ; il convient qu'elle se retrouve au desserrage. Pour le service ordinaire, le frein doit être modérable. Il est très important que les dérangements soient extrêmement rares, dans les conditions pratiques du service, c'est-à-dire sous des véhicules longtemps abandonnés sans visite minutieuse ; en outre, tout dérangement doit être immédiatement apparent, par exemple en produisant l'arrêt.

En recherchant les perfectionnements possibles des freins actuels, il ne faut pas perdre de vue l'utilité, pour les différents réseaux en communication, d'employer le même système, ou du moins des systèmes qui puissent fonctionner simultanément.

Il existe plusieurs systèmes de freins continus, fonctionnant par l'air comprimé ou raréfié. Les freins électriques Achard, essayés sur l'Est, dès 1863, ne sont pas entrés dans la pratique, à tel point que, lorsque le courant électrique est employé pour la traction, on conserve pour les freins l'air comprimé, produit par un compresseur à moteur électrique, ou quelquefois emmagasiné d'avance dans un grand réservoir.

133. Réglage des sabots.

Il est indispensable que le mécanisme de commande d'un frein n'arrive pas à bout de course avant que les sabots appuient sur les roues. Il convient d'ailleurs qu'en marche les sabots ne touchent pas les roues, mais sans en être trop éloignés, afin qu'une faible course des appareils moteurs produise le serrage : un jeu d'un centimètre suffit entre le sabot et le bandage. Comme les bandages et surtout les sabots s'usent en service, on règle de temps en temps les sabots en les rapprochant des roues, soit par l'action de tiges filetées et d'écrous, soit en changeant l'attache des tringles de traction ou de poussée, percées à cet effet d'une série de trous.

Il ne faut pas qu'un angle du sabot desserré frotte contre le bandage : de petits ressorts de réglage, placés entre le sabot et le porte-sabot, maintiennent le sabot en bonne position.

134. Frein Westinghouse.

Les freins du système Westinghouse fonctionnent à l'aide d'air comprimé. La locomotive porte un réservoir d'air principal, d'une capacité de 300 à 450 litres, constamment entretenu à une pression de plusieurs kg par cm^2, à l'aide d'un compresseur, que commande un moteur à vapeur, souvent dénommé petit cheval. Une conduite, avec raccords flexibles d'un véhicule à l'autre, règne sur toute la longueur du train : elle est fermée à ses extrémités par des robinets. Chaque véhicule

Fig. 288. — Petit cheval Westinghouse pour comprimer l'air : type à distribution dans le couvercle. En approchant de ses fonds de course, le piston moteur déplace un tiroir minuscule, qui distribue la vapeur dans un petit moteur auxiliaire, manœuvrant le tiroir principal de distribution.

est muni d'un réservoir d'air dit réservoir auxiliaire, d'un cylindre avec piston disposé pour serrer les sabots, et d'un appareil distributeur appelé triple valve. Lorsque le frein n'est pas serré, la conduite générale communique avec le réservoir principal de la locomotive et avec les réservoirs auxiliaires : la conduite et tous les réservoirs doivent alors être remplis d'air comprimé.

Pour serrer le frein, on abaisse la pression dans la conduite générale, en tournant le robinet de manoeuvre monté sur la locomotive, de manière à laisser échapper une partie de l'air comprimé dans cette conduite ; le même mouvement interrompt au préalable la communication de la conduite et du réservoir principal. L'abaissement de la pression dans la conduite actionne, sous chaque véhicule, la triple valve, qui coupe la communication du réservoir du véhicule avec la conduite, mais le met en relation avec le cylindre du frein : l'air comprimé du réservoir pousse alors le piston de ce cylindre et applique les sabots contre les roues.

Quand on rétablit la pression dans la conduite, à l'aide du robinet de manoeuvre, les triples valves isolent de nouveau les cylindres et en laissent échapper l'air au dehors ; des contrepoids ou des ressorts desserrent les sabots ; en même temps les réservoirs se rechargent d'air comprimé.

Si un attelage se rompt, les tuyaux d'accouplement se séparent, l'air comprimé de la conduite s'échappe et les freins s'appliquent. Il en est de même lorsqu'un des tubes flexibles de raccord vient à crever, et lorsqu'on ouvre un des robinets placés dans les fourgons sur les conduites d'air.

Le compresseur et son moteur doivent former un ensemble simple et peu encombrant ; c'est une machine à action directe, sans transformation du mouvement rectiligne du piston en mouvement circulaire. Tous les organes de distribution du type fig. 288 sont contenus dans le couvercle supérieur qui peut être facilement démonté et remplacé par un autre, en cas de réparations. La vapeur est distribuée par un tiroir (71 sur la fig. 288). Lorsque le piston moteur approche de ses fonds de course, il frappe une tige 83 qui déplace un petit tiroir auxiliaire 65. Ce petit tiroir admet la vapeur à droite du système de deux pistons conjugués 68, qui commande le tiroir 71, ou la laisse échapper ; l'espace *l*, à gauche de ces pistons, est toujours en communication avec l'échappement ; la vapeur est constamment admise en *d* entre les deux pistons. L'admission et l'échappement, déterminés par le tiroir auxiliaire 65, déplacent dans un sens et dans l'autre le tiroir principal 71.

Le cylindre à air porte des soupapes d'aspiration et de refoulement.

Dans ce petit cheval, la vapeur travaille à pleine pression sans détente, de sorte que la consommation en est relativement élevée.

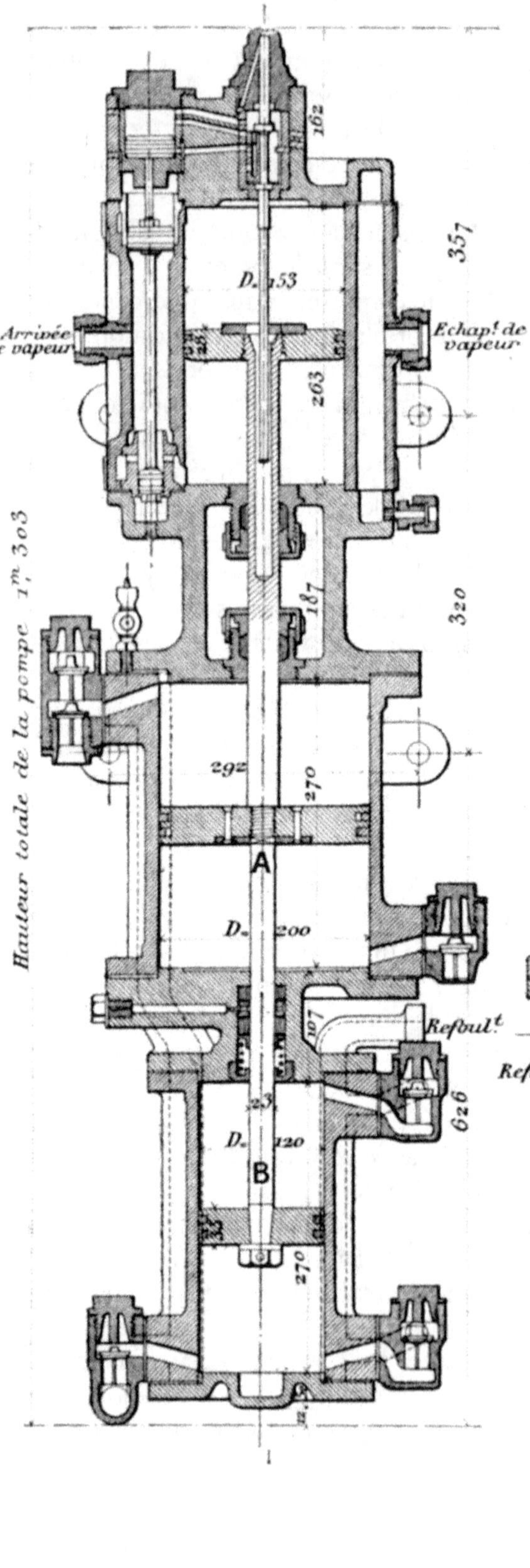

Fig. 289. — Compresseur d'air à deux phases de la Cie de Fives-Lille.

Le cylindre supérieur est moteur ; le piston du cylindre du milieu aspire l'air, puis le comprime et le refoule dans le cylindre inférieur, où l'air subit ensuite une seconde compression. L'air passe ainsi du haut du cylindre central au bas du cylindre inférieur, pendant le mouvement ascendant des pistons, par un conduit assez long, muni d'une soupape à chaque extrémité. Pendant la descente des pistons, l'air passe d'un cylindre dans l'autre par un conduit très court, en soulevant une soupape (coupe AB).

Coupe par A.B.

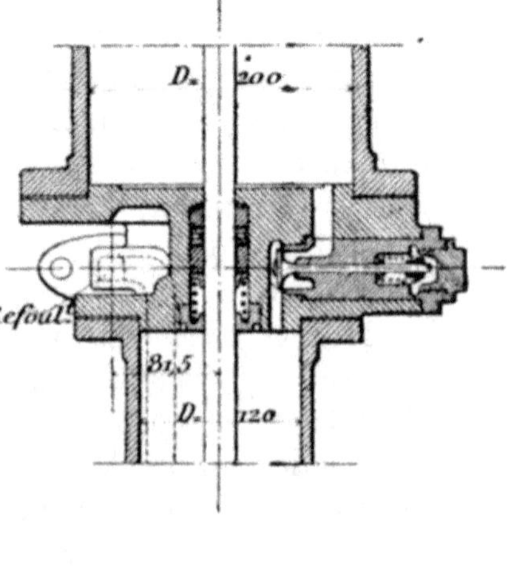

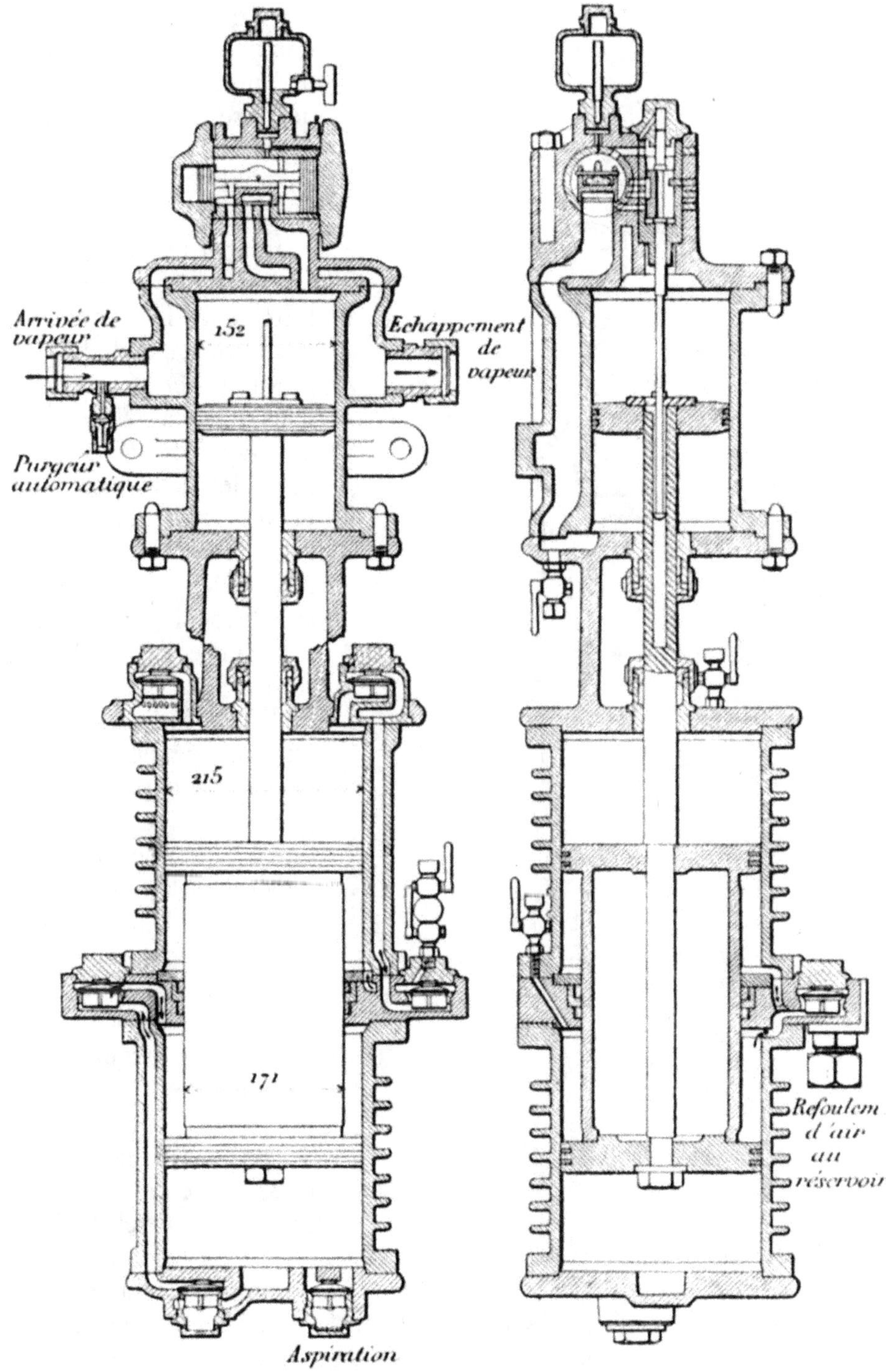

Fig. 290. — Pompe air compound système Westinghouse (type 1900).

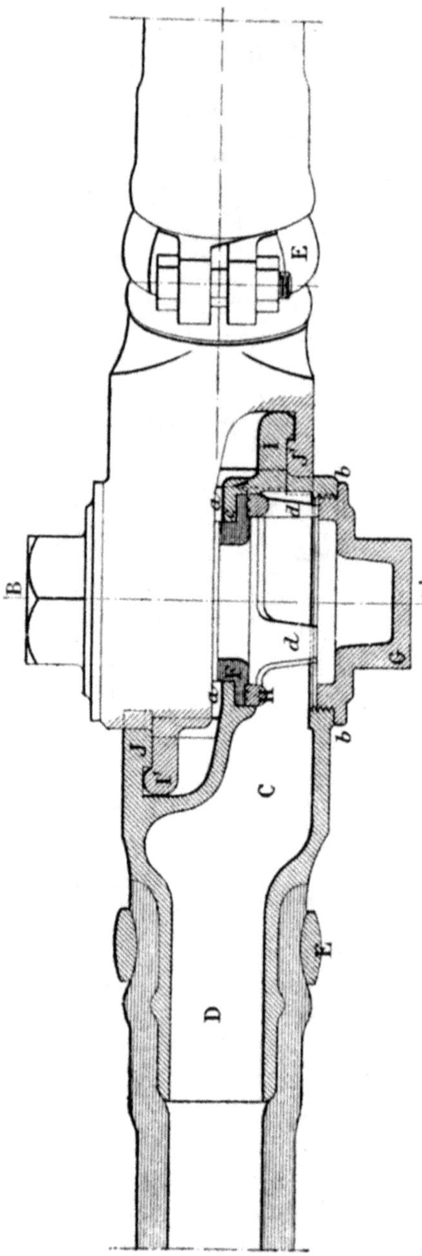

Fig. 291. – Raccords d'accouplement du frein Westinghouse, formés de deux pièces pareilles. L'étanchéité est obtenue par l'emploi des rondelles de caoutchouc F, qui appuient l'une contre l'autre.

On règle la vitesse de la pompe en ouvrant plus ou moins le robinet de prise de vapeur qui l'alimente ; elle ne doit pas donner plus de 35 à 40 coups doubles de piston par minute.

La pression la plus forte que l'air puisse atteindre dépend de la pression de la vapeur dans la chaudière et du rapport des surfaces des deux pistons. C'est habituellement la surveillance du mécanicien qui empêche la pression d'atteindre une valeur trop élevée.

Il est indispensable que la pression dans la chaudière ne tombe jamais au-dessous d'une certaine valeur (environ 6 kg par cm^2, pour que l'air puisse toujours être comprimé suffisamment.

Quelquefois on fait usage d'un régulateur automatique, qui interrompt l'admission de vapeur quand la pression de l'air atteint une limite déterminée, et la rétablit quand cette pression s'abaisse.

La pression normale effective dans la conduite générale est habituellement réglée à 5 kg par cm^2. Pour les trains à grande vitesse, on la porte quelquefois à 6 et même 7 kg par cm^2, avec certaines dispositions spéciales indiquées plus loin. Il convient de ne pas dépasser la limite prescrite dans chaque cas, car une pression exagérée risque de produire le calage des roues et, par suite, de diminuer l'efficacité du frein ; en outre, elle fatigue inutilement les tuyaux de raccord. D'autres systèmes de compresseurs ont été étudiés, de manière à augmenter la production d'air comprimé pour une même dépense de vapeur. Par exemple, la pompe de la Compagnie de Fives-Lille (fig. 289) comporte deux cylindres à air successifs : la compression commence dans le plus grand de ces cylindres et s'achève dans le plus petit.

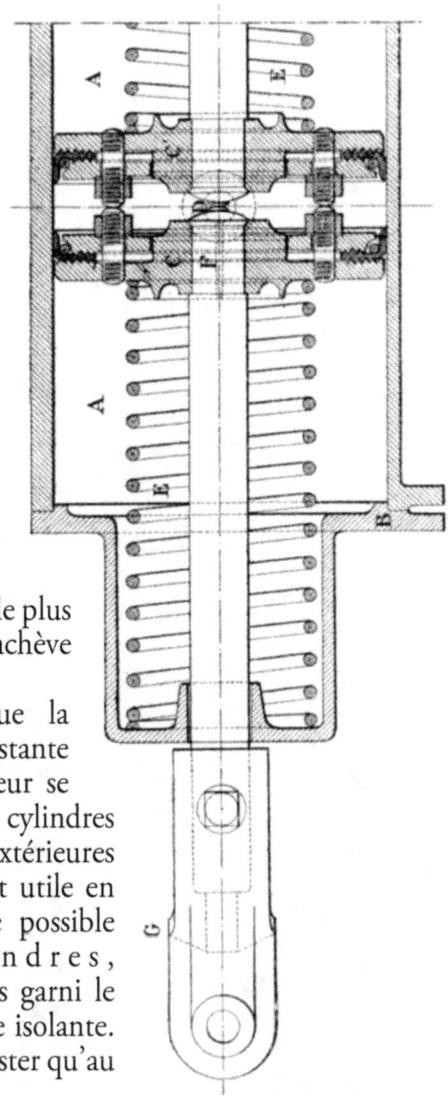

Fig. 292. – Cylindre double du frein Westinghouse ; coupe longitudinale.

Cette disposition diminue la variation de la force résistante pendant la course, et la vapeur se trouve moins mal utilisée. Les cylindres à air sont munis d'ailettes extérieures pour le refroidissement. Il est utile en effet d'empêcher autant que possible l'échauffement de ces 7 cylindres, et c'est à tort qu'on a parfois garni le cylindre à air d'une enveloppe isolante. Cette enveloppe ne devrait exister qu'au cylindre à vapeur.

La pompe Westinghouse représentée (fig. 290) comprime de même l'air en deux phases, d'abord entre les pistons conjugués et les fonds de cylindre, puis dans l'espace annulaire compris entre le cylindre et le fourreau qui relie les deux pistons.

La conduite générale communique avec le réservoir principal de la locomotive, quand le robinet de manoeuvre est dans sa position normale de marche, mais une soupape à ressort, placée sur la communication, réduit la pression de l'air dans la conduite d'environ 1,5 kg par cm^2. L'excès de pression dans le réservoir, qui en résulte, est utile lors des desserrages, en accélérant l'entrée de l'air dans la conduite.

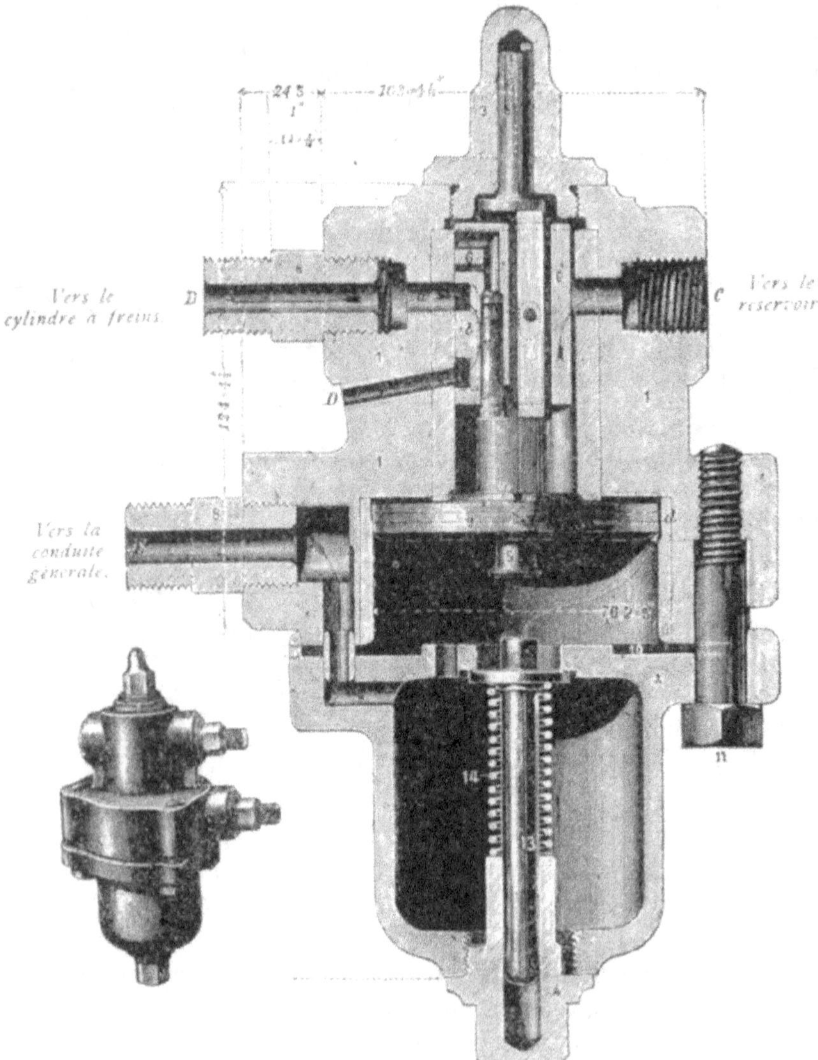

Fig. 293. — Triple valve du frein Westinghouse, coupe verticale ; 9, piston, commandant le tiroir 6 avec un peu de jeu ; en descendant, le piston ouvre d'abord la soupape fixée à la broche 7, qui joue dans le tiroir. À gauche, vue extérieure à plus petite échelle.

Les raccords entre véhicules se font à l'aide de forts tuyaux flexibles, terminés par une rotule d'accouplement (fig. 291), étudiée de telle sorte que deux pièces pareilles se montent l'une sur l'autre. Le joint est assuré par des rondelles de caoutchouc. Une enveloppe en toile goudronnée préserve les tuyaux en caoutchouc des actions atmosphériques, et en prolonge la durée. De nombreux systèmes de raccords métalliques articulés ont été essayés ; il est difficile de combiner un accouplement de ce genre, simple, d'entretien facile, ne donnant pas de fuites d'air par les articulations.

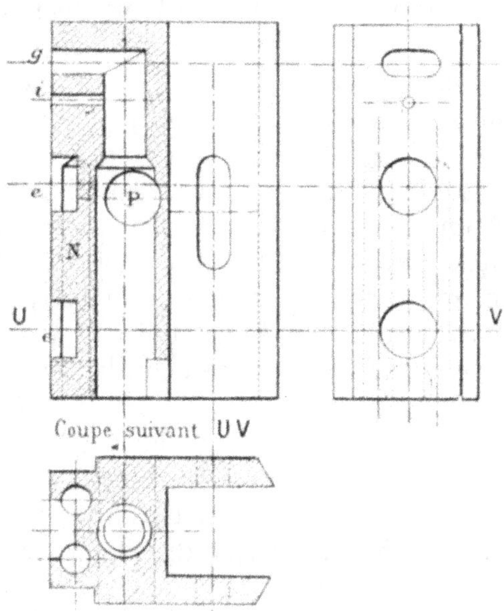

Fig. 294 — Tiroir de la triple valve.

Les cylindres à frein des véhicules, habituellement horizontaux, renferment un piston ou deux pistons (fig. 292), qui se touchent lorsque les freins sont desserrés ; pour le serrage, l'air comprimé pénètre en D et écarte les deux pistons, les parties A,A du cylindre communiquant toujours avec l'atmosphère. L'étanchéité du piston est assurée par un cuir, que la pression de l'air appuie contre la paroi du cylindre. Les locomotives portent des cylindres verticaux avec un seul piston.

La triple valve (fig. 293), qui distribue l'air dans le cylindre à frein, contient un tiroir 6, commandé, avec un peu de jeu, par le piston 9. L'air comprimé, venant de la conduite principale, soulève ce piston, puis passe par une petite rainure *d*, quand ce piston est en haut de sa course ; l'air pénètre alors dans le réservoir du véhicule, dit réservoir auxiliaire. Le tiroir met le cylindre à frein en communication avec l'air extérieur, par le passage D, de sorte que le frein est desserré. Le tiroir (fig. 294), renferme une soupape qui est rattachée à une broche 7 (fig. 293), fixée au piston 9.

Quand la pression s'abaisse dans la conduite générale, l'air comprimé dans le réservoir auxiliaire fait descendre le piston : en descendant, ce piston isole le réservoir auxiliaire de la conduite principale, ouvre la petite soupape fixée à la broche 7, puis déplace le tiroir (le déplacement du tiroir ne se produisant qu'après l'ouverture de la soupape, à cause du jeu dans la commande du tiroir) : le cylindre à frein cesse alors de communiquer avec l'extérieur, et se trouve en relation avec le passage ouvert par la soupape dans l'intérieur du tiroir : par ce passage, l'air comprimé du réservoir se rend dans le cylindre à frein et en pousse les pistons. Par suite de l'accroissement de volume, la pression de l'air diminue dans le réservoir ; elle peut devenir inférieure à la pression dans la conduite, quand celle-ci n'a pas beaucoup baissé. Le piston 9 remonte aussitôt, et renferme la soupape 7, mais sans achever sa course et sans relever le tiroir. Les freins restent serrés. Si on laisse alors écouler une nouvelle partie de l'air de la conduite, le piston 9 descend de nouveau, et une nouvelle quantité d'air passe du réservoir dans le cylindre à frein. Ces effets peuvent se renouveler plusieurs fois : l'action du frein se trouve alors graduée suivant l'abaissement de pression provoqué dans la conduite. Au contraire, si la pression s'abaisse suffisamment dans la conduite dès le début, le piston 9 descend jusqu'au bas de sa course ; le tiroir découvre alors complètement la lumière du cylindre à frein, qui se trouve en communication directe avec le réservoir. Le frein est appliqué aussi fortement que possible.

On remarquera sur le dessin la tige 13, soulevée par le ressort 14, pièces qui n'existent pas dans les anciennes triples valves. Cette tige à ressort arrête le tiroir au moment où il va établir la communication en grand du cylindre à frein et du réservoir auxiliaire, si cette communication n'est pas provoquée franchement par une forte dépression dans la conduite générale. Les deux modes d'action, serrage modéré et serrage à bloc, se trouvent plus nettement différenciés.

On voit sur la figure un petit trou percé dans le tiroir, en *i* (fig. 294). Ce trou a pour objet d'empêcher le serrage des freins que pourrait causer une fuite légère d'air comprimé dans la conduite. Une telle fuite fait descendre lentement le piston 9 et le tiroir, qui arrive à une position telle que le passage *a* (fig. 293) communique à la fois avec l'échappement D et avec le petit trou *i* : alors l'air du réservoir, au lieu de serrer les freins, s'échappe au dehors. La réduction de pression dans le réservoir fait remonter le piston 9 et referme la soupape portée par la broche 7.

Le frein se desserre quand on envoie dans la conduite générale de l'air comprimé à une pression supérieure à celle qui existe dans le réservoir auxiliaire : le piston 9 remonte complètement, mettant en communication avec l'air extérieur le cylindre à frein, qui se vide ; l'air comprimé pénètre dans le réservoir et remplace l'air qui a été dépensé. Un certain excès de pression dans le réservoir principal de la locomotive (1,5 kg par cm^2) assure un desserrage franc et rapide, nécessaire pour éviter les secousses aux véhicules des longs trains.

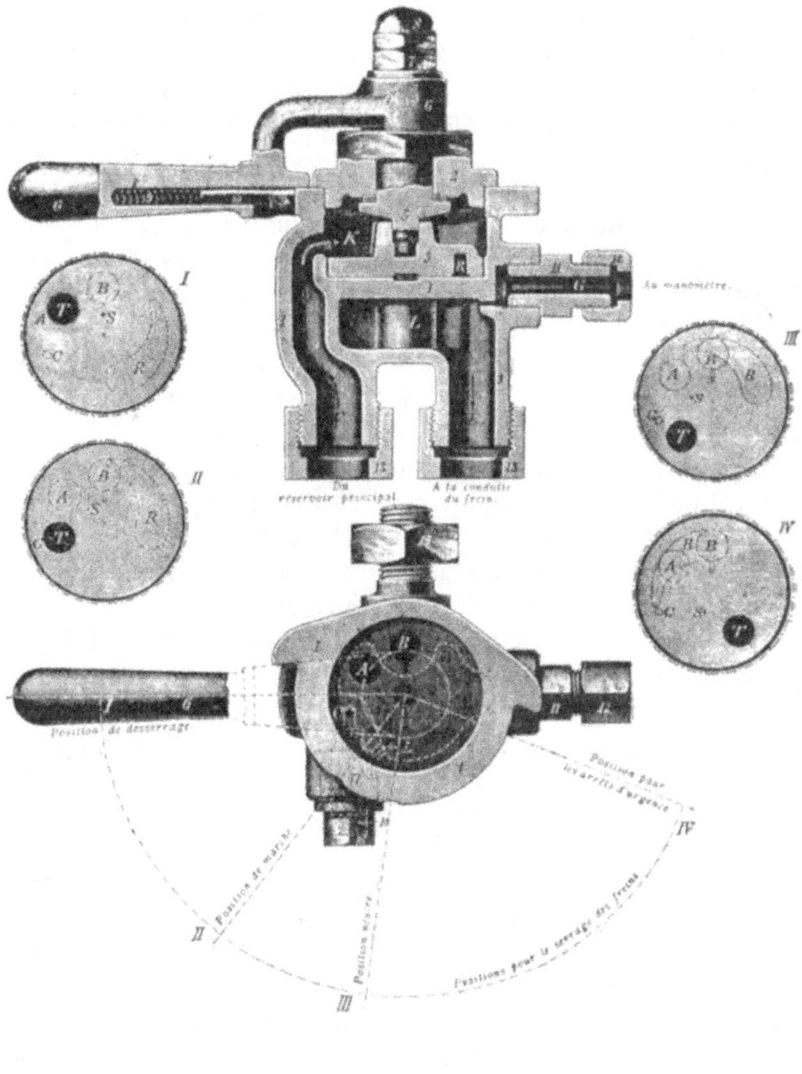

Fig. 295. — Robinet du mécanicien pour manœuvre du frein Westinghouse.

En fermant un robinet d'isolement, placé sur le tuyau qui relie la triple valve à la conduite générale, on met hors de service le frein correspondant. On peut desserrer isolément le frein d'un véhicule en ouvrant une valve de décharge, ménagée entre la triple valve et le cylindre à frein.

Le mécanicien manoeuvre les freins à l'aide d'un robinet spécial, dont il existe plusieurs types. Celui de la fig. 295 consiste en un papillon, que fait tourner la poignée de manoeuvre G. Lorsque cette poignée occupe la position de desserrage, ou première position, le papillon établit librement la communication entre le réservoir principal et la conduite : l'air passe par l'orifice T du papillon à l'orifice A de son siège. Quand on pousse le robinet dans la deuxième position, position normale de marche, la communication n'a plus lieu que par l'ouverture T et le petit trou C, ce qui force l'air à traverser une soupape de réduction, à ressort (figurée en ponctué à la partie inférieure du plan, fig. 295). Quand la poignée est poussée au-delà de la deuxième position, toute communication cesse entre le réservoir et la conduite ; c'est dans cette position neutre que la poignée doit être ramenée quand on a produit un serrage modéré des freins et qu'on veut le maintenir.

En poussant plus loin la poignée, la cavité R du papillon établit une communication entre l'ouverture A de son siège et l'orifice B qui débouche à l'extérieur : on laisse ainsi échapper l'air de la conduite par un orifice gradué à volonté, pendant un temps plus ou moins long, ce qui donne des serrages plus ou moins énergiques.

Le robinet, dans la première position, donne lieu à une fuite d'air vers l'extérieur, par le petit orifice S, afin de rappeler au mécanicien qu'il ne doit pas être laissé longtemps à cette place.

Avec les longs trains, la manoeuvre de ce robinet, dans les serrages ordinaires, exige du soin et de l'adresse, sinon il peut se produire des réactions violentes entre les véhicules, quand la réduction de pression dans la conduite est trop rapide, ou quand l'échappement d'air est fermé trop brusquement. Le robinet du mécanicien à décharge égalisatrice (fig. 296) facilite la manoeuvre. Avec cet appareil, le mécanicien n'agit plus directement sur l'air de la conduite principale, comme avec le robinet ordinaire, du moins pour les serrages modérés, mais il agit sur l'air comprimé dans un petit réservoir spécial (non figuré sur le dessin) dont il abaisse plus ou moins la pression. Ce petit réservoir est constamment en libre communication avec la chambre T, au-dessus du piston d'équilibre 11, dont la face inférieure est pressée par l'air de la conduite principale en C. C'est ce piston 11 qui ouvre l'orifice d'échappement de cette conduite, en soulevant la soupape U, dès que la pression s'abaisse en T. L'échappement d'air continue

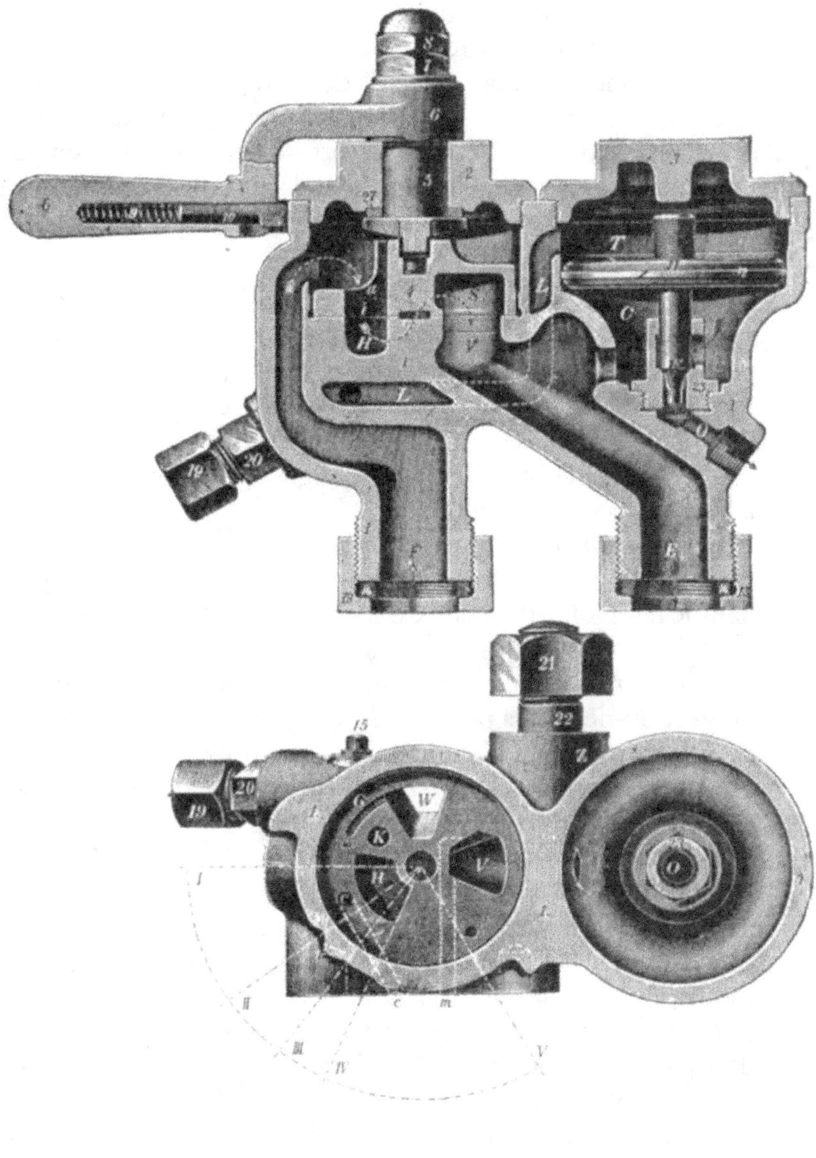

Fig. 296. — Robinet du mécanicien à décharge égalisatrice : l'abaissement de pression dans la conduite principale est produit par l'ouverture de la soupape U, commandée par le piston 11.

jusqu'à ce qu'il y ait égalité de pression sur les deux faces du piston. La vidange de la conduite se fait ainsi d'une manière uniforme quelle que soit sa longueur : la pression s'y abaisse comme dans le petit réservoir spécial. Pour les serrages rapides, la poignée passant à la position V vide directement la conduite générale.

Ce robinet ne contient plus la petite soupape qui établit une différence de pression d'environ 1,5 kg par cm^2 entre le réservoir principal et la conduite ; mais il est disposé pour recevoir cet organe nécessaire, sous forme, soit d'une valve simple, soit d'une valve réglable par la tension variable d'un ressort, soit même d'une soupape d'alimentation automatique, qui maintient dans la conduite principale une pression déterminée, quelle que soit la pression, plus élevée, dans le réservoir principal.

La manoeuvre du frein Westinghouse se résume comme il suit :

- *Pour charger la conduite générale et les réservoirs du train*, la poignée du robinet du mécanicien doit être placée à la position I et maintenue à cette position, jusqu'à ce que l'aiguille du manomètre indique que la pression réglementaire dans la conduite générale est atteinte. La poignée doit alors être tournée à la position de marche II.
- *Pendant la marche*, la poignée doit toujours être dans la position II, afin de permettre aux appareils d'alimentation de maintenir dans le réservoir principal l'excédent de pression nécessaire pour obtenir un desserrage rapide des freins.
- *Pour les arrêts ordinaires gradués*, le mécanicien doit tourner la poignée au-delà de la position neutre, jusqu'à ce qu'il ait obtenu dans la conduite générale du frein une première réduction de pression de 1/3 à 1 /2 kg par cm^2 ; la poignée est alors ramenée à la position neutre. Quand les freins ont été ainsi serrés modérément, de très petites réductions de pression suffisent pour augmenter graduellement la puissance du frein, selon les circonstances. Les freins sont serrés à fond quand on a fait une réduction de pression de 1,5 à 2 kg par cm^2 ; à partir de ce moment, il est inutile de laisser échapper plus d'air. Pour les arrêts ordinaires avec le robinet à décharge égalisatrice, on ne doit pas tourner la poignée au-delà de la position IV, car alors l'action rapide se produirait.
- *Pour les arrêts d'urgence*, la poignée du robinet doit être tournée brusquement jusqu'à la limite extrême à droite. Aussitôt que la réduction de pression sera d'environ 2 kg par cm^2, le mécanicien devra ramener la poignée à la position neutre, pour éviter une perte d'air inutile.

- *Pour desserrer les freins*, on place la poignée à la position de desserrage I, où on la laisse jusqu'à ce que tous les freins soient desserrés, puis on la ramène à la position de marche II. Si quelques freins de tête se sont, de nouveau, appliqués légèrement lorsqu'on ramène la poignée à la position de marche, il faut la remettre pendant quelques instants à la position de desserrage I, et la ramener ensuite à la position de marche II.

Lorsque le frein est appliqué par suite de la rupture d'un tuyau d'accouplement ou de l'ouverture d'un robinet du fourgon, sans que le mécanicien ait touché à son robinet de manœuvre, le réservoir principal de la locomotive reste en communication avec la conduite générale, qui est alors ouverte ; il est vrai que l'ouverture d'écoulement est très petite. En poussant le robinet vers la position de serrage, le mécanicien ferme cette communication. Pour que le frein fonctionne, il est indispensable que les robinets placés sur la conduite, entre les véhicules, soient ouverts, sauf ceux des deux extrémités du train. Un oubli paralyse l'appareil. On se met en garde contre un oubli si dangereux en essayant le frein, avant le départ, par l'ouverture du robinet de queue.

On pourrait croire que le mécanicien, après l'essai au départ, est bien sûr d'avoir son frein en main : mais on est toujours exposé aux accidents les plus bizarres et les plus imprévus. Le croirait-on, des voyageurs, montés sur les escaliers de voitures à impériales, ont fermé volontairement ces robinets, bien qu'ils soient difficilement accessibles. Un tuyau peut se boucher, une poignée de manoeuvre se rompre ; c'est pourquoi il est prescrit de régler les arrêts sur les voies en impasse, de manière qu'il ne soit pas nécessaire de recourir au frein continu ; dans tous les autres endroits où il serait dangereux de dépasser la place normale de l'arrêt, un mécanicien prudent s'assure en temps utile, par une légère application des sabots, que le frein est prêt à obéir.

135. Frein Westinghouse à action rapide.

La plupart des freins continus à air comprimé, et notamment le frein Westinghouse ordinaire, produisent le serrage des divers véhicules d'un train successivement de la tête à la queue, à mesure que la dépression produite par l'échappement de l'air sur la locomotive se propage dans la conduite générale. Sur les trains de grande longueur, de plus de 30 véhicules, par exemple, plusieurs secondes s'écoulent entre le serrage en tête et en queue. Lorsque le frein agit modérément pour les arrêts ordinaires, ce retard dans le serrage n'a pas grand inconvénient : mais quand on serre les freins à fond pour un arrêt d'urgence, il en résulte des secousses très violentes, qui endommagent le matériel et peuvent rompre les attelages.

Le frein Westinghouse à action rapide a été étudié pour éviter ces inconvénients, en accélérant la propagation du serrage sur les longs trains. On en comprend l'action en se rappelant que le piston de la triple valve ordinaire parcourt seulement une fraction de sa course pour des serrages modérés, tandis qu'il se déplace à fond lors des serrages énergiques. On a utilisé pour l'action rapide la dernière partie du parcours de ce piston, en lui faisant établir une communication directe entre la conduite générale et le cylindre à frein. Cette communication accélère la vidange de la conduite ; tout l'air comprimé qu'elle renfermait n'est plus obligé de sortir par le robinet du mécanicien, mais de proche en proche. À mesure que les triples valves fonctionnent, cet air se rend dans les cylindres à frein : l'effet se propage sur toute la longueur du train avec une grande rapidité. En outre, l'air comprimé que contenait la conduite, au lieu d'être rejeté au dehors, est utilisé en partie pour le serrage des freins[19].

Pour produire cet effet, le tiroir ordinaire de la triple valve, lorsqu'il arrive à fond de course, envoie l'air du réservoir auxiliaire sur un piston, qui ouvre une soupape admettant l'air de la conduite générale dans le cylindre à frein (fig. 297). Cette communication se referme dés que la pression devient la même dans le cylindre à frein et dans la conduite générale. En même temps, l'air du réservoir auxiliaire pénètre dans ce cylindre, mais par un orifice plus petit.

Pour le desserrage, l'air comprimé envoyé dans la conduite repousse vers la gauche (fig. 297) le piston qui manoeuvre le tiroir de la triple valve ; en se déplaçant, ce tiroir laisse d'abord échapper l'air au-dessus du piston vertical 13 ; la pression de l'air dans le cylindre à frein soulève alors ce piston et la soupape 18 se ferme. Le tiroir laisse ensuite échapper au-dehors l'air du cylindre à frein.

Ce desserrage, ne se produisant pas aussi rapidement que le serrage sur les trains de grande longueur, peut donner lieu à des chocs si on l'effectue, après un serrage d'urgence, quand le train a encore une certaine vitesse.

On combine avec la triple valve à action rapide le robinet d'isolement qui la sépare de la conduite générale ; ce robinet, modifié, peut occuper trois positions : dans l'une (position M sur la fig.), il permet le fonctionnement complet du frein ; dans une autre, il met hors circuit le mécanisme auxiliaire d'action rapide, de sorte que le

19 Cette combinaison ingénieuse est assez compliquée en principe, la conduite laissant échapper l'air dans le cylindre à frein, qui se remplit en même temps d'autre part. Il paraît plus simple d'ouvrir à la conduite un orifice vers l'extérieur. Sur les wagons porteurs de conduites blanches, c'est-à-dire d'une simple conduite sans appareil de frein (wagons qui peuvent entrer dans la composition de trains de messagerie munis du frein continu), on dispose un accélérateur, qui ouvre une issue extérieure à l'air de la conduite lorsqu'on y produit une forte dépression.

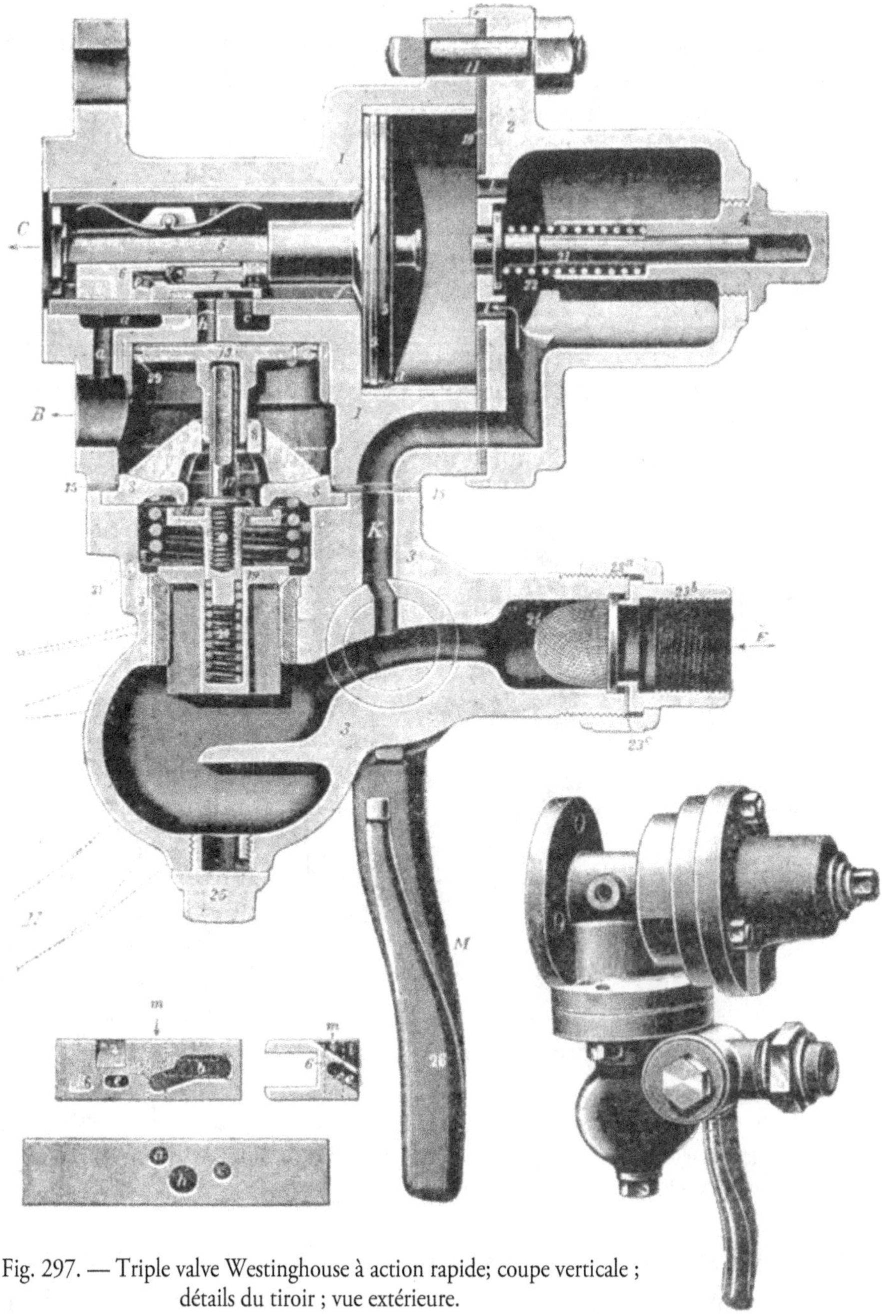

Fig. 297. — Triple valve Westinghouse à action rapide; coupe verticale ; détails du tiroir ; vue extérieure.

Cette pièce communique avec la conduite générale en E, avec le cylindre à frein en B, et avec le réservoir auxiliaire en C. Sous l'action d'une forte chute de pression dans la conduite générale, le piston qui commande le tiroir se déplace complètement vers la droite et appuie sur un cuir de manière à fermer la communication avec la conduite générale. Le déplacement du tiroir fait pénétrer l'air du réservoir auxiliaire dans le cylindre à frein, à travers un orifice étroit; en même temps l'air est admis au-dessus du piston 13, qu'il abaisse: ce piston ouvre la soupape 18. L'air comprimé qui reste encore dans la conduite générale soulève alors la soupape d'arrêt 19 et pénètre dans le cylindre à frein, où l'air comprimé du réservoir se rend aussi, mais plus lentement. Dès que la pression dans le cylindre à frein est égale à celle de la conduite, la soupape d'arrêt 19 se referme.

frein fonctionne comme frein Westinghouse ordinaire; enfin il peut isoler complètement le véhicule (position N, intermédiaire).

Une autre modification a été imaginée pour tenir compte du fait, indiqué au début du chapitre, relatif à la force qui peut appuyer les sabots sur les bandages sans produire le calage, force d'autant plus grande que la vitesse est plus forte.

Pour obtenir le meilleur effet dans un arrêt d'urgence d'un train très rapide, il faudrait donc exagérer le serrage au début, puis le réduire progressivement jusqu'à l'arrêt.

Pour réaliser ce programme, on élève à 7 kg par cm^2 au lieu de 5 la pression effective dans la conduite générale du frein, et on ajoute au cylindre à frein une valve de réduction, qui laisse échapper par un orifice étroit l'air du cylindre quand la pression en dépasse 4 kg par cm^2. Pour un arrêt d'urgence, on obtient ainsi dans le cylindre à frein une pression motrice de 6 kg, qui tombe à 4 au bout de quelques secondes, pendant lesquelles le train se ralentit. Cela donne au début un supplément de force retardatrice de freinage. Dans les arrêts ordinaires, la pression dans le cylindre à freins n'atteint pas 4 kg par cm^2, de sorte que la valve de réduction n'entre pas en action.

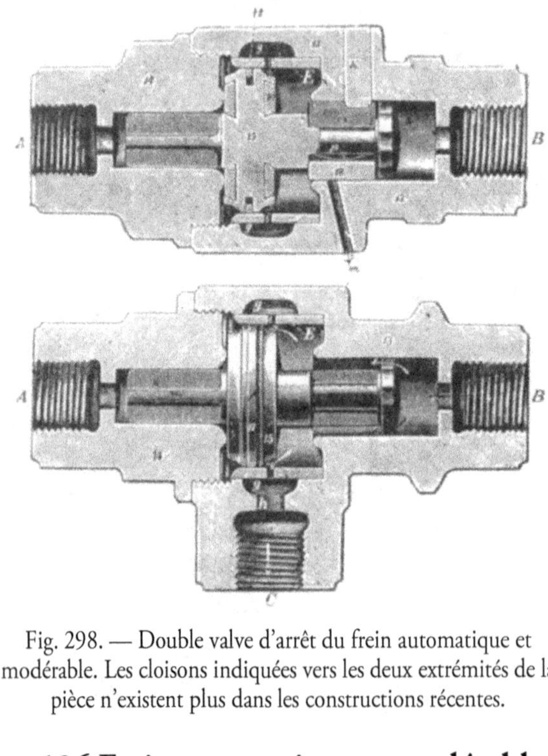

Fig. 298. — Double valve d'arrêt du frein automatique et modérable. Les cloisons indiquées vers les deux extrémités de la pièce n'existent plus dans les constructions récentes.

136 Frein automatique et modérable à double conduite.

À la suite des travaux de feu Henry, ingénieur en chef du P. L. M., le frein Westinghouse a été complété par l'addition d'une seconde conduite, avec des appareils spéciaux; cette conduite permet l'envoi direct d'air comprimé sur les pistons qui commandent les sabots, pour produire facilement un serrage permanent, avec une pression graduée à volonté. Ce système est monté sur le matériel du P. L. M. et de quelques réseaux étrangers à profil accidenté.

Une double valve d'arrêt (fig. 298) est placée entre la seconde conduite générale, la triple valve et le cylindre à frein de chaque véhicule : elle permet de commander à volonté le piston de ce cylindre par l'une ou l'autre des deux conduites générales. Le raccord A de cette double valve communique avec la conduite du frein non automatique, le raccord B avec la triple valve et le raccord C avec le cylindre à frein. Dans la position représentée sur la figure, la communication avec la conduite non automatique est interceptée, le piston portant une rondelle de caoutchouc qui appuie sur le rebord qui entoure le conduit d'arrivée d'air. Quand on envoie l'air sous pression dans la conduite non automatique, il chasse vers la droite le piston, qui intercepte, au moyen d'une seconde rondelle en caoutchouc, la communication avec la triple valve.

La manoeuvre d'un robinet spécial envoie dans la conduite du frein non automatique l'air du réservoir principal de la locomotive, dont il réduit à volonté la pression. Les freins, appliqués avec une force graduée, restent serrés tant qu'on ne referme pas le robinet de manoeuvre : le réservoir de la machine remplace pendant ce temps l'air que perdent les fuites des appareils.

Un léger serrage, ainsi obtenu à l'aide de ce frein modérable, est commode pour la descente des pentes. En outre, on peut, à l'aide de la double valve d'arrêt, vider tous les réservoirs à air comprimé des véhicules. À cet effet, on commence par appliquer à fond le frein automatique, de manière à vider complètement la conduite générale : le réservoir auxiliaire de chaque véhicule est alors en communication avec le côté B de la double valve d'arrêt. Ensuite on applique à fond le frein non automatique : le piston de la double valve d'arrêt est poussé vers la droite, et le petit tiroir 18 démasque l'ouverture *m*, par laquelle le réservoir se vide.

Au bout de trois minutes environ, on desserre le frein modérable et on ferme le robinet de prise d'air du frein automatique. Cette manoeuvre peut être utile après le garage d'un train, ou bien en cas d'application intempestive des freins par suite d'une rupture de conduite. Le frein automatique est alors annulé, mais le frein modérable reste à la disposition du mécanicien. Lorsqu'on a mis volontairement en action le frein automatique, il ne faut pas manœuvrer le robinet du frein modérable, puisqu'on viderait les réservoirs des véhicules.

En se servant du frein modérable, saut en cas d'urgence[20], on doit tourner lentement le robinet, pour obtenir un serrage égal et simultané

20 Le serrage d'urgence avec le frein modérable n'aurait de raison d'être que si le frein automatique était hors d'usage.

des freins. La pression effective de 1,5 kg par cm^2 dans la conduite est nécessaire pour que le frein fonctionne : on peut ensuite la réduire. Un manomètre spécial sur la machine indique cette pression.

Les accouplements de la conduite du frein modérable sont munis d'une soupape qui se ferme automatiquement lorsqu'on les sépare.

137. Systèmes divers de freins continus.

Outre le système Westinghouse, d'autres freins à air comprimé sont en usage, notamment, ceux de Wenger et de Lipkowski. Les véhicules munis de ces freins peuvent fonctionner, plus ou moins bien, de concert avec ceux qui portent le frein Westinghouse.

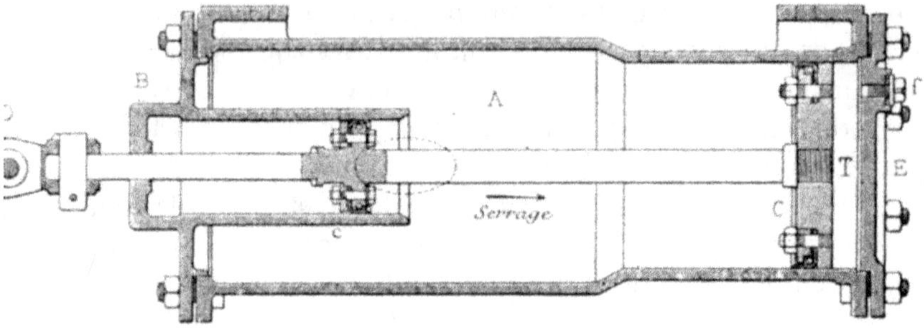

Fig. 299.— Cylindre moteur du frein Wenger.

Dans le système Wenger, le cylindre moteur du frein fait corps avec le réservoir d'air comprimé (fig. 299) : l'air amené par la conduite générale, pénètre dans le cylindre (à droite sur la figure), passe autour du cuir embouti dont le piston est garni et remplit le réservoir. Ce cuir embouti, pressé dans un sens (de gauche à droite), assure l'étanchéité du piston, tandis que, dans l'autre sens, il laisse passer l'air comme une soupape qui se soulève. Le petit piston, qu'on voit vers la gauche de la figure, sert de garniture étanche à la tige et assure le desserrage, en la poussant vers la gauche, quand l'air comprimé agit également sur les deux faces du grand piston. Si on laisse échapper l'air comprimé à la droite de ce grand piston, la pression sur la face gauche provoque le serrage des freins. Cet effet se produit, quand on abaisse la pression dans la conduite générale, par le jeu d'une pièce dite soupape d'échappement (fig. 300). Cette pièce est munie d'un piston à cuir embouti, qui laisse entrer l'air, venant de la conduite générale, dans le cylindre du frein et le réservoir, piston maintenu soulevé par un ressort à boudin. Quand le mécanicien provoque une baisse de pression dans la conduite, la pression qui subsiste sur le dessus de ce piston l'abaisse : il entraîne un petit tiroir qui bouche une ouverture ménagée à la partie

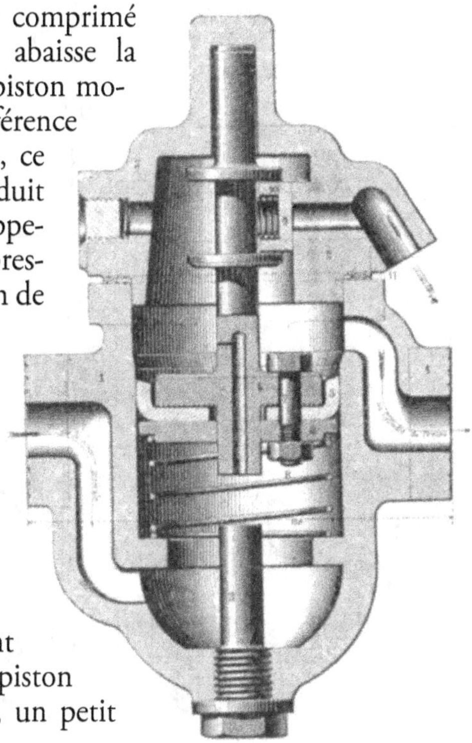

Fig. 300. — Soupape d'échappement du frein Wenger.

supérieure de la pièce, et l'air comprimé s'échappe. Cet échappement abaisse la pression sur la face droite du piston moteur du frein ; par suite de la différence de pression sur ses deux faces, ce piston se met en marche et produit le serrage des sabots. L'échappement d'air égalise bientôt la pression sur les deux faces du piston de la soupape d'échappement : celui-ci reprend alors sa position normale et referme l'orifice de sortie. L'intensité du serrage est, par suite, d'autant plus grande que l'abaissement de pression dans la conduite générale est plus prononcé.

Pour que de légères fuites d'air dans la conduite ne mettent pas en jeu intempestivement le piston de la soupape d'échappement, un petit trou établit constamment une communication entre les deux faces de ce piston et y maintient des pressions égales malgré ces fuites.

Le système Chapsal-Saillot rend la pression de l'air dans le cylindre à frein constamment proportionnelle à la différence entre la pression de marche dans la conduite et la pression réduite qu'y provoque le mécanicien. Pendant le serrage, la pression motrice des freins varie proportionnellement à la dépression produite dans la conduite générale; pendant le desserrage, cette pression diminue à mesure qu'elle se relève dans la conduite. Le frein est bien modérable tant au serrage qu'au desserrage.

À cet effet, l'admission d'air dans le cylindre à frein est produite par l'ouverture d'une soupape S (fig. 301) ; l'échappement par l'ouverture de la soupape S' placée vers le haut du distributeur-modérateur adjoint à la triple valve. Ces manoeuvres sont produites par l'oscillation d'un balancier monté à l'intérieur de ce distributeur-modérateur. Ce balancier est en relation avec trois pistons diaphragmes ; l'espace où il joue est en communication constante avec le cylindre à frein, c'est-à-dire avec l'atmosphère quand le frein n'est pas en action ; les espaces R et G, en

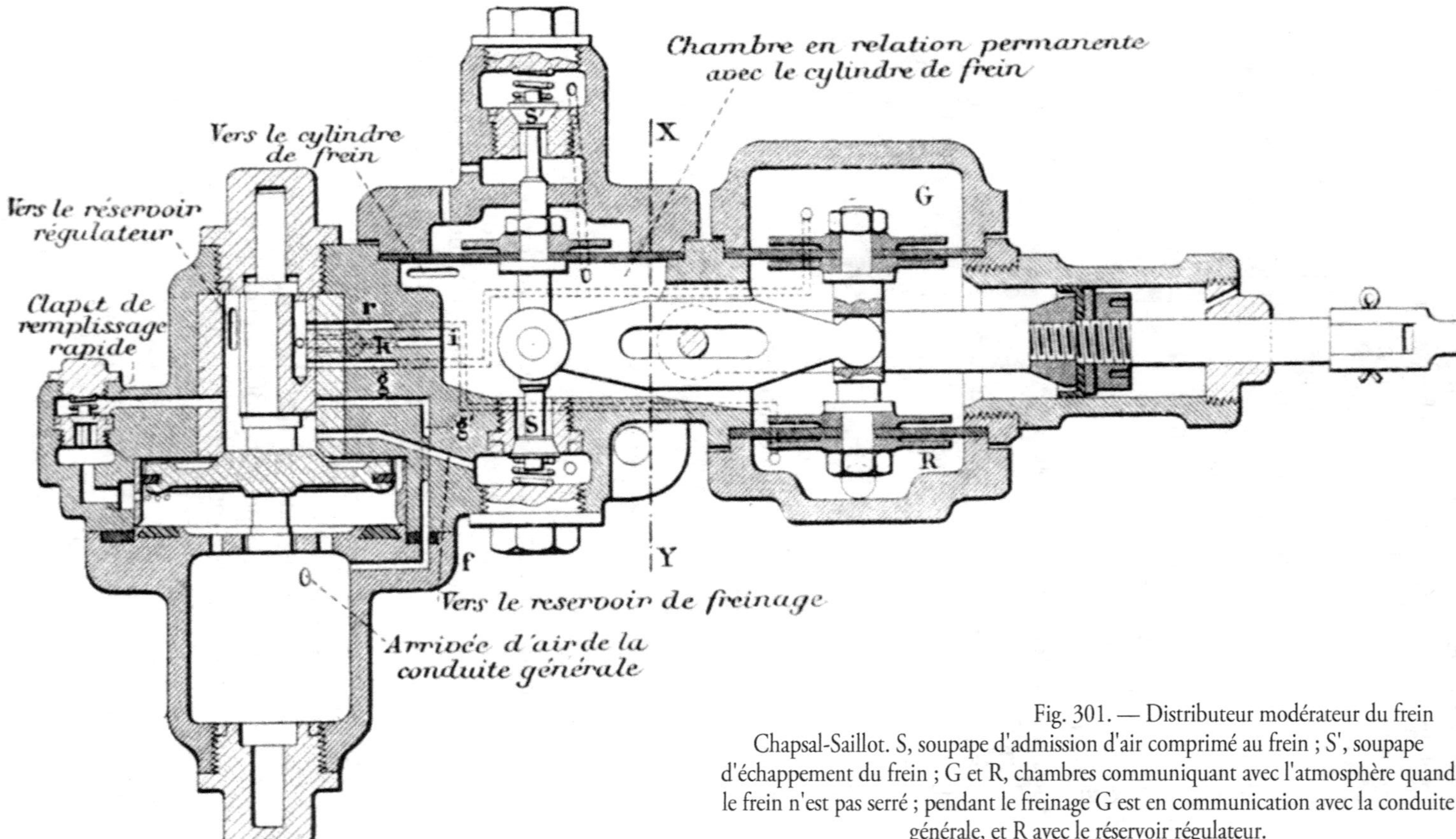

Fig. 301. — Distributeur modérateur du frein Chapsal-Saillot. S, soupape d'admission d'air comprimé au frein ; S', soupape d'échappement du frein ; G et R, chambres communiquant avec l'atmosphère quand le frein n'est pas serré ; pendant le freinage G est en communication avec la conduite générale, et R avec le réservoir régulateur.

dessous de l'un des diaphragmes et en dessus du second communiquent aussi avec l'atmosphère quand le frein n'est pas en action ; au-dessus du 3e diaphragme règne constamment la pression atmosphérique.

Une dépression dans la conduite générale déplace la triple valve et ce déplacement a pour effet de fermer la communication avec l'atmosphère de la chambre centrale du distributeur-modérateur et, par suite, du cylindre à frein ; de mettre la chambre R en communication avec un petit réservoir supplémentaire, dit réservoir régulateur, où se trouve emmagasiné de l'air à la pression de marche dans la conduite ; enfin de mettre la chambre G en communication avec la conduite générale. Comme à ce moment la pression est réduite dans la conduite, l'effet de la pression en R sur le diaphragme surpasse celui de la pression en G, le balancier s'incline et ouvre la soupape S, qui admet dans le cylindre à frein l'air du réservoir auxiliaire ou réservoir de freinage ; mais alors la pression agit sur le troisième diaphragme et ramène le balancier à l'horizontale, dès qu'elle atteint une valeur proportionnelle à la dépression produite dans la conduite générale.

Pour le desserrage, quand on relève la pression dans la conduite générale, cette pression agit en G et incline le balancier en sens inverse ; il ouvre alors la soupape d'échappement S', qui abaisse la pression dans le cylindre à frein jusqu'à ce qu'un nouvel équilibre s'établisse.

Une autre particularité du système est le déplacement de l'axe d'oscillation du balancier, qui permet la variation de la pression motrice des freins ; si cet axe se déplace vers la gauche sur la fig. 301, la variation des deux bras de levier fera que, pour une même dépression dans la conduite, la pression dans le cylindre à frein sera plus forte. Cela est utile pour les véhicules dont le poids peut varier beaucoup, par exemple pour les wagons tantôt vides, tantôt chargés ; pour un wagon vide, le serrage des freins doit être plus faible.

Le déplacement de l'axe d'oscillation est produit automatiquement par le petit piston, figuré vers la droite de la fig. 301 ; la tige qui sort à l'extérieur, vers la droite, commande des renvois de sonnette qui viennent buter contre le dessus des boîtes à huile du véhicule : le petit piston se déplace donc d'autant plus vers la droite que le wagon est plus relevé par ses ressorts, quand la charge diminue.

Le frein à vide simple n'est pas automatique : pour serrer les freins, on aspire l'air à l'aide d'un éjecteur, agissant à l'extrémité d'une conduite, qui règne sur toute la longueur du train.

L'éjecteur est un appareil à tuyères concentriques, comme celles des injecteurs ; un jet de vapeur y entraîne l'air.

Par suite de cette aspiration, la pression atmosphérique extérieure s'exerce sous une sorte de piston, fixé par un diaphragme en toile et caoutchouc à une cuvette en fonte, en communication constante avec la conduite générale : ce piston agit sur la timonerie des sabots. Chaque véhicule porte cet appareil actionné par la pression de l'atmosphère.

Dans le *frein à vide automatique*, le vide ou plutôt une faible pression existe constamment dans la conduite, où on laisse rentrer l'air quand on veut serrer les sabots : une rupture d'attelage provoque le serrage. Ce système a pris une grande extension en Angleterre. L'étanchéité des pistons moteurs des freins est assurée par un anneau roulant en caoutchouc. Les *freins Soulerin* présentent des combinaisons variées, pour le fonctionnement par l'air comprimé ou par l'air raréfié.

138. Appareil avertisseur à air comprimé.

L'ouverture d'un robinet, laissant échapper l'air de la conduite générale d'un frein automatique à air comprimé, produit le serrage des freins et l'arrêt du train.

De tels robinets, mis à la disposition des voyageurs, remplacent avec avantage les anciens systèmes, assez compliqués, d'appel d'alarme. Un sifflet, placé sur l'échappement d'air, indique de quel véhicule vient l'appel. On donne aux robinets une section assez petite pour que le serrage ne soit pas très rapide, de sorte que le mécanicien, en plaçant son robinet de manoeuvre à la première position, peut conduire le train à quelque distance, pour éviter l'arrêt en certains points.

Toutefois il ne faut pas réduire par trop la section du robinet d'appel, parce que l'action en devient incertaine et se confond avec celle d'une fuite accidentelle. Bien entendu, toute dépression un peu forte qui se produit dans la conduite générale doit être interprétée par le mécanicien comme un signal d'alarme.

Lorsque la conduite est ainsi vidée, il y a lieu de remarquer que le réservoir principal de la locomotive finirait aussi par se vider, si le robinet du mécanicien restait dans la position normale de marche.

139. Contre-vapeur.

Tous les trains ont circulé longtemps sans freins continus. Beaucoup de locomotives n'ayant pas de freins à main, on en était réduit, pour les arrêts, aux freins du tender et d'un ou deux fourgons, et à la contre-vapeur. Aujourd'hui, c'est surtout à la descente des longues pentes que la contre-vapeur est utile : elle remplace avantageusement le serrage prolongé des freins à sabots. La contre-vapeur agit quand on place le mécanisme de relevage pour le sens de marche contraire à la direction qu'on suit, le régulateur restant ouvert. On se rend compte de cette action en se reportant à l'étude de la distribution : l'essieu tournant en avant, dans le sens de la flèche (fig. 302), le changement de marche est dans une position telle que le centre de l'excentrique fictif (qu'on peut supposer substitué au mécanisme de la coulisse) sera en OT_1 quand la manivelle motrice passe à son point mort en OM_1. Si le changement de marche est à fond de course à l'arrière, OT_1 se confond avec l'excentrique de marche arrière.

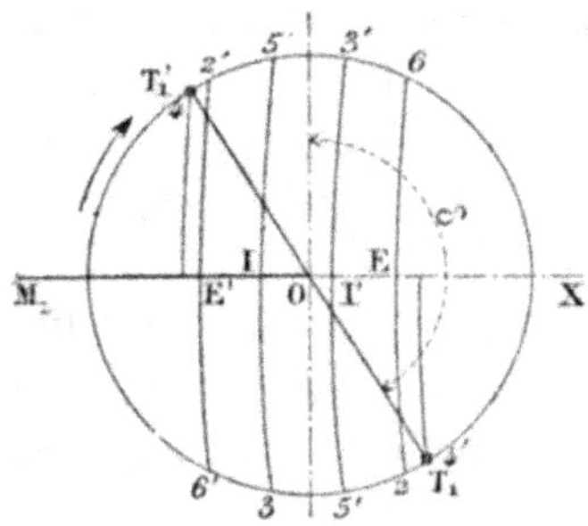

Fig. 302. — Étude de la distribution dans la marche à contre-vapeur.

Qu'on suive le mouvement du tiroir pour un tour complet de la manivelle motrice depuis OM_1 en considérant ce qui se passe sur la face arrière du piston : au début, le tiroir donnant l'avance linéaire, la lumière de cette face est légèrement ouverte pour l'admission. Mais cette admission se referme dès que T est en 2. La quantité de vapeur qui est ainsi entrée dans le cylindre, jointe à celle qui remplissait l'espace libre, se détend alors et pousse le piston, jusqu'au moment où s'ouvre la communication avec l'échappement, quand l'excentrique est en 3. C'est alors la pression de l'échappement, ou de l'atmosphère, qui pousse le piston jusqu'à son fond de course. En somme, il y a un faible travail moteur pendant ce parcours, représenté, sur le diagramme relevé à l'indicateur, par la ligne 1-2-3-3-4 (fig. 303), s'il ne se produit pas de laminage.

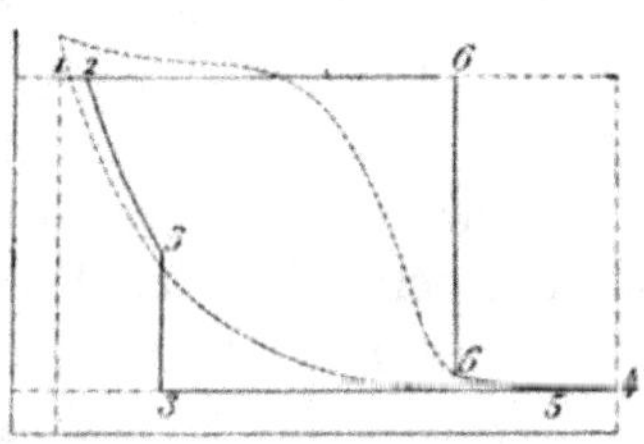

Fig. 303. — Diagrammes de la contre-vapeur, sans laminage et avec laminage.

Le piston, revenant en arrière, est d'abord, pendant un faible parcours, soumis à la simple résistance de la pression de l'échappement ; puis, quand l'excentrique est en 5, la communication du cylindre avec l'extérieur se ferme : une légère compression se produit dans le cylindre, jusqu'à ce que l'excentrique, en 6, découvre la lumière d'admission ; alors la pression de la boîte à vapeur s'exerce contre le piston et lui oppose une résistance importante jusqu'à la fin de sa course, où il revient à la position initiale. Le diagramme donne pour le travail résistant, le trait 4-5-6-6-1. Le travail résistant de la contre-vapeur, pendant un tour de la machine, est moindre que le travail moteur dans la marche normale au même cran de la distribution.

S'il n'y avait pas de laminage de la vapeur (comme dans le cas d'une marche très lente), le diagramme donné par l'indicateur aurait la forme 1'-2'-3'-3-'4'-5'-6'-6'-1' pour la marche normale (fig. 304) ;

dans la marche à contre-vapeur, au même cran, le diagramme serait 1-2-3-3-4-5-6-6-1, dont la surface est moindre. La différence des deux surfaces est couverte de hachures. Mais en outre il se produit un laminage: ce laminage réduit notablement la surface du diagramme de contre-vapeur (fig. 303) parce que ni la chute de pression en 3-3, ni l'élévation en 6-6 n'ont lieu instantanément. Le laminage modifie dans une moindre proportion la surface du diagramme de marche normale.

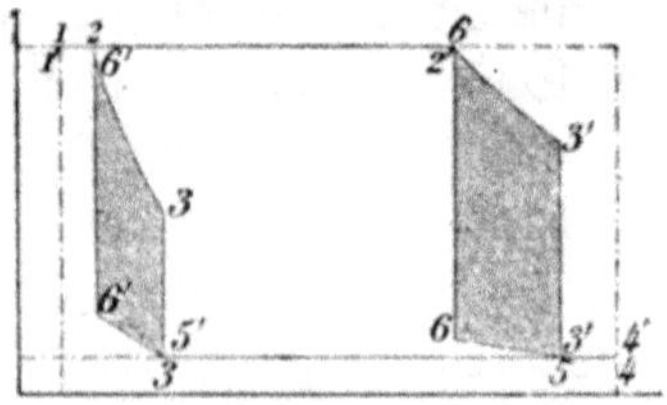

Fig. 304. — Diagrammes comparés de la contre-vapeur et de la marche directe, sans laminages: 1-2-3-3-4-5-6-6-1: contre- vapeur : marche directe. La différence des deux surfaces est couverte de hachures.

Cette étude explique pourquoi il est prudent, en abordant les fortes pentes, de faire usage de la contre-vapeur sans retard: si l'on attend que le train ait pris une vitesse un peu forte, il peut arriver que la contre-vapeur, même avec le changement de marche à fond de course, ne puisse plus le retenir, tandis qu'elle suffit, si on a ralenti convenablement dès le début: pour une certaine vitesse, la contre-vapeur équilibre exactement la force qui entraîne le train (cette force est due à son poids, avec déduction des résistances diverses); si on se tient en dessous de cette vitesse, on sera toujours maître de la conduite du train; mais au-dessus, l'effet de la contre-vapeur diminue par suite des laminages, et on est emballé. Les remarques qui suivent peuvent préciser les idées sur l'action de la distribution pendant la contre-vapeur: lorsque le changement de marche est au point mort, c'est-à-dire quand le tiroir est conduit par le milieu de la coulisse (fig. 305), ou quand l'excentrique fictif, qu'on peut supposer mener le tiroir, est en OT", à l'opposé de la manivelle motrice OM, il y a encore un travail moteur (voir § 87).

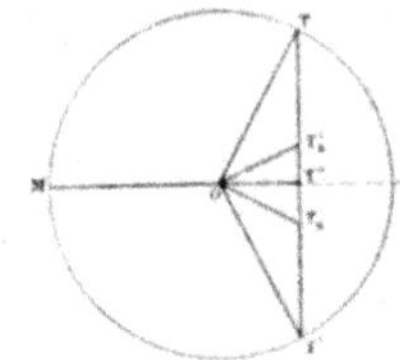

Fig. 305. — Excentriques fictifs de marche à contre-vapeur et de marche directe.

Lorsque la machine marche en avant, la vapeur produit un travail moteur quand le centre de l'excentrique fictif se déplace de T à T", et même quand il dépasse T"; c'est pour une certaine position telle que T_0, c'est-à-dire avec le changement de marche placé un peu au-delà du point mort, dans la zone de marche arrière, que le travail de la vapeur s'annule complètement. Si on continue à déplacer le changement de marche vers l'arrière, on a un travail résistant de contre-vapeur de plus en plus grand, à mesure que le coulisseau se rapproche de l'extrémité de la coulisse: mais la partie motrice de la coulisse est plus longue que la partie résistante.

En considérant la locomotive marchant en arrière, on voit de même que la zone motrice de la coulisse correspond aux positions de l'excentrique fictif comprises entre T' et T'_0, et la zone résistante, plus courte, aux positions comprises entre et T'_0 et T.

La contre-vapeur, appliquée sans disposition spéciale, a de graves inconvénients : pendant tout le parcours 3-4 du piston, il aspire dans la boîte à fumée de l'air chaud, qui peut entraîner des cendres. Une fois entré dans le cylindre, cet air chaud est comprimé : la compression de l'air en élève la température, de sorte que, déjà chaud, il s'échauffe davantage, exposant les cylindres et les tiroirs à des avaries graves par grippement. En outre, l'air est refoulé dans la chaudière et gène le fonctionnement des injecteurs.

L'injection de vapeur ou d'eau chaude dans les conduits d'échappement fait disparaître ces inconvénients : l'eau chaude, en sortant de la chaudière à température élevée, se transforme en partie en vapeur. Les cylindres n'aspirent plus l'air chaud de la boîte à fumée, mais la vapeur, qui est très humide si elle provient d'une injection d'eau. Pendant la compression de cette vapeur humide, la température ne peut dépasser celle qui correspond à sa pression, et les cylindres et tiroirs ne sont pas plus fatigués que dans la marche normale. Les cylindres refoulent dans la chaudière de la vapeur et non plus de l'air. Pour être sûr que les conduits d'échappement reçoivent une quantité suffisante de vapeur ou d'eau formant de la vapeur, on ouvre le robinet de manoeuvre jusqu'à ce qu'un petit excès de vapeur sorte par la cheminée.

La vapeur refoulée à la chaudière y entraîne l'huile que peuvent renfermer les cylindres ; comme l'huile est nuisible dans la chaudière, on doit s'abstenir de graisser les tiroirs et les cylindres pendant la marche à contre-vapeur ou au moment de s'en servir.

Si le rail est glissant, la contre-vapeur pourrait arrêter le mouvement de rotation des roues, puis les faire tourner en sens inverse, malgré l'entraînement par le train ; ce patinage est dangereux pour le mécanisme et réduit beaucoup l'action utile de la contre-vapeur ; il faut l'éviter au moyen du sable, et en modérant l'action résistante de la contre-vapeur, par la manoeuvre du changement de marche.

En passant de la marche normale à la marche à contre-vapeur, la pression de la tête du piston sur les glissières change de sens ; si on roule cheminée en avant, c'est la glissière inférieure qui entre en action et qui doit être graissée convenablement.

Quand on interrompt la contre-vapeur pour reprendre la marche normale, il est bon d'ouvrir un instant les purgeurs, car il peut rester un peu d'eau dans les cylindres.

Le frein à contre-vapeur, avec injection d'eau ou de vapeur, est souvent désigné par le nom de l'ingénieur Le Chatelier, qui en a indiqué le fonctionnement.

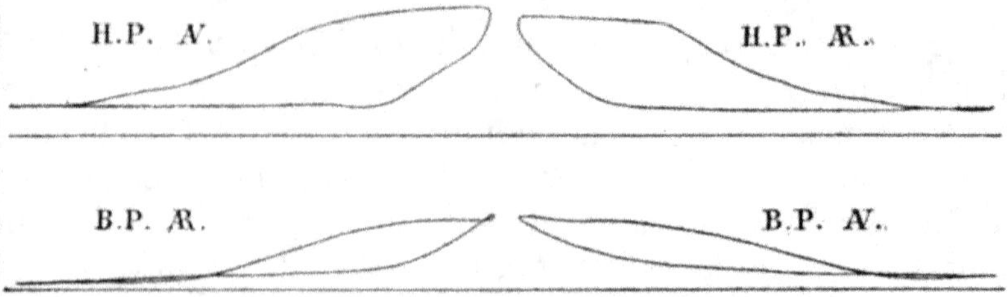

Fig. 306. — Diagrammes relevés dans la marche à contre-vapeur d'une compound du Midi à deux cylindres. Vitesse, 44 km à l'heure. Admissions, 70 p. 100 au cylindre à haute pression, 79 p. 100 au cylindre à basse pression. Puissance totale résistante indiquée. 145 chevaux.

On emploie aussi la contre-vapeur sur les locomotives compound faisant le service des rampes. Dans ce cas il peut être utile d'injecter l'eau et la vapeur non seulement dans l'échappement des cylindres à basse pression, mais aussi dans l'échappement des cylindres à haute pression, c'est-à-dire dans le réservoir intermédiaire.

La fig. 306 représente des diagrammes de contre-vapeur relevés sur une compound à deux cylindres du Midi. La double injection dans les échappements fonctionnait; de plus le démarreur, décrit p. 206, permettant l'arrivée directe de vapeur dans le réservoir intermédiaire, était ouvert.

La dépense d'eau est assez grande dans la marche à contre-vapeur: elle était de 140 à 170 litres par kilomètre sur la compound à deux cylindres du Midi, marchant à la vitesse de 40 km à l'heure. La dépense correspondante de chaleur n'est pas très forte, parce que la plus grande partie de cette eau est simplement chauffée, mais non vaporisée dans la chaudière. Dans les compound à quatre cylindres, avec échappement direct facultatif du groupe à haute pression, on peut ouvrir, pour la marche en contre-vapeur, cet échappement direct, ainsi que le robinet de contre-vapeur des cylindres à basse pression, qui injecte la vapeur humide dans l'échappement commun des quatre cylindres. Toutefois, sur certaines machines, on a obtenu de meilleurs résultats en conservant la marche en compound, avec double injection de vapeur pour la haute et pour la basse pression.

CHAPITRE VIII

CONDUITE DES LOCOMOTIVES

140. Réflexions sur l'art du mécanicien.

Il y a bien des degrés dans l'art de la conduite des machines, depuis les manoeuvres dans les gares jusqu'à la traction des grands express; tous ces degrés se franchissent successivement, quand les qualités nécessaires se sont développées.

Avant tout, le mécanicien doit être bon chauffeur: savoir bien régler le feu est la partie la plus difficile de la conduite des machines, celle qui exige le plus d'habileté, le plus de soin, le plus de dispositions naturelles.

Une attention continue aux moindres détails, conduisant à l'observation presque machinale d'une série de précautions minutieuses, est indispensable pour devenir bon mécanicien: sans cette attention, on peut briller d'un certain éclat dans la carrière, mais comme un fantaisiste exposé aux avaries et aux accidents. Une seule manoeuvre omise laisse la porte ouverte aux malheurs qui nous guettent sans cesse: à Monthermé, en 1893, l'ouverture spontanée du régulateur d'une locomotive cause la mort du chauffeur, raccordant les rotules de son tender; cet accident est-il possible avec le changement de marche au point mort, les purgeurs ouverts, le frein serré ou les roues calées ?

Une surveillance constante de toutes les parties de la machine n'est pas moins nécessaire. Une avarie grave a souvent pour point de départ une goupille perdue, un écrou desserré: or, pourquoi une goupille manque-t-elle ? pourquoi un écrou est-il desserré ? Un raccord qui fuit peut vider un tender; on peut même oublier de remplir les soutes au départ; mais pour le bon mécanicien, pénétré de l'importance de ses fonctions et sentant la gravité des moindres fautes, il n'y a ni distraction ni oubli. L'attention et la vigilance pendant la marche ne doivent jamais être en défaut: tout en surveillant la voie, en observant les signaux, le mécanicien s'apercevra du moindre bruit anormal dans le fonctionnement du mécanisme, du moindre trouble dans l'échappement, de la moindre odeur d'huile chaude, et il pourra souvent empêcher une avarie naissante de s'aggraver.

Outre les qualités professionnelles, les qualités morales ne sont pas moins nécessaires à ce personnel: d'abord, le courage et le sang-froid dans toutes les circonstances; en douter serait lui faire injure. Blessé dans une collision, un mécanicien court faire les signaux d'arrêt à un train qui le suit, tandis que le chauffeur, qui n'est guère plus ménagé, s'occupe à couvrir le feu de la machine renversée, pour préserver le foyer. Ce n'est que lorsque toutes ces précautions sont prises que ces hommes pensent enfin à eux-mêmes !

L'agent chargé du service des locomotives doit porter une attention continuelle à sa conduite; il faut qu'il observe une sobriété féroce. Sans qu'il ait le moins du monde un goût exagéré pour le vin, la faim et la soif, développées par le travail au grand air, la rencontre d'un camarade, quelque fête de famille, peuvent lui jouer un vilain tour, la moindre excitation est dangereuse en service: or, bien peu suffit parfois pour provoquer cette excitation, surtout si l'on est saisi par le froid en sortant de chambres chaudes; on n'échappe à ce danger que par une ferme volonté et une constante attention. Qu'on se méfie surtout de l'alcool sous forme d'eau-de-vie, de liqueurs, d'apéritifs, d'absinthe: il n'est guère de drogue dont l'usage répété soit plus funeste à l'homme. On sait que l'eau de feu a contribué à détruire les peuplades indiennes de l'Amérique[21]: que les peuples civilisés qui augmentent sans cesse leur consommation d'alcool, comme les Français, méditent ce terrible exemple.

Il est bien prouvé aujourd'hui que l'alcool ne réchauffe pas, qu'il ne ranime pas les forces; il ne peut faire que du mal. Pour combattre l'invasion de l'alcoolisme, il s'est fondé en France, comme en d'autres pays, des sociétés dont les membres s'interdisent l'usage des boissons distillées. Les agents du service actif des chemins de fer, chez qui le plus léger trouble alcoolique peut devenir presque criminel, sont à leur place dans une société de ce genre, prouvant ainsi leur ferme résolution de fuir l'alcool, à toutes les sollicitations opposant un engagement d'honneur, auxquels ils ne sauraient forfaire.

21 Les Indiens avaient ainsi transformé assez heureusement le nom ridicule et menteur d'eau-de-vie; mais c'est eau de mort qu'on devrait dire.

141. Organisation du service des locomotives.

Le système le plus commode, et pour le mécanicien et pour le chef de dépôt, dont la surveillance est alors facile, consiste à confier chaque locomotive à une seule équipe; mais ce système n'est pas toujours applicable: à certains moments, l'exploitation des chemins de fer exige une grande augmentation du nombre des trains, et le service de chaque locomotive devient trop long pour les hommes; à moins de posséder un matériel immense, qui resterait souvent en chômage, une administration de chemins de fer doit recourir aux équipes multiples. En outre, les restrictions étroites, apportées en France à la durée du service des mécaniciens et chauffeurs, par des décisions ministérielles, rendent souvent difficile une utilisation convenable des machines confiées à une seule équipe. Une locomotive est parfois desservie par deux équipes, toujours les mêmes, qui alternent; cette organisation convient pour des machines de gare mais la nature des autres services, qui laissent forcément les machines au repos à certaines heures, permet rarement de l'appliquer. Le système des équipes banales, où toute équipe dessert indifféremment toute machine d'une même série, est celui qui occupe le mieux le personnel et les machines; mais c'est celui qui exige la plus grande surveillance de l'état des machines et qui diminue le plus la responsabilité des mécaniciens en cas d'avaries.

Bien d'autres combinaisons trouvent leur place: c'est ainsi que trois équipes peuvent être chargées de deux locomotives; ou bien chaque locomotive peut avoir une équipe titulaire, qui la conduit habituellement mais, en outre, quelques équipes volantes prennent indifféremment toutes les machines.

On a beaucoup discuté sur les mérites et les inconvénients de la conduite des locomotives par plusieurs équipes mais ces discussions théoriques perdent leur importance devant la nécessité d'appliquer ce système. Certes il est plus commode et plus agréable pour un mécanicien d'avoir une machine attitrée, qu'il est seul à conduire mais s'il est juste de donner au personnel toutes les facilités désirables pour accomplir sa tache, on perdrait de vue le but qu'on veut atteindre, en sacrifiant à ses convenances un mode utile d'exploitation. À tous les degrés de la hiérarchie, le devoir des agents d'un chemin de fer est, avant tout, de chercher à assurer le service le mieux possible: ils ne doivent donc jamais regretter le sacrifice de leurs préférences particulières, quand elles peuvent être une gêne ou un obstacle.

Les règles suivies pour rétribuer le personnel des locomotives sont fort intéressantes. En France, cette rétribution comprend une partie fixe et une partie variable avec le travail exécuté, combinaison logique pour un personnel constamment disponible, mais inégalement occupé.

Le traitement fixe est successivement augmenté suivant l'ancienneté et le mérite des agents. La portion variable de la rétribution consiste en primes de diverses sortes. Une des primes est proportionnelle au parcours effectué par l'agent : elle est établie suivant une base kilométrique, qui n'est pas toujours la même pour les différentes catégories de trains. Cette prime de parcours dépend donc seulement du travail exécuté, quels que soient les soins apportés à l'exécution. Au contraire, les autres primes tiennent compte des efforts et de l'adresse du personnel. Ce sont d'abord les primes d'économie de matières ; les locomotives consomment de grandes quantités de combustible, et il importe de maintenir cette consommation dans de justes limites. Il est donc parfaitement logique d'intéresser le personnel à l'économie de combustible.

On reproche quelquefois au système des primes d'économie de combustible d'inciter les mécaniciens à perdre du temps dans la marche des trains ; on dit aussi qu'il est difficile de fixer équitablement les diverses allocations. En ce qui concerne le premier argument, il n'aurait de valeur que si des primes de régularité de marche ne venaient pas s'ajouter aux primes d'économie de combustible ; il est clair que d'abord le service doit être fait le mieux possible ; ensuite vient l'économie ; il est facile d'établir les diverses primes de sorte que le personnel ne puisse avoir intérêt à sacrifier la régularité de la marche des trains : souvent la prime d'économie de combustible est supprimée quand la marche n'est pas régulière. Quant à la fixation équitable des allocations, elle peut paraître difficile, mais, en pratique, on connaît les consommations d'un si grand nombre de trains, dans des conditions diverses, qu'on peut les régler, sans trop de peine, pour les différentes locomotives, suivant les charges de trains, les sections de lignes, les vitesses moyennes. Les conditions atmosphériques influent sur la consommation : on en tient compte d'une manière suffisante en établissant des allocations différentes pour la saison d'été et la saison d'hiver.

Les primes dépendent aussi de la nature des combustibles employés. Souvent l'allocation comprend certaines proportions de menue houille et de gros charbon ; une prime spéciale est attribuée à la consommation d'une moindre proportion de gros charbon. Il est juste que la prime tienne compte non seulement de la quantité, mais de la valeur du combustible économisé.

Une prime est également prévue pour l'économie sur la quantité de matières de graissage allouées. Elle porte sur une dépense faible à côté de la dépense de combustible.

La prime de régularité de marche s'établit généralement en comptant les minutes gagnées ou perdues dans la marche : chaque minute gagnée donne lieu à une prime, dont l'importance dépend de la nature du train. Souvent cette prime prend la forme d'une allocation de combustible, dont un certain poids est ajouté ou déduit pour chaque minute gagnée ou perdue.

Le bon entretien des machines, le soin apporté à leur maniement, permettent de longs parcours sans qu'elles rentrent aux ateliers de réparation: certaines administrations allouent une prime proportionnelle au parcours effectué, sans grandes réparations, au-delà d'un certain nombre de kilomètres, considéré comme le minimum de ce que doit faire la machine.

Enfin une prime de nettoyage est parfois allouée aux équipes dont les machines sont propres et bien tenues.

142. Inspection de la machine au départ.

Le mécanicien, en prenant son service, doit regarder les affiches du dépôt, qui peuvent contenir des indications importantes pour la marche des trains et pour la sécurité. Avant de quitter le dépôt pour conduire un train, il vérifie, par une inspection minutieuse, l'état de l'engin sur lequel il doit compter. Il voit si la chaudière est bien remplie, le feu bien allumé, si le cendrier et la boîte à fumée sont complètement nettoyés. Le graissage de toutes les articulations est une opération essentielle: en les graissant toujours dans le même ordre, on n'en oubliera aucune. En même temps on vérifie qu'il n'y a pas d'écrou desserré, qu'aucune goupille ne manque, que tous les mouvements fonctionnent librement.

Les tuyaux de sablière se bouchent facilement; ces tuyaux, ainsi que tout le mécanisme de distribution du sable, mécanisme assez délicat dans les appareils Gresham, doivent être visités attentivement: sinon, on risque d'être privé de l'aide du sable, toujours utile et souvent indispensable. Le réservoir à air du frein Westinghouse sera de temps en temps débarrassé de l'eau qui s'y accumule.

Le mécanicien examine aussi le tender, qui doit être rempli, muni de son outillage, de ses agrès, de drapeaux, de pétards et de ses pièces de rechange ou de secours, mais débarrassé de tout objet inutile. Les freins et les attelages seront vérifiés, surtout l'attelage entre la locomotive et le tender, dont les pièces doivent toujours être propres et convenablement graissées: on peut alors les manœuvrer au besoin; elles s'usent moins, et le découplement est possible sans trop de peine, en cas de nécessité.

Cette inspection minutieuse est surtout utile quand un mécanicien prend une machine qui vient d'être conduite par d'autres: s'il n'est pas attentif, il court le risque d'être responsable d'avaries dont il n'est pas l'auteur. Du reste, dès la rentrée au dépôt, un mécanicien doit signaler toutes les défectuosités de la machine qu'il quitte.

Quand la machine vient se mettre en tête d'un train, la grille doit être complètement nettoyée et garnie sur toute sa surface de combustible bien allumé ; le cendrier et la boîte à fumée doivent être entièrement vides ; le niveau de l'eau dans la chaudière doit être élevé, et la pression voisine de sa limite supérieure.

Il ne convient pas que les soupapes soufflent violemment pendant l'attente du départ : c'est une perte de chaleur et une gêne dans les gares. Sur une machine bien proportionnée au service qu'on lui demande, quand le feu est convenablement disposé, les premiers coups d'échappement font monter la pression et tendent à faire lever les soupapes. Il en sera de même en montant les rampes ; c'est la marque d'une production abondante et facile, qui donne une grande puissance à la machine.

143. Démarrages.

Les démarrages exigent des précautions pour les longs trains de marchandises, dont les attelages, si solides qu'ils soient, se rompent facilement, tant est grande la violence des chocs qu'ils reçoivent. Aux trains de voyageurs, les démarrages doivent être rapides : il faut gagner du temps partout où l'on peut, et pour les express, et pour les trains à nombreux arrêts, qui n'ont une vitesse moyenne suffisante que grâce à la rapidité de la mise en marche.

Il est intéressant de se rendre compte du temps nécessaire pour un démarrage combien de secondes faut-il pour qu'un train, partant du repos, prenne une vitesse déterminée, et quel parcours fait-il pendant cette période de mise en vitesse ? En déduisant de cette durée le temps qu'aurait employé le train marchant régulièrement à la vitesse finale, on calcule le temps perdu par le démarrage. Par exemple, 210 secondes sont dépensées pour acquérir une vitesse de 50 km à l'heure, en parcourant 1 880 m ; à cette vitesse de 50 km à l'heure, ou de 14 m par seconde, ce parcours de 1880 m exigerait 135 secondes : on perd donc 75 secondes.

Ce temps perdu dépend du poids des trains, du profil de la ligne, des conditions atmosphériques, de la puissance des locomotives, de la manière de les conduire. D'une façon générale, on peut dire qu'il varie de la moitié au tiers du temps nécessaire pour acquérir la vitesse finale.

Pour démarrer rapidement, on commencera par se mettre en marche dès qu'on reçoit le signal du départ : cette remarque peut sembler superflue ; cependant on constate souvent des intervalles successifs de plusieurs secondes chacun, entre le signal de départ donné par le chef de gare, le signal du chef de train, le coup de sifflet du mécanicien et la mise en marche de la machine : il semble que chacun de ces signaux doive réveiller un homme profondément endormi, qui commence par bâiller et s'étirer les bras avant de faire ce qu'on lui demande. Perdre du temps est toujours mauvais ; mais quand il s'agit de trains difficiles, les secondes sont précieuses, et il ne faut pas les gaspiller.

Pour que la mise en vitesse soit prompte, il faut que la locomotive exerce un grand effort de traction, ce qu'on obtient avec le changement de marche à fond de course et le régulateur ouvert en grand. Plusieurs motifs obligent souvent à modérer cet effort : c'est d'abord le patinage, qu'on combat avec le sable ; c'est l'action sur le feu d'un échappement trop violent, qu'on atténue par le desserrage de la tuyère, par l'ouverture du registre d'entrée d'air dans la porte du foyer ; enfin, c'est la forte dépense de vapeur.

On doit tenir compte de ces circonstances, mais il ne faut pas ramener le changement de marche près du point mort dès que la machine a fait un ou deux tours de roues, ce qui donne une mise en mouvement pénible et traînante, d'un effet déplorable.

Les démarrages font perdre plus de temps que les périodes d'arrêt. Quand on emploie les freins continus, on peut se faire une idée de la durée de l'arrêt, en secondes, en ajoutant 5 au tiers du nombre qui exprime la vitesse en kilomètres à l'heure : ainsi à 90 km à l'heure, il faudra 35 secondes pour arrêter ; à 60 km. 25 secondes. On effectue un certain parcours pendant le ralentissement, de sorte qu'on ne perd guère que la moitié de cette durée. On perdra par exemple 20 secondes et 15 secondes dans les deux cas envisagés.

Même sans freins continus, la durée de l'arrêt est plus rapide que celle de la mise en vitesse, et le temps perdu est moindre.

144. Marche de la machine.

Les règles pour la conduite du feu, indiquées au chapitre II, se résument comme il suit :

Quel que soit le combustible employé, quelle que soit la manière de le disposer, on doit le charger fréquemment et par petites quantités, de manière que l'état du feu soit presque uniforme. L'échappement doit être aussi peu serré que possible, car le serrage de l'échappement crée une pression résistante contre les pistons.

L'alimentation doit être de préférence continue et uniforme. L'arrêt de l'injecteur, pendant les chargements suffisamment courts, n'est nullement nécessaire.

Vers la fin du trajet, l'économie commande de réduire les chargements, pour n'avoir à l'arrivée que peu de combustible sur la grille. Il ne faut pas exagérer cette précaution : on a vu des machines ne pouvoir rentrer au dépôt faute de pression !

Quand le feu est bien conduit, la production de vapeur est abondante, le personnel touche de fortes primes d'économie de combustible; en outre, les foyers durent longtemps et les fuites aux tubes sont rares.

La manoeuvre du changement de marche et du régulateur a été étudiée. On a vu qu'une admission de 20 p. 100 environ était la plus favorable; si elle donne un trop grand effort moteur, il vaut mieux laminer un peu la vapeur avec le régulateur plutôt que réduire encore la période d'admission avec le changement de marche. Pour obtenir de plus grands efforts, on augmente la période d'admission.

Avec les locomotives compound à distributions indépendantes, on doit toujours avoir une assez grande admission dans les cylindres à basse pression : pour marcher à très grande vitesse, on augmente encore cette admission. On fait varier l'effort moteur surtout en manœuvrant le changement de marche des cylindres à haute pression.

Pour obtenir une bonne vitesse moyenne, il faut, en palier, conserver une allure uniforme, et surtout éviter de trop ralentir en montant les rampes, car il serait difficile de rattraper le temps ainsi perdu, à moins de prendre sur les pentes des vitesses excessives, et souvent même impossibles à obtenir. Soit à franchir une longueur de 80 km, dont moitié en rampe de 5 mm par mètre et moitié en pente de 5 mm par mètre. Pour faire le trajet en une heure, le tableau qui suit donne diverses vitesses corrélatives en rampe et en pente :

VITESSE MOYENNE sur la rampe.	DURÉE DU TRAJET en rampe.	VITESSE MOYENNE sur la pente.	DURÉE DU TRAJET en pente.
80 km à l'heure.	30 minutes.	80 km à l'heure.	30 minutes.
75 —	32 —	86 —	28 —
70 —	34 —	93 —	26 —
65 —	37 —	104 —	23 —
60 —	40 —	120 —	20 —
53,3 —	45 —	160 —	15 —

Dès que la vitesse sur rampe se réduit aux deux tiers de la vitesse moyenne uniforme, il faut que cette vitesse moyenne soit doublée sur la pente pour rattraper le temps perdu. En outre, les vitesses réelles sont supérieures, pendant une partie du trajet, aux vitesses moyennes.

Aux fortes pentes se joignent souvent des courbes raides ; ces pentes se trouvent fréquemment sur des embranchements secondaires, dont les voies ne peuvent être aussi robustes que celles des grandes lignes. En outre, certains types de machines, par suite de leur faible empattement de leurs pièces en porte-à-faux, ou pour d'autres raisons, ne doivent pas dépasser une vitesse fixée. Voilà bien des motifs pour ne pas descendre les pentes trop rapidement. Mais comme il faut que les trains, qui ont de nombreuses correspondances à assurer, arrivent à l'heure, comme il faut qu'ils regagnent au besoin quelques minutes, il est fort important que les mécaniciens ne perdent jamais de temps en montant les rampes.

Rien ne donne meilleure réputation au service d'un chemin de fer que l'arrivée des trains rigoureusement aux heures prescrites. Cette ponctualité ne tient pas uniquement à la traction, mais les mécaniciens peuvent beaucoup pour l'assurer, et c'est en somme toujours sur eux qu'on compte pour rattraper les minutes perdues en stationnements prolongés ou en ralentissements.

On doit éviter l'abus du sifflet, désagréable pour les voyageurs et, pour les voisins des chemins de fer. En France, cet abus est malheureusement fréquent. On peut regretter que d'anciens règlements, qui prescrivent l'emploi du sifflet dans une foule de circonstances, soient toujours en vigueur : mais au moins les mécaniciens, quand il leur est prescrit de siffler, doivent le faire avec discrétion ; ils éviteront aussi l'emploi excessif du sifflet quand le règlement ne le prescrit pas par exemple pour demander l'ouverture des signaux à l'arrêt : en pareil cas un coup de sifflet peut être utile pour annoncer la présence du train, mais c'est une mauvaise habitude que d'en prolonger indéfiniment les avertissements sonores. À considérer la sécurité, l'abus des sifflets, surtout dans les grandes gares, émousse l'attention des hommes qui circulent sur les voies, et ne peut qu'augmenter le nombre des accidents.

Les locomotives sont exposées à des avaries de tous genres. L'adresse et le soin des mécaniciens peuvent les rendre fort rares, mais sans les supprimer entièrement : quand elles se produisent, souvent un homme habile peut rapidement remettre la machine en état de marche, au moins jusqu'à une station où elle sera remplacée. Mais en cas d'avarie sérieuse, même lorsqu'il croit pouvoir la réparer, un mécanicien ne doit pas hésiter à demander une machine de secours : mieux vaut une demande de secours inutile qu'un arrêt indéfiniment prolongé d'un train.

145. Double traction.

La double traction est usitée soit en cas de surcharge d'un train, soit pour éviter la circulation des machines haut-le-pied, soit comme renfort sur les rampes. L'emploi du block-system sur les grandes lignes permet souvent de dédoubler les trains, au lieu d'y atteler deux locomotives ; on en utilise mieux la puissance puisque, pour les trains de voyageurs, les règlements limitent le nombre des voitures. C'est sur les lignes à voie unique, où il est difficile d'ajouter des marches supplémentaires que les machines retournant à leur dépôt sont, de préférence attelées en double aux trains. Enfin, sur les rampes, les renforts sont souvent donnés, par une machine en queue, à des trains de marchandises qui peuvent déjà avoir deux machines en tête. Les trains de voyageurs, d'après l'ordonnance du 15 novembre 1846, ne peuvent avoir plus de deux locomotives (sauf en cas de secours), mais il n'y a pas d'inconvénient à autoriser, pour ces trains comme pour ceux de marchandises, le renfort en queue.

Le mécanicien placé en tête règle la marche du train; celui qui suit n'en doit pas moins être attentif aux signaux et à la voie.

En ouvrant sans précaution le régulateur de la machine d'un train de marchandises, on risque d'en rompre les attelages: le risque serait encore plus grand si l'on ouvrait en même temps les régulateurs des deux machines attelées au même train.

Quand les deux machines sont munies du frein Westinghouse, c'est le mécanicien de tête qui en est maître; le robinet de manoeuvre de la seconde doit être placé dans la deuxième position; en cas de serrage, le réservoir principal de la seconde machine, s'il a conservé sa pression, peut dégager de l'air dans la conduite, mais par un orifice si petit que l'effet est insignifiant. On éviterait ce léger inconvénient en plaçant le robinet de la seconde machine dans la position neutre: mais cette position est mal définie.

Normalement, la pompe à air de la seconde machine est arrêtée. Mais en cas d'insuffisance de la pompe de la première machine, elle peut fournir un utile appoint d'air comprimé. Avec le frein automatique et modérable à double conduite (§136), pour laisser l'appareil entre les mains du conducteur de la première machine, le mécanicien de la seconde ferme les robinets qui sont montés à l'origine des conduites sur le réservoir principal d'air comprimé, et place le robinet de manoeuvre du frein modérable dans la position de serrage à bloc. En effet, dans la position normale (desserrage) ce robinet met la conduite en communication avec l'extérieur dans la position de serrage, il ferme cette communication, mais l'air du réservoir principal pénétrerait dans la conduite, s'il n'était pas isolé par la fermeture des robinets d'arrêt.

En cas de double traction, la vitesse doit être bien régulière, et dépasser le moins possible la moyenne prescrite. La seconde machine reçoit la poussière soulevée par la première, ce qui l'expose aux chauffages: le graissage doit donc en être particulièrement surveillé. Avec le renfort en queue, à la traversée de certains tunnels, le personnel de la seconde machine trouve souvent l'air fortement vicié: on a dû en quelques points munir les machines d'un appareil respiratoire, composé d'un réservoir dont on aspire l'air par un tuyau flexible.

146. Observation des signaux.

La sécurité de l'exploitation repose sur la stricte observation des signaux. On a établi des mécanismes ingénieux qui enclenchent les leviers de commande des appareils, de manière à en rendre impossibles ou du moins inoffensives les fausses manoeuvres : mais c'est à condition que les mécaniciens tiendront toujours compte des signaux qu'ils ne les confondront jamais entre eux, qu'ils seront complètement maîtres de leur train. On a souvent cherché le moyen de supprimer les effets dangereux de la distraction ou de l'erreur, d'ailleurs fort rares, des mécaniciens en vue des signaux ; mais la solution vraiment pratique de ce problème reste encore à trouver.

Lorsque les trains sont munis de freins continus, on peut les faire agir sans l'intervention du mécanicien, quand des signaux sont à l'arrêt, à l'aide de pédales ou de contacts électriques : mais le système n'agit pas pour les trains non munis de ces freins, et ce sont justement ces trains qui sont le plus à craindre. Ces appareils ne sont guère applicables qu'aux signaux de distance, qui peuvent être dépassés ; ils sont utiles surtout en cas de brouillard, mais ne donnent pas de solution générale. On peut aussi se contenter d'un avertissement donné au mécanicien lorsqu'il passe devant un signal à l'arrêt, par exemple au moyen d'un sifflet qui fonctionne sur la locomotive.

En disant que tout employé, quel que soit son grade, doit obéissance passive aux signaux, on trace de la manière la plus claire le devoir d'un mécanicien en présence d'un signal d'arrêt. Il n'a pas à se demander si l'arrêt est justifié ; peu importe que la ligne paraisse entièrement libre devant lui, qu'il soit probable que la position du signal est due à une erreur ou à un oubli : il doit obéir comme s'il voyait un obstacle. Il arrive quelquefois que, par suite de négligence, certains signaux restent indûment à l'arrêt ; si le mécanicien se croit fondé à négliger leurs indications, il commet une faute grave, bien plus grave que celle de l'agent chargé de la manoeuvre.

Si l'indication d'un signal à l'arrêt ne doit, jamais être discutée, il n'en est plus de même lorsqu'il cesse d'indiquer l'arrêt. Alors le mécanicien a le droit, et même le devoir, de se demander si cette position est justifiée et de vérifier, autant qu'il le peut, si réellement la voie est bien libre devant lui. Par suite d'un oubli, un signal peut rester à voie libre, malgré la présence de l'obstacle qu'il devait couvrir. Quelquefois même des mécaniciens ont vu effacer devant eux des signaux à l'arrêt, ce qui semble une annonce bien certaine de voie libre, alors qu'elle ne l'était pas ! On les invitait ainsi à continuer leur marche, à reprendre leur vitesse. Si, malgré cette indication erronée, un homme prudent a su découvrir le danger et l'éviter, quelle satisfaction ne doit-il pas éprouver ? Ce n'est pas tant l'idée du danger personnel, auquel il a échappé, qui le rend heureux et fier: c'est surtout la satisfaction d'avoir, par sa vigilance et son habileté, évité un grave accident, et sauvé la vie d'un grand nombre de ses semblables !

Quand on conduit des trains rapides, dont les itinéraires serrés ne permettent pas la moindre perte de temps, la scrupuleuse obéissance aux signaux exige beaucoup de soin et d'expérience: il faut parfaitement connaître tous ceux qu'on aperçoit, ainsi que le profil et les plus petits détails de la ligne qu'on parcourt à toute vitesse. Quelquefois des obstacles empêchent de voir facilement les signaux; il en est qu'on ne distingue qu'à une certaine distance, puis qui disparaissent momentanément quand on s'en approche. On rectifie autant que possible la position de ces appareils, quand elle est reconnue défectueuse; mais des arbres en poussant des constructions nouvelles, peuvent venir les masquer à tout moment. Il est de règle que, dans les passages où une grande attention est nécessaire, le chauffeur ne doit pas être occupé au chargement du foyer ou à l'alimentation: il regarde les signaux et surveille la voie comme le mécanicien.

Enfin un train n'est réellement bien conduit, suivant toutes les règles de l'art, que lorsque le mécanicien sait se réserver quelques secondes, non pas précisément pour ralentir, aux bifurcations importantes, aux grandes stations, lorsque les règlements n'ordonnent aucun ralentissement, mais pour éviter en ces points les vitesses excessives. À cet égard, on fera bien de réfléchir aux quelques chiffres qui suivent.

La longueur d'un arrêt d'urgence, obtenu avec le frein Westinghouse ordinaire, varie beaucoup; dans les conditions moyennes et normales, on peut l'estimer à 300 m quand la vitesse est de 85 km à l'heure; elle sera de 415 m pour la vitesse de 100 km et de 550 m pour celle de 115 km. Qu'un mécanicien aperçoive un obstacle à 300 m devant lui et serre aussitôt le frein, il évitera la collision s'il marchait à 85 km, tandis qu'il aura encore, au moment de la rencontre, une vitesse de 52 km à l'heure s'il marchait à 100, et de 72 km s'il en faisait 115.

147. Chauffage des trains par la vapeur.

On chauffe fréquemment les trains à l'aide de vapeur empruntée à la locomotive. Mais le simple envoi de vapeur dans une conduite desservant les divers véhicules, avec sortie de l'eau condensée à la queue du train, ne suffit pas dès qu'il est un peu long; le chauffage est excessif dans les premiers véhicules, insuffisant ou nul dans les derniers; la pression de la vapeur s'établit difficilement à l'extrémité d'une conduite longue, étroite, présentant des coudes nombreux, où s'accumule l'eau de condensation. L'addition à la vapeur d'une petite quantité d'air comprimée, imaginée par M. Lancrenon, ingénieur en chef de la compagnie de l'Est, améliore beaucoup le chauffage ; l'air chasse constamment l'eau de condensation et favorise la circulation de la vapeur.

Le système comprend une conduite générale partant de la locomotive, avec accouplements métalliques entre les véhicules. L'accouplement non utilisé, en queue du dernier véhicule, peut recevoir un purgeur automatique pour l'écoulement de l'eau, à moins que ce véhicule ne porte à demeure cet appareil. Chaque véhicule à chauffer présente un ou plusieurs tuyaux de chauffage, branchés sur la conduite principale, et aboutissant à une poche d'évacuation munie de deux purgeurs automatiques. On peut réduire l'intensité du chauffage en mettant hors circuit certains de ces tuyaux.

Sur la machine, un robinet de prise de vapeur alimente la conduite générale, où la pression effective ne doit pas dépasser à 4 kg par cm^2 : un manomètre fait connaître au mécanicien cette pression, limitée d'ailleurs par une soupape de sûreté. L'air comprimé est pris dans le réservoir principal du frein Westinghouse, par un robinet réglable, et vient se mélanger à la vapeur dans une boîte de distribution.

Ce robinet doit être réglé de manière à ce que l'air augmente d'environ 0,5 kg par cm^2 la pression dans la conduite. On force la proportion d'air en commençant le chauffage, et surtout un peu avant de le cesser, afin de ne pas laisser d'eau dans les appareils.

Dans tous les cas, il est essentiel de ne jamais compromettre le fonctionnement du frein en prenant trop d'air au réservoir principal. Parfois le réservoir principal est muni d'un régulateur qui intercepte la prise d'air tant que la pression n'y est pas supérieure à 5,5 kg par cm^2.

On diminue le chauffage, quand la température extérieure n'est pas très basse, en réduisant la pression de la vapeur et de l'air dans la conduite principale, et même en interrompant par intermittences l'envoi de vapeur.

Sur le P. L. M., les véhicules portent des chaufferettes fixes pleines d'un liquide chauffé par une conduite de vapeur, placée au milieu du liquide. Ces conduites reçoivent la vapeur de la locomotive par une conduite générale bien isolée et munie de quelques purgeurs automatiques ; de la conduite générale, la vapeur pénètre dans les conduites de chaque chaufferette, en traversant successivement deux petits orifices circulaires, de 2 mm de diamètre ; ces conduites débouchent librement dans l'atmosphère, où s'écoule l'eau de condensation. Par suite de cette disposition, aucune pression effective appréciable ne s'établit dans ces conduites des chaufferettes. Un robinet, placé à la disposition des voyageurs, permet d'arrêter le chauffage.

Le mécanicien règle la pression dans la conduite générale en ouvrant plus ou moins le robinet qui l'alimente; cette pression lui est indiquée par un manomètre; une soupape de sûreté la limite à 4,5 kg par cm^2. La pression doit être réglée entre 1,5 et 4,5 kg par cm^2 suivant la longueur des trains.

Pour éviter la congélation dans les chaufferettes pendant les stationnements, on fait usage pour les remplir d'une solution de chlorure de calcium, qui reste liquide à - 32°.

Dans certains véhicules, un radiateur placé sous une banquette s'ajoute à la chaufferette. Ce radiateur est chauffé par la vapeur qui sort du tuyau intérieur de la chaufferette; afin d'assurer la circulation dans le radiateur, cette vapeur s'échappe par un petit éjecteur qui entraîne de l'air, et c'est le mélange d'air et de vapeur qui passe dans le radiateur. On donne un diamètre un peu plus grand aux petits trous du branchement de la conduite principale (2,5 mm au lieu de 2 mm).

Dans le système Heinz appliqué sur le Midi, la tôle de la chaufferette est chauffée directement par un tuyau dans lequel passe un mélange d'air et de vapeur. La vapeur s'échappe d'une conduite générale par un éjecteur, qui entraîne l'air. Cet éjecteur est placé dans un saturateur qui en règle automatiquement le débit d'après la température de l'air chargé de vapeur qui s'échappe après avoir chauffé la chaufferette: le débit augmente quand cette température baisse et vice-versa.

Une allocation supplémentaire de combustible, souvent de 1 à 1,5 kg par km de train, couvre la dépense de chauffage.

148. Précautions à prendre en stationnement.

Les conséquences de la mise en marche spontanée d'une locomotive peuvent être si graves qu'on ne saurait prendre trop de précautions pour l'éviter. Pendant les stationnements prolongés, et surtout si le personnel quitte sa locomotive en feu (ce qui n'est permis que sur les voies des dépôts ou lorsqu'un agent spécial est chargé de la garde des machines), le régulateur sera fermé à fond, et le changement de marche placé au point mort; les purgeurs seront ouverts, et les freins à vis serrés. Les mêmes précautions sont, prises pendant un arrêt de courte durée, quand on veut pénétrer sous la machine ou engager le bras entre les pièces du mécanisme.

Ces manoeuvres, qui préviennent toute chance de mise en marche intempestive, ne sont ni longues ni difficiles, et il faut s'habituer à les exécuter machinalement, sans avoir besoin d'y penser; cette habitude, qui rend instinctifs certains mouvements, donne l'assurance qu'aucune préoccupation, aucune distraction ne sera cause d'un oubli. Or, si mille fois un tel oubli n'a pas de conséquence, il peut aussi causer la mort d'un camarade ou une catastrophe sur la ligne : c'est assez pour qu'un homme sérieux ne veuille jamais s'exposer à un tel risque. Avant de mettre en marche une machine qui vient d'être visitée ou graissée, il faut vérifier que personne ne reste dessous.

Pour la même raison de sécurité, il ne faut jamais tamponner, si doucement que ce soit, une locomotive arrêtée. Avant de passer sous une machine attelée en tête d'un train, on doit s'assurer qu'aucune manœuvre de wagons ne sera faite en queue. On évitera une abondante production de vapeur ou un excès de pression pendant les stationnements prolongés : le feu doit être convenablement couvert, les portes du cendrier fermées ou la cheminée capuchonnée. Pendant les arrêts, il ne faut pas que la locomotive dégage de la fumée, désagréable partout, et surtout dans les gares. S'il est nécessaire de charger le feu pendant un stationnement, on combat la fumée en ouvrant le souffleur et en laissant entrer de l'air par la porte du foyer.

149. Chauffages.

Les chauffages sont les incidents qui troublent le plus fréquemment la marche des machines. Lorsqu'ils se produisent, l'important est de les contenir et de les réduire ; s'ils s'aggravent, bientôt les tourillons grippent, le métal blanc des coussinets fond : c'est une avarie sérieuse. Des pièces mécaniques coûteuses, telles que des mouvements de distribution, coulisses et bielles de suspension sont transformées en ferraille sans valeur dans l'espace de quelques minutes, par des chauffages intenses.

Lorsqu'une pièce chauffe il faut, après l'avoir refroidie, bien assurer le graissage : si un conduit bouché, une mèche trop serrée, un réservoir d'huile vide est la cause du chauffage, il est facile de la faire disparaître. Parfois les réservoirs, notamment ceux des boîtes, se remplissent d'eau qui prend la place de l'huile : cela arrive lors des lavages des chaudières ; il faut avoir soin d'enlever cette eau. Le serrage excessif de certaines articulations peut être une cause de chauffage ; mais en desserrant ces articulations, par exemple les coussinets de tête de bielle, on risque d'en exagérer le jeu. Le mécanisme ferraille et s'use rapidement ; il ne faut donc recourir à cette manoeuvre qu'avec mesure et momentanément. On peut aussi réduire les efforts que transmettent les articulations en laminant fortement la vapeur à l'aide du régulateur, le levier de changement de marche étant à fond de course.

Parfois on se sert de suif pour lubrifier les pièces qui ont tendance à chauffer : le suif, en fondant, les arrose abondamment dès que la température s'élève. Les boîtes représentées figure 228 ont, à cet effet, un réservoir auxiliaire de graisse.

Les machines toujours bien nettoyées et soigneusement graissées, sans excès d'huile, sont peu sujettes à chauffer, sauf par suite de défaut de montage.

150. Avaries de la chaudière.

La plupart des avaries à la chaudière arrêtent la machine sans qu'on puisse y remédier sur place, par exemple la fusion du plomb du ciel de foyer, la projection d'une soupape à charge directe par suite de la rupture d'une colonnette. Si le ressort, d'une soupape à levier casse, il est aisé de caler cette soupape jusqu'à l'arrivée.

Lorsqu'un tube à air chaud s'écrase, on peut quelquefois en fermer les deux extrémités par des bouchons ou tampons en fer. Le tampon conique est porté à l'extrémité d'une tige en fer terminée par une douille : on frappe à coups de masse sur l'autre extrémité. Cette opération tendant à chasser le tube dans la chaudière, il importe de tamponner d'abord l'extrémité la plus large, placée du côté de la boîte à fumée. On ne doit pas laisser en service une locomotive dont un tube est ainsi tamponné.

Cette opération se faisait assez fréquemment sur les anciennes locomotives ; mais elle devient difficile et même impossible avec les longs foyers des machines actuelles, munis de voûtes en briques qui masquent la plupart des tubes. En outre, l'emploi de pressions très élevées rend douteuse la tenue des tampons. Aussi beaucoup de machines modernes n'ont-elles dans leur outillage ni tampons, ni chasse-tampons.

Si plusieurs entretoises se rompent, si un gonflement anormal des parois du foyer se produit, la prudence commande de modérer aussitôt le feu et de laisser tomber la pression.

S'il devient impossible de faire fonctionner les appareils d'alimentation, on est bien obligé de jeter le feu ; mais c'est une avarie qui ne semble guère excusable, quand il y a deux injecteurs comme d'habitude. Aussi, dés que l'un d'eux ne fonctionne pas bien, faut-il le faire remettre en état. Le défaut d'entretien des robinets de tubes de niveau est quelquefois une cause de détresse : si le tube en verre se rompt, on ne peut pas fermer les robinets, ou on en casse les poignées en les frappant pour essayer de les manœuvrer.

151. Explosions.

On s'explique les effets destructeurs de certaines explosions de chaudières en songeant à la puissance de la vapeur, qui se forme subitement et en grande quantité, lorsque toute la masse d'eau qui remplit la chaudière, à une température élevée, est instantanément déchargée de la forte pression qu'elle subissait et soumise seulement à celle de l'atmosphère. Avec une pression effective de 12 kg par cm^2, l'eau est à 191° ; sa température tombe à 100° dès que cette pression cesse, et la chaleur ainsi abandonnée transforme une partie de l'eau en vapeur (environ 170 g par kg d'eau). Il y a ainsi formation subite d'une masse énorme de vapeur, qui chasse tout devant elle.

Même une petite déchirure, ou une rupture de tube à fumée, sans projections violentes, est toujours à redouter, vu la gravité des brûlures par l'eau chaude et la vapeur.

Les causes des explosions sont de trois sortes : l'insuffisance de résistance de la chaudière neuve, la corrosion ou la rupture des tôles, tirants, entretoises, la maladresse ou l'imprudence du personnel.

Une chaudière neuve peut ne pas être assez solide, soit parce que les formes, les épaisseurs de tôles, les sections de tirants, sont mal déterminées, soit parce que la tôle est mauvaise ou l'exécution défectueuse. Ces circonstances se présentent rarement pour les locomotives, étudiées avec soin et d'après les données d'une longue pratique, et dont la construction est généralement soignée. L'épreuve obligatoire à la presse n'est pas une garantie entière contre cette cause d'accidents, les efforts pendant l'épreuve et en service n'étant pas exactement les mêmes.

Si bonne que soit une chaudière au début, la corrosion, qui finit toujours pas se produire en certains points, la rend dangereuse à la longue : les visites soigneusement faites, les réparations ou les remplacements en temps opportun écartent ce danger. La détérioration est hâtée par un mauvais emploi des appareils, par le manque de soins, par les refroidissements brusques, les petits coups de feu, les fuites qui rongent la tôle à l'extérieur.

Enfin les fautes du personnel, pouvant provoquer une explosion immédiate, sont de deux sortes : le manque d'eau et l'excès de pression, résultant du calage ou de la surcharge des soupapes.

152. Avaries des roues et de la suspension.

Les avaries aux roues, consistant surtout en ruptures de bandages ou d'essieux, sont presque toujours assez graves pour causer une détresse, si elles n'entraînent pas de déraillement. Même lorsque les pièces rompues restent en place, il ne faut continuer la marche que jusqu'à la prochaine station et avec une extrême prudence, car le déraillement est fort à craindre : en pareil cas, c'est souvent au moment du garage, lors du passage sur les aiguilles ou les croisements, qu'il se produit. Si le train de roues avarié n'est pas l'un des trains extrêmes, on peut souvent ramener la machine, à froid, en le soulevant et en faisant porter les boîtes par des cales, qui reposent sur les entretoises des plaques de garde. D'autres cales, placées au-dessus des boîtes des essieux extrêmes, empêchent un trop grand abaissement du châssis.

Les organes de la suspension, surtout sur les mauvaises voies, sont exposés à des avaries assez fréquentes : pour remédier aux unes, on peut attendre la rentrée au dépôt ; les autres exigent l'arrêt de la machine en cours de route. Parmi les premières sont les ruptures d'une feuille, le glissement du ressort dans sa bride, circonstances qui ne paralysent pas la suspension. Au contraire, les ruptures de tiges de suspension, de balanciers, du ressort entier, mettent une machine hors d'état de continuer sa route avec sécurité : un des ressorts cessant complètement de porter sa part du poids de la machine, ce poids se répartit fort inégalement sur les autres ; la machine peut aussi porter directement sur la boîte du ressort avarié par le fond de l'entaille du longeron. Cette modification de la répartition est d'autant plus dangereuse qu'elle change complètement les poids sur les deux roues d'un même essieu : certaines roues seront énormément chargées et d'autres ne porteront rien : un déraillement est à craindre. En pareil cas, on doit placer, entre la boîte dont la suspension est avariée et le longeron, une cale en fer ou en bois, dont l'épaisseur est celle du jeu moyen qui devait exister entre ces deux pièces ; il faut pour cela soulever la machine avec un vérin.

Lorsque deux ressorts sont réunis par un balancier, la rupture d'un seul d'entre eux, d'une tige de suspension ou du balancier, les met tous deux hors de service : il faut caler les deux boîtes, à moins qu'en immobilisant le balancier, on ne puisse donner une attache rigide à la tige de suspension du ressort intact.

153. Avaries du mécanisme.

Certaines avaries du mécanisme n'empêchent pas de continuer la marche, et n'exigent que le démontage de quelques pièces ; notamment la rupture d'une bielle d'accouplement, si elle n'entraîne pas d'autres dégâts, ne cause pas forcément une détresse : il suffit de démonter la bielle avariée ou brisée, ainsi que la bielle correspondante de l'autre côté de la machine : ce démontage est généralement facile.

Parfois c'est l'un des deux mécanismes moteurs qu'il faut démonter ou paralyser, et la machine fonctionne alors avec un seul cylindre. Un accident aux organes de distribution de vapeur n'arrête pas toujours le fonctionnement de la machine. Si la barre d'excentrique de marche arrière vient à se rompre, on pourra, après en avoir démonté les morceaux, mettre le changement de marche au fond de course avant : la barre d'excentrique avant conduira seule le tiroir ; on laminera la vapeur avec le régulateur, parce qu'on ne la détendra plus beaucoup dans les cylindres. Cette manière d'agir n'est possible qu'avec la coulisse à deux flasques, qui permet de faire coïncider l'axe du coulisseau avec l'axe des tourillons d'articulation de la barre d'excentrique : avec la coulisse simple découpée, le démontage complet du mécanisme de distribution devient nécessaire.

Si l'arbre de relevage, ou un de ses leviers, est rompu, la coulisse de Stephenson tombe et le coulisseau se trouve à sa partie supérieure. Il en est de même en cas de rupture d'une bielle de suspension de la coulisse, qui exige d'ailleurs le démontage de la seconde bielle de suspension. Avec les barres droites généralement usitées, la machine est alors disposée pour la marche avant : c'est un cas analogue au précédent. Avec la coulisse de Gooch, les mêmes ruptures font tomber le coulisseau à la partie inférieure : avec les barres droites, il est alors placé pour la marche arrière ; pour la marche avant, il faut le relever dans la coulisse, et le retenir au moyen de cales. La rupture d'une des tiges de suspension de la coulisse d'Allan produit l'un ou l'autre effet.

Si une tige de piston se rompt, le piston s'applique contre le fond avant du cylindre, qui est souvent avarié : on peut continuer la marche jusqu'à une station si le piston ne bouge plus, parce qu'il recouvre la lumière d'avant.

L'admission et l'échappement de vapeur se font toujours, sans travail moteur, sur l'arrière du cylindre : au premier arrêt, on démonte la bielle motrice et on fixe solidement le piston : si par exemple la rupture a eu lieu à l'emmanchement de la tige dans la tête, on coince la tige dans sa garniture en serrant à bloc un de ses deux écrous, puis on en rapproche la tête de piston et on la relie aux glissières ; on peut sans danger laisser le tiroir continuer sa marche.

La rupture d'une bielle motrice produit à peu près le même effet : on démonte le morceau de la bielle portant sur la manivelle et on fixe le piston à son fond de course avant.

La rupture d'une tige de tiroir paralyse nécessairement le côté correspondant du mécanisme. Quand la rupture se produit à l'extérieur de la boîte à vapeur, on immobilise le tiroir dans sa position moyenne, de manière qu'il recouvre les lumières, en coinçant la tige dans la garniture par le serrage d'un écrou, ou en la maintenant à l'aide d'une cale extérieure préparée à cet effet, puis on démonte les pièces du mouvement de distribution qui pourraient venir heurter la tige. Si la machine est munie d'un régulateur Crampton et de boîtes à vapeur distinctes pour les deux cylindres, il peut être plus simple de boucher l'arrivée de vapeur du côté avarié, en montant une bride pleine dans le joint du tuyau de prise de vapeur.

Si la tige d'un tiroir à l'intérieur de la boîte, ou si l'attache du tiroir à sa tige vient à se rompre, le tiroir est chassé vers l'avant et reste immobile : la lumière d'arrière du cylindre est toujours ouverte : la distribution de vapeur ne se fait plus ; la vapeur presse constamment la face arrière du piston, le poussant pendant une course et résistant pendant le retour ; il n'y a plus qu'un seul cylindre moteur. On peut à la rigueur continuer la marche ; il vaut mieux, si on le peut aisément, interrompre l'arrivée de vapeur dans la boîte du tiroir immobile. Avec une grande boîte à vapeur, dépourvue d'arrêts convenables, il pourrait arriver que le tiroir immobilisé découvrît la lumière d'échappement ; la seconde méthode permettrait seule de continuer la marche.

Certaines avaries, celles des pistons et des tiroirs, ne sont pas visibles sans démontage des plateaux. Les purgeurs permettent de vérifier aisément si les tiroirs ou les pistons ne laissent pas fuir la vapeur : un mécanicien soigneux fera fréquemment cette vérification. Le principe de l'opération est simple : lorsqu'une machine est arrêtée dans une position telle que le tiroir recouvre les lumières de son cylindre, il ne doit pas entrer de vapeur dans ce cylindre quand on ouvre le régulateur. Une fois le tiroir vérifié, si on lui fait découvrir une de ses lumières, la vapeur entrera dans ce cylindre d'un côté du piston ; mais elle ne passera pas de l'autre côté du piston s'il est étanche.

Une foule de positions des machines permettent ces vérifications ; mais la méthode la plus élégante est celle qui consiste à faire l'ensemble des essais sans changer la machine de place. Il suffit de l'arrêter dans une position telle que les deux manivelles motrices soient toutes les deux inclinées à 45° de part et d'autre de l'axe des cylindres et dirigées vers l'avant : les deux têtes de piston sont juste en regard l'une de l'autre, au même point de leur course. En plaçant alors le changement de marche au point mort, position qui donne une faible longueur aux périodes d'admission, les deux tiroirs recouvrent les lumières des cylindres.

Les purgeurs étant ouverts, on manœuvre doucement le régulateur, après avoir serré les freins pour éviter la mise en marche, que la prudence commande de toujours prévoir. Si les tiroirs sont étanches, aucun des quatre purgeurs ne donne issue à la vapeur ; un dégagement de vapeur par un des purgeurs ou par les deux purgeurs d'un cylindre indique le mauvais état du tiroir ou de la table.

Si les tiroirs sont bons, pour vérifier les pistons, on place le changement de marche au fond de course avant : si c'est la manivelle de droite qui est au-dessous de l'axe du cylindre, le tiroir de droite découvre alors la lumière avant de son cylindre ; en ouvrant le régulateur, la vapeur ne doit sortir que par le purgeur avant de ce cylindre. Si elle s'échappe aussi par le purgeur arrière, c'est que le piston la laisse passer. Pour vérifier le piston de gauche, dont la manivelle est au-dessus de l'axe, on place le changement de marche au fond de course arrière : la vapeur ne doit sortir que par le purgeur avant de ce cylindre.

Si on voulait faire entrer la vapeur à l'arrière des pistons, il faudrait arrêter la machine avec les deux manivelles motrices encore inclinées à 45° de part et d'autre de l'axe des cylindres, mais dirigées vers l'arrière, puis opérer de même. Toutefois dans cette position, avec certaines machines ayant une période d'admission relativement longue dans la marche au point mort de la coulisse, il peut arriver que les lumières d'admission ne soient pas entièrement recouvertes pour l'essai des tiroirs : par suite de l'obliquité de la bielle, le piston est alors plus près de son fond de course que lorsque la manivelle est à 45° vers l'avant.

En marche, des fuites importantes autour d'un piston ou sous un tiroir produisent un sifflement facile à remarquer. Si c'est un piston qui n'est pas étanche, le bruit accompagne l'admission de vapeur sur ce piston, admission qui commence quand la manivelle correspondante est à un de ses points morts. Un tiroir rompu peut donner une fuite continue par l'échappement : l'observation des coups d'échappement, qui restent nets pour le côté non avarié et qui se produisent un peu avant que la manivelle correspondante n'arrive à ses points morts, permet de déterminer quel est le côté défectueux ; on tachera de paralyser ce côté, en y supprimant l'arrivée de vapeur, si la fuite est tellement abondante qu'elle empêche de maintenir la pression dans la chaudière.

Un tiroir, monté contre une table verticale ou sous une table inclinée, reste quelquefois soulevé, surtout lorsqu'il est aminci par l'usure. Si la pression de la vapeur n'arrive pas à l'appliquer contre la table, la fuite de vapeur est d'ordinaire trop importante pour que la marche de la machine soit possible : il faut remettre en place contre la table le tiroir, en démontant le plateau.

CHAPITRE IX

SERVICE DANS LES DÉPOTS

154. Stationnements au dépôt.

Outre les arrêts prolongés qui se renouvellent à peu près régulièrement au bout de quelques jours, et qui servent aux lavages des chaudières et aux menues réparations, les locomotives stationnent souvent dans les dépôts pendant des périodes de plusieurs heures, soit pour donner au personnel un repos nécessaire, si la machine est confiée à une seule équipe, soit par suite des horaires des trains. Pendant ces stationnements, les machines sont nettoyées, les grilles décrassées, les tubes ramonés.

Faut-il en pareil cas laisser le feu allumé et couvert, ou bien le jeter pour le rallumer avant le départ ?

La première méthode augmente parfois un peu la dépense de combustible, mais elle conserve mieux les chaudières, qui craignent les refroidissements et les coups d'air; par les froids, elle préserve les machines de la gelée, si elles sont mal abritées.

Bien entendu, la durée du stationnement guidera pour le choix de l'une ou de l'autre méthode: mais quand on peut hésiter, il faut prendre la première et laisser la machine allumée.

Pendant le stationnement, on ramène de préférence le combustible vers l'arrière de la grille, en poussant les mâchefers vers l'avant; on doit veiller à ce que la grille soit bien couverte pour éviter l'entrée d'air froid dans le foyer. Les portes du cendrier et du foyer sont fermées. On ne jettera les mâchefers qu'au moment de la préparation du feu pour le départ.

Si la machine ne doit pas rester en feu, on étalera le feu sur toute la surface de la grille, et on le laissera s'éteindre lentement.

155. Nettoyages.

Le décrassage des grilles, la vidange et le nettoyage des cendriers et des boîtes à fumée, sont des opérations qui donnent beaucoup de poussière et qui salissent les machines: aussi faut-il les faire autant que possible, avant tout autre nettoyage et, dans une place éloignée des locomotives propres; les détritus abondants que donnent ces opérations forment des accumulations peu agréables, et le chargement, dans les wagons qui les enlèvent, est encore une cause de poussière.

Quand on fait circuler une locomotive sous pression après en avoir jeté le feu, l'échappement appelle de grandes quantités d'air froid à travers le foyer et les tubes; on atténue cet inconvénient en fermant les portes du cendrier et du foyer.

La suie qui tapisse la surface intérieure des tubes gène la transmission de la chaleur: l'eau de la chaudière en reçoit une moindre quantité et les gaz sortent plus chauds par la cheminée. Aussi est-il important que les tubes soient ramonés fréquemment: on se sert soit d'un écouvillon simple, formé d'un bout de corde molle passé dans une fente ménagée à l'extrémité d'une tringle flexible, soit de brosses métalliques.

On ramone rapidement les tubes au moyen d'un jet de vapeur, envoyé par une lance, qu'un tuyau flexible raccorde à une prise disposée sur la chaudière: l'opération demande alors moitié moins de temps et de peine. Il faut que les tuyaux flexibles soient toujours en très bon état, car celui qui les manoeuvre risque d'être brûlé par la vapeur s'ils crèvent. Ce système est surtout utile pour les tubes à ailettes.

Le nettoyage extérieur des locomotives est une opération des plus importantes, qui doit être faite avec soin et régularité. Si le nettoyage n'est jamais négligé, si les machines sont toujours très proprement tenues, le travail des nettoyeurs n'est pas trop long et produit un excellent effet. Mais si on ne s'occupe de nettoyer une machine que le jour où son état de malpropreté a soulevé des plaintes trop vives, on aura beau y mettre tous les manœuvres d'un dépôt, on n'obtiendra qu'un médiocre résultat.

Une irréprochable propreté est le plus beau luxe d'un service de machines, si on peut appeler luxe une opération si utile pour le bon entretien et la surveillance efficace des appareils. Cette propreté minutieuse, que rien ne ternit jamais, qu'on voit sur le matériel de certains chemins de fer, entraîne bien quelques dépenses supplémentaires, mais pas autant qu'on le pourrait croire: car il est en somme facile de maintenir en parfait état les pièces qu'on ne laisse jamais s'encrasser ou se ternir; puis le nettoyage amène une certaine économie sur les dépenses d'entretien courant et de réparation, et diminue le nombre des avaries, aucune pièce ne pouvant se déplacer ou se desserrer sans qu'on le remarque aussitôt. Rien ne flatte plus l'amateur de machines, et le personnel qui en a la charge, qu'une locomotive aux peintures parfaitement nettes, aux cuivres et aux aciers reluisants, sans une trace de poussière ou une tache d'huile.

Comme économie indirecte, le nettoyage diminue la dépense d'huile, souvent fort exagérée. L'huile qui forme avec la poussière des couches pâteuses sur le corps des bielles et les rayons des roues n'aide en rien à réduire le frottement des articulations : on peut même craindre, au contraire, que cette pâte n'ait une action absorbante et ne soutire, comme le ferait du papier buvard, l'huile qui devrait rester entre les parties frottantes. Quant à l'huile qui tombe à terre, elle peut aussi être nuisible, si elle recouvre le rail, où elle fait patiner la machine. On voit des boîtes si abondamment arrosées d'huile, qu'il en coule sur les rayons des roues et jusque sur les bandages. Pour tenir les machines propres, il faut de bonnes burettes, à débit modéré, maniées d'une main légère.

On nettoie séparément les diverses parties des locomotives : les enveloppes de chaudière, la tôlerie (abris, couvre-roues, panneaux de tender), le bâti et les roues, le mécanisme et la cuivrerie. Sauf les mécanismes et les cuivres, la plupart de ces pièces sont peintes.

On s'est souvent servi, pour envelopper les chaudières, de feuilles de laiton polies, et non peintes. L'usage en a disparu aujourd'hui. Lorsqu'on ne veut pas de peinture, on emploie les tôles de fer bruni dites tôles russes ; ces enveloppes résistent bien à la chaleur, l'aspect en est des plus agréables et plaît par son élégante simplicité ; néanmoins l'entretien paraît plus onéreux qu'avec les tôles peintes.

En enduisant d'une mince couche de suif les tôles peintes et vernies, quand elles sont bien propres, la poussière et la suie que peut cracher la cheminée s'arrêtent sur le suif, et s'enlèvent facilement au nettoyage, sans altérer le vernis. Cet usage du suif est fréquent en Angleterre.

Quand une machine rentre au dépôt, le nettoyage doit commencer de préférence par le mécanisme, qui se rouille vite s'il reste mouillé : puis on passe aux enveloppes de la chaudière pendant qu'elle est encore chaude, et enfin on termine par les roues et le bâti. En nettoyant les machines, il ne faut pas oublier que la soude et le savon dissolvent le vernis. La cuivrerie dans l'intérieur de l'abri est généralement entretenue par le chauffeur de la locomotive.

156. Dépôts dans les chaudières.

L'eau qui sert à l'alimentation des locomotives est quelquefois bourbeuse : le sable et la terre qu'elle contient se déposent à l'intérieur des chaudières. En outre, la plupart des eaux, même très claires, renferment en dissolution des substances solides; c'est ainsi que le carbonate de chaux (craie) et le sulfate de chaux (pierre à plâtre) existent fréquemment dans les eaux les plus limpides, en proportions variables. Ces substances restent dans la chaudière quand l'eau se vaporise, et en tapissent les parois intérieures. C'est surtout le sulfate de chaux qui forme les dépôts durs et adhérents, beaucoup plus nuisibles que les dépôts bourbeux ou pulvérulents, qui sortent avec l'eau quand on vide la chaudière. Le sulfate de chaux a la propriété spéciale d'être d'autant moins soluble que l'eau est plus chaude.

La proportion des matières solides dissoutes dans l'eau, qu'on mesure par l'évaporation de l'eau, est très variable. Certaines eaux, exceptionnellement pures, ne contiennent que quelques centigrammes de matières solides par litre; très fréquemment, le résidu est de 20 à 30 cg par l; enfin il s'élève parfois à un gramme et au-dessus: on n'emploie des eaux aussi impures que par absolue nécessité.

Voici quelques exemples du résidu par litre laissé par des eaux, servant pour la plupart à l'alimentation des locomotives:

Source à Baccarat (Vosges)	2 à 3 cg.
Sources du Furens, à Saint-Etienne	3 —
L'Allier à Langeac	7 —
Eau à Redon	8 —
Alimentation de Morlaix	10 —
La Loire à Roanne	12 —
Alimentation de Cherbourg	15 —
Le lac de Genève, à Genève	16 —
Alimentation d'Angers	17 —
Le Rhône à Oulins	19 —
Alimentations de Brest	19 —
Alimentations de Chartres, de Mantes	24 —
Alimentations de Chalons-sur-Marne, Gray, Mohon, Longwy, Reims	25 —
L'Yonne à Laroche	27 —
Alimentations du Havre, de Granville	29 —
Alimentation d'Evreux	30 —
La Seine à Paris	32 —
Canal de la Durance à Marseille	34 —
Sources à Firminy	39 —
Sources à Gannat	46 —
L'Arvan à Saint-Jean-de-Maurienne	109 —
Puits à Fréjus	122 —

Souvent on essaye rapidement les eaux au moyen d'une dissolution titrée de savon dans l'alcool qui, versée dans l'eau, ne produit de mousse que lorsque les sels dissous ont été neutralisés par le savon. On obtient ainsi ce qu'on appelle le titre *hydrotimétrique* de l'eau. Un degré hydrotimétrique correspond à un poids déterminé de chaque sel,

1,2 cg de sel marin par litre d'eau, 1,03 cg de carbonate de chaux, 1,4 cg de sulfate de chaux.

Dans les chaudières, les matières solides abandonnées par l'eau forment des poudres, des boues et des croûtes dures. Les croûtes recouvrent le foyer et les tubes et rendent plus difficile la transmission de la chaleur : le métal en contact avec le feu et les gaz chauds ne touche plus l'eau, si bien qu'il s'échauffe beaucoup et risque de s'altérer. Les dépôts sont une cause importante de détérioration des chaudières ; en outre, comme la suie dans les tubes, ils réduisent l'effet utile du combustible.

Certaines eaux d'alimentation tiennent en dissolution du sel marin, qui se concentre dans l'eau de la chaudière ; une proportion de sel un peu forte gêne la production de la vapeur : l'eau devient mousseuse, et cette mousse, entraînée par la vapeur, remplit les cylindres d'eau tandis que la chaudière se vide. Quand on est obligé d'employer des eaux tenant du sel, il faut, par de fréquentes vidanges de la chaudière, empêcher la dissolution de se concentrer jusqu'à produire cet effet.

157. Désincrustants.

Certains produits, appelés désincrustants, mis dans l'eau des chaudières, empêchent les dépôts solides d'adhérer aux tôles ; pris à la lettre, ce mot signifie que non seulement ces substances empêchent les incrustations de se former, mais qu'elles peuvent décaper les tôles entartrées. Cet effet se produit quelquefois ; du reste, l'action de ces corps est fort variable, suivant la nature des eaux d'alimentation.

Les désincrustants ont tantôt une action chimique, et forment des produits solubles, qui restent dissous dans l'eau, en place des substances insolubles, qui constituent les dépôts ; tantôt leur action est mécanique : ils donnent lieu à la formation de poudres ou de boues, faciles à extraire lors des vidanges, au lieu de croûtes dures et adhérentes. La fécule de pomme de terre est le plus simple de ces désincrustants à action mécanique.

Du carbonate de soude, dissous dans l'eau d'alimentation, décompose le sulfate de chaux : du carbonate de chaux se dépose, qui forme un dépôt moins dur que le sulfate de chaux, et il reste en dissolution du sulfate de soude, sel fort soluble.

On prépare des liquides *antitartriques*, qu'on ajoute à l'eau des tenders, en dissolvant dans l'eau du carbonate de soude ou de la soude, et des extraits de bois de campêche, de châtaignier, de quebracho. Les extraits de bois paraissent empêcher l'adhérence des précipités qui se forment. On verse dans le tender chaque jour une quantité déterminée de ce liquide. La dose peut être augmentée ou diminuée suivant le service de la locomotive.

L'Est emploie, comme liquide antitartrique, une dissolution d'aluminate de baryte qui donne, étant chauffée avec le carbonate et le sulfate de chaux, trois sels insolubles : l'aluminate de chaux, le carbonate de baryte, le sulfate de baryte. La précipitation a lieu dans la chaudière, et ne produit que des dépôts boueux, faciles à extraire. La dissolution, qui marque 4° à l'aréomètre de Baumé, est versée dans le tender, à raison d'environ 10 g de dissolution par degré hydrotimétrique de l'eau, dans chaque mètre cube d'eau dépensée. Il convient de remarquer que l'aluminate de baryte est un produit toxique.

158. Épuration des eaux.

On diminue les dépôts dans les chaudières, en épurant au préalable les eaux. Cette épuration consiste à précipiter, au moyen de réactions chimiques, les matières solides dissoutes dans l'eau ; on en sépare ensuite les sels précipités, en faisant passer l'eau à travers des filtres ou en la laissant séjourner dans des bassins de décantation, on produit ainsi les dépôts avant que l'eau n'entre dans les chaudières. L'épuration préalable n'arrive pas en pratique à débarrasser entièrement l'eau de toute substance pouvant former des dépôts, mais réduit beaucoup la proportion de ces substances.

Avantageuse pour des eaux très incrustantes, l'épuration est moins utile pour celles de qualité moyenne ; dans chaque cas, on peut estimer, en faisant le devis de toutes les dépenses, s'il y a bénéfice ou non à installer les appareils nécessaires. De telles installations sont nombreuses sur le réseau du Nord.

159. Lavage des chaudières.

Pour éviter l'accumulation des dépôts dans les chaudières, on doit les laver après un parcours déterminé, qui varie selon la nature des eaux d'alimentation. Sur le P. L. M., la règle est de mettre en lavage une chaudière dans laquelle s'est déposé un poids déterminé de matières solides, variable suivant le type de la chaudière. Le poids de ce dépôt s'obtient en multipliant le nombre de kilogrammes d'eau consommée par le poids du résidu solide, que laisse un kilogramme. Un tableau donne les résidus du kilogramme pour les diverses eaux qui servent à l'alimentation des chaudières : quant au poids total de l'eau évaporée, on ne le mesure pas directement, mais on l'estime d'après la consommation de combustible, un kilogramme de houille vaporisant un peu plus de 7 kg d'eau. Ainsi dans le cas où le poids déterminé de matières solides déposées dans la chaudière ne doit pas dépasser 25 kg, on trouve qu'une locomotive, brûlant en moyenne 10 kg par km, et alimentée par des eaux qui laissent 0,1 g par litre, ne doit pas parcourir plus de 3 500 km entre deux lavages: pendant ce parcours elle aura brûlé 35 000 kg et vaporisé 250 000 kg d'eau, laissant un dépôt de 25 kg. Si le résidu est de 0,25 g par kilogramme d'eau, ce parcours se réduit à 1 400 km: si la consommation était en outre de 14 kg de houille par kilomètre, le parcours ne devrait pas dépasser 1 000 km. On voit quelles sujétions et quelles dépenses entraîne l'emploi des mauvaises eaux.

Pour laver une chaudière, on ouvre les différents orifices ménagés à cet effet, et on dirige dans l'intérieur un jet d'eau aussi puissant que possible: on aide l'action de l'eau en raclant avec des tringles, de préférence en laiton, les surfaces entartrées qu'on peut atteindre. Il peut être utile de démonter de temps en temps les plateaux qui ferment certaines ouvertures, tels que les couvercles de dôme.

La difficulté des lavages ne consiste pas dans l'opération elle-même, qui ne demande que du soin pour être bien exécutée; mais elle exige un temps considérable, si on veut ménager les chaudières. Tout refroidissement rapide, soit par l'air traversant le foyer, soit par un jet d'eau froide, est à redouter pour les tôles et détermine des fuites. Pour ne pas fatiguer une chaudière, il faut donc la laisser refroidir complètement avant le lavage, ce qui exige un long arrêt de la locomotive, surtout avec les grandes chaudières qu'on emploie aujourd'hui.

On peut réduire le stationnement nécessaire, à condition de faire le lavage avec de l'eau tiède: on n'aura plus besoin d'attendre le refroidissement complet pour commencer le travail. La chaudière étant ensuite remplie avec de l'eau tiède, la mise en pression est également abrégée. L'eau tiède, à la température de 40 à 50°, est lancée par un *éjecteur*, qui reçoit d'une part l'eau froide, et, d'autre part la vapeur d'une autre chaudière. Pour que le jet soit puissant, il convient de le lancer par un ajutage convergent bien calibré, de 12 à 18 mm de diamètre. Le débit sera de 150 à 170 litres par minute.

Quelquefois on ouvre le robinet de vidange des chaudières encore chaudes, afin d'entraîner les dépôts bourbeux; mais il faut prendre garde de trop abaisser le niveau de l'eau par cette vidange à chaud, parce que le ciel du foyer, en s'échauffant indûment, surtout dans les machines munies d'une voûte en briques, qui conserve longtemps la chaleur, risquerait de s'altérer, et aussi de durcir les dépôts qui le recouvrent.

Pour remplir la chaudière, à l'aide d'un tuyau flexible raccordé au robinet de vidange, on laisse échapper l'air qu'elle contient en ouvrant le régulateur et les purgeurs: il ne faut pas oublier de fermer le régulateur dès que la chaudière est remplie. Il suffit d'ailleurs de ne pas remonter avant le remplissage un des bouchons que la boîte à feu porte à sa partie supérieure.

Après le lavage de la chaudière, on doit bien essuyer et nettoyer le mécanisme, le bâti et les roues. Les boues entraînées par l'eau, en pénétrant dans les articulations du mécanisme, risquent de les faire chauffer: c'est pourquoi il convient de disposer les machines à mouvement intérieur, lorsqu'on en lave les chaudières, avec les deux coudes de l'essieu dirigés vers le haut et inclinés à 45°.

160. Confection des joints.

Plusieurs parties des locomotives doivent former des assemblages étanches, de manière à ne pas laisser fuir l'eau ou la vapeur, malgré la forte pression. Les conditions de l'assemblage diffèrent beaucoup pour les pièces qui ne doivent jamais être séparées et pour celles qu'il est nécessaire de démonter dans l'entretien et la réparation courante.

Les tôles de chaudières, réunies par des rivets, sont un exemple de la première catégorie d'assemblages; lorsque les rivures viennent à fuir, le matage aveugle les fuites. L'opération du matage, mal faite, détériore les tôles. Si une fuite se produit entre deux tôles, il faut les faire coller l'une contre l'autre sur la plus grande surface possible: c'est ce qu'on obtient en frappant le chanfrein de la tôle avec un matoir à extrémité arrondie. Au contraire, en frappant avec un matoir aigu dans l'angle même des tôles, on peut aveugler momentanément la fuite, mais on tend à écarter les deux tôles, et on creuse dans la tôle inférieure un sillon, qui est une amorce de rupture. Il en est de même dans le matage autour des têtes de rivets. Pour certains joints qui ne se démontent pas, on emploie le mastic de fonte, composé de tournure de fonte ou de limaille de fer (96 g), de soufre (2,5 g), et de sel ammoniac (1,5 g), bien mélangés et imbibés d'eau. Ce mastic est tassé dans des rainures ménagées entre les pièces à réunir: il devient très dur au bout de quelques heures.

Entre les pièces qui se démontent fréquemment, plusieurs procédés donnent des assemblages étanches. Il suffit de serrer l'une contre l'autre deux surfaces métalliques exactement dressées pour qu'elles arrêtent toute fuite. Ce contact parfait exige d'ordinaire le rodage des deux surfaces. La fermeture hermétique des soupapes de sûreté appuyant sur leur siège en est un exemple. L'assemblage conique des tuyaux avec écrou-raccord en est un autre. Les plateaux de cylindres sont exécutés par certains constructeurs avec une précision presque aussi grande: toutefois on interpose généralement, entre les surfaces de contact, une mince couche d'huile de lin avec un peu de céruse.

Malheureusement, la construction des locomotives n'est pas toujours aussi soignée ; en outre, les démontages fréquents déforment et altèrent les surfaces en contact : il faut alors interposer une matière plastique qui bouche les vides qu'elles laissent. Tout en se moulant bien entre les deux pièces, cette matière plastique ne doit pas s'écouler sous le serrage des boulons et sous la pression de la vapeur ; il convient qu'elle ne forme pas une couche trop épaisse ; pour la plupart des joints sur la locomotive, elle doit supporter sans altération la température de la vapeur. Enfin le joint doit pouvoir se défaire sans trop d'effort.

Une des matières qu'on a le plus employée est le mastic de minium, formé d'huile de lin, de céruse et de minium. Le minium est un oxyde de plomb, c'est-à-dire une combinaison de plomb et d'oxygène ; la céruse est un carbonate de plomb. Ce mastic s'écoulerait facilement ; on y incorpore une petite quantité d'étoupe de chanvre hachée ; souvent on le maintient en place en enroulant une ficelle en spirale sur la face de joint au milieu du minium. Un kilogramme de mastic renfermera, par exemple, 300 g de céruse, 650 g de minium et 50 g d'huile de lin (le poids de l'étoupe est inférieur à 1 g). Ce mastic se conserve dans l'eau.

L'exécution d'un joint au minium demande un peu de temps et d'adresse ; il convient en outre de le laisser sécher pendant quelques heures avant de remettre la chaudière en pression.

Le carton d'amiante est très commode pour les joints. L'amiante est une substance minérale qui se trouve naturellement en fibres soyeuses incombustibles. On forme, avec ce minéral, une pâte, dont on fait des feuilles de carton épaisses de 1 à 2 mm. Les plus épaisses servent pour assembler des surfaces bossuées : le carton mince est préférable lorsque les brides sont en bon état.

On découpe dans le carton, à l'aide d'emporte-pièces ou de compas à lame tranchante des rondelles de la forme des brides à assembler. Si la rondelle a toute la largeur de ces brides, on y perce les trous des boulons d'assemblage ; mais une couronne plus étroite, venant toucher le corps des boulons, suffit pour assurer le joint, et c'est cette forme qu'on emploie sur les brides de grande dimension, afin de ne pas dépenser trop de carton. Le joint peut être exécuté à l'aide de plusieurs bandes séparées, qu'on assemble à mi-épaisseur sur leurs extrémités : tel est le cas des joints rectangulaires pour plateaux de tiroir. On peut même cintrer une bande rectiligne, en la trempant dans l'eau, de manière à faire un joint circulaire, comme celui d'un fond de cylindre.

Le carton doit être mouillé au moment de l'emploi ; afin de ne pas le déchirer quand on défera le joint, on enduit une de ses faces (ou bien l'une des brides) d'une couche d'huile de lin mélangée de plombagine, qui empêche le carton d'adhérer au métal.

Les joints qui ne sont pas soumis à la chaleur peuvent être assurés par une rondelle de cuir ou de caoutchouc. Le caoutchouc résiste même à la température de la vapeur, mais il renferme souvent du soufre, qui risque d'altérer la fonte. Un métal un peu mou, comme le cuivre, écrasé entre les deux brides, peut assurer le joint : il convient que le cuivre forme un cadre continu, à section circulaire ou mieux anguleuse, cadre qu'on loge dans une rainure, que porte une des faces à réunir. Si la construction est soignée, on obtient ainsi de bons joints d'un aspect réellement mécanique. Il existe encore d'autres formes de ces joints au cuivre

Les joints des autoclaves sur les chaudières sont assurés au moyen d'un anneau en métal blanc, dont la section est un cercle de 5 à 7 mm de diamètre. Le métal est à peu près le même que celui des garnitures Duterne, avec un peu moins d'antimoine : il est assez mou pour que les anneaux épousent exactement la forme du bossage de l'autoclave. Ces pièces de joints, fort commodes, peuvent servir plusieurs fois : on les rebute quand elles sont par trop aplaties.

Un joint mal fait peu coûter cher, en empêchant une locomotive de prendre son service : qu'après un lavage, un autoclave du bas de la chaudière vienne à perdre lors de la mise en pression, il faut jeter le feu, vider la chaudière, refaire le joint, remplir de nouveau la chaudière et rallumer le feu. Les heures s'écoulent pendant tout ce travail et la machine doit être remplacée par une autre. Il en est de même lorsqu'un bouchon fileté a été maladroitement remis en place avec filets mal engagés. Ces bouchons doivent être graissés avant le montage ; on ne doit pas trop les serrer en les vissant.

Les matières qui assurent un joint peuvent adhérer aux surfaces métalliques et rendent le démontage difficile.

Certains plateaux de cylindres portent des vis dites casse-joint qui s'appuient contre la bride, non percée en ce point, et qu'il suffit de tourner pour soulever le plateau.

À défaut de ces vis, on se sert d'un burin introduit entre le plateau et la bride, mais on risque alors d'en détériorer les surfaces.

161. Allumage.

Avant d'allumer le feu il est essentiel de s'assurer que la chaudière est convenablement remplie : la présence de l'eau dans le tube en verre n'est pas une garantie suffisante.

L'allumage se fait souvent à l'aide d'un ou deux fagots, qui enflamment une couche de briquettes ou de houille en gros morceaux ; on garnit ensuite le feu avec le combustible couramment employé, qu'on charge progressivement.

Dès que la pression s'élève un peu, le souffleur active beaucoup la combustion. Quelquefois on emploie à cet effet la vapeur prise à une machine en pression, à l'aide d'un tuyau mobile de raccord. On préfère quelquefois, pour les allumages, des matières moins volumineuses que les fagots, dites allume-feux ; ce sont des composés résineux très inflammables et brûlant longtemps. Enfin quelques pelletées de combustible bien allumé prises à une locomotive permettent d'en allumer une autre. La durée de la mise en pression varie de trois à cinq heures, à moins qu'on ne la pousse très activement.

162. Réglage sur la bascule.

Le § 103 indique la manière de faire les calculs utiles pour bien régler une machine sur la bascule : la répartition qu'on doit chercher à réaliser est d'ailleurs indiquée, pour chaque type de machine, sur les tableaux du matériel. Les boîtes des machines qui viennent d'être réparées ont parfois quelque raideur dans les glissières, ce qui empêche la suspension de jouer librement et vicie le résultat des pesées : il ne faut pas s'en tenir au premier réglage, mais on doit remettre la machine sur la bascule, lorsqu'elle a fait quelques voyages, et rectifier la répartition s'il y a lieu.

Il ne suffit pas que la charge soit bien répartie entre les essieux, il faut encore que la machine soit placée de niveau et à hauteur convenable : en desserrant ou en serrant également tous les écrous des tiges de suspension, on allonge ou on raccourcit d'une même longueur toutes ces tiges, et on abaisse ou on relève la machine sans modifier la répartition. Si l'on n'avait pas à prévoir l'usure, la meilleure position serait atteinte quand l'axe des cylindres rencontre l'axe de l'essieu moteur, la locomotive étant placée sur une voie de niveau ; mais par suite de l'usure des coussinets et des fusées de l'essieu, la machine s'abaisse un peu sur les boîtes, et l'axe des cylindres descend en dessous de celui de l'essieu : il vaut donc mieux, lors du réglage primitif, placer les axes des cylindres à quelques millimètres au-dessus de l'axe de l'essieu. Ce travail est facilité si on a la précaution de marquer, sur la face extérieure du longeron, auprès de la boîte motrice, la trace du plan qui contient les axes des cylindres.

Si la machine est bien établie et en bon état, il doit rester alors, au-dessus des boîtes, jusqu'au longeron, et au-dessous, jusqu'à l'entretoise des plaques de garde, assez d'espace pour permettre les plus grandes oscillations des ressorts, soit 35 à 40 mm de chaque côté. Si on ne peut placer de la sorte l'essieu par rapport à l'axe des cylindres, sans trop diminuer l'espace libre au-dessus ou au-dessous de la boîte, on aura soin de ne pas réduire cet espace à moins de 15 à 20 mm.

Les balanciers, quand ils sont en nombre suffisant, assurent une répartition invariable des poids sur chaque boîte, pourvu qu'ils soient bien libres de jouer. Le réglage ne peut modifier cette répartition : il consiste à placer la machine à hauteur convenable et toutes les pièces de la suspension dans leur position normale. Les balanciers longitudinaux n'assurent d'ailleurs la répartition invariable que lorsque les deux boîtes de chaque essieu sont également chargées.

163. Réglage d'un tiroir.

Quand on monte une locomotive, les excentriques sont calés suivant l'angle déterminé sur l'épure ; les barres d'excentrique ont la longueur fixée par le dessin ; mais on laisse aux monteurs le soin de régler à longueur convenable la tige du tiroir, parce que la position du cylindre peut ne pas être rigoureusement celle qui a été prévue. Parfois cette tige est filetée et munie d'écrous de réglage, pour en faire varier la longueur. Mais si la machine a été bien réglée à l'atelier, il n'y a plus à y toucher et les écrous de réglage ne peuvent alors servir qu'à la dérégler : il vaut donc mieux les supprimer.

Les dépôts peuvent cependant avoir à faire le réglage d'un tiroir. Pour cette opération, on place le changement de marche dans la position qui correspond à une admission moyenne pour la marche avant (40 p. 100 environ) puis on amène successivement la manivelle motrice à ses deux points morts, bien exactement, le plateau du tiroir étant démonté, et on relève l'avance linéaire donnée par le tiroir des deux côtés, en mesurant la distance entre les bords extérieurs du tiroir et de la lumière. Si la tige est trop longue, on trouve une grande avance linéaire du côté de la manivelle et, de l'autre côté, une petite avance, ou même on ne trouve aucune avance : la vapeur entrerait trop tôt d'un côté du cylindre, et pas assez tôt de l'autre. Si la tige est trop courte, les avances sont encore inégales, mais en sens inverse. Il convient que ces avances linéaires soient égales entre elles ou ne diffèrent pas trop : aussi le plus simple est-il de régler la distribution avec avances linéaires écales, en modifiant convenablement la longueur de la tige. Le réglage se fait à froid ; or, la chaleur allonge ou dilate les métaux. La tige du tiroir s'allonge donc un peu quand la machine fonctionne. Mais, dans la locomotive, ces tiges sont assez courtes pour que cet effet soit négligeable.

164. Réparations des roues et des mécanismes.

Les bandages s'usent de deux manières : la surface de roulement se creuse et le boudin s'amincit. Cette usure du boudin est rapide pour les roues extrêmes des locomotives à grand empattement circulant sur

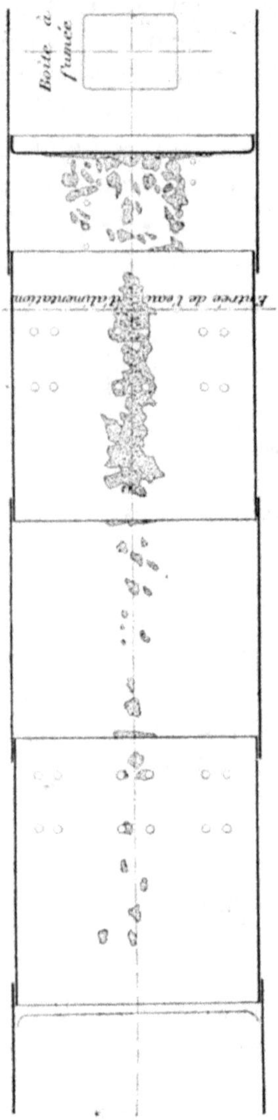

Fig. 307. – Corrosions internes à la partie inférieure d'une chaudière de locomotive ; vue en plan.

des lignes sinueuses. Lorsque le bandage est trop creusé ou le boudin trop mince, on procède au levage de la machine pour en retirer les trains de roues. Dans les dépôts qui disposent d'un tour à roues, les bandages peuvent être immédiatement rafraîchis. L'expédition dans des ateliers éloignés, pour ce travail, ou pour le remplacement des bandages, entraîne des délais plus longs; alors on substitue souvent une garniture de roues à une autre: mais l'ajustage des coussinets et des colliers d'excentriques sur les nouvelles roues exige un travail supplémentaire.

On profite du levage pour rattraper le jeu des coussinets, pour les réguler ou les remplacer s'ils sont usés; on visite et on répare les tiroirs, les tables des lumières, les segments de piston.

Les oeils qui reçoivent les axes d'articulation des mécanismes de distribution s'agrandissent par l'usure quand les pièces sont assez épaisses, on peut les aléser et y emmancher à force une bague d'acier ou de bronze dur. Il est même préférable de placer ces bagues en construisant la machine; la réparation est plus simple puisqu'il suffit de remplacer la bague usée.

La réparation des coulisses a été indiquée au § 77.

Ces travaux, faits avec soin dans les dépôts à chaque levage, maintiennent constamment en bon état les locomotives, qui peuvent rester en service pendant bien des années sans être envoyées dans les grands ateliers, où elles ne rentreront guère que pour des réparations importantes de chaudières.

Lorsqu'on travaille aux organes d'un frein à air comprimé. il faut avoir soin de vider au préalable la conduite générale, le réservoir et le cylindre à frein, car l'air comprimé peut causer un blocage intempestif dangereux.

165. Réparation des chaudières.

Les chaudières de locomotives exigent des réparations assez fréquentes. Dans les dépôts, on doit souvent poser des viroles, mandriner et même remplacer des tubes. L'extraction de plusieurs tubes est parfois nécessaire pour la visite et la réparation de certaines parties de la chaudière. Les entretoises rompues doivent être remplacées sans retard.

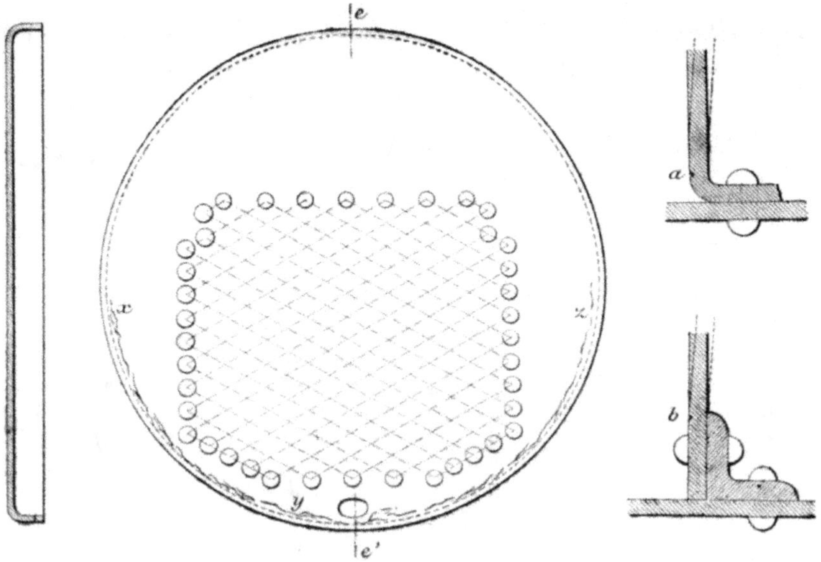

Fig. 308. — Corrosion d'une plaque tubulaire de boîte à fumée de locomotive. Le bord embouti de la plaque, en contact avec l'eau, se ronge en *a* suivant la demi-circonférence inférieure *xz*. Les plaques fixées par une cornière se rongent en *b*.

Les foyers s'usent de diverses manières. Une corrosion extérieure en amincit progressivement les parois au contact du combustible. La température trop élevée du métal, due à la présence d'incrustations sur leur face interne, cause des capitonnages entre les entretoises. Enfin des cassures se produisent dans les angles, aux trous d'entretoises, autour de la porte, et surtout entre les trous de la plaque tubulaire.

Les tôles des chaudières sont exposées à des corrosions intérieures. C'est ainsi que la partie inférieure des viroles du corps cylindrique se pique (fig. 307). Les piqûres isolées, en se réunissant, forment de larges surfaces, ou l'épaisseur de la tôle diminue de plus en plus. Ces altérations se produisent aussi à la partie supérieure des viroles, vers la surface de l'eau.

Des sillons se forment dans les emboutis des tôles, sur les parties en contact avec l'eau, et finiraient par couper complètement le métal.

Cette altération est très fréquente sur les plaques tubulaires de boîte à fumée(fig. 308). On prolonge la durée d'une plaque ainsi rongée en posant, dans l'angle extérieur, une pièce en forme de cornière.

Des sillons se creusent de même dans l'embouti concave des plaques avant et arrière de boîte à feu (fig. 309 et 340), ou entre les trous de la première rangée verticale d'entretoises; ils sont là plus dangereux que sur la plaque tubulaire de boîte à fumée, mieux maintenue par le bord rivé vers l'extérieur.

Les sillons se produisent aussi au bas de la boîte à feu, le long du cadre et autour de la porte.

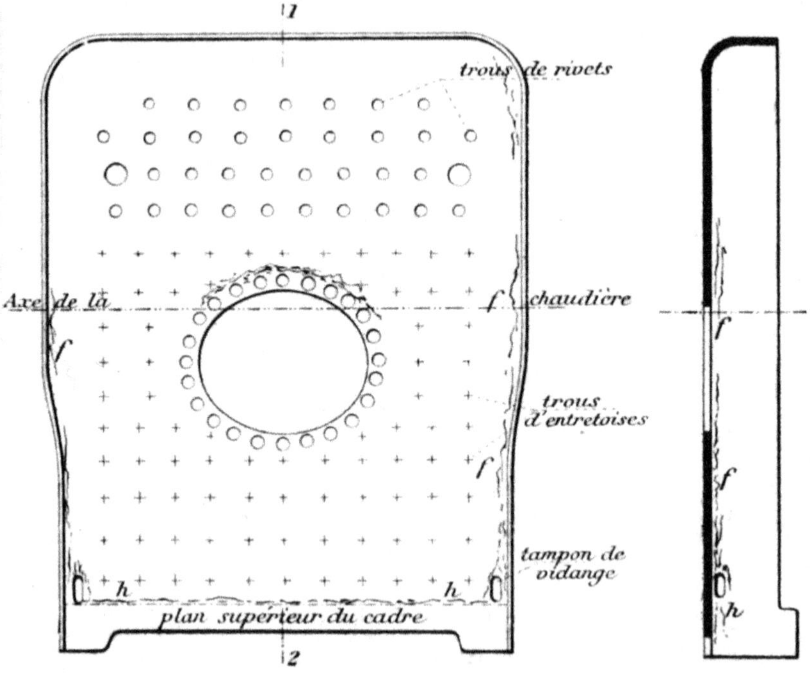

Fig. 309. — Corrosion d'une plaque arrière de boîte à feu de locomotive : élévation et coupe suivant 1-2. Des sillons se creusent, en *ff*, dans les angles emboutis ainsi qu'au ras du cadre en *h*.

Ces altérations de tôles finissent par être trop graves pour que la réparation dans les dépôts soit opportune.

Parfois les rivets en fer, qui assemblent les tôles en cuivre des foyers, se corrodent rapidement. Des rivets en cuivre n'ont pas le même inconvénient, mais donnent un assemblage moins bon.

On a constaté dans certains cas spéciaux une corrosion rapide des tirants verticaux qui réunissent le ciel de foyer et le ciel de boîte à feu. Cette corrosion a même causé une grave explosion de chaudière.

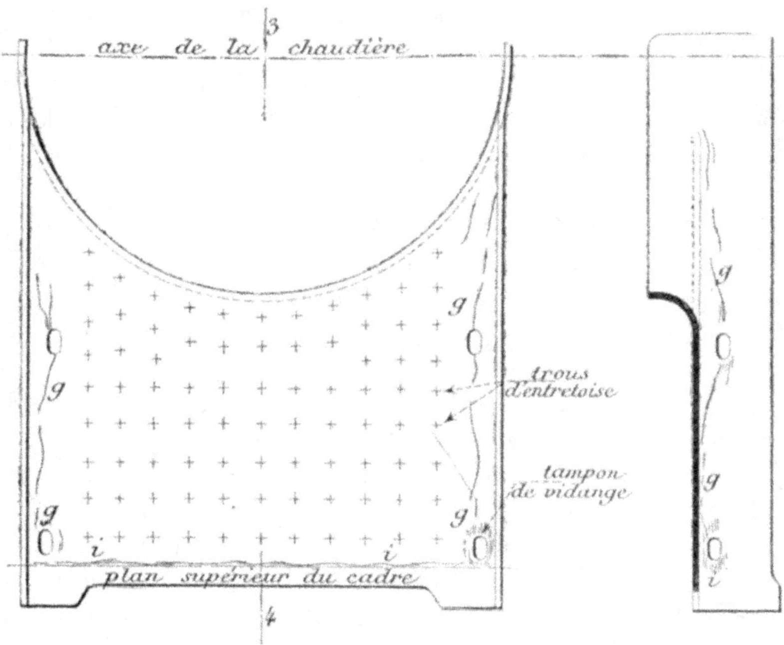

Fig. 310. — Corrosion d'une plaque avant de boîte à feu de locomotive : élévation et coupe suivant 3-4 : sillons dans les angles emboutis en *g*, et au ras du cadre, en *i*.

166. Épreuve des chaudières.

On vérifie la résistance des chaudières neuves, réparées, ou en service depuis dix ans au plus en les essayant à une pression qui dépasse la pression effective la plus grande de marche. Pour les appareils neufs et réparés en grand, la surcharge d'épreuve est égale, en kg par cm^2, à la pression effective, avec minimum de 0.5, si le timbre n'excède pas 6 ; à 6, si le timbre est supérieur à 6 sans excéder 20 (cas des locomotives) ; à 7, à 8, et au cinquième de la pression effective, si le timbre est supérieur à 20, à 30 et à 40. Cette surcharge est réduite à moitié lors des réépreuves décennales.

La pression d'épreuve n'est pas obtenue avec la vapeur, ce qui serait fort dangereux en cas d'avarie, mais avec de l'eau refoulée par une pompe. Elle est indiquée par un manomètre étalon. L'excès de pression est utile car, à pression égale, la fatigue de la chaudière est moins grande à froid. Chauffée, la chaudière s'allonge ou se dilate ; les effets de la dilatation sont bien visibles sur la locomotive en service. Mais toutes les feuilles de métal ne sont pas portées à la même température : les dilatations inégales causent en certains points des tiraillements et des efforts, qui s'ajoutent à la pression de la vapeur. La rupture des tôles pendant l'essai n'est pas dangereuse, pourvu que la chaudière soit entièrement remplie d'eau et ne contienne pas d'air.

Après l'épreuve, les agents du service des mines poinçonnent une médaille ou timbre fixé à la chaudière, portant l'indication, en kg par cm^2, de la pression effective la plus forte qu'elle doive supporter.

167. Locomotives en chômage.

Lorsqu'une locomotive demeure longtemps en chômage, elle est exposée aux atteintes de la rouille, qui altère le mécanisme et ronge les tôles à l'intérieur. S'il reste un peu d'eau dans la chaudière, la corrosion des tôles peut devenir profonde en peu de temps. Les piqûres à la partie inférieure des grandes viroles des corps cylindriques sont dues souvent à l'action de l'air et de l'eau pendant les chômages.

Pour éviter l'altération des tôles, il convient ou de tenir la chaudière remplie d'eau, ou de la vider avec soin, puis de la bien sécher. Parfois les chaudières en chômage sont remplies d'eau de chaux, qui ne corrode pas le fer; toutefois elles sont vidées quand le froid peut faire craindre que cette eau ne gèle: car la formation de la glace est accompagnée d'un gonflement notable, capable de briser les récipients les plus solides. Pour cette raison il faut vider avec grand soin toute la tuyauterie.

Pour bien sécher les chaudières vides, après la vidange et à la suite d'un lavage destiné à enlever tout le tartre, on allume un petit feu au milieu de la grille, sans qu'il touche les parois: les plateaux du dôme et des autres ouvertures de la chaudière doivent être démontés. On referme ces ouvertures quand la dessiccation est complète. On peut même introduire dans la chaudière un petit réchaud allumé, pour absorber l'oxygène de l'air.

Pour conserver le mécanisme, on doit le tenir toujours bien graissé; lors des chômages prolongés, on le recouvre d'un enduit protecteur formé de graisse et de céruse.

Les caisses des tenders doivent être également bien asséchées; il est même bon d'en peindre l'intérieur au coaltar. La partie qui reçoit le combustible doit être soigneusement nettoyée.

CONCLUSION

Depuis moins d'un siècle, on a dépensé un travail prodigieux pour construire les chemins de fer et leur matériel, sans parler de celui qu'ont exigé les autres modes de transport. On a peine à comprendre comment, en cette période, on a pu accomplir une oeuvre si considérable, comment tant d'hommes ont pu être détournés de leurs occupations antérieures, d'abord pour construire, ensuite pour exploiter les voies de communication. C'est que la production de chacune des choses utiles ou agréables est beaucoup plus facile dans certaines régions que dans d'autres: chaque région a intérêt à développer les branches d'agriculture et d'industrie où elle excelle; mais alors il faut qu'elle puisse se procurer, par l'échange, tous les produits qu'elle n'obtient pas directement; c'est ce qui donne tant d'importance aux voies de communication et rend si féconde l'industrie des transports, qui peut sembler, à première vue, ne rien produire.

Si simple et si grand que soit le rôle des voies de communication, on paraît aujourd'hui l'oublier souvent: on ose se plaindre qu'elles abaissent trop le prix de certaines marchandises, et même des objets de première nécessité, et ces plaintes trouvent un écho dans la masse de la nation, qui ne songe pas qu'elle est toujours victime des restrictions apportées au commerce.

Les chemins de fer ont fait disparaître, au moins dans certaines contrées, les disettes causées par les mauvaises récoltes. L'insuffisance de la production agricole d'une région est encore et sera toujours un grand mal pour ses habitants, privés du juste produit de leur travail; mais avant que les transports fussent faciles, ce mal était épouvantable; ce n'était plus une question de prospérité ou de pauvreté, d'abondance ou de privations; c'était une question de vie ou de mort pour une partie des habitants, qui se trouvaient comme dans une île isolée et déserte, avec des vivres en quantité insuffisante, et ne pouvant s'en procurer d'autres. Sans remonter bien haut dans l'histoire, pendant l'année 1811, le pain s'est vendu, en France, 70 centimes le demi-kilogramme !

Avant que les chemins de fer n'eussent rendu les transports faciles, le blé manquait, souvent dans une province alors qu'il était surabondant dans une autre. C'est ainsi qu'en 1801 le blé a coûté 11 francs l'hectolitre dans la Marne et 46 francs dans les Alpes-Maritimes ; en 1817, 36 francs dans les Côtes-du-Nord et 81 francs dans le Haut-Rhin.

Grâce à la facilité des transports, les désastreuses famines sont devenues plus rares, sans disparaître encore partout. Il n'y a pas bien longtemps qu'elles ont exercé leurs ravages dans l'Inde et même dans la colonie la plus proche de la France, en Algérie.

L'oeuvre bienfaisante des chemins de fer n'est pas terminée : dans bien des régions encore, ils ont à développer l'agriculture, les industries variées, qui améliorent la situation des habitants, leur créent des ressources, et font naître chez eux le sentiment de la prévoyance et le goût de l'épargne.

Les chemins de fer et les autres modes de transport ne suffisent pas d'ailleurs pour assurer l'abondance et la prospérité d'un pays ; ce sont des outils indispensables, mais dont il faut savoir se servir : ils ne font pas le commerce, mais ils permettent aux commerçants de transporter facilement dans les régions où ils font défaut les produits surabondants en d'autres ; ces échanges, ainsi que la dissémination des produits de l'industrie sont dus aux efforts de ces intermédiaires, qu'on dépeint souvent comme des parasites, et sans lesquels les grands moyens de production et de transport ne serviraient à rien. Trop souvent de mauvaises lois entravent ou paralysent, l'action des chemins de fer : c'est ainsi que des droits de douane excessifs empêchent ou restreignent les échanges.

Pour le transport des personnes, les chemins de fer ont accompli une révolution encore plus étonnante que pour le transport des choses. Avant les chemins de fer, les voyages étaient difficiles et longs : ils exigeaient presque toujours des dépenses importantes. Aujourd'hui des millions de voyageurs profitent chaque année des nouvelles voies de communication, soit dans le voisinage des villes, soit dans l'intérieur de chaque contrée, soit pour passer d'une contrée dans une autre.

Certains voyages ont pour objet le commerce et l'industrie ; les chemins de fer transportent des ouvriers aux points où ils sont demandés pour des travaux temporaires ; les négociants se mettent en relations faciles avec les producteurs et avec les acheteurs.

Le chemin de fer permet au travailleur des villes de trouver aux environs une demeure plus grande, plus saine et moins chère, remédiant ainsi aux inconvénients des vastes agglomérations humaines.

La facilité des déplacements permet aux membres séparés d'une même famille de se revoir de temps en temps ; enfin bien des voyages ont pour objet l'instruction, le repos, la distraction.

Malheureusement, les hommes ne profitent pas tous, comme ils le devraient, des facilités que leur offrent les voyages pour s'élargir l'esprit, pour s'instruire davantage: trop souvent, les voyages n'ont qu'un but futile et ne sont d'aucune utilité.

Et cependant on a le droit d'être plus sévère qu'autrefois pour les erreurs et les fautes des hommes, qui devraient profiter des leçons de la science, et de l'expérience des temps passés, et qui ont à leur disposition mille ressources autrefois inconnues.

Pour l'oeuvre immense des transports, comme pour la plupart des grandes entreprises humaines, le concours de nombreux travailleurs est nécessaire, et le rôle de chacun est essentiel.

En chargeant son foyer, en conduisant sa locomotive, le chauffeur et le mécanicien se sentiront fiers de coopérer à l'une des oeuvres matérielles les plus importantes des temps modernes. Si parfois leur travail est pénible, s'ils jugent leur sort rigoureux, qu'ils se comparent aux travailleurs des siècles passés: aujourd'hui ils sont réellement libres; il ne leur est pas défendu d'améliorer leur situation, de pousser leurs enfants vers une place plus enviée dans la vie, enviée souvent à tort, il est vrai.

Le travailleur ne doit jamais oublier aujourd'hui qu'il est un homme libre et un citoyen, car cette condition relevée lui impose des devoirs impérieux. Si les idées de justice ont fait quelques progrès dans le monde, elles sont loin d'être partout maîtresses souveraines, et leurs ennemis sont nombreux: on les mine par des raisonnements spécieux et même on ne craint pas de les attaquer de front.

Parmi les injustices, dont le souvenir est le moins populaire, sont les privilèges donnés à quelques classes de la société; et cependant ne voit-on pas tous les jours réclamer de nouveaux privilèges pour de nouvelles catégories de citoyens ?

Ces remarques ne sont pas aussi étrangères au sujet traité dans ce livre qu'elles le peuvent paraître au premier abord: les mécaniciens et les chauffeurs des locomotives ne sont pas des mécanismes auxiliaires, chargés de mettre en marche les appareils de fer et d'acier; ils ne sont pas comme les servomoteurs qu'on voit sur les grandes machines pour en manœuvrer les lourds organes.

Jamais ils ne doivent se considérer comme tels; ils n'ont pas accompli toute leur tache, quand ils ont rempli avec soin et habileté les devoirs de leur profession: il leur en reste d'autres, qui ne peuvent faire tort aux premiers, ce sont ceux du citoyen ; devoirs difficiles, car pour les distinguer clairement, au milieu de tant d'erreurs si largement répandues, il faut du bon sens et de la réflexion et, pour les pratiquer, une ferme volonté est nécessaire.

En s'adressant à des hommes habitués au travail, imbus du sentiment du devoir, on ne doit perdre aucune occasion d'appeler leur attention sur ce grave sujet; tout s'enchaîne dans la vie humaine, et plus on applique son intelligence à comprendre les choses de son métier, plus elle devient apte à pénétrer aussi les questions d'intérêt général.

Table des Gravures

Table des Matières

CHAPITRE III – MÉCANISME

CHAPITRE IV – CHÂSSIS, SUSPENSION, ROUES

CHAPITRE V – TYPES DIVERS DE LOCOMOTIVES

CHAPITRE VI – TENDERS

CHAPITRE VII – MOYENS D'ARRÊT DES TRAINS

CHAPITRE VIII – CONDUITE DES LOCOMOTIVES

CHAPITRE IX – SERVICE DANS LES DÉPOTS

Imprimé en France
Lightning Source - 78310 Maurepas

Sciences & Techniques

www.decoopman.com

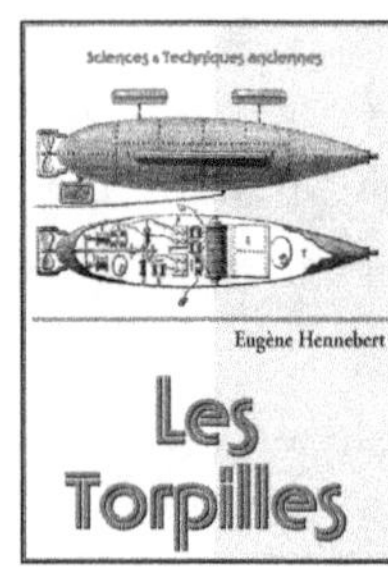

Éditions Decoopman - Ferrières - 30440 Saint-Laurent-le-Minier
Tel : +33 (0) 4.67.73.90.95 - web : www.decoopman.com - e.mail : editions@decoopman.com
Catalogue gratuit sur simple demande

www.ingramcontent.com/pod-product-compliance
Lightning Source LLC
LaVergne TN
LVHW050054061026
849532LV00001BA/173
9782917254509